"十二五"职业教育国家规划教材
经全国职业教育教材审定委员会审定

通信电源

（第4版）

漆逢吉　主编

北京邮电大学出版社
www.buptpress.com

内容简介

本书内容包括：通信电源系统组成及供电要求，通信局（站）的交流变配电设备，通信局（站）的接地与防雷，通信用蓄电池，整流电路，高频开关电源电路原理，通信用智能高频开关电源系统，交流不间断电源设备，油机发电机组，通信电源集中监控系统。书中反映了我国各大通信运营企业当前普遍采用的先进电源技术和最新通信行业标准的相关要求。

本书适合高职高专通信类专业使用，并可供通信电源方面的工程技术人员参考。

图书在版编目(CIP)数据

通信电源/漆逢吉主编. --4版. --北京：北京邮电大学出版社，2015.2(2015.12重印)
ISBN 978-7-5635-4289-5

Ⅰ.①通… Ⅱ.①漆… Ⅲ.①电信设备—电源—高等职业教育—教材 Ⅳ.①TN86

中国版本图书馆CIP数据核字(2015)第018347号

书　　名：通信电源(第4版)
主　　编：漆逢吉
责任编辑：彭　楠
出版发行：北京邮电大学出版社
社　　址：北京市海淀区西土城路10号(邮编：100876)
发 行 部：电话：010-62282185　传真：010-62283578
E-mail：publish@bupt.edu.cn
经　　销：各地新华书店
印　　刷：北京鑫丰华彩印有限公司
开　　本：787 mm×1 092 mm　1/16
印　　张：19.5
字　　数：483千字
印　　数：3 001—6 000册
版　　次：2005年1月第1版　2008年8月第2版　2012年8月第3版　2015年2月第4版
2015年12月第2次印刷

ISBN 978-7-5635-4289-5　　定　价：39.80元

· 如有印装质量问题，请与北京邮电大学出版社发行部联系 ·

前　言

通信电源是通信系统的重要组成部分，通信质量和通信的可靠性与通信电源系统的供电质量和供电可靠性密切相关。因此，熟悉通信电源系统的组成及对通信设备供电的要求，掌握现代通信电源系统中常用设备的基本原理和使用维护方法，是通信类高职高专相关专业学生的重要任务之一。

本书第1版于2005年1月出版，此后随着通信电源技术的发展、相关标准（国家标准和通信行业标准）的新颁或更新以及教学与实践经验的积累，阶段性地进行了修订再版。第2版为"普通高等教育'十一五'国家级规划教材"，于2008年8月出版；第3版于2012年8月出版；如今第4版是修订第3版形成的，被审定为"'十二五'职业教育国家规划教材"。

根据培养应用型、高技能人才的目标，本书侧重从通信电源使用维护和工程建设的角度来讲述各部分的基本理论和基本知识，重视把通信电源领域最新标准中的先进理念、相关定义、重要规定、指标要求和测试方法适当融入各有关章节，力求讲述的内容技术先进，概念准确，思路清晰，深入浅出，理论联系实际，符合实用需求，能较好地指导通信电源设备安装维护实践。

各院校、各专业"通信电源"课程的教学时数不完全一致，讲课时对本书的内容可根据实际情况进行取舍。

本书第1章至第8章由漆逢吉执笔，第9章由李义平执笔，第10章由马康波执笔；罗晓蓉参与了第4章的编写工作；全书由漆逢吉主编和统稿。

在本书的编写过程中，得到了四川邮电职业技术学院和通信企业很多同志的大力支持。本书的素材来自大量的参考文献和相关企业的产品资料。在此一并表示衷心感谢！

由于作者水平有限，书中难免存在缺点和欠妥之处，敬请读者批评指正。

作　者

目　录

第1章 通信电源系统组成及供电要求

通信电源是向通信设备提供直流电能或交流电能的电源装置，是任何通信系统赖以正常运行的重要组成部分。通信质量的高低，不仅取决于通信系统中各种通信设备的性能和质量，而且与通信电源系统供电的质量密切相关。如果通信电源系统供电质量不符合相关技术指标的要求，将会引起电话串、杂音增大，通信质量下降，误码率增加，造成通信的延误或差错。一旦通信电源系统发生故障而中断供电，就会使通信中断，甚至使得整个通信局(站)陷于瘫痪，从而造成严重的损失。可以说，通信电源是通信系统的"心脏"，它在通信网中处于极为重要的位置。

1.1 通信电源的基本分类

与工业企业的供电系统相比，通信局(站)的供电系统除具有相似的交流供电系统外，还具有独特的直流供电系统。

国内外大部分通信设备如程控交换机、光纤传输设备、移动通信设备和微波通信设备等，采用直流供电，与交流供电相比，具有可靠性高、电压平稳和较易实现不间断供电等优点。直流电主要是用220/380 V交流电整流获得的，整流器输入交流电、输出所需直流电，其输出端与蓄电池组并联，它们共同为通信设备提供直流基础电源(一般为−48 V)，这种电源也称为一次电源。此外，各类通信设备中还需要3.3 V、5 V、12 V等多种直流电压，这些电压通常由通信设备内部的直流变换器供给；程控交换机中还装有产生铃流信号的铃流发生器。这些装在通信设备机架内的电源，通常称为机架电源，也称为二次电源。

有些通信设备，如卫星通信地球站的通信设备和无线电收、发信台的收、发信设备等，一直采用220/380 V交流供电。

1.1.1 基础电源

通信局(站)的基础电源分为交流基础电源和直流基础电源两大类。

1. 交流基础电源

由市电或备用发电机组(含移动电站)提供的低压交流电源，称为通信局(站)的交流基础电源。

低压交流电的额定电压为220/380 V，即相电压220 V，线电压380 V；额定频率为50 Hz。

2. 直流基础电源

向各种通信设备、通信逆变器和直流变换器提供直流电压的电源，称为直流基础电源。

直流基础电源的电压，根据我国通信行业标准YD/T 1051—2010《通信局(站)电源系统总技术要求》，首选标称值−48 V，过渡时期暂留标称值−24 V及+24 V。−48 V和−24 V均电源正极接地，+24 V则是电源负极接地。

1.1.2 机架电源

机架电源是指通信设备内的插件电源。例如，程控交换机的机架电源中主要是直流变换器，它们把直流基础电源−48 V电压变换成±5 V、±12 V等多种直流电压，供交换机各电路板用电；铃流发生器则把−48 V电压变换为振铃所需的25 Hz、75 V交流电压，供交换机使用；还有逆变器，它把−48 V电压逆变为50 Hz、220 V交流电压，供控制室中微机和外围设备用电。

上面说到的整流器、逆变器和直流变换器，统称为换流设备。整流器(AC/DC)将交流电变换为所需直流电，逆变器(DC/AC)则将直流电变换为所需交流电，而直流变换器(DC/DC)是将一种电压的直流电变换为另一种或几种电压的直流电。

1.2 通信局(站)电源系统的组成

通信局(站)电源系统是对局(站)内各种通信设备及建筑负荷等提供用电的设备和系统的总称。该系统由交流供电系统、直流供电系统、接地系统、防雷系统和集中监控系统组成。

通信局(站)电源系统必须保证稳定、可靠和安全地供电。不同类型的通信局(站)分别采用集中供电、分散供电、混合供电等不同的电源系统组成方式。

通信局(站)应设事故照明。事故照明灯具可采用直流照明灯或交流应急灯。

1.2.1 通信局(站)的类型

根据我国通信行业标准YD/T 1051—2010《通信局(站)电源系统总技术要求》，通信局(站)按其重要性和规模大小，分为以下几类。

一类局站：国家级枢纽、容灾备份中心、省会级枢纽、长途通信楼、核心网局、互联网安全中心、省级的IDC[①]数据机房、网管计费中心、国际关口局。

二类局站：地市级枢纽、国家级传输干线站、地市级的IDC数据机房、卫星地球站、客服大楼。

---

① 互联网数据中心(Internet Data Center，IDC)，是通信企业利用其互联网通信线路、带宽资源，建立标准化的通信专业级机房环境，为企业、政府机关等客户提供服务器托管、租用以及相关业务的场所。

三类局站：县级综合楼、省级传输干线站。

四类局站：末端接入网站、移动通信基站、室内分布站等。

1.2.2　集中供电方式电源系统的组成

集中供电是指在通信局(站)内只设一个通信电源供电中心(如电力电池室)，所有通信设备都由该供电中心的电源供电。集中供电方式电源系统的组成示意图如图 1.1 所示。

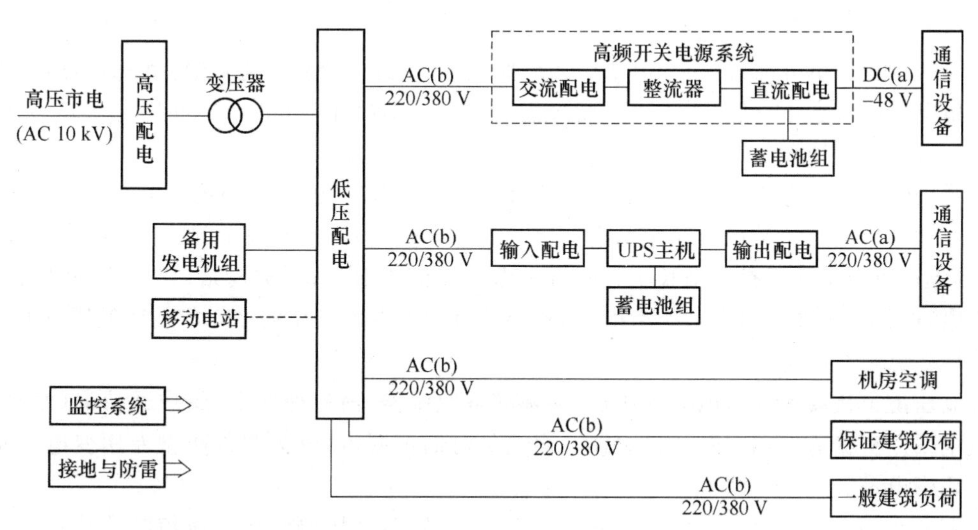

图 1.1　集中供电方式电源系统组成示意图

下面以集中供电方式为例(见图 1.1)，初步介绍通信局(站)电源系统的各组成部分。

1. 交流供电系统

通信局(站)的交流供电系统由主用交流电源(市电)、变配电系统(包括高压配电设备及其操作电源、降压电力变压器、低压配电设备)、备用电源系统(包括备用发电机组及附属设备、移动电站)、交流不间断电源系统(包括 UPS 主机、相应的蓄电池组、输入输出配电柜)以及相关的配电线路组成。

(1) 主用交流电源

主用交流电源为市电，一般从 10 kV(线电压)高压电网引入。

市电的可靠性用“市电不可用度”来衡量。市电的不可用度是指市电的不可用时间同可用时间和不可用时间之和的比，即

$$\text{市电不可用度} = \frac{\text{不可用时间}}{\text{可用时间} + \text{不可用时间}}$$

在 YD/T 1051—2010 中，将市电供电方式分为一类、二类、三类和四类。

一类市电供电方式：是从两个稳定可靠的独立电源引入两路供电线，两路供电线不应有同时检修停电的供电方式。两路供电线宜配置备用电源自动投入装置。

一类市电供电方式的不可用度指标：平均月市电故障次数应不大于 1 次，平均每次故障持续时间应不大于 0.5 小时，市电的年不可用度应小于 6.8×10^{-4}。

二类市电供电方式为满足以下两个条件之一者：

① 从两个以上独立电源构成的稳定可靠的环形网上引入一路供电线的供电方式；

② 从一个稳定可靠的电源或从稳定可靠的输电线路上引入一路供电线的供电方式。

二类市电供电方式的不可用度指标：平均月市电故障应不大于3.5次，平均每次市电故障持续时间应不大于6小时，市电的年不可用度应小于3×10^{-2}。

三类市电供电方式：是从一个电源引入一路供电线的供电方式。

三类市电供电方式的不可用度指标：平均月市电故障应不大于4.5次，平均每次市电故障持续时间应不大于8小时，市电的年不可用度应小于5×10^{-2}。

四类市电供电方式：由一个电源引入一路供电线，经常昼夜停电，供电无保证，达不到第三类市电供电要求，市电的年不可用度大于5×10^{-2}；或者有季节性长时间停电，甚至无市电可用。

类别不同的供电方式涉及供电系统的可靠性，通信局(站)要与当地供电部门协商，引入适当类别的市电。一类局站原则上应采用一类市电引入；二类局站原则上考虑二类市电引入，具备外市电条件且投资增长不大时可考虑一类市电引入；三类局站，具备条件时引入二类市电，不具备条件时引入三类市电；四类局站可就近引入可靠的220/380 V低压市电。

(2) 变配电系统

高压配电装置和降压电力变压器(又称配电变压器，简称变压器)组成通信局(站)的专用变电站。根据通信局(站)建设规模及用电负荷的不同，可分为室外小型专用变电站和室内专用变电站。

室外小型专用变电站将变压器安装在室外，变压器高压侧常用高压熔断器式跌落开关(跌落式熔断器)进行操作。

室内专用变电站将变压器安装在室内。当变压器容量不大于315 kVA时，一般不设高压开关柜，变压器高压侧常用高压负荷开关进行操作；变压器容量在630 kVA以上或有两路高压市电引入时，应配置适当的高压开关柜。

高压开关柜引入10 kV高压市电，输送给降压电力变压器。它能保护本局的设备和配电线路，同时能防止本局的故障波及外线设备，还具有操作控制及监测电压、电流等性能。高压开关柜内装设高压开关电器、高压熔断器、高压仪用互感器、避雷器、继电保护装置以及电磁和手动操作机构。

降压电力变压器把三相10 kV高压变成220/380 V低压，用三相五线制(TN-S系统)配线方式输送给低压配电设备，为整个通信局(站)提供低压交流电。一般采用油浸式变压器，如在主楼内安装，应选用干式变压器。

低压配电设备进行低压供电的分配、通断控制、监测、告警和保护。在整个低压配电设备中，包括市电油机转换屏，用于由市电供电或备用发电机组供电的自动或手动切换；还包括电容补偿柜，其作用是自动补偿功率因数，使通信局(站)的功率因数保持在0.90以上。

(3) 备用电源系统

通信局(站)一般应配置备用发电机组，当市电停电时，用它供给220/380 V交流电。备用发电机组主要采用柴油发电机组，不少通信局(站)采用了可以无人值守的自动化柴油发电机组，当市电停电时能自动启动、自动加载，在市电恢复后能自动卸载停机；燃气轮发电机组已在有的枢纽局使用，它与柴油发电机组相比，性能更好，具有体积小、质量轻、不需水冷却系统、发电品质好、运行可靠性高、使用寿命长和有利于环境保护等显著优点，但价格较昂贵。

移动电站是移动式的备用发电机组，使用机动灵活，用于应急供电。

需要注意，备用发电机组三相电压的相序，在交流供电系统的线位上必须与市电三相电压的相序一致；备用发电机组的零线和保护地线，必须分别与受电端的相应端子可靠连接。否则，会引起用电设备工作异常，甚至可能损坏设备。假如发现相序接错，应将接备用发电机组输出端三根相线中的任意两根对调。

现在通信局（站）装备了先进的交换、传输和监控设备，这些设备的正常运行十分依赖机房内的空调装置。例如程控交换机，当空调持续停止工作45分钟以上时，机房内的温升就可能使它难以维持正常工作，甚至发生瘫痪。所以通信网数字化、程控化后，通信局（站）电源系统确保交流供电显得非常重要。一旦市电停电，应在15分钟内使备用发电机组启动运行，以保证机房空调等用电。

图1.1中保证建筑负荷是指保证照明、消防电梯和消防水泵等负荷；一般建筑负荷是指一般空调、一般照明以及生活用电等负荷。

在一类市电或二类市电供电方式下，备用发电机组的容量应能同时满足通信负荷功率、蓄电池组的充电功率、机房空调功率以及其他保证建筑负荷功率；在三类市电供电方式下，机组容量还应包括满足部分生活用电；如属于四类市电供电方式，则机组容量应包括满足全部生活用电。

(4) 交流不间断电源系统（UPS）

卫星通信地球站的通信设备、数据通信机房服务器及其终端、网管监控服务器及其终端、计费系统服务器及其终端等，采用交流电源并要求交流电源不间断，为此应采用交流不间断电源系统（UPS）及其相应的输入、输出配电柜对其供电。

UPS由整流器、蓄电池组、逆变器和转换开关等部分组成，其输入、输出均为交流电。在通信电源系统中通常采用双变换UPS——正常情况下，不论市电是否停电，均由UPS中的逆变器输出稳定、纯净的正弦波交流电压（50 Hz三相380 V或单相220 V）供给负载，供电质量高。

2. 直流供电系统

通信局（站）的直流供电系统由高频开关电源系统（简称开关电源）、蓄电池组和相关的馈电线路组成。其中高频开关电源系统是由交流配电屏（或交流配电单元）、整流器、直流配电屏（或直流配电单元）和监控器组成的成套设备。直流供电系统向各种通信设备、直流变换器（DC/DC）和逆变器（DC/AC）等提供直流不间断电源。

(1) 交流配电屏

交流配电屏输入低压交流电，对各高频开关整流器等进行供电的分配、通断控制、监测、告警和保护。

在大容量的通信用高频开关电源系统中，交流配电屏是其中的一个独立机柜。在容量相对较小的组合式高频开关电源设备中，没有单独的交流配电屏，但必有交流配电单元。

(2) 整流器

整流器将低压交流电变成所需直流电。通信用整流器已由晶闸管整流器（相控整流器）发展到高频开关整流器。晶闸管整流器由于有笨重的工频变压器和低频滤波电感，而使设备的体积和质量都很大，而且效率和功率因数都较低，智能化程度也低，因此逐渐被淘汰，由技术更先进的高频开关整流器取代。高频开关整流器采用无工频变压器整流、功率因数校正电路和脉宽调制高频开关电源技术,具有体积小、质量轻、高效率、高功率因数、高可靠性以及智能化程度高、可以远程监控、无人或少人值守等优点,现已得到广泛应用,并且逐渐在实现全数字化控制。

通信用高频开关整流器为模块化结构。在一个高频开关电源系统中,通常是若干高频开关整流器模块并联输出,输出电压自动稳定,各整流模块的输出电流自动均衡。

(3) 蓄电池组

蓄电池是一种可以储存电能的化学电源。充电时,电能变成化学能储存于蓄电池中;放电时,化学能变为电能,向负载供电。充、放电过程是可逆的,可以反复循环许多次。

传统蓄电池可分为酸性电解液(稀硫酸)的铅酸蓄电池和碱性电解液(氢氧化钾或氢氧化钠)的碱性蓄电池。

通信局(站)一般采用铅酸蓄电池。铅酸蓄电池已由防酸式铅酸蓄电池发展到阀控式密封铅酸蓄电池。阀控式密封铅酸蓄电池在使用中无酸雾排出,不会污染环境和腐蚀设备,可以和通信设备安装在同一机房,平时维护比较简便,蓄电池中无流动电解液,体积较小,可立放或卧放工作,蓄电池组可以进行积木式安装,节省占用空间,因此它在通信局(站)中得到了广泛应用。

蓄电池的运行有充放电循环和浮充两种工作方式。通信局(站)现在都采用全浮充工作方式,即整流器与蓄电池组并联向负载(通信设备等)供电——通过直流配电屏连接,整流器的输出端、蓄电池组和负载始终并联,以 −48 V 直流电源系统为例,如图 1.2所示。交流电源正常时,整流器输出稳定的“浮充电压”,供给全部负载电流,并对蓄电池组进行补充充电,使蓄电池组保持电量充足,此时蓄电池组仅起平滑滤波作用;当交流电源中断,整流器停止工作时,蓄电池组放电供给负载电流;当交流电源恢复、整流器投入工作时,又由整流器供给全部负载电流,同时它以稳压限流方式对蓄电池组进行恒压限流充电,然后返回正常浮充状态。为了保证直流电源不间断,蓄电池组是必不可少的。

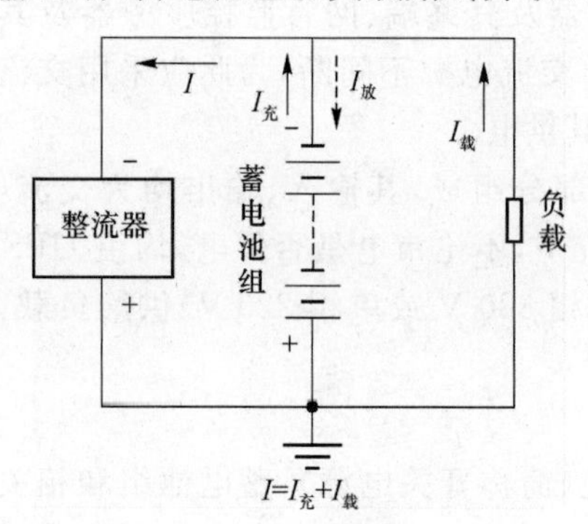

图 1.2 浮充供电原理图

在 −48 V 电源系统中,通常采用 24 只 2 V 蓄电池串联构成一个蓄电池组;在 −24 V 或 +24 V 电源系统中,通常采用 12 只 2 V 蓄电池串联构成一个蓄电池组。蓄电池组中每只电池的规格型号和容量都应相同。当采用两组蓄电池并联时,两组电池性能应一致。

碱性蓄电池与铅酸蓄电池相比,具有耐过充电、过放电、使用寿命长等优点,但电动势低、价格昂贵,在通信局(站)中很少使用。

近年来,磷酸铁锂电池等新型蓄电池逐渐在通信局(站)应用。

(4) 直流配电屏

直流配电屏把整流器的输出端、蓄电池组和负载连接起来,构成全浮充工作方式的直流不间断电源供电系统,并对直流供电进行分配、通断控制、监测、告警和保护。

直流配电屏按照配电方式不同,分为低阻配电和高阻配电两种。大多数通信设备采用低阻配电，低阻配电屏的输出分路较少，每个输出分路的馈电线截面积应足够大，使输出馈线上的压降小于规定值。有的通信设备如瑞典 AXE-10 型程控交换机，则要求采用高阻配电，高阻配电屏的输出分路多，分别给交换机各机架馈电，各输出分路均引出正、负馈线，其中每根负馈线都经熔断器引出，为小截面高阻馈线，每根负馈线的电阻应不小于 45 mΩ，负馈线的截面积为 10 mm^2，若馈线长度较短，则串入 30 mΩ 电阻片，正馈线电阻则应小于 1 mΩ，蓄电池内阻应小于 4～5 mΩ。高阻配电的优点是：当某一机架发生短路时，由于高阻馈线电阻为电池内阻的 10 倍左右，它限制了短路电流，因此可以大大减小其他机架供电电压的跌落。

在大容量的通信用高频开关电源系统中，直流配电屏是其中的一个独立机柜。在组合式高频开关电源设备中，没有单独的直流配电屏，但必有直流配电单元。

3. 接地系统

为了保证通信质量并确保人身与设备安全，通信局(站)必须具有良好的接地装置，使各种电气电子设备的零电位点与大地有良好的电气连接。

通信电源接地按照功能，可分为工作接地(直流电源的正极或负极接地称为直流工作接地、交流电源的中性点接地称为交流工作接地)、保护接地和防雷接地。

我国自 20 世纪 80 年代以来，根据防雷等电位原则，通信局(站)均采用联合接地。联合接地方式是交、直流工作接地、保护接地以及建筑物防雷接地等共同合用一组接地系统的接地方式。联合接地系统由接地网(由一组或多组接地体在地下相互连接构成)、接地引入线、接地汇集线和接地线四部分组成。

－48 V 或－24 V 电源系统，电源正端必须可靠接地；＋24 V 电源系统，电源负端必须可靠接地，此即直流工作接地。电源设备的金属外壳必须可靠地保护接地。直流工作接地的接地线和保护接地的接地线应分别单独与接地汇集线(或汇流排)连接。严禁在接地线中加装开关或熔断器。

4. 防雷系统

通信局(站)的防雷系统由接闪器(避雷针等)、雷电流引下线、接地网、等电位连接、各级浪涌保护器(SPD)等组成，用于防止雷电产生的危害。

5. 集中监控系统

在通信局(站)中，电源、空调和环境监控采用同一套集中监控系统，该系统由各种监控模块和数据采集设备、网络传输设备、监控终端等设备组成。

集中监控系统对监控范围内的电源系统和系统内各个设备进行遥测、遥信、遥控，实时监视电源系统和设备的运行状态，记录和处理相关数据，及时侦测故障并通知维护人员处理，从而实现通信电源的少人或无人值守、集中维护管理。

集中供电方式适用于规模不大的通信局(站)，例如比较小的县级综合楼等。当负载功率($P=UI$)一定时，额定电压低则工作电流大。由于直流基础电源电压较低(标称绝对值 48 V或 24 V)，因此直流电源设备与负载(通信设备)之间的直流馈电线中电流 I 较大，使馈线的损耗功率 $P_X=I^2R$ 和压降 $U_X=IR$ 较大。馈线的电阻 R 与其长度成正比，与其截面积成反比。馈线长则电阻大，导致其能耗和压降大，要减少馈线的能耗和压降，就必须加大馈线截面积以减少馈线电阻，从而增加投资。由此可见，直流电源设备的位置靠近通信设备使馈电线较短才经济合理，开关电源和蓄电池组不宜远离通信设备，因此集中供电方式不宜用于规模较大的通信局(站)。地市级枢纽等规模较大的通信局(站),应采用分散供电方式。

1.2.3 分散供电方式电源系统的组成

分散供电是指在通信局(站)内分设多个通信电源供电点,每个供电点对邻近的通信设备提供独立的供电电源。分散供电方式电源系统的组成示意图如图1.3所示。地市级以上的通信枢纽引入一路或两路10 kV高压市电,宜采用2台或多台降压电力变压器。

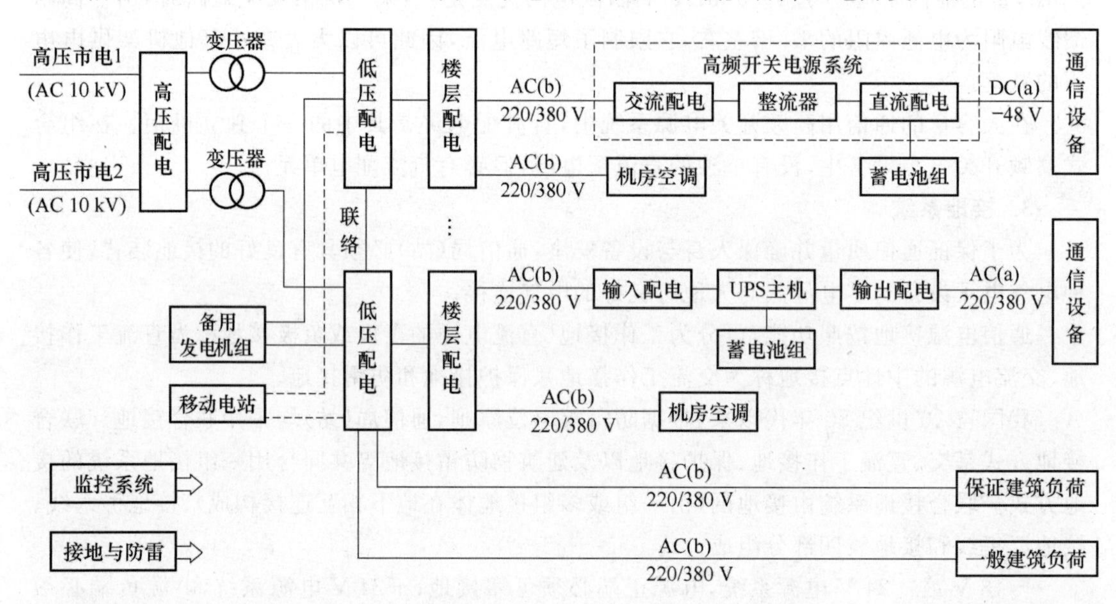

图1.3 分散供电方式电源系统组成示意图

分散供电方式实际上主要是指直流供电系统采用分散供电方式,而交流供电系统基本上仍然是集中供电,同一通信局(站)原则上应设置一个总的变配电系统和备用电源系统,由此分别向各楼层及各直流供电系统提供低压交流电。

各直流供电系统可分楼层设置,也可按通信设备系统设置。设置地点可为单独的电力电池室,也可与通信设备同一机房。

当通信局(站)对交流不间断电源的总容量需求很大时,UPS系统宜采用相对分散的方式供电,例如分楼层设置UPS系统。

采用分散供电方式时,把通信大楼中的通信设备分为几部分,每一部分由容量适当的电源系统供电,多个电源系统同时出故障的概率小,即全局通信瘫痪的概率小,因而供电可靠性高。此外,分散供电方式电源设备应靠近通信设备布置,从直流配电屏到通信设备的直流馈线长度缩短,故馈电线路电能损耗小,节能,并可减少线料费用。所以,地市级以上的通信大楼现在都采用分散供电方式。

1.2.4 混合供电方式电源系统的组成

光缆中继站和微波无人值守中继站,可采用交流电源和太阳电池方阵(或风力发电机)相结合的混合供电方式电源系统。该系统由太阳电池方阵及其控制器(含稳压等装置)或者风力发电机及其控制器(含整流稳压等装置)、低压市电、蓄电池组、整流和配电设备以及移动电站组成，如图 1.4 所示。

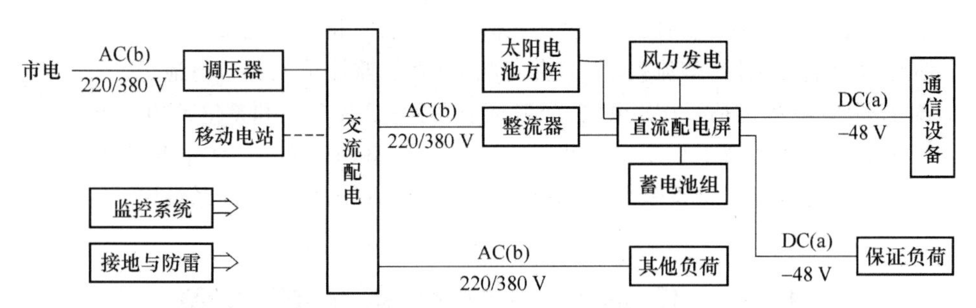

图 1.4　混合供电方式电源系统组成示意图

太阳是一个巨大的能源。PN 结在光照射下会产生电动势，这种效应叫做光生伏特效应。太阳能电池简称太阳电池，就是根据这一效应制成的。太阳电池与蓄电池组成的直流供电系统，一般是太阳电池方阵通过控制器（包括稳压装置和直流配电单元）与蓄电池组并联浮充对负载供电。

微波无人值守中继站若通信容量较大，不宜采用太阳电池供电时，可采用市电与固定的、无人值守、自动化性能及可靠性高的成套电源设备，组成交流电源系统。其成套电源设备包括：两台自动化柴油发电机组、市电油机自动转换屏、微机控制屏以及燃油自动补给系统、机油自动补给系统、风冷机组的自动通风系统或水冷机组的水自动补给系统等辅助设施。

1.2.5　移动通信基站常用电源系统的组成

移动通信基站常用的电源系统组成示意图如图 1.5 所示。

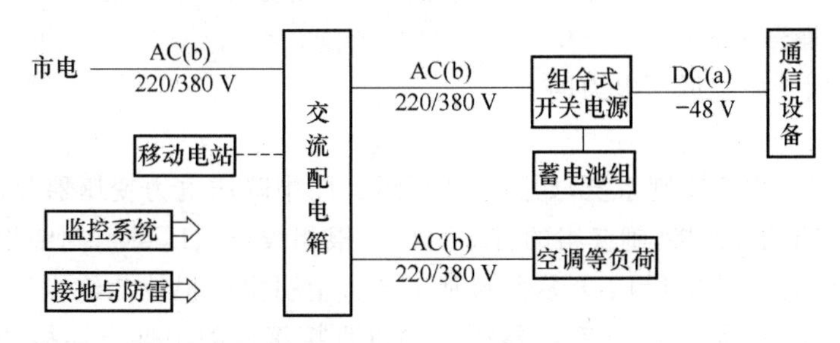

图 1.5　移动通信基站常用的电源系统组成示意图

在城镇设置的移动通信基站，通常输入 220/380 V 低压市电。由于移动通信基站用电量较小，用电设备较少，机房中一般不配置交流配电屏，只配置交流配电箱，它接入 220/380 V 低压交流电，将其分配给高频开关电源和空调等设备，同时对交流供电进行控制、监测、告警和保护。

1.2.6　一体化供电方式电源系统的组成

一体化供电方式，即通信设备和电源设备组合在同一个机架内，由低压交流电源供电。

通常通信设备位于机架的上部,电源设备装在机架的下部。

一体化组合电源系统包括两种类型:一体化直流电源和一体化 UPS 电源。

一体化直流电源包括:整流模块、交直流配电单元、监控单元和蓄电池组。

一体化 UPS 电源包括:UPS 模块、交流配电单元、监控单元和蓄电池组。

一体化供电方式适用于小型通信站,如接入网站、室内分布站、室外小基站等。这些通信站也应有合格的接地与防雷系统,并应接入上级局(站)的集中监控系统中。

1.3 低压交流配电系统的类型

根据国际电工委员会(IEC)标准,低压交流配电系统按接地方式的不同,分为 TN 系统、TT 系统和 IT 系统三种基本类型。其中,第一个大写字母表示电源端与地的关系:T(法文 Terre)表示电源端有一点(中性点)直接接地,I(法文 Isoland)表示电源端的所有带电部分不接地或有一点通过阻抗接地;第二个大写字母表示电气设备的外露可导电部分与地的关系:N(法文 Neutre) 表示电气设备的外露可导电部分与电源端接地点有直接的电气连接,T(法文 Terre)表示电气设备的外露可导电部分直接接地,但此接地点在电气上独立于电源端的接地点。

1.3.1 TN 系统

TN 系统是交流配电系统中电源的中性点直接接地,电气设备的外露可导电部分(金属外壳)通过保护导线连接到此接地点的系统。它是接零保护系统。该系统按照中性线与保护线的不同连接方式,又分为 TN-S 系统、TN-C 系统和 TN-C-S 系统三种类型。其中短横线后的字母 S(法文 Separateur)表示中性线和保护线是分开的,C(法文 Combinaison)表示中性线和保护线是合一的。

TN 系统适用于城镇低压电力网。

1. TN-S 系统

TN-S 系统即三相五线制系统,如图 1.6 所示。图中降压电力变压器仅画出了副绕组。副绕组采用星形(Y 形)连接,副绕组的首端引出三根相线:L_1、L_2、L_3,副绕组的中性点直接接地(接地电阻一般应不大于 4 Ω),从其接地汇流排上引出两根彼此绝缘的导线,一根为中性线即工作零线 N(简称零线,与变压器或发电机直接接地的中性点连接的中性线称为零线),另一根为保护零线即保护地线 PE。工作零线 N 参与传输电能,流过三相不平衡电流。保护零线 PE 不参与传输电能,专门用于接零保护,它接到电气设备的金属外壳上,使设备的金属外壳通过 PE 线在电源的接地点接地。PE 线平时无电流通过,当交流相线与机壳短路时,流过较大的短路电流,使接于相线中的断路器或熔断器等保护器件迅速动作,及时切断电源,从而保障人身和设备的安全。

TN-S 系统是工作零线 N 与保护地线 PE 完全分开的系统。应用中必须注意:严禁采用零线 N 作为保护地线;零线 N 不得重复接地;设备中的零线铜排必须与设备的金属外壳绝缘;保护地线 PE 应与联合接地系统中的接地总汇集线(或总汇流排)连通。

为了人身和设备的安全,严禁在保护地线和公共零线中加装开关或熔断器,并应在实际工作中注意,保护地线端子和零线端子均要连接牢固,防止虚接。如果保护地线断路,若某一相线碰连设备的金属外壳,则机壳对地电压将达到相电压,这时没有较大的短路电流,一般的过电流保护装置不能切断电源进行保护,从而严重危及人身安全。如果公共零线断路而接通了三相电源,当三相负载不平衡时,负载侧中性点将会发生电位偏移,各相负载电压失去平衡,可能有的负载电压接近线电压,而有的负载电压远低于正常相电压,因此用电设备不能正常工作,甚至一相或两相上的用电设备被烧坏。

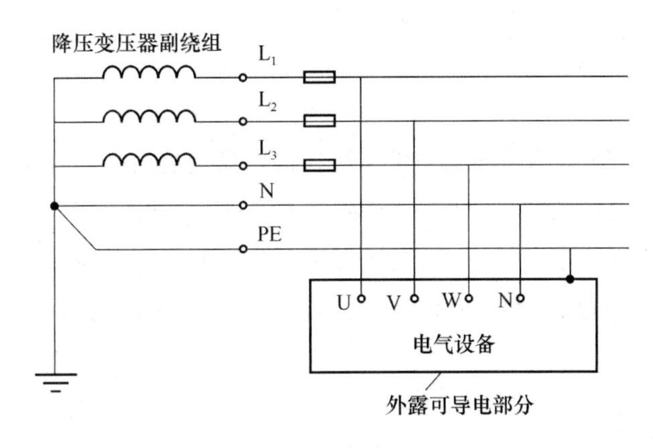

图 1.6　TN-S 系统(三相五线制)原理图

在三相五线制供电系统中,单相供电采用单相三线制,三线即相线、零线和保护地线。

2. TN-C 系统

TN-C 系统即三相四线制接零保护系统,是工作零线 N 与保护地线 PE 合一的系统,如图 1.7 所示。从降压电力变压器副绕组直接接地的中性点引出的中性线,既是工作零线,又是保护地线,工作零线与保护地线合为一体,称为保护中性线,即 PEN 线。这时电气设备的金属外壳必须接到 PEN 线上,进行接零保护。

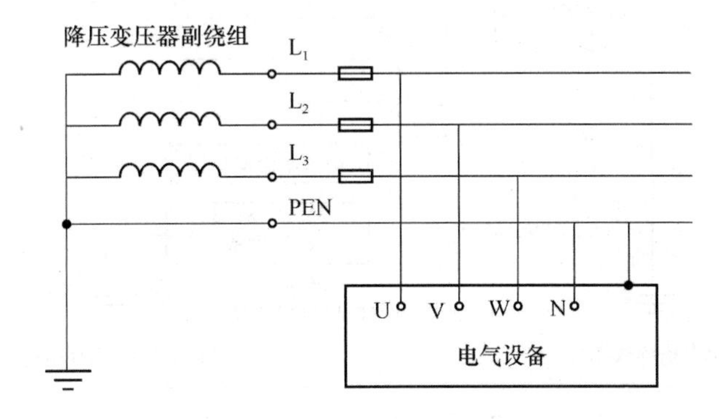

图 1.7　TN-C 系统(三相四线制)原理图

在 TN-C 系统中,为了防止因 PEN 线断线而造成危害,在距离接地点超过 50 m 时,PEN 线在引入建筑物处应重复接地(其接地电阻不宜超过 10 Ω)。

3. TN-C-S 系统

TN-C-S 系统如图 1.8 所示,整个低压交流配电系统的前部分为 TN-C 系统,其零线和保护地线是合一的 PEN 线;后部分则采用 TN-S 系统,其零线(N)和保护地线(PE)分开,并且不允许再合并或者混用。

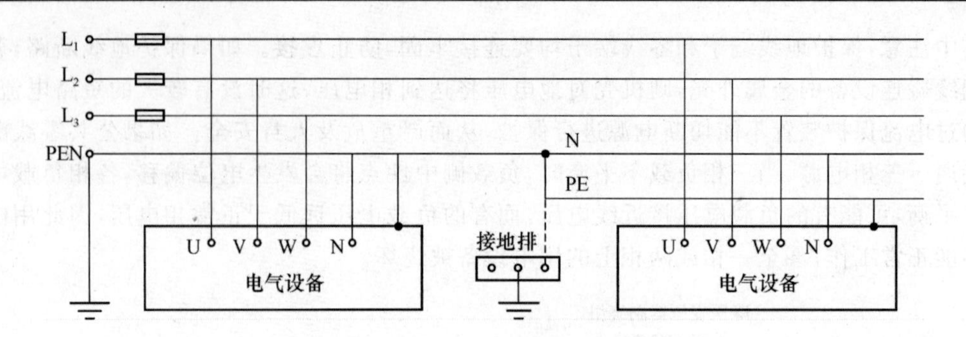

图 1.8 TN-C-S 系统原理图

通信局(站)采用 TN-C-S 系统时,PEN 线在进入通信楼房处应作重复接地——将 PEN 线与机房联合接地系统中的接地总汇集线(或总汇流排)可靠连通。

为了便于区分不同的电源线,电气设备交流电源线的颜色应符合规定:相线为 A 相(U 相)黄色、B 相(V 相)绿色、C 相(W 相)红色,零线(N)为淡蓝色,保护地线(PE)为黄、绿双色。

1.3.2 TT 系统

TT 系统是交流配电系统中电源的中性点直接接地,电气设备的外露可导电部分(金属外壳)就近保护接地,两个接地装置无直接关联的系统,如图 1.9 所示。它是接地保护系统。在这种系统中,除降压电力变压器副绕组中性点直接接地外,引出的中性线(零线 N)不得再接地,并应与相线(L_1、L_2、L_3)保持相等的绝缘水平。

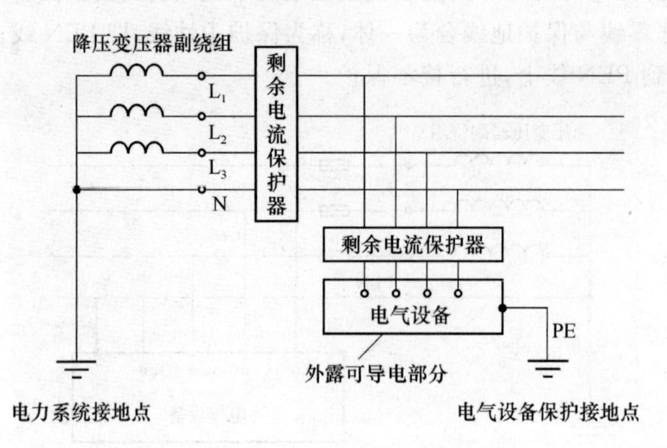

图 1.9 TT 系统原理图

TT 系统适用于农村低压电力网。

TT 系统如不采取专门保护措施,其保护性能不能确保安全。假如电气设备中某一相线碰到了设备的金属外壳,如图 1.10 所示,这时设备金属外壳的对地电压为

$$U_{\mathrm{E}} = \frac{R_{\mathrm{A}}}{R_{\mathrm{A}} + R_{\mathrm{N}}} U \tag{1.1}$$

式中,R_{A} 为保护接地装置的接地电阻,R_{N} 为电力变压器中性点的接地电阻,U 为相电压。

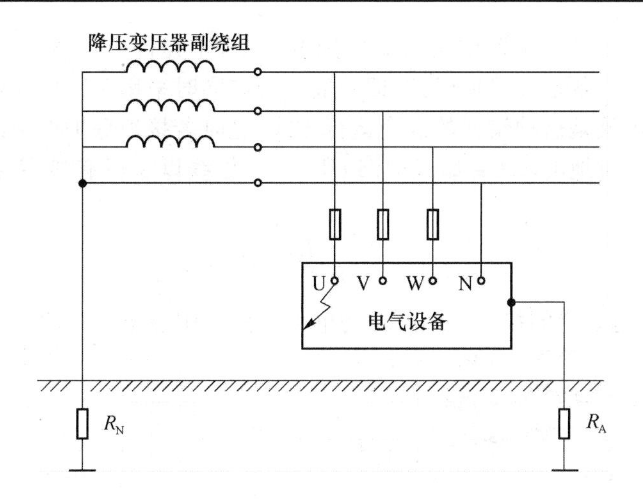

图 1.10　TT 系统相线碰机壳的分析

虽然 $U_E<U$，但由于 R_A 和 R_N 在同一个数量级，因此机壳对地电压 U_E 几乎不可能限制在安全范围内（国家标准规定，工频安全电压的限值为有效值 50 V）。由于这时没有较大的短路电流，故断路器或熔断器不一定能切断电源进行保护。所以，通信局（站）一般不宜采用 TT 系统。若确有困难，不得不采用 TT 系统，则必须在低压交流电源进线处装设剩余电流保护器，将故障持续时间限制在允许范围之内（如 0.1 s）。

剩余电流保护器的全称是剩余电流动作保护器（RCD）。"剩余电流"是相线与中性线的电流相量和（其瞬时值是相线与中性线电流瞬时值的代数和）。参看图 1.11，线路和设备绝缘良好时，剩余电流为零（即使三相负载不平衡，由基尔霍夫电流定律可知，剩余电流也为零）；如果供电线路或电气设备发生单相接地故障，就会产生一定量值的剩余电流。使用剩余电流保护器时，中性线应与相线一起穿过剩余电流保护器中用于检测剩余电流的电流互感器。当剩余电流达到"额定剩余动作电流"时，剩余电流保护器动作，及时切断电源，实施保护。

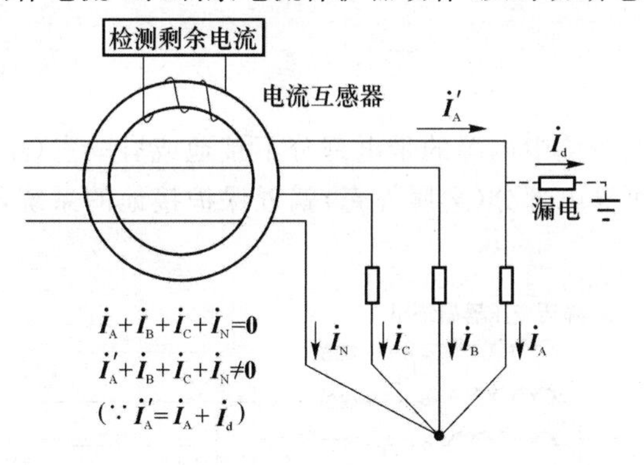

图 1.11　剩余电流示意图

TT 系统通常采用剩余电流保护器实施两级或三级保护。各级剩余电流保护器的动作特性应互相协调，并应避免电网正常泄漏电流使保护器误动作。例如，末级保护（用电设备电源进线处）选用高灵敏度、快速动作型的 RCD，选取额定剩余动作电流 $I_{\Delta n}\leqslant 30$ mA，额定动作时间 $T_n\leqslant 0.1$ s；中级保护（配电系统分支线路）的 RCD，选取 $I_{\Delta n}=60\sim100$ mA，$T_n=0.3$ s；总保护（降压电力变压器输出端）选用延时型的 RCD，选取 $I_{\Delta n}=200\sim300$ mA，$T_n=0.5$ s。

常用的剩余电流保护器是具有漏电保护、过载保护和短路保护功能的剩余电流断路器。

需要指出,在同一台变压器供电的低压配电网中,不允许一部分电气设备采用接零保护,而另一部分电气设备采用接地保护,即一般不允许同时采用 TN-C 方式和 TT 方式混合运行。图 1.12 所示就是这种错误的混合运行方式,这时若接地保护设备的相线碰连金属外壳,则该设备的机壳对地电压 U_E 如式(1.1)所示,而零线以及所有接零保护设备的机壳对地电压为

$$U_N = \frac{R_N}{R_N + R_A} U \tag{1.2}$$

式中,R_A 为保护接地装置的接地电阻,R_N 为电力变压器中性点的接地电阻,U 为相电压。

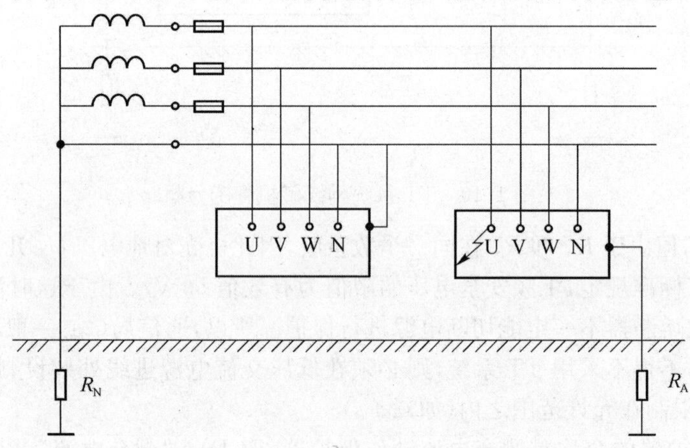

图 1.12　错误的混合运行方式

U_E 和 U_N 都可能给人以致命的电击,而且故障接地电流不大,一般的过电流保护装置往往不动作,危险状态将长时间存在。因此,这种混合运行方式一般是不允许的。

如确有困难,不得不采用混合运行方式,则属于 TT 保护方式的设备必须装设剩余电流保护器。

1.3.3　IT 系统

IT 系统是交流配电系统中电源的带电部分不接地或有一点(中性点)经足够大的阻抗接地,电气设备的外露可导电部分(金属外壳)就近保护接地的系统,如图 1.13 所示。它也是接地保护系统。

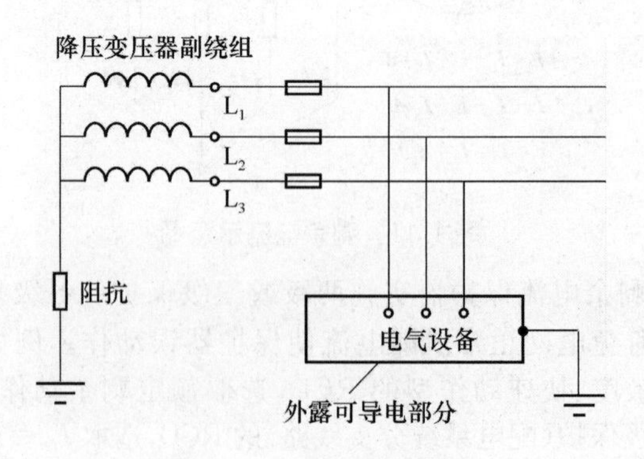

图 1.13　IT 系统原理图

IT 系统可引出中性线，也可不引出中性线；必须装设绝缘监视及接地故障告警装置。这种系统可用于对安全有特殊要求的井下配电网等动力网。

通信局(站)的低压交流配电不采用 IT 系统。

我国通信行业标准 YD 5098—2005《通信局(站)防雷与接地工程设计规范》中规定："综合通信大楼供电应采用 TN(TN-S、TN-C-S)方式。"

移动通信基站等一般应采用 TN-S 或 TN-C-S 供电系统；当使用农村低压电网供电或虽使用专用电力变压器但离基站较远时，可采用 TT 供电系统。

在实际工作中应能正确区分 TN-S 系统和 TT 系统。假如通信局(站)的低压交流配电系统中没有随相线和 N 线一起敷设 PE 线，设备的金属外壳是通过联合接地系统中的保护接地线(PE 线)接地。在这种情况下，若变压器地网与机房地网是同一个接地网，或两者已在地下焊接连通，则属于 TN-S 系统，因为这时设备的外露可导电部分通过保护接地线、接地汇集线、接地引入线和接地网，同电源端接地点(即变压器中性点的接地点)有直接的电气连接，符合 TN-S 系统的定义；若变压器地网与机房地网彼此独立，两者没有直接连通，就属于 TT 系统。

1.4 通信电源供电要求

通信电源系统必须保证稳定、可靠和安全地向通信设备供电，供电不中断，供电质量达到规定指标的要求，电磁兼容性符合相关标准的规定。通信电源设备还应效率高、节能环保、体积小、质量轻、便于安装维护和扩容，并应智能化程度高，可以进行集中监控，实现少人或无人值守。

对通信电源供电的具体要求主要有以下几方面。

1.4.1 供电可靠性

通信电源系统的可靠性用"不可用度"指标来衡量。电源系统的不可用度是指电源系统故障时间同故障时间和正常供电时间之和的比，即

$$\text{电源系统不可用度} = \frac{\text{故障时间}}{\text{故障时间} + \text{正常供电时间}}$$

我国通信行业标准 YD/T 1051—2010《通信局(站)电源系统总技术要求》中规定：一类局站电源系统的不可用度应不大于 5×10^{-7}，即平均 20 年时间内，每个电源系统故障的累计时间应不大于 5 分钟。二类局站电源系统的不可用度应不大于 1×10^{-6}，即平均 20 年时间内，每个电源系统故障的累计时间应不大于 10 分钟。三类局站电源系统的不可用度应不大于 5×10^{-6}，即平均 20 年时间内，每个电源系统故障的累计时间应不大于 50 分钟。

通信电源系统主要设备的可靠性，主要用"平均失效间隔时间(MTBF)"指标来衡量，在 YD/T 1051—2010 中作了具体规定。例如：高频开关整流器，在 15 年使用时间内，MTBF 应不小于 5×10^{4} 小时；阀控式密封铅酸蓄电池组，全浮充工作方式在 8 年使用时间内，MTBF 应不小于 3.5×10^{5} 小时。

1.4.2 供电质量

根据 YD/T 1051—2010 和 YD/T 1970.1—2009《通信局(站)电源系统维护技术要求 第1部分：总则》等标准，对通信局(站)交、直流基础电源的供电质量有以下要求。

1. 交流基础电源技术指标

通信设备用交流电供电时，在通信设备的电源输入端子处测量，电压允许变动范围为：额定电压值+5%～−10%，即相电压 231～198 V、线电压 399～342 V。

通信电源设备及重要建筑用电设备用交流电供电时，在设备的电源输入端子处测量，电压允许变动范围为：额定电压值+10%～−15%，即相电压 242～187 V、线电压 418～323 V。

当市电供电电压不能满足上述规定时，应采用调压或稳压设备来满足电压允许变动范围的要求。

交流基础电源的频率允许变动范围为额定值±4%，即 48～52 Hz。

电压波形正弦畸变率，即电压总谐波畸变率，应不大于 5%。电压总谐波畸变率(THD_u)是交流电压中各谐波分量的方均根值与基波有效值之比的百分数。

三相供电电压不平衡度应不大于 4%。

此外，设置降压电力变压器的通信局(站)，应安装无功功率补偿装置，使功率因数保持在 0.90 以上。

2. 直流基础电源技术指标

直流基础电源的技术指标如表 1.1 所示。通信用直流电源电压的纹波用杂音电压来衡量。

表 1.1 直流基础电源电压标准及技术指标

<table>
<tr><td colspan="2">标称电压/V</td><td>−48</td><td>−24</td><td>+24</td></tr>
<tr><td colspan="2">通信设备受电端子上
电压允许变动范围/V</td><td>−40～−57</td><td>−19～−29</td><td>+19～+29</td></tr>
<tr><td rowspan="3">杂音
电压/
mV</td><td>电话衡重</td><td>≤2</td><td>≤2</td><td>≤2</td></tr>
<tr><td>峰-峰值</td><td>≤200(0～20 MHz)</td><td>≤200(0～20 MHz)</td><td>≤200(0～20 MHz)</td></tr>
<tr><td>宽频(有效值)</td><td>＜100(3.4～150 kHz)
＜30(0.15～30 MHz)</td><td>＜100(3.4～150 kHz)
＜30(0.15～30 MHz)</td><td>＜100(3.4～150 kHz)
＜30(0.15～30 MHz)</td></tr>
<tr><td colspan="2">供电回路全程最大
允许压降/V</td><td>3.2</td><td>2.6</td><td>2.6</td></tr>
</table>

注：1. 杂音电压指标是在直流配电屏输出端子处的测量值。

2. 宽频杂音电压指标是 YD/T 1970.1—2009 的规定；YD/T 731—2008《通信用高频开关整流器》要求整流器输出宽频杂音电压为：≤50 mV(3.4～150 kHz)、≤20 mV(0.15～30 MHz)。然而在 YD/T 1058—2007《通信用高频开关电源系统》和 YD/T 1051—2010 中，取消了对宽频杂音电压的要求。

直流供电回路中每个接线端子(直流配电屏以外)的压降应符合下列要求：1 000 A 以下，每百安培接线端子压降不大于 5 mV；1 000 A 以上，每百安培接线端子压降不大于 3 mV。

1.4.3　安全供电

安全供电十分重要，它涉及面比较宽。例如：电源机房应按有关规定满足防火、抗震等防灾害要求，工作人员应严格遵守操作规程，安全生产管理应常抓不懈等。就通信电源系统本身而言，为了保证人身、设备和供电的安全，应满足以下要求。

首先，通信局（站）电源系统应有完善的接地与防雷设施，具备可靠的过压和雷击防护功能，电源设备的金属壳体应可靠地保护接地；其次，通信电源设备及电源线应具有良好的电气绝缘，包括有足够大的绝缘电阻和绝缘强度；第三，通信电源设备应具有保护与告警性能。此外，有些电源设备还需满足外壳防护等级的要求（参看本章附录）。

对不同设备有不同的具体要求，作为一个例子，下面介绍对高频开关电源系统安全性方面的要求。

防雷：高频开关电源系统应具有防雷装置，在进行进网检验时，应能承受模拟雷击电压波形[①]为 10/700 μs、幅值为 5 kV 的冲击 5 次，承受雷击电流波形为 8/20 μs、幅值为 20 kA 的冲击 5 次，每次冲击间隔时间不小于 1 分钟。在承受以上雷电冲击后，设备应能正常工作。

电气绝缘：根据我国通信行业标准 YD/T 1058—2007《通信用高频开关电源系统》的规定，对绝缘电阻的要求是：在环境温度为 15～35 ℃、相对湿度为 90%、试验电压为直流 500 V 时，交流电路和直流电路对地、交流部分对直流部分的绝缘电阻均不低于 2 MΩ。对绝缘强度则要求：交流电路对地、对直流电路应能承受 50 Hz、有效值为 2 500 V 的正弦交流电压或等效其峰值的 3 535 V 直流电压 1 分钟，无击穿或飞弧现象；直流输出对机壳应能承受 50 Hz、有效值为 1 000 V 的正弦交流电压或等效其峰值的 1 414 V 直流电压 1 分钟，无击穿或飞弧现象。

保护与告警性能：根据 YD/T 1058—2007 的规定，高频开关电源系统应具有交流输入过、欠电压及缺相保护，直流输出过、欠电压保护，直流输出限流保护及过流与短路保护，交流输入回路断路器保护，直流输出分路熔断器或断路器保护，温度过高保护等保护性能。在各种保护功能动作的同时，应能自动发出相应的可闻可见告警信号，并能通过通信接口将告警信号传送到监控设备上。

1.4.4　电磁兼容性

随着电子电气设备的使用日益广泛，电磁环境越来越复杂。高频开关电源等通信电源设备只有具备良好的电磁兼容性，才能在复杂的电磁环境中不但自身可以正常工作，而且不骚扰别的设备正常运行，成为“绿色”电源。通信电源设备的电磁兼容性用 YD/T 983—1998 等标准来规范。

1. 基本概念

电磁兼容性（Electromagnetic Compatibility，EMC）的定义是：设备或系统在其电磁环境中能正常工作且不对该环境中任何事物构成不能承受的电磁骚扰的能力。它有两方面的含义，一方面任何设备不应骚扰别的设备正常工作，另一方面对外来的骚扰有抵御能力。即电磁兼容性包含电磁骚扰和对电磁骚扰的抗扰度两个方面。

---

① 模拟雷击电压、电流波形见 3.5 节。

电磁骚扰(Electromagnetic Disturbance,EMD)的定义为:任何可能引起装置、设备、系统性能降低或者对生物或非生物产生损害作用的电磁现象。这种电磁现象对外界形成干扰,可能造成通信质量降低甚至通信失效等不良后果,因此电磁骚扰的产生必须受到限制,使通信设备与系统以及其他电子电气设备能够正常运行。

对电磁骚扰的抗扰度(Immunity to a Disturbance)简称抗扰度(Immunity),定义为装置、设备或系统面临电磁骚扰不降低性能的能力。抗扰度又称抗扰性。任何电子电气设备都要有适当的抗扰度,才能在越来越复杂的电磁环境中正常工作。

在电磁兼容性文献中还常见另外两个名词:电磁干扰(Electromagnetic Interference,EMI)和电磁敏感度(Electromagnetic Susceptibility,EMS),电磁敏感度又称电磁敏感性。电磁干扰的定义是:电磁骚扰引起的设备、传输通道或系统性能的下降。过去术语"电磁骚扰"和"电磁干扰"常混用,但它们的定义是不同的,两者是因果关系,骚扰(Disturbance)是起因,干扰(Interference)是后果。抗扰度(Immunity)与敏感度(Susceptibility)是相反的关系:敏感度愈高,则抗扰度愈低;反之,敏感度愈低,则抗扰度愈高。

电磁骚扰根据能量传输方式的不同,分为传导骚扰(Conducted Disturbance)和辐射骚扰(Radiated Disturbance)。前者是通过端子和导线向外传递能量的电磁骚扰;后者是以电磁波的形式通过空间传播能量的电磁骚扰。

电磁骚扰用电平来度量,以分贝(dB)及其参量的单位来表示。传导骚扰一般用电压(以μV为单位)作参量,辐射骚扰用离骚扰源一定距离(如10 m或3 m)的电场强度(以μV/m为单位)或磁场强度(以μA/m为单位)作参量,通常以1 μV或1 μV/m为0 dB,表达为0 dB(μV)或0 dB(μV/m)。传导骚扰电平 $D = 20\lg U$,单位为dB(μV),例如传导骚扰电压 $U = 5$ mV,就是传导骚扰电平74 dB(μV)。辐射骚扰用电场强度(E)作参量时,其骚扰电平 $D = 20\lg E$,单位为dB(μV/m)。

2. 电磁骚扰限值

电磁骚扰限值方面的标准有国际标准、地区标准和各国的国家标准。国际标准是国际电工委员会(IEC)下属的国际无线电干扰特别委员会(CISPR)制定的CISPR22《信息技术设备的无线电骚扰限值和测量方法》,这个标准规定了信息技术设备在0.15~6 000 MHz频率范围内的电磁骚扰限值。地区标准有欧洲电工委员会的EN55022标准(是CISPR22的等同转化)。国家标准有美国的FCC-15J、英国的BS6527、德国的VDE0878等,我国的国家标准GB 9254—2008《信息技术设备的无线电骚扰限值和测量方法》,等同CISPR22:2006(第5.2版)。此外,我国原信息产业部于1998年发布了通信行业标准YD/T 983—1998《通信电源设备电磁兼容性限值及测量方法》。

在电磁兼容性标准的电磁骚扰限值要求中,都有A、B两个等级。其中B级要求较高,适用于居住区和商业区等生活环境;A级要求较低,适用于生活环境以外的场所。电磁骚扰限值通常用准峰值和平均值来表达:准峰值是指骚扰包络经具有规定时间常数的检波器检波后的值,与施加的脉冲重复率有关,脉冲重复率增加则检波后的量值增大(趋向于峰值但小于峰值),它用准峰值检波测试仪测量;平均值是指骚扰包络的平均值,用平均值检波测试仪测量。

根据GB 9254—2008和YD/T 983—1998的规定,通信电源设备(TPE)通过电源线的传导骚扰,应满足表1.2或表1.3的限值要求,准峰值与平均值限值应同时满足;通过空间的辐射骚扰,应满足表1.4或表1.5的限值要求。

表 1.2　B 级 TPE 电源端子传导骚扰限值

频率范围/MHz	限值/dB(μV)	
	准峰值	平均值
0.15～0.50	66～56	56～46
0.5～5	56	46
5～30	60	50

注:1. 在衔接频率点(0.5 MHz 和 5 MHz)应采用较低的限值。
2. 在 0.15～0.50 MHz 内,限值随频率的对数呈线性减小。

表 1.3　A 级 TPE 电源端子传导骚扰限值

频率范围/MHz	限值/dB(μV)	
	准峰值	平均值
0.15～0.50	79	66
0.50～30	73	60

注:在衔接频率点(0.5 MHz)应采用较低的限值。

表 1.4　B 级 TPE 在 10 m 测试距离的辐射骚扰限值

频率范围/MHz	准峰值限值/dB(μV/m)
30～230	30
230～1 000	37

注:1. 在衔接频率点应采用较低的限值。
2. 当出现外界骚扰时,可能需要采取附加措施(略)。

表 1.5　A 级 TPE 在 10 m 测试距离的辐射骚扰限值

频率范围/MHz	准峰值限值/dB(μV/m)
30～230	40
230～1 000	47

注:1. 在衔接频率点应采用较低的限值。
2. 当出现外界骚扰时,可能需要采取附加措施(略)。

3. 谐波电流限值

整流器和交流不间断电源设备(UPS)的输入端子与电网相连,它们作为骚扰源不可避免地对电网产生骚扰,其骚扰形式除无线电频率骚扰外,还有输入电流中的谐波分量骚扰。如果谐波电流幅度大,将会造成电网电压畸变,从而降低电网质量,甚至影响电网上其他电气设备的正常运行。因此,对整流器等通信电源设备产生的输入电流中的谐波,必须有所限制。目前国际电工委员会公布的标准 IEC61000-3-2 及 IEC61000-3-4,分别对每相输入电流不大于 16 A 及 16 A 以上的设备提出了谐波电流限值的要求。对于 16 A 以下的设备,用各次谐波电流的最大允许值来进行限制,如表 1.6 所示;当多台设备(例如多个模块)装于一个机架中时,仍按各台设备分别接入电网来考核。而对于 16 A 以上的设备,则用谐波系数(I_n/I_1)作限值标准,如表 1.7 所示;当多台设备(例如多个模块)装于一个机架中时,作为一个整体按限值标准考核。在 YD/T 983—1998 中也对每相输入电流不大于 16 A 的通信电源设备(TPE)规定了谐波电流限值,与 IEC61000-3-2 相同。

表 1.6　每相输入电流不大于 16 A 的 TPE 谐波电流限值

谐波次数 n	谐波电流最大允许值/A	谐波次数 n	谐波电流最大允许值/A
3	2.30	$15 \leqslant n \leqslant 39$($n$ 为奇数)	$0.15 \times 15/n$
5	1.14	2	1.08
7	0.77	4	0.43
9	0.40	6	0.30
11	0.33	$8 \leqslant n \leqslant 40$($n$ 为偶数)	$0.23 \times 8/n$
13	0.21	—	—

表 1.7　每相输入电流大于 16 A 的 TPE 谐波电流限值

谐波次数 n	谐波电流允许值(I_n/I_1)(%)	谐波次数 n	谐波电流允许值(I_n/I_1)(%)
3	21.6	21	≤0.6
5	10.7	23	0.9
7	7.2	25	0.8
9	3.8	27	≤0.6
11	3.1	29	0.7
13	2.0	31	0.7
15	0.7	33	≤0.6
17	1.2	偶次	$\leqslant 8/n$ 或 $\leqslant 0.6$
19	1.1	—	—

4. 抗扰度要求

通信电源设备(TPE)的抗扰度,是从设备自身的安全可靠运行上着眼的。对设备的不同部位:外壳表面、直流电源端口、交流电源端口、通信端口等,有不同的抗扰度要求。在 IEC61000-4、GB/T 17626[①] 和 YD/T 983—1998 等标准中,对各项抗扰度的测试作了规定,并给出了判定准则。通信电源设备各方面的抗扰度(即抗扰性)均应符合 YD/T 983—1998 中的要求。

高频开关整流器等通信电源设备,既是电磁骚扰源,又是电磁骚扰的承受者。为了确保通信电源系统稳定、可靠、安全地供电及通信系统的正常运行,通信电源设备必须具有良好的电磁兼容性,其电磁骚扰、谐波电流和抗扰度都要符合相关标准的要求。某种型号的产品电磁兼容性是否符合相关标准,由专门机构抽样检验来认定。

电磁兼容性的三大要素是骚扰源、耦合通路和敏感体。解决电磁兼容性问题的方法主

① 这是一组国家标准:"电磁兼容 试验和测量技术",等同 IEC 61000-4。

要有屏蔽、接地、滤波，以及改进和创新电路设计与制造工艺。

思考与练习

1. 什么是通信局（站）的交流基础电源、直流基础电源和机架电源？交流基础电源和直流基础电源的标称电压分别是多少？

2. 什么是通信局（站）电源系统？它由哪几部分组成？有哪几种系统组成方式？

3. 画出集中供电方式电源系统组成方框示意图，其中交流供电系统包括哪些设备？直流供电系统包括哪些设备？简要说明各种设备的作用。

4. 在通信局（站）中蓄电池组采用何种工作方式？画出浮充供电原理图，简述其工作过程。

5. 画出分散供电方式电源系统组成方框示意图。为什么通信大楼都采用分散供电方式？

6. 简述 TN-S 的含义，画出供电原理图。在三相五线制中是否可以用零线作保护地线？零线上是否可以装设开关或熔断器，为什么？对电气设备交流电源线的颜色有何规定？

7. 画出 TT 供电系统原理图。TT 系统与 TN-C 系统有什么区别？

8. 对通信电源系统最基本的要求是什么？

9. 通信电源的供电可靠性用什么指标来衡量？

10. 对通信局（站）交流基础电源和直流基础电源的供电质量分别有什么要求？

11. 对通信电源系统在安全性方面有哪些要求？

12. 简述电磁兼容性、电磁骚扰、传导骚扰、辐射骚扰和抗扰度的含义。

本章附录：电气设备外壳防护等级

有些电源设备有外壳防护等级的要求。

根据国家标准 GB 4208—2008《外壳防护等级（IP 代码）》，电气设备外壳防护等级按如下方法表示。

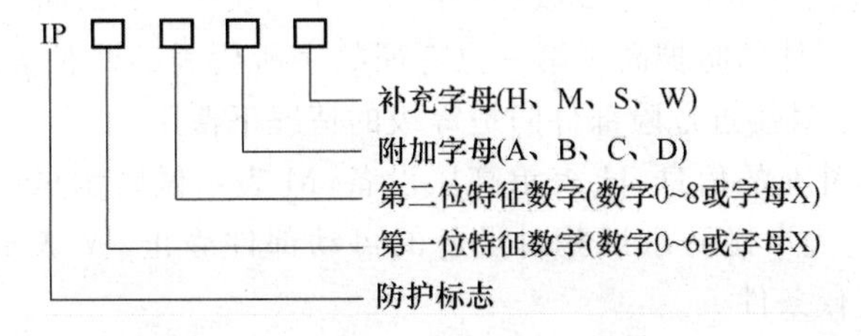

IP 是国际防护（International Protection）的英文缩写。

第一位特征数字表示第一种防护形式等级。第一种防护是对固体异物进入内部以及对人接近危险部件（内部带电部分或运动部分）的防护，分为 0～6 共 7 级，如表 1.8 所示。

表1.8 电气设备第一种防护

防护等级	简　称	防护性能
0	无防护	没有专门的防护
1	防护直径不小于50 mm的固体	能防止直径不小于50 mm的固体异物进入壳内;能防止手背接近危险部件
2	防护直径不小于12.5 mm的固体	能防止直径不小于12.5 mm的固体异物进入壳内;能防止手指接近危险部件
3	防护直径不小于2.5 mm的固体	能防止直径不小于2.5 mm的固体异物进入壳内;能防止直径(或厚度)2.5 mm的工具、金属线等接近危险部件
4	防护直径不小于1 mm的固体	能防止直径不小于1.0 mm的固体异物进入壳内;能防止直径1.0 mm的金属线等接近危险部件
5	防尘	不能完全防止尘埃进入,但进入的灰尘量不影响设备的正常运行和安全;能防止金属线接近危险部件
6	尘密	能完全防止灰尘进入壳内;能防止金属线接近危险部件

第二位特征数字表示第二种防护形式等级。第二种防护是对水进入内部的防护,分为0～8共9级,如表1.9所示。

表1.9 电气设备第二种防护

防护等级	简　称	防护性能
0	无防护	没有专门的防护
1	防垂直滴水	垂直方向的滴水,无有害影响
2	防15°滴水	当外壳的各垂直面在15°角范围内倾斜时,垂直滴水无有害影响
3	防淋水	与垂线成60°角范围内的淋水,无有害影响
4	防溅水	向外壳各方向溅水,无有害影响
5	防喷水	向外壳各方向喷水,无有害影响
6	防强烈喷水	向外壳各方向强烈喷水,无有害影响
7	防短时间浸水影响	在规定的压力和时间下浸在水中,进水量不致达到有害程度
8	防持续潜水影响	在规定的压力下长时间浸在水中,进水量不致达到有害程度

产品不要求规定特征数字时,数字用字母X代替。

附加字母表示对人接近危险部件的防护等级:A、B、C、D对应地表示能防止手背、手指、工具(直径2.5 mm、长100 mm)、金属线(直径1.0 mm、长100 mm)接近危险部件。附加字母仅在对人接近危险部件的防护高于第一位特征数字所代表的防护等级,或第一位特征数字用X代替,仅需表示对接近危险部件防护等级的情况下使用。

补充字母是专门补充的信息:H表示高压设备,M表示做防水试验时设备的可动部件(如电机转子)运行,S表示做防水试验时设备的可动部件静止,W表示提供附加防护或处理以适用于规定的气候条件。

如不需要特别说明,附加字母和补充字母可以省略。

举例:某室外型通信电源设备的防护等级为IP45,表明该设备对固体异物进入内部的防护为4级,能防止直径1.0 mm的固体异物入内;对水进入内部的防护为5级,即防喷水级。

第2章 通信局(站)的交流变配电设备

2.1 高压交流供电系统

2.1.1 高压交流供电系统的组成

由国家公用电力网供给的交流电称为市电，市电的生产、输送和分配是一套完整的系统。我国发电厂的发电机组输出额定电压为3.15～26 kV，为了在输送电能时降低线路损耗，发电机组的输出电压经升压变电站升高到35 kV以上进行输送，称为输电。电能输送到城市周边后，再由区域变电所将电压降至10 kV分配给用户使用，称为配电。常用的输电电压有35 kV、110 kV、220 kV、330 kV、500 kV，配电电压一般为10 kV。常用的输、配电方式为交流、高压、三相三线制(无中性线)。

通信局(站)的高压交流供电系统由高压供电线路、高压配电设备和降压电力变压器组成，即由高压市电引入线路和专用变电站组成。

1. 高压市电的引入

(1) 两路高压引入

一类市电需引入两路10 kV高压，供电十分可靠。但引入两路高压的线路投资大，因此一类市电主要适用于用电容量大、地位十分重要的通信局(站)，如一类局站。

当引入两路高压市电时，高压供电系统的运行方式有三种：①一路主用，一路备用；②两路市电互为主、备用；③两路市电分段运行——两路市电同时分供负荷，在每路市电容量有限时采用。

引入两路高压、主备用运行方式的主接线(一次接线)举例如图2.1所示。主要电气设备图形符号如图2.2所示。

主、备用运行方式必须有电气和机械连锁装置，使之同一时间只能接通一路高压市电。

(2) 一路高压引入

二类及以下市电，引入一路10 kV高压，常见引入方案有三种，其主接线如图2.3所示。

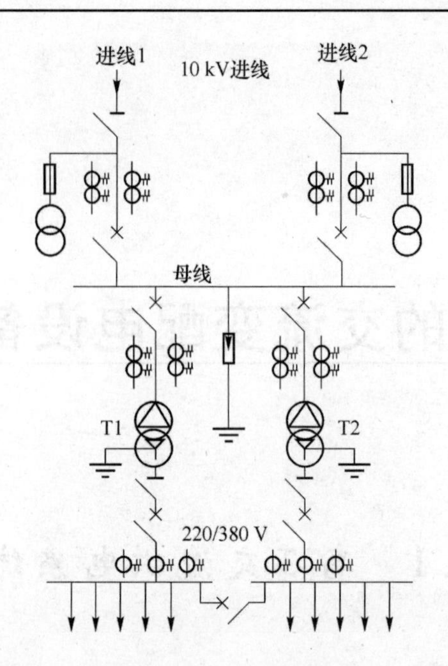

图 2.1 引入两路高压时主、备用运行方式举例

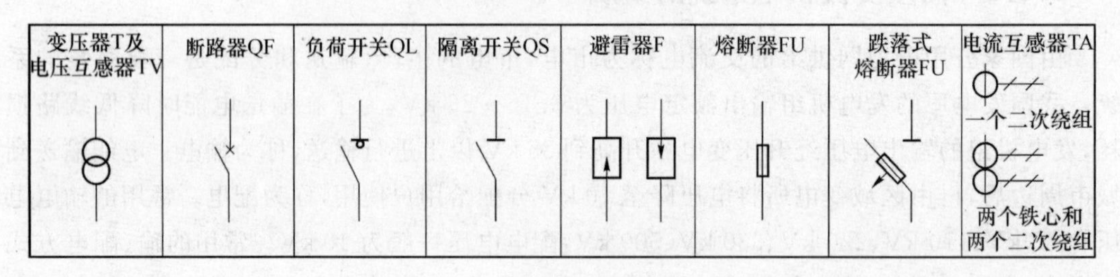

变压器T及电压互感器TV	断路器QF	负荷开关QL	隔离开关QS	避雷器F	熔断器FU	跌落式熔断器FU	电流互感器TA
							一个二次绕组 两个铁心和两个二次绕组

图 2.2 主要电气设备图形符号

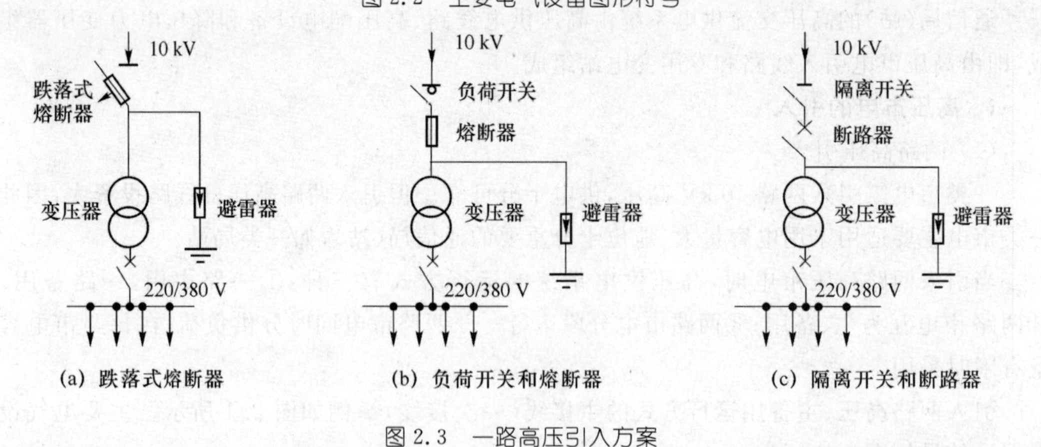

图 2.3 一路高压引入方案

① 图 2.3(a)是在高压侧加装跌落式熔断器(又称高压熔断器式跌落开关)的引入方案。跌落式熔断器的断开和接通,使用高压绝缘棒(即令克棒,又称高压拉杆)操作。

② 图 2.3(b)是在高压侧加装负荷开关及熔断器的引入方案。负荷开关用于带载操作,可接通和切断负荷电流,熔断器用于切断负荷短路电流。可通过操作机构接通或断开负荷开关。

③ 图 2.3(c)是在高压侧加装隔离开关和断路器的引入方案。断路器中有灭弧装置,能带负荷操作。当线路发生短路和过负荷时,断路器能自动断开,故障排除后能直接合闸。隔离开关断开时有明显的断点,便于观察和保障安全,但它没有灭弧装置,不能带负荷操作。

无论哪种方案,都应在停电检修时,先停低压,后停高压;检修后送电时,先接通高压,后接通低压。

2. 专用变电站

(1) 室外小型专用变电站

室外小型专用变电站将变压器安装在室外,可分为杆架式(安装 160 kVA 以下变压器)和落地式。杆架式安装的变压器,底部距地面高度不应小于 2.5 m,裸导体距地面高度不应小于 3.5 m。室外落地安装的变压器应装设固定围栏,围栏高度不应低于 1.8 m,变压器的外廓距围栏的净距不应小于 0.8 m;变压器底部距地面高度不得小于 0.3 m,并应高于当地最大洪水位。变压器高压侧接通或切断电源用跌落式熔断器进行操作。

(2) 室内专用变电站

室内专用变电站(所)将变压器安装在室内。变压器室须是耐火建筑,门应向外开启,不得开窗,应有通风考虑,排风温度不宜高于 45 ℃,空气进出口应有百叶窗和铁丝网防止小动物钻入引起短路事故。当变压器容量在 315 kVA 以下时,一般不设高压开关柜,变压器高压侧接通或切断电源常用高压负荷开关进行操作。变压器容量在 630 kVA 以上或有两路高压市电引入时,应设高压配电室,配置适当的高压开关柜。

10 kV 高压进入专用变电站后经过降压电力变压器降为 220/380 V 低压市电,然后由低压配电装置将电能输送到各用电设备。专用变电站要尽量靠近负荷中心,从而缩短低压供电距离,使之减少电能损失。电路主接线应简单而运行可靠,并要便于监控和维护。

2.1.2　高压配电设备

1. 高压开关柜

高压开关柜是按一定线路方案将有关一、二次设备组装而成的一种高压成套配电装置。高压开关柜按其主要电器安装方式,分为固定式和移开式(即手车式)两大类。

固定式(用 G 表示)高压开关柜,其主要电器都是固定安装的,具有结构比较简单、制造成本比较低的优点,但主要电器出现故障或需要检修时,必须中断供电,直到故障排除或检修完成后才能恢复供电。

移开式(用 Y 表示)高压开关柜,其主要电器如断路器等,装在可以拉出和推入开关柜的手车上,如 KYN-10、JYN-10 等系列。相对于固定式开关柜,移开式开关柜具有检修安全、供电可靠性高等优点,当其发生故障或需要检修时,在切断电源后将手车拉出,再推入同规格的备用手车,即可恢复供电,停电时间短,大大提高了供电可靠性,但制造成本较高,主要用于负荷重要、要求供电可靠性高的场所。手车可分为落地式和中置式,中置式手车的机械稳定性及互换性更好,更便于维护操作,因此一、二类局站宜优先选用装有中置式手车的中置式高压开关柜。

移开式高压开关柜一次交流供电系统方案举例如图 2.4 所示。高压开关柜停电检修时,为了确保安全,在切断电源后,设备上三相高压线均应接地线。图中的接地开关用于停电检修时三相高压端接地。

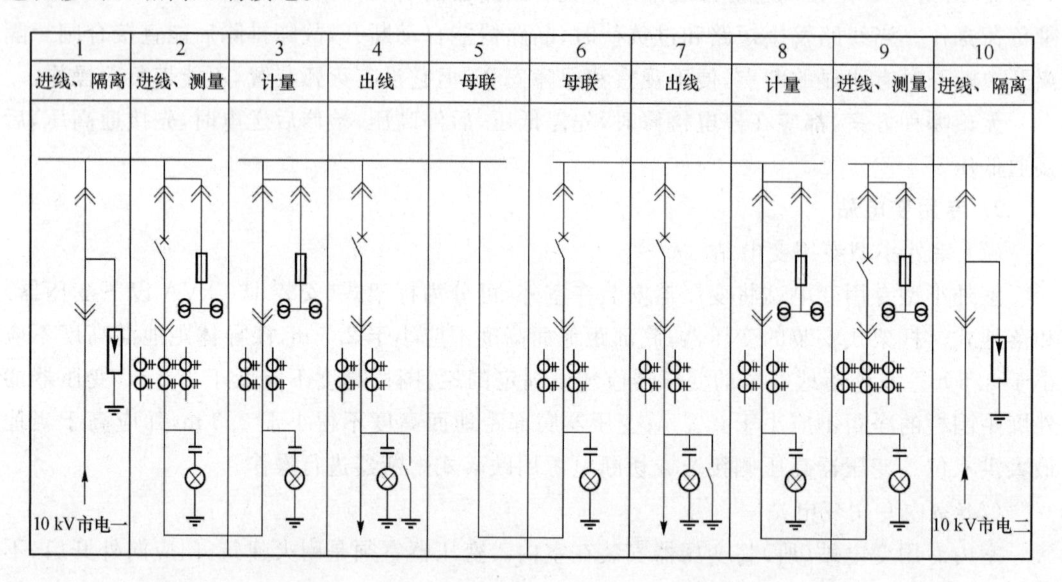

图2.4 移开式高压柜一次交流供电系统方案举例

三类局站可采用环网高压开关柜。环网柜是一种固定式高压开关柜,一般由三个间隔组成:一个电缆进线间隔、一个电缆出线间隔、一个计量间隔。HXGN-12系列环网柜一次交流供电系统方案如图2.5所示。由于环网柜采用负荷开关加熔断器来代替断路器,所以设备价格低、占地面积少、操作简单,近年来在中、小容量的10 kV高压市电用户中得到了较广泛的应用。

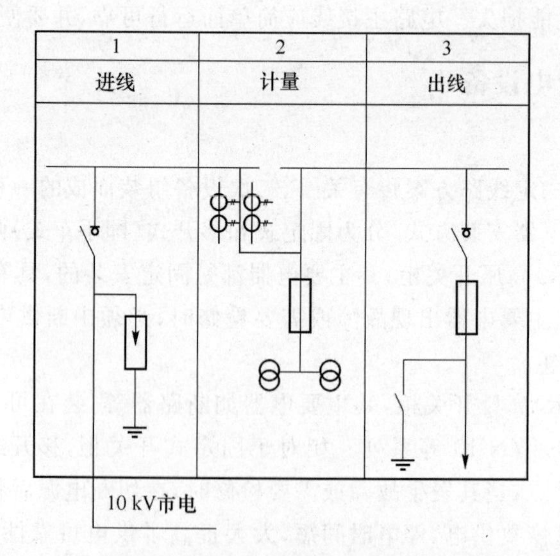

图2.5 环网柜一次供电系统方案

高压开关柜的二次接线内容包括:高压设备的继电保护、电气测量、控制电路、事故告警和预告警信号及控制电源等。目前,高可靠、多功能、微机控制的综合电力继电保护装置已在广泛应用。

我国通信行业标准YD/T 1051—2010《通信局(站)电源系统总技术要求》中要求,采用真空断路器的高压开关柜，其继电保护装置应采用“智能综合数字继电器(综合继保)”，该装置应能设置各种继电保护参数，就地数字显示电压、电流、频率、有功和无功电度，具备 RS232 和 RS485 接口，具有遥测、遥信和过流保护、失压保护、变压器超温跳闸等保护功能。

YD/T 1051—2010 中要求高压开关柜的外壳防护等级为 IP4X，断路器室门打开时为 IP2X，电缆进线孔应有密封措施。

2. 常用高压电器

(1) 高压隔离开关

高压隔离开关(文字符号 QS)具有明显的分断间隙，因此主要用来隔离高压电源，保证安全检修，并能通断一定的小电流。它没有专门的灭弧装置，因此不允许接通或切断正常负荷电流，更不能切断短路电流，禁止带负荷断开、闭合隔离开关。通常它与断路器配合使用，并要严格遵守操作顺序：切断电源时，先断开断路器，再拉断隔离开关；送电时，先闭合隔离开关，再闭合断路器。工程中常用于固定式高压柜或高压电源的室内进线端。

(2) 高压断路器

高压断路器(文字符号 QF)是高压输配电线路中最为重要的电气设备，具有可靠的灭弧装置，不仅能切断和接通正常的负荷电流，还可以承受一定时间的短路电流，并能在保护装置作用下自动跳闸，切断故障电路。

高压断路器的主要参数是额定电压(kV)和额定电流(A)，断路器的额定电压不应小于装置的工作电压，断路器的额定电流是指断路器在闭合状态下能长期通过的电流。此外，还有两个重要参数——额定短路开断电流及额定短路关合电流。

① 额定短路开断电流(kA)：是指在断路器额定电压下，断路器能可靠切断的最大短路电流，它应符合地方供电部门的要求。

② 额定短路关合电流(kA)：是指断路器在额定电压下所能闭合的最大短路电流峰值。采用自动重合闸装置时，断路器有可能处在短路状态下合闸，此时断路器的触头应完好无损。

常见的高压断路器有少油断路器、真空断路器和六氟化硫断路器(以 SF_6 惰性气体为灭弧和绝缘介质)，在通信局(站)中要求高压断路器采用真空断路器。

(3) 高压负荷开关

高压负荷开关(文字符号 QL)能通断正常的负荷电流和过负荷电流，隔离高压电源。它只有简单的灭弧装置，因此不能接通或切断短路电流。高压负荷开关通常与高压熔断器配合使用，利用熔断器来切断短路电流。工程中多用于环网柜、箱式变电站和对变压器进行直接操作。

(4) 高压熔断器

高压熔断器(文字符号 FU)是一种结构简单、应用广泛的保护电器。在电路发生短路或过负荷时它能自身熔断而断开电路，起到保护作用，一般由熔管、熔体、灭弧填充物、静触座、绝缘支柱等构成。室内广泛采用 RN 型管式熔断器，室外则广泛采用 RW 型跌落式熔断器。

(5) 电流互感器和电压互感器

电流互感器(文字符号 TA)和电压互感器(文字符号 TV)统称为互感器，它们其实就是特殊的变压器。高压供电系统运行时，电压、电流等电气参数都需要测量和监视。电压互感器用于测量电压(通常二次绕组额定电压为 100 V)，电流互感器用于测量电流(通常二次绕组额定电流为5 A)。同时,可采用互感器作为继电保护和信号装置的电源,使得控制和保护装置与高压电路隔离开。

必须注意,电流互感器二次绕组不能开路;电压互感器二次绕组不能短路;互感器二次绕组侧有一端必须接地,用以防止一、二次绕组间绝缘击穿时一次侧的高压窜入二次侧,危及人身和设备安全。

2.1.3 高压开关柜的"五防"功能及倒闸操作的技术要求

高压开关柜应装设防止电气误操作的闭锁装置,使之具备"五防"功能:防止误分、误合断路器;防止带负荷分、合隔离开关;防止带电合接地开关;防止带接地线合闸送电;防止人员误入带电间隔。

倒闸操作就是将电气设备由一种状态转换到另一种状态,即接通或断开高压断路器、高压隔离开关、高压负荷开关、跌落式熔断器等。

高压电气设备倒闸操作的技术要求如下。

① 高压断路器和高压隔离开关的操作顺序:停电时,先断开高压断路器,再断开高压隔离开关;送电时,顺序与此相反。严禁带负荷拉、合隔离开关。

② 高压断路器两侧的高压隔离开关的操作顺序:停电时先拉负荷侧隔离开关,再拉电源侧隔离开关;送电时,顺序与此相反。

③ 变压器两侧开关的操作顺序:停电时,先拉负荷侧开关,后拉电源侧开关;先停低压,后停高压。送电时顺序与此相反。

④ 单极隔离开关及跌落式熔断器的操作顺序:停电时,先拉开中间相,后拉开两边相;送电时顺序与此相反。

2.2 降压电力变压器

2.2.1 降压电力变压器的结构和类型

三相电力变压器的基本结构示意图如图2.6所示。变压器的铁心由导磁性能良好的硅钢片叠加而成,硅钢片厚度为0.35～0.5 mm,两面涂有绝缘漆。三相变压器的铁心一般做成三柱式,直立部分称为铁柱,水平部分称为铁轭,用来构成闭合磁路。每个铁柱上套着一相的高、低压绕组,低压绕组套在铁心上,高压绕组套在低压绕组外面,这样便于绝缘。

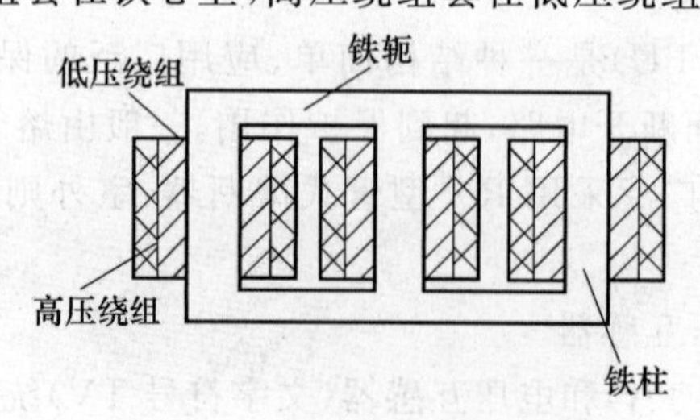

图2.6 三相变压器结构示意图

通信局(站)一般采用油浸式变压器,如在主楼内安装,应选用干式变压器。

1. 油浸式变压器

油浸式变压器的绕组和铁心都浸在油箱内的变压器油中,变压器油起绝缘和散热作用。绕组和铁心的热量先传递给变压器油,然后通过变压器油传递给散热管或散热片散热。应特别注意防火安全。为了变压器的运行更加安全可靠,维护更加简单,近年来油浸式变压器采用了密封结构,使变压器油与周围空气完全隔绝,从而提高了变压器的可靠性。目前全充油密封型变压器使用较广泛,它在温度变化使绝缘油体积发生变化时,由波纹油箱壁或膨胀式散热器的弹性变形做补偿。

油浸式变压器主要部件是绕组和铁心,二者构成变压器的核心即电磁部分;此外,还有油箱及其散热装置、绝缘套管、调压和保护装置等部件。

2. 干式变压器

干式变压器是指铁心和绕组不浸在任何绝缘液中,直接以空气为冷却介质的变压器。它由铁心、绕组、风冷和温控装置以及防护外壳构成。绝缘方式有环氧树脂浇注式、环氧树脂绕包式等类型,绕组温升限值为:B 级绝缘 80 ℃,F 级绝缘 100 ℃,H 级绝缘 125 ℃。干式变压器主要用于防火要求较高的场合。

干式变压器的安全运行和使用寿命,很大程度上取决于变压器绕组绝缘的安全可靠。如果绕组温度超过绝缘材料耐受温度,将使绝缘损坏,因此对变压器运行温度的监测及其控制、报警十分重要。通信局(站)使用的干式变压器,YD/T 1051—2010 中要求绝缘为 H 级、变压器带温控器并具有 RS232 和 RS485 接口,能实现遥测(变压器温度)、遥信(风机告警、变压器超温告警)。

干式变压器的外壳防护等级通常是 IP20,为了保证冷却空气的流通,外壳的底板和顶盖用网孔板制作,网孔能防止直径 12.5 mm 的固体异物或小动物进入而造成短路等恶性故障,对水进入内部无防护。若将变压器安装在户外,则应选用 IP23 外壳,除了具有上述防止固体异物进入内部的防护功能外,还可防止与垂线成 60°角范围内的水淋入。IP23 外壳与 IP20 外壳相比,变压器的冷却能力有所下降。

2.2.2 降压电力变压器的规格

电力变压器的额定容量,采用国际电工委员会(IEC)推荐的 R10 系列,按 1.26 倍递增,如 100、125、160、200、250、315、400、500、630、800、1 000、1 250、1 600、2 000、2 500 kVA 等。

电力变压器的额定电压,包括一次额定电压和二次额定电压,都是指的线电压;二次额定电压指空载电压。通信局(站)使用的降压电力变压器,其额定电压一次绕组为 10 kV,二次绕组为 400 V(采用星形连接时对应的相电压为 230 V)。由于满载时二次绕组内有约 5%的电压降,因此用电设备受电端的电压为线电压 380 V、相电压 220 V。

2.2.3 降压电力变压器的绕组连接方式

电力变压器绕组接成星形、三角形,在高压侧分别用 Y、D 表示,在低压侧分别用 y、d 表示;有中性点引出时高压侧用 YN 表示,低压侧用 yn 表示。

变压器原(一次)、副(二次)绕组采用不同的连接方式,形成了原、副绕组对应的线电压之间不同的相位关系,其相位差总是 30°的倍数,国际上规定用时钟指针表示:原绕组线电压相量用分针表示,方向恒指12;副绕组线电压相量用时针表示,时针指向哪个数字,这个数字就是三相变压器的接线组标号,例如时针指向11点,则变压器的接线组标号为11,表明副绕组的线电压超前原绕组对应线电压30°。

我国通信局(站)使用的降压电力变压器,过去几乎全部采用"Y,yn0"(旧标示方法为Y/Y_0—12)接线组,原、副绕组均为星形连接,副绕组中性点直接接地并接出中性线,原、副绕组的对应线电压相位差为零;近年一般采用"D,yn11"(旧标示方法为Δ/Y_0—11)接线组,即原绕组为三角形连接,副绕组为星形连接,中性点直接接地并接出中性线,举例如图2.7所示(图中低压交流配电为TN-S系统),副绕组的线电压超前原绕组对应线电压30°。采用"D,yn11"接线组的优点是:有利于抑制由负载带来的高压电网的三次谐波等谐波电流,有利于低压单相接地短路故障时的保护与切除,变压器承受三相不平衡负荷的能力更强。因此,YD/T 1051—2010中明确要求通信局(站)电力变压器的接线组别为"D,yn11"。

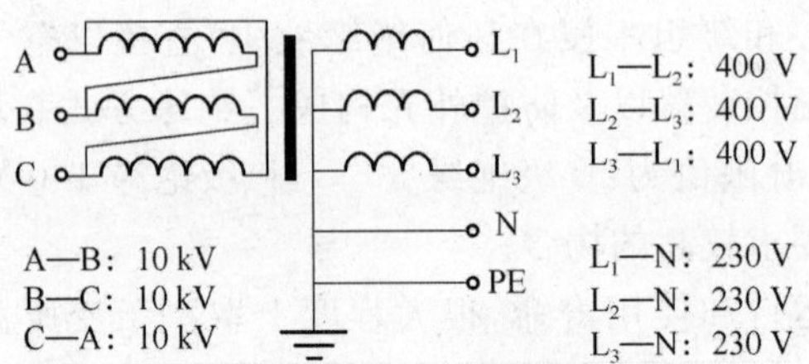

图2.7　"D,yn11"接线组举例

10 kV配电网为中性点不直接接地系统,不引出中性线。变压器副绕组中性点直接接地的接地电阻值,在变压器容量不超过100 kVA时,应不大于10 Ω;当变压器容量超过100 kVA时,应不大于4 Ω。

2.2.4　降压电力变压器的容量选择与配置

1. 变压器容量计算

变压器的负荷包括通信局(站)的所有交流负荷,即所有的生产用电、生活用电和照明用电。计算变压器容量时,应先收集各设备所消耗的有功功率和无功功率,以及建筑负荷所消耗的有功功率及无功功率。按下式计算所需变压器容量(kVA):

$$S = K\sqrt{\left(\sum P\right)^2 + \left(\sum Q - Q_{KI}\right)^2} \tag{2.1}$$

式中,K为同时利用系数,考虑到负荷的交替使用,一般取$K=0.9$;$\sum P$为所有负荷的有功功率之和(kW),包括直流负荷折算的交流功率,但不包含备用设备的功率;$\sum Q$为所有负荷的无功功率之和(kvar);Q_{KI}为补偿的无功功率,若没有采用无功功率补偿柜,此项不计。

根据式(2.1)的计算结果,适当选取变压器的额定容量。考虑变压器运行的经济性(高效低耗),变压器所带负载宜为额定容量的75%~80%;考虑一定的发展负荷,需要加大变压器额定容量,但变压器的经常性负载不宜小于其额定容量的60%。

2. 变压器的配置

容量较小的通信局(站),一般配置一台变压器供全局交流负荷;当季节性负荷变化较大时,宜设置两台变压器,其中一台承担长期负荷,另一台承担季节性负荷。

为了避免变压器故障及检修时造成长时间的市电停电,地市级以上通信局(站),宜设置2

台或多台变压器,当其中一台变压器故障或检修时,其余的变压器应能满足保证负荷用电。

变压器可以并联运行,但必须满足以下并联运行的条件:①接线组别相同;②变压比相同;③短路电压[①]相等;④变压器的容量比不超过3∶1。变压器允许并联的台数为2～3台。

2.3　低压交流供电系统

2.3.1　低压交流供电系统的组成

通信局(站)的低压交流供电系统由低压市电、备用发电机组、低压配电设备、UPS以及相关的馈电线路组成。

较大容量的通信局(站)通常设置低压配电室,安装成套低压交流配电设备,用来接受与分配低压市电及备用油机发电机电源,对通信局(站)的所有机房、保证建筑负荷和一般建筑负荷供电。其设备的数量和容量,根据建设规模、所配置的变压器数量、用电设备的供电分路要求及预计远期发展规模来确定。当配置多台变压器时,每台变压器的低压配电设备之间设置母联开关,以保证供电可靠。

用于小型通信站的简易交流供电系统,设置一个交流配电屏或配电箱,作为受电和配电单元。交流配电屏(箱)的电源输入端通常是两路电源引入(市电、油机发电机)。

2.3.2　常见的低压配电设备

1. 低压交流配电柜

低压交流配电柜又称低压开关柜,是按一定的线路方案将有关一、二次设备组装而成的成套低压交流配电设备,由受电、馈电(动力、照明等)、联络、自动切换柜等组成,担负着低压电能分配、控制、保护、测量等任务。

低压交流配电柜的结构形式通常有两种,一种是固定式,另一种是抽屉式。二者各有利弊。从使用和维护方面看,抽屉式低压配电柜维修方便,同规格的抽屉能可靠互换;但抽屉式低压配电柜采用封闭式结构,柜内散热比固定式差,为此在选择开关时应注意环境温度的影响,需考虑0.8的降容系数。

2. 油机发电机组控制屏

油机发电机组控制屏用于发电机组的操作、控制、检测和保护,目前往往随油机发电机组的购入由油机发电机组厂商配套提供,其种类较多,通常和发电机组安装在一起。

3. ATS

自动切换开关(Automatic Transfer Switch,ATS)是将负载电路从一个电源自动换接至另一个(备用)电源的开关装置,用以确保重要负荷连续、可靠运行。在重要通信枢纽局的交流供电系统中,ATS常担负两路低压市电之间或市电与发电机之间的自动切换工作。

ATS一般由两部分组成:开关本体和控制器。而开关本体又有PC级(整体式)与CB

---

① 短路电压(U_d%),又称阻抗电压或百分阻抗。它是将变压器副绕组短路,原绕组施加一个逐渐升高的电压,到副绕组电流达到额定电流值时,原绕组所加电压与额定电压之比的百分数(如6%)。

级(断路器)之分:PC级为一体式结构,它是双电源切换的专用开关,具有结构简单、体积小、自身连锁、转换速度快(通常在0.2 s以内)、安全、可靠等优点,但需要配备短路保护电器;CB级为配备过电流脱扣器的ATS,其主触头能够接通并分断短路电流,它由两台断路器加机械连锁组成,具有短路保护功能,但CB级的结构要比PC级复杂得多。PC级ATS比CB级ATS具有更高的可靠性,而且体积较小,因此重要负载场合应优先选用PC级产品。

控制器主要用来检测两路电源的工作状况,它与开关本体进线端相连。当被监测的电源发生故障(如欠压、失压、任意一相断相或频率出现偏差)时,控制器发出动作指令,开关本体则带着负载从一个电源自动切换至另一个电源。

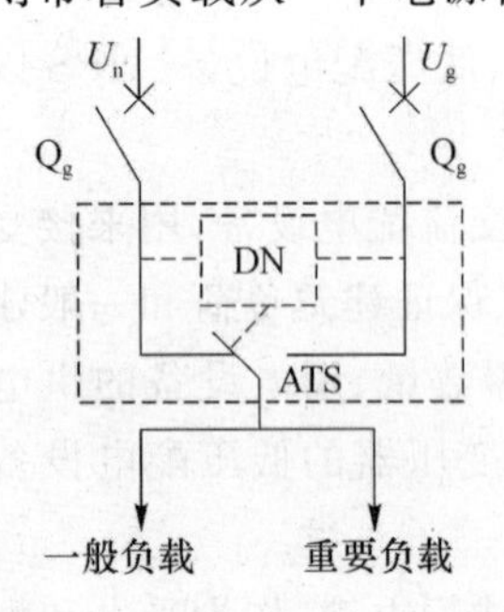

图 2.8 典型ATS应用电路

图2.8是典型ATS应用电路。图中,U_n是主用电源(市电),U_g是备用电源(发电机),Q_g是短路保护电器,DN是控制器。控制器有两种形式:一种由传统的电磁式继电器构成;另一种是数字电子型智能化产品,它具有性能好、参数可调、精度高、可靠性高和使用方便等优点。

PC级ATS不具备短路保护功能,因此必须配置短路保护电器:熔断器或断路器。在选择短路保护电器额定电流值时,一般的原则是短路保护电器与被保护电器(ATS)额定电流值一致(即1∶1)。

通信局(站)使用的ATS,YD/T 1051—2010中要求:配置智能控制器;开关极数为4极:3相+N;中性线(N)转换方式为:"具备中性线过渡转换、延时切换功能",即ATS切换过程中相线的动触头是"先离后接",而N线的动触头是"先接后离",两路电源的N线先重叠连接,待相线切换完成以后再将两路电源的N线分离,使得负载在任何时候都不失去N线,如图2.9所示。

2.3.3 常见的低压配电电器

1. 低压刀开关

低压刀开关(文字符号QK)是最普通的一种低压电器,适用于交流50 Hz、额定交流电压380 V(直流电压440 V)、额定电流1 500 A以下的配电系统,作不频繁手动接通和分断电路或隔离电源以保证安全检修之用。

低压刀开关根据其工作原理、使用条件和结构形式的不同可分为:开启式负荷开关(即胶盖瓷底刀开关HK1、HK2、TSW系列等)、封闭式负荷开关(即铁壳开关HH3、HH4系列等)、隔离刀开关(HS13、HD11系列等)、熔断器式刀开关(HR3系列等)和组合开关(HZ10系列等)。

2. 低压熔断器

熔断器(文字符号FU)是一种最简单的保护电器,在低压配电电路中,主要用于短路保护和过负荷保护。它串联在电路中,当通过的电流大于规定值时,以它本身产生的热量,使熔体熔化而自动分断电路。它的主要缺点是熔体熔断后必须更换,会引起短时停电。

低压熔断器种类很多,如RT0系列有填料封闭管式熔断器,RM10系列密闭管式熔断器,RL系列螺旋式熔断器,NT系列熔断器以及引进的aM、gM系列熔断器等。

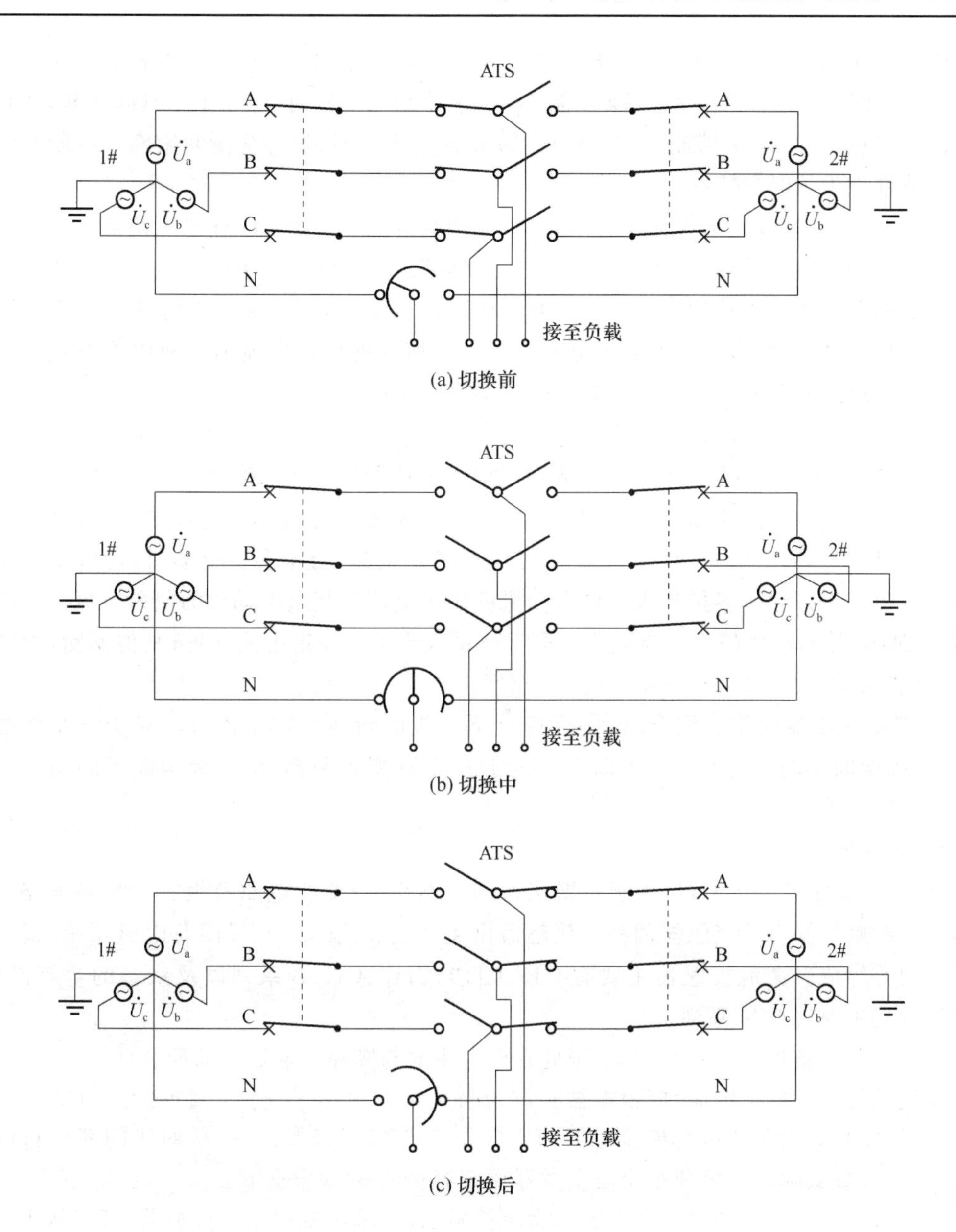

图 2.9　ATS 相线与中性线切换过程示意图

其中 NT 系列熔断器是引进技术生产的一种高分断能力的熔断器，现广泛应用于低压配电装置中。该系列熔断器的熔管为高强度陶瓷管，内装优质石英砂，熔体采用优质材料制成。这种熔断器的主要特点是体积小、质量轻、功耗小、分断能力强、过载保护特性好。

(1) 熔断器的结构和主要参数

熔断器主要由熔体和安装熔体的熔管或熔座以及底座等部分构成。熔体是熔断器的主要部分，常做成丝状或片状。熔体的材料有两种：一种是低熔点材料，如铅、锌、锡以及锡铅合金等；另一种是高熔点材料，如银和铜。熔管是熔体的保护外壳，在熔体熔断时兼有灭弧的作用。

每一种熔体都有两个参数，即额定电流与熔断电流。额定电流是指长时期通过熔体而不熔断的电流值。熔断电流通常是额定电流的2倍。一般规定,通过熔体的电流为额定电流的1.3倍时,应在1小时以上熔断;通过额定电流的1.6倍时,应在1小时内熔断;达到熔断电流时,应在30～40 s熔断;当达到9～10倍额定电流时,熔体应瞬间熔断。熔断器的这种保护特性称为反时限特性。

熔管有三个参数:额定工作电压、额定电流和断流能力。额定工作电压是从灭弧角度提出的,当熔管的工作电压大于额定电压时,在熔体熔断时可能出现电弧不能熄灭的危险。熔管的额定电流是由熔管长期工作允许温升所决定的电流值,所以熔管中可装入不同等级额定电流的熔体,但所装入熔体的额定电流不能大于熔管的额定电流值。断流能力是表示熔管在额定电压下断开故障电路时所能切断的最大电流值。

(2) 熔断器的选用原则

① 根据配电系统可能出现的最大故障电流,选用具有相应分断能力的熔断器。

② 在电动机回路中用做短路保护时,为避免熔体在电动机起动过程中熔断,对于单台电动机,选取熔体额定电流≥(1.5～2.5)×电机额定电流;对于多台电动机,选取总熔体额定电流≥(1.5～2.5)×容量最大一台电动机的额定电流+其余电动机的负荷电流。

③ 照明回路,熔体的额定电流值按等于或稍大于负载额定电流配置;其他回路,熔体的额定电流值按不大于最大负荷电流的2倍配置。

④ 各级熔断器应相互配合,上一级应比下一级的熔体额定电流大。对于NT型熔断器,前后级熔断器的额定电流比为1.6∶1;对于RT0型熔断器,前后级熔断器的额定电流比为(2～2.5)∶1。

3. 接触器

接触器(文字符号KM)适用于频繁接通和分断交、直流主电路及大容量控制电路。可分为交流接触器和直流接触器两种。接触器由主触头、灭弧系统、线圈及电磁系统、辅助触头和支架等组成。交流接触器主要有CJ0、CJ10、CJ12、CJ12B系列以及众多的合资品牌。直流接触器主要有CZ0系列。

接触器不具备过电流保护功能,因此在电路中要与断路器或熔断器配合使用。

交流接触器的额定电流,应根据被控制设备的运行情况来选择:对连续运行的用电设备,一般按实际最大负荷占交流接触器额定容量的67%～75%来选取;对于间断运行的用电设备,一般按实际最大负荷占交流接触器额定容量的80%来选取。

用于低压无功功率补偿投撤电容的交流接触器,应选用专用电容接触器,其主触头经过特殊设计和处理,能可靠地投撤电容。

4. 低压断路器

低压断路器(文字符号QF)又称低压自动开关、自动空气开关或空气开关,习惯上简称空开。它既能带负荷接通和切断电源,又能在短路、过负荷时自动跳闸,保护电力线路和设备,在故障排除后可重新合闸恢复供电而不需更换,维护简单,恢复供电快,寿命长。它被广泛用于配电线路的交、直流低压电气装置中,适用于正常情况下不频繁操作的电路。

低压断路器按用途可分为配电用断路器、电动机保护用断路器、照明用断路器和漏电保护断路器等。

配电用断路器按其结构形式,可分为塑料外壳式(装置式)断路器和万能式(框架式)断路器两大类,塑料外壳式为DZ系列,框架式为DW系列,均由触头系统、灭弧装置、传动机构、自由脱扣机构及各种脱扣器等部分组成。

低压断路器有以下几个关键电气指标。

① 额定电压 U_e：是指断路器在规定条件下能正常长期运行的最大工作电压，通常指线电压。

② 额定电流 I_n：是指断路器在规定条件下能长期通过的最大电流，又称脱扣器额定电流。

③ 额定运行短路分断能力 I_{cs}：是指规定条件下分断短路电流的能力，在分断动作后，断路器能继续承载它的额定电流。

④ 额定极限短路分断能力 I_{cu}：是指规定条件下分断短路电流的能力，但在分断动作后，不考虑断路器继续承载它的额定电流。

选择低压断路器的一般原则是：U_e 不小于电源和负载的额定电压，I_n 不小于线路实际工作电流，I_{cu} 或 I_{cs} 不小于线路可能出现的最大预期短路电流(通常 $I_{cu}>I_{cs}$)。只要最大预期短路电流小于 I_{cu}，断路器就能可靠地切断电路。断路器分断 I_{cu} 后，不能继续承载额定电流，必须更换；如果短路电流小于 I_{cs}，则断路器可以继续使用，不需更换。

前后级断路器应配合，其过流脱扣器的配合级差可取 0.1～0.2 s，即负荷断路器为瞬时动作，低压配电干线断路器则选用短延时过流脱扣器保护。

安装开关时注意，必须手柄朝上扳为接通电源、朝下扳为切断电源，不可装反，以免重力作用使开关误合闸或者影响空开的自动跳闸性能。

2.4　功率因数补偿

2.4.1　功率因数的概念

在交流电路中，电源供给负载的视在功率包括有功功率和无功功率。有功功率是电阻性负载消耗的功率，即实际消耗的电功率，用 P 表示，单位为瓦(W)或千瓦(kW)；无功功率并非实际消耗的功率，而是反映电感性负载或电容性负载发生的电源与负载间能量交换所占用的电功率，用 Q 表示，单位为乏(var)或千乏(kvar)；视在功率是电压和电流有效值的乘积，用 S 表示，单位为伏安(VA)或千伏安(kVA)。按线性负载来考虑，三者的关系可用功率三角形来表示，如图 2.10 所示。对于三相平衡负载，视在功率为

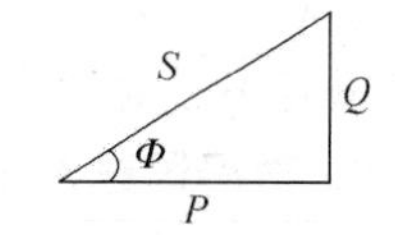

图 2.10　功率三角形

$$S=3UI=\sqrt{3}U_lI=\sqrt{P^2+Q^2}$$

式中，U 为相电压有效值，U_l 为线电压有效值，I 为电流有效值。

当供电回路中既有电感性负载又有电容性负载时，总的无功功率为

$$Q=Q_L-Q_C$$

式中，Q_L 为电感的无功功率，Q_C 为电容的无功功率。

有功功率与视在功率之比称为功率因数，用 λ 表示。在线性电路中，功率因数等于电流与电压相位差的余弦，即

$$\lambda=\frac{P}{S}=\frac{3UI\cos\Phi}{3UI}=\cos\Phi \tag{2.2}$$

功率因数是反映电力用户用电设备合理使用状况、电能利用程度和用电管理水平的一

项重要指标。

2.4.2 提高功率因数的意义

1. 降低线路损耗

每条供电线路上的功率损耗 $\Delta P_L = I^2 R$ 与流经线路的电流平方成正比,假设用户所需有功功率一定,由 $P = S\cos\Phi = 3UI\cos\Phi$ 可知,在电网电压 U 不变的情况下,功率因数 $\cos\Phi$ 越高,线路上的电流 I 就越小,线路损耗也就越小。

2. 改善电压质量

供电电压的降低是由两部分造成的,一部分是电流在线路电阻上产生的压降;另一部分是电流在线路电抗上产生的压降。在有功功率一定的条件下,若功率因数高,则电流相对较小,线路上的电压损失也就较小。

3. 提高变压器利用率

变压器的额定视在功率 S 为定值,由 $P = S\cos\Phi$ 可知,提高功率因数,就可多带有功负载,即提高了变压器的利用率。

4. 节约用户的电费开支

通常变压器容量在 315 kVA 以上时,供电部门按功率因数的高低调整电费,提高功率因数会直接给用户带来经济效益。

2.4.3 提高功率因数的方法

提高功率因数的方法分为提高自然功率因数和功率因数人工补偿。

1. 提高自然功率因数

自然功率因数是指用电设备自身所具有的功率因数。电感性的电气设备如变压器、电动机等,其功率因数的高低与设备的负荷率有关,负荷率越低,功率因数越小。为了降低无功功率消耗,提高自然功率因数,可采取下列措施。

① 合理选择电动机的大小,避免大马拉小车,及时更换负荷率小于 40%的电动机。

② 正确选择变压器容量,提高变压器负荷率,其负荷率在 75%~80%较合适。

提高自然功率因数是提高功率因数最经济而且有效的方法,但单靠提高自然功率因数往往满足不了对功率因数的要求,还需采用无功功率补偿的方法来提高功率因数。

2. 功率因数人工补偿

一般情况下,用电负荷多为电感性负载,常用并联电容器的方法来补偿功率因数,原理如图 2.11 所示。

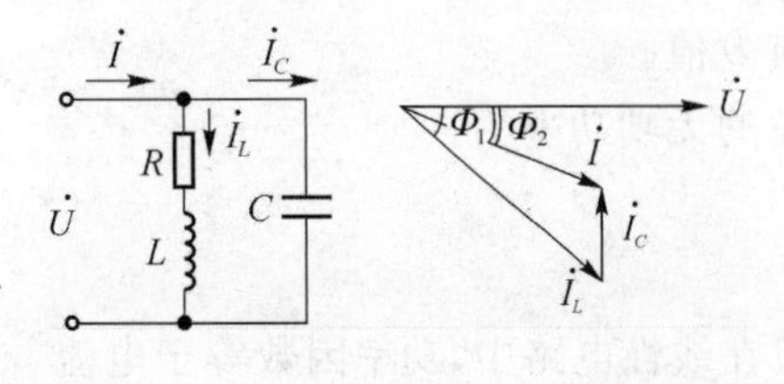

图 2.11 并联电容补偿功率因数原理

图中,R、L 串联表示感性负载,端电压为 $\dot{U}$,电流为 $\dot{I}_L$,感性负载使得电流相位滞后电压相位一个角度,这个角度就是功率因数角 Φ_1。在 R、L 两端并联电容 C,将有电流 $\dot{I}_C$ 流过电容,$\dot{I}_C$ 比 $\dot{U}$ 超前 90°。并联电容后,总电流 $\dot{I}$ 是 $\dot{I}_L$ 与 $\dot{I}_C$ 的相量和,校正后的功率因数角为 Φ_2。可见 $\Phi_2 < \Phi_1$,功率因数得到提高。

并联电容补偿的容量(无功功率)可按下式计算:

$$Q_C = P(\tan\Phi_1 - \tan\Phi_2) \tag{2.3}$$

式中,Q_C 为电容器补偿的无功功率(kvar),P 为有功功率(kW),Φ_1 为补偿前的功率因数角,Φ_2 为补偿后的功率因数角。

专门用来补偿功率因数的电容器称为移相电容器,具有安装简单、运行维护方便、有功损耗小和投资少等优点。

2.4.4　移相电容器的型号和补偿容量

移相电容器的型号由文字和数字两部分组成。

例如,YY0.4-12-3,第一位字母 Y 表示移相用;第二位字母 Y 表示矿物油浸渍;0.4 表示额定电压为 0.4 kV;12 表示标称容量为 12 kvar;3 表示三相,是指封装好的移相电容器内部接成三角形,外部引出三个接头,可直接连接在三相电源上。

电容器的电容量为 C,当电容器两端施加正弦交流电压 U 时,它能补偿的无功功率为 $Q=U^2/X_C=2\pi fCU^2$,即当 C 一定时,电容器能补偿的无功功率 Q 与施加在电容器上的电压 U 的平方成正比。因此并联电容器进行补偿时,宜采用三角形连接,其补偿容量为星形连接的 3 倍。电容器的额定电压应与电力网的额定电压相符。

2.4.5　并联电容补偿的方法

并联电容器补偿无功功率通常有以下三种方法。

1. 分散补偿

分散补偿是指将移相电容器就近并联在电感性负载上。若电容器的补偿容量选择得当,补偿效果明显。但分散补偿维护工作量大,电容器的利用率低、投资大。这种补偿方式只适用于长期运行的负载或容量较大的负载。

2. 低压集中补偿

低压集中补偿是把移相电容器集中在一起,组成无功功率补偿屏,又称电容补偿柜,将其并联在变压器低压侧的电力母线上进行无功功率补偿。

细分交流负荷,有的长期使用,有的时用时停,存在一个用电高峰和低谷的问题。若将所有移相电容器接成一组对用电高峰进行补偿,且满足对功率因数的要求,则在用电低谷时就会过补偿,造成电压偏高。因此实际工作中往往将移相电容器分成几组,一组长期并联在电路中对固定不变的负荷进行补偿,其余的移相电容器组根据负荷的运行情况及时投入或撤除,既满足提高功率因数的要求,又不会造成过补偿。

电容器是储能元件,当电容器从电源上断开时,电容器上的电压等于电路断开瞬间的电源电压。因此撤除的移相电容器应考虑放电,一般采用灯泡来放电。

3. 高压集中补偿

高压集中补偿就是将电容补偿柜移到变压器的高压侧。在高压侧补偿的补偿效果比在低压侧好,但移相电容器即使接成星形,电容器承受的电压也很高,易造成电容器爆炸,同时高压操作需要专门的辅助电源和操作机构,维护操作困难,因此在通信企业中多采用低压集中补偿。

2.4.6　功率因数自动调节

功率因数自动调节是指在电容补偿柜中设置了自动调节装置,能根据电网电压和负载的变化及时投入或撤除电容器组,以保证功率因数符合要求。电网电压的波动和负载的启动会造成瞬时功率因数的波动,为避免自动调节装置的执行机构误动作,自动调节装置应采用适当延时投入和延时撤除的方式工作。

图2.12所示为电容补偿柜一次电路原理图,图中移相电容器组均采用三角形接法,一组作为固定补偿,其余的根据电网电压和负荷的变化自动投撤。采用交流接触器(专用电容接触器)作为自动调节装置的执行机构。

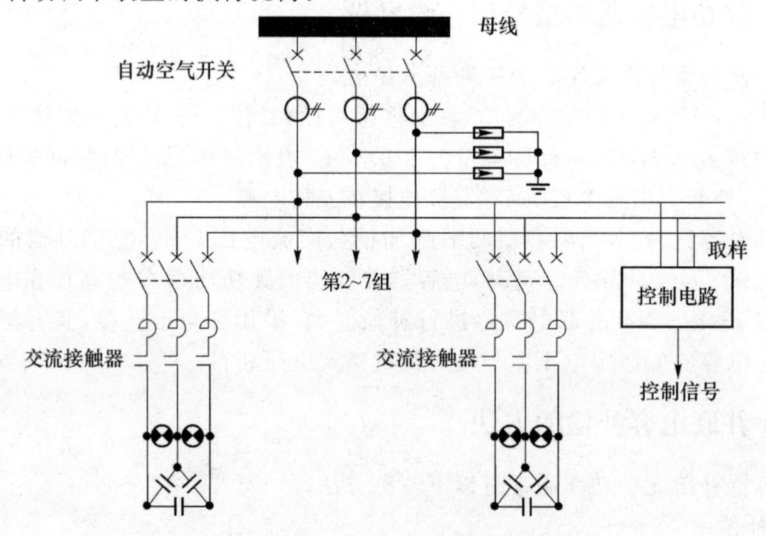

图2.12 电容补偿柜一次电路原理图

功率因数自动调节的基本原理是:采集母线电压的高低或功率因数的大小等为取样信号,取样信号与基准电压进行比较,其差值经放大、变换后去控制交流接触器的动作,从而自动投入或撤除电容器组。

功率因数补偿应避免补偿电容与电路的电感形成谐振,从而导致过电压。不宜一味追求高功率因数,一般情况下补偿后的功率因数在0.90~0.95之间便可,要严格防止过补偿。此外还需注意,如果利用移相电容器将功率因数提高到0.95,供电系统有可能在5次或7次谐波发生谐振,导致系统工作异常;在移相电容电路中串联小电感,使谐振频率不在系统谐波频率的范围内,可以解决这个问题。

2.5 电能计量

市电用户实际消耗的电能,用有功电度表计量,1度电即1千瓦小时(kWh)。根据电度表的安装位置,分为高压计费和低压计费。

1. 高压计费

根据《全国供用电规则》的规定,高压供电用户原则上应装高压计费电度表,在高压侧计度。

变压器容量在560 kVA以下的用户,可装低压计费电度表,在变压器低压侧计度,称为高供低量用户。

2. 低压计费

低压计费在变压器低压侧计度，其计费方法有两种：一是动力与照明分设电度表计费，二是动力用电与照明用电统一用一个电度表计度，照明按一定比例收费。

无论采用哪种计费，都需经当地供电部门同意。

3. 功率因数计量

功率因数分即时功率因数和平均功率因数。

即时功率因数是指测量时的功率因数，它是随时间变化的，与负载的类型、大小有关。可由功率因数表直接读数，也可采用电力谐波分析仪(如 F41B)测量。

平均功率因数是指在一定时间范围内功率因数的平均值，通常是以一个月为单位。平均功率因数由一个月实际消耗的有功电能和占用的无功电能计算而得，即

$$\lambda=\frac{W_P}{\sqrt{W_P^2+W_Q^2}}=\frac{1}{\sqrt{1+\left(\frac{W_Q}{W_P}\right)^2}} \tag{2.4}$$

式中，λ 为月平均功率因数；W_P 为当月有功电能；W_Q 为当月无功电能。无功电能用无功电度表计量。

2.6 交流变配电设备的维护

2.6.1 变配电设备维护的基本要求

(1) 配电屏四周的维护走道净宽，应保持规定的距离(如配电屏正面之间的主要走道净宽不应小于 2 m，配电屏正面与墙之间的主要走道净宽不应小于 1.5 m，配电屏背面与墙之间的主要走道净宽不应小于 0.8 m)；各走道均应铺上绝缘胶垫。

(2) 高压室禁止无关人员进入，在危险处应设防护栏，并设明显的告警牌“高压危险，不得靠近”。

(3) 高压室各门窗、地槽、线管、孔洞应作封堵处理，严防水及小动物进入。

(4) 为安全供电，专用高压配电线和电力变压器不得让外单位搭接负荷。

(5) 高压防护用具(绝缘鞋、手套等)必须专用，高压验电器、高压拉杆应符合规定要求。

(6) 高压维护人员必须持有高压操作证，无证者不准进行操作。

(7) 变配电室停电检修，应报主管部门同意并通知用户后再进行。

(8) 继电保护和告警信号装置应保持正常，严禁切断警铃和信号灯。

(9) 断路器跳闸或熔断器熔断时，应查明原因再恢复使用，必要时允许试送电一次。

(10) 熔断器应有备用，不应使用额定电流不明或不合规定的熔断器。

(11) 引入通信局(站)的交流高压电力线和变配电设备应采取高、低压多级防雷措施。

(12) 设置降压电力变压器的通信局(站)，低压交流供电应采用三相五线制(TN-S)，零线禁止安装熔断器，在零线上除电力变压器近端接地外，用电设备和机房近端不允许重复接地。若变压器在主楼外，则进局地线可以在楼内重复接地一次。

(13) 柴油发电机组和三进四出的 UPS 系统,其中性线必须进行一次工作接地。

(14) 油浸式电力变压器、调压器安装在室外的,其绝缘油每年检测一次,安装在室内的其绝缘油每两年检测一次,绝缘油劣化应及时处理。干式变压器的风机每季度检查一次,应正常工作。

(15) 每年检测一次接地引线和接地电阻,其电阻值应不大于规定值。

(16) 停电检修时,应先停低压、后停高压;先断负荷开关,后断隔离开关。送电顺序则相反。切断电源后,高压设备的三相线上均应接地线。

(17) 保持设备清洁。

(18) 每年校正一次仪表。

2.6.2 高压变配电设备的维护

(1) 对高压变配电设备进行维修工作,必须遵守下列规定。

① 应遵守一人操作、一人监护的原则,实行操作唱票制度,不准单人进行高压操作。

② 切断电源前,任何人不准进入防护栏。

③ 在切断电源、检查有无电压、安装移动地线装置、更换熔断器等工作时,均应使用防护工具。

④ 在距离 10～35 kV 导电部位 1 m 以内工作时,应切断电源,并将变压器高低压两侧断开;凡有电容的器件(如电缆、电容器、变压器等),应先放电。

⑤ 检修设备时,必须完成切断电源、验电、放电、接地线和装设临时遮栏等工作流程,在核实隔离开关或负荷开关确实断开、设备不带电,接好接地线后,再悬挂"有人工作,切勿合闸"警告牌,方可进行维护和检修工作。警告牌只许原挂牌人或监护人撤去。

⑥ 严禁用手或金属工具触及带电母线,检查通电部位时应采用符合相应等级的验电器。

⑦ 雨天不准露天作业,高处作业时应系好安全带,严禁使用金属梯子。

⑧ 在装、拆接地线的过程中,应始终保证接地线处于良好的接地状态。在装设接地线时,必须先接接地端,后接导体端,拆除接地线时则与此相反。为确保操作人员的安全,装、拆接地线均应使用绝缘棒或戴绝缘手套。接地线必须使用专用的线夹固定在导体上,严禁用缠绕的方法进行接地。

⑨ 跌落式熔断器的操作:断开电源时,应先断开中间一相,然后断开背风相,最后断开迎风相。这是因为断开第一相时,一般不会产生强烈的电弧,而在断开第二、第三相时,产生的电弧增大,边相之间有较大距离,同时借风力将电弧吹灭,这样可以防止电弧引起相间短路。同理,在接通电源时,应先合迎风相,再合背风相,最后合中间相。

(2) 定期检测干式变压器的温升。

(3) 与电力部门有调度协议的应按协议执行。

(4) 高压变配电设备的维护周期表,应按各通信企业的维护规程执行。

(5) 对于自维的高压线路,每年要全线路检查一次避雷线及其接地状况、供电线路情况,发现问题及时处理。

2.6.3 低压配电设备的维护

(1) 人工倒换备用电源设备时,必须遵守有关技术规定,严防人为差错。

(2) 定期检查高、低压告警保护点的设定值,定期试验信号继电器的动作和指示灯是否正常。

(3) 加强对配电设备的巡视、检查。主要内容如下。

① 设备是否有告警。

② 电表指示是否正常。

③ 螺丝有无松动。

④ 接触器、开关的动作是否正常,接触是否良好。

(4) 每年测量一次熔断器触头的温升,接触处镀锡的熔断器触头温升应不超过50 ℃,接触处镀银或镀镍的熔断器触头温升应不超过60 ℃。用红外线测温仪测量触头温度,减去衡量温升的基准温度即为温升。我国通信行业标准YD/T 1970.1—2009《通信局(站)电源系统维护技术要求 第1部分:总则》中规定,"衡量温升的基准温度是室内温度,如室温超过28 ℃,按28 ℃计算"。

(5) 每季度测量一次电容补偿柜中电容器的温升,应无异常。

(6) 用电能质量分析仪或电力谐波分析仪(如F41B)每年测量一次交流输入电流的总谐波畸变率THD_i(即2～39次输入谐波电流的方均根值与基波电流有效值之比的百分数),应不大于10%,超过10%时应采取谐波治理措施,如加装滤波器。

(7) 低压配电设备的维护周期表,应按各通信企业的维护规程执行。

思考与练习

1. 画出一种一路高压引入的一次接线图。
2. 高压隔离开关、高压断路器、高压负荷开关和高压熔断器,通常怎样配合使用?
3. 使用电流互感器和电压互感器时,必须注意什么问题?
4. 高压开关柜应具备哪"五防"功能?
5. 高压电气设备倒闸操作的技术要求有哪些?
6. 画出降压电力变压器"D,yn11"接线组的接线图。"D,yn11"是什么含义?
7. 怎样计算所需电力变压器容量?通信局(站)应怎样配置电力变压器?
8. 在低压交流供电系统中,选用熔断器应符合哪些原则?
9. 提高功率因数有什么意义?
10. 画图说明并联电容器补偿无功功率的原理。并联电容的补偿容量如何计算?为什么移相电容器宜采用三角形连接?
11. 交流变配电设备停电检修时,应遵循怎样的操作顺序?
12. 通信局(站)低压配电设备的维护有哪些要求?

第3章 通信局(站)的接地与防雷

3.1 联合接地概述

大地有导电性，并具有无限大的容电量，在吸收大量电荷后仍能保持电位不变，因此可以用来作为良好的参考电位。

为了保证通信质量并确保人身与设备安全，通信局(站)必须有良好的接地装置，使各种电气电子设备的零电位点与大地有良好的电气连接，具有近似大地(或代替大地的导电体)的电位。

通信局(站)的接地，必须采用联合接地方式，并符合我国通信行业标准 YD 5098—2005《通信局(站)防雷与接地工程设计规范》[①]、YD/T 1429—2006《通信局(站)在用防雷系统的技术要求和检测方法》及 YD/T 5175—2009《通信局(站)防雷与接地工程验收规范》等标准的相关要求。

3.1.1 联合接地的定义与联合接地系统的组成

联合接地就是按均压、等电位原理，使通信局(站)内各建筑物的基础接地体和其他专设接地体相互连通形成一个共用地网，并将电气电子设备的工作接地、保护接地、逻辑接地、屏蔽体接地、防静电接地以及建筑物防雷接地等共用一组接地系统的接地方式。

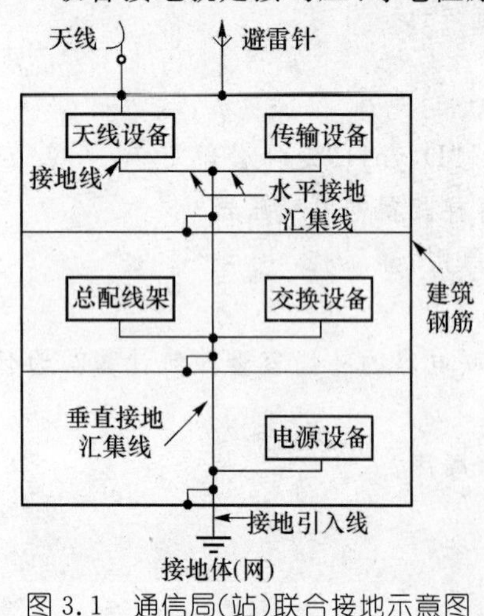

图 3.1 通信局(站)联合接地示意图

联合接地系统由接地网、接地引入线、接地汇集线(包括接地汇流排)和接地线组成。通信局(站)联合接地示意图如图3.1所示。

设备接地的路径是：设备中的接地端→接地线→接地汇集线(包括接地汇流排)→接地引入线→接地网→大地。接地连接线不得使用铝材。

通信局(站)采用联合接地，把建筑物钢筋结构组

① 该标准从 2006 年 10 月 1 日起实施，原相关标准 YD J26—89《通信局(站)接地设计暂行技术规定(综合楼部分)》、YD 2011—93《微波站防雷与接地设计规范》、YD 5068—98《移动通信基站防雷与接地设计规范》、YD 5078—98《通信工程电源系统防雷技术规定》、YD 5098—2001《通信局(站)雷电过电压保护工程设计规范》同时废止。

成一个笼式均压体,同时实施等电位连接,从而较好地保障了工作人员和设备的安全,并对通信设备起到了一定的屏蔽作用。

1. 接地网

(1) 接地网的定义

为达到与地连接的目的,一根或一组与土壤(大地)密切接触并提供与土壤(大地)之间的电气连接的导体,称为接地体。接地网由一组或多组接地体在地下相互连通构成,为电气电子设备或金属结构提供基准电位和对地泄放电流的通道。接地网简称地网。

(2) 机房接地网

通信局(站)应围绕机房建筑物散水点外埋设环形接地体(包括水平接地体和垂直接地体),将环形接地体与建筑物基础地网多点焊接连通,从而构成机房接地网。

(3) 对接地体的要求

接地体埋深宜不小于 0.7 m(接地体上端距地面的距离)。在严寒地区,接地体应埋设在冻土层以下。在土壤较薄的石山或碎石多岩地区可根据具体情况决定接地体埋深,在雨水冲刷下接地体不应暴露于地表。

垂直接地体宜采用长度不小于 2.5 m(特殊情况下可根据埋设地网的土质及地理情况决定垂直接地体的长度)的热镀锌钢材、铜材、铜包钢或其他新型接地体。通常采用长度为 2.5 m 的不小于 50 mm×50 mm×5 mm 的热镀锌角钢,或直径不小于 50 mm、壁厚不小于 3.5 mm 的热镀锌钢管。垂直接地体的间距宜不小于其长度的 2 倍,当敷设地方受到限制时,间距可适当减小,但一般不小于垂直接地体的长度(当接地体的间距太小时,入地电流的流散相互受到排挤,反而影响接地效果)。垂直接地体的具体数量可以根据地网大小、地理环境情况来确定。地网四角的连接处应埋设垂直接地体。

水平接地体应采用热镀锌扁钢(或铜材),扁钢规格不小于 40 mm×4 mm。

接地体之间的所有连接,必须使用焊接。焊点均应做防腐处理(浇灌在混凝土中的除外),一般采用在焊点处涂抹沥青的方法防腐。为了便于焊接,水平接地体扁钢的宽边应与地面垂直,垂直接地体角钢的侧面应与扁钢平行。接地体搭接处的焊接长度,扁钢应为其宽边的 2 倍(三面焊接);采用圆钢时应为其直径的 10 倍(双面焊接)。

接地体应避开污水排放口和土壤腐蚀性强的区段。难以避开时,其接地体截面应适当增大,镀层不宜小于 86 μm;也可选用混凝土包封电极或其他新型材料。

建筑物周围设置的环形接地体,应与建筑物基础地网每隔 5～10 m 相互作一次连接。

地网宜在不同方向上至少设两个测试点,并有明显的测试点标志,以便测量接地电阻。

2. 接地引入线

接地网与接地总汇集线(或总汇流排)之间相连的导电体称为接地引入线。

接地引入线的长度不宜超过 30 m,材料宜采用 40 mm×4 mm 或 50 mm×5 mm 的热镀锌扁钢。

接地引入线不宜从铁塔塔脚附近引入,不宜与暖气管同沟布放。

接地引入线与接地体的连接必须采用焊接。接地引入线在地下应作三层防腐处理:先涂沥青,然后绕一层麻布,再涂沥青;其出土部位应有防机械损伤和绝缘防腐的措施。

3. 接地汇集线

接地汇集线是指作为接地导体的条状铜排(或热镀锌扁钢等),在通信局(站)内通常作为接地系统的主干(母线),可以敷设成环形或线形。不同金属的连接点应防止电化学腐蚀。

接地汇集线的截面积应根据最大故障电流和材料的机械强度来确定,一般应采用截面积不小于160 mm^2 的铜排,高层建筑物的垂直接地主干线应采用截面积不小于300 mm^2 的铜排。

接地汇流排是接地汇集线的一种形态,是与接地母线相连,作为各类接地线连接端子的矩形铜排。

4. 接地线

各类设备的接地端与接地汇集线(或接地汇流排)之间的连接导线,称为接地线。对通信局(站)的接地线有以下要求。

① 接地线应采用多股铜芯绝缘导线布放(不准使用裸导线布放),线芯的截面积,应根据最大故障电流和机械强度选择。

② 一般设备(或机架)的保护接地线,应使用截面积不小于16 mm^2 的多股铜线;当相线截面积 S 大于35 mm^2 时,保护地线截面积应不小于 $S/2$。环境监控系统等小型设备的接地线,应采用截面积不小于4 mm^2 的多股铜线连接到本机架的汇流排,然后用16 mm^2 的多股铜线连接到接地汇集线或接地汇流排。

③ 开关电源系统的直流工作接地线,应根据系统容量采用70～95 mm^2 的多股铜导线,单独从接地汇集线或接地汇流排上引入。

④ 严禁在接地线中加装开关或熔断器。

⑤ 接地线应尽量短、直,多余的线缆应切断,严禁盘绕。

⑥ 多股接地线与接地汇集线及设备连接时,必须加装接线端子(铜鼻),接线端子尺寸应与线径相吻合,压(焊)接牢固。接线端子与汇集线(或汇流排)应采用镀锌螺栓连接并加装平垫片和弹簧垫片,其接触部分应平整、紧固,无锈蚀、氧化,不同材料连接时应涂凡士林或黄油防锈。

⑦ 一般接地线宜采用外护套为黄绿相间的电缆,大截面积电缆应保证接地线与汇集线(或汇流排)的连接处有清晰的标识牌。

⑧ 光缆的金属加强芯和金属护层应在分线盒或光纤配线架(ODF)内可靠连通,并与机架绝缘后使用截面积不小于16 mm^2 的多股铜线,引到本机房内第一级接地汇流排(或汇集线)上。

⑨ 室内的走线架及各类金属构件必须接地,各段走线架之间必须电气连通。走线架的接地线宜采用截面积不小于35 mm^2 的铜导线;走线架(或金属槽道)连接处两端宜用16～35 mm^2 铜导线作可靠连接,连接线宜短直,连接处要去除绝缘层。

⑩ 当机房设有防静电地板时,应在地板下围绕机房敷设闭合的环形接地线,作为地板金属支架的接地引线排,其材料为铜导线,截面积应不小于50 mm^2;从接地汇集线上引出不少于2根截面积为50～70 mm^2 的铜质接地线,与引线排的南、北或东、西侧连通。

3.1.2 室内接地系统的等电位连接

将不同的电气装置、导电物体等,用接地导体或浪涌保护器(SPD)以某种方式连接起来,以减小雷电流在它们之间产生的电位差,称为等电位连接。

通信局(站)室内接地系统的等电位连接,有网状(M型)、星形(S型)和网状-星形混合型接地三种结构,如图3.2所示,其中,(a)图为等电位连接的基本结构,(b)图为等电位连接的组合方式。

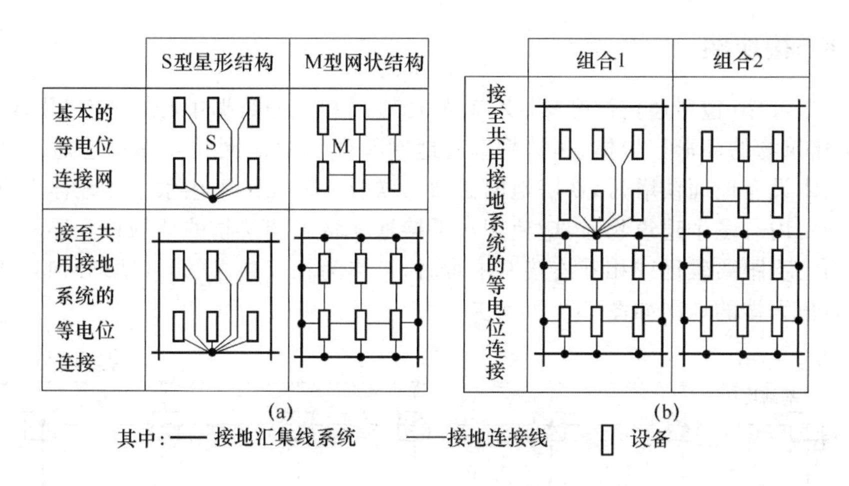

图3.2　等电位连接的基本结构和组合方式

1. 网状接地结构(M型结构)

网状接地结构为多点接地。网状接地的主要优点:一是各种设备可从不同的方位就近接地,设备之间等电位效果较好;二是在高频时可获得一个低阻抗网络,对外界电磁场有一定的衰减作用;三是建筑物内的金属构件、电缆支架、槽架无须专门做绝缘处理,因此在通信局(站)内实施通信设备的安装施工较为容易。其缺点是异常电流的方向和路径很难确定,个别情况下可能会引入低频干扰。

网状接地结构一般适用于分布范围较大的系统,或设备之间、设备与外界的连接线较多,而且复杂的情况。

2. 星形接地结构(S型结构)

星形接地结构只允许单点接地。星形接地容易解决通信系统间的低频干扰问题(在高频下较易引入干扰),因为这种接地方式减少了环流的干扰,使得干扰电流不能形成回路。由星形接地形式衍生出的树枝形接地结构,要求从地网只引出一根垂直的主干地线到各机房的分汇流排,再由分汇流排引至各列机架。当采用星形接地结构时,系统的所有金属组件除连接点外,应与公共连接网保持绝缘。星形接地结构的缺点是:当系统规模较大、设备间连接复杂时,等电位效果较差。

3. 网状-星形混合型接地结构

网状-星形混合型接地采用了两类结构的优点。主体采用网状接地结构,减少了不同设备接地之间的电位差,方便就近接地;有些对低频干扰较为敏感的设备,则采用局部星形接地结构。这种等电位连接方法方便灵活、接线简便,安全性和可靠性较高。

通信系统的等电位连接采用何种形式的接地结构,除考虑通信设备的分布和机房面积大小外,还应根据通信设备的抗扰度及设备内部的接地方式来选择。

3.2 综合通信大楼的接地系统

3.2.1 接地网

综合通信大楼(包括通信综合楼、交换局、传输局和大型数据中心等)应采用联合接地方式,将围绕建筑物的环形接地体、建筑物基础地网及变压器地网相互焊接连通,共同组成联合地网。局内设有地面铁塔时,铁塔地网必须与联合地网在地下用水平接地体多点连通。

在局(站)内有多个建筑物时,应使用水平接地体将各建筑物的地网相互连通,形成封闭的环形结构。当距离较远或相互连接有困难时,可作为相互独立的局(站)分别处理。

综合通信大楼的地网如图 3.3 所示。

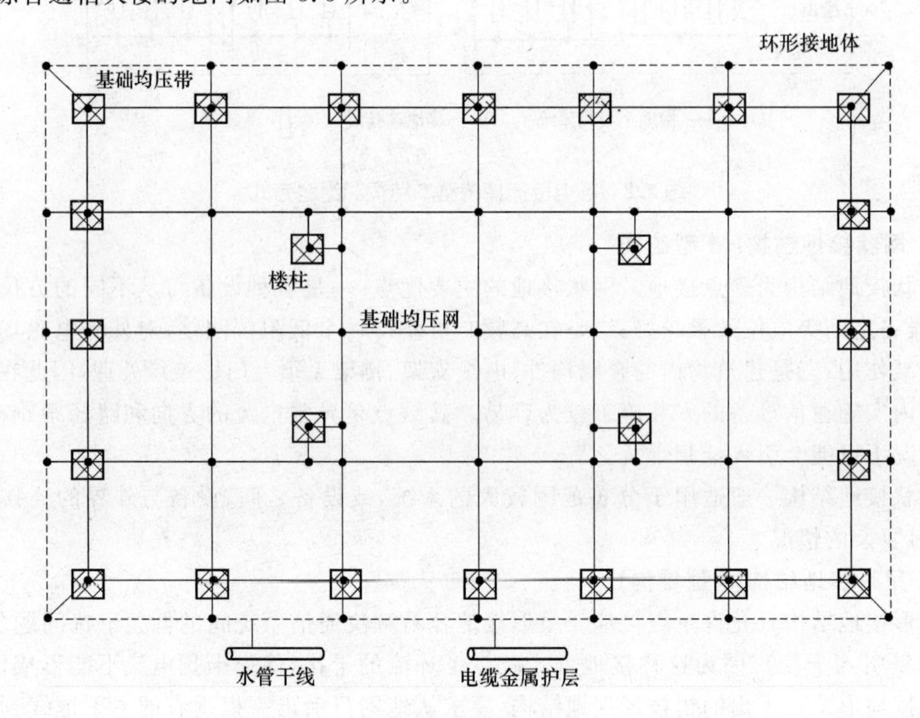

图 3.3 综合通信大楼的地网示意图

3.2.2 接地引入线与接地汇集线

综合通信大楼的接地引入线和垂直接地主干线(VR)连接示意图如图 3.4 所示。从地网上引接多根接地引入线与底层环形汇集线连接。

综合通信大楼的接地汇集线分为垂直接地主干线(VR)和水平接地汇集线两部分。垂直接地主干线垂直贯穿于通信局(站)建筑物各层,可设置一根或多根,其下端连接在建筑物底层的环形接地汇集线上,同时与建筑物各层钢筋或均压带连通,并就近与各楼层的水平接地汇集线(或楼层汇流排)连通。水平接地汇集线应根据通信设备的分布分层设置,各类通信设备的接地线应就近从水平接地汇集线(或局部汇流排)引入。

垂直接地主干线的数量可根据机房平面大小和竖井的数量确定。在高层建筑物内,垂直接地主干线至少应每隔一层与楼层均压带连通一次。

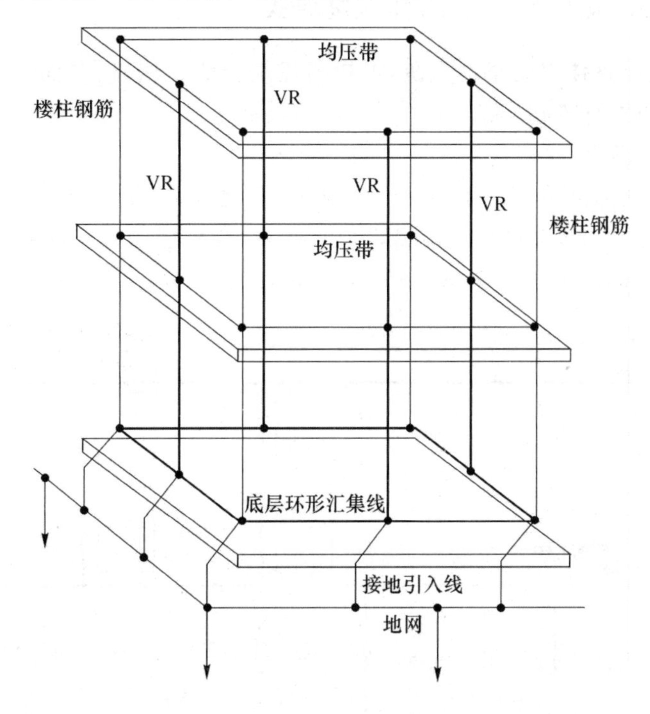

图 3.4　综合通信大楼的接地引入线和垂直接地主干线连接示意图

均压带是围绕建筑物形成一个回路的导体，它与建筑物雷电引下导体间互相连接并且使雷电流在各引下导体间分布比较均匀。

当建筑物横梁和楼柱的钢筋结构电气连接不可靠时，应在建筑物底层设置接地总汇集环，垂直接地主干线由接地总汇集环接地。接地总汇集环与建筑物均压带的连接方式如图 3.5 所示。接地总汇集环与建筑物均压带应每隔 5～10 m 相互作一次连接。

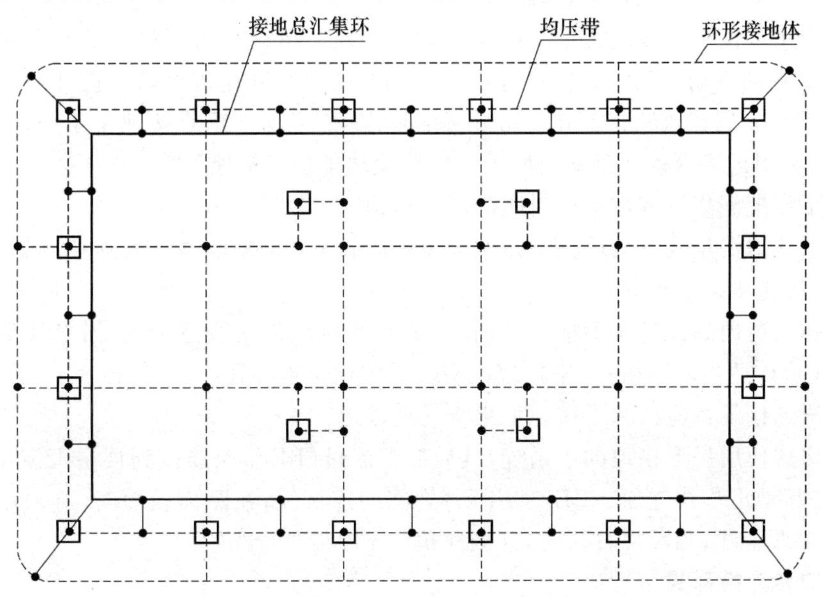

图 3.5　底层接地总汇集环与均压带的连接示意图

3.2.3 各楼层接地系统的两种连接形式

综合通信大楼内各楼层的接地系统,可根据建筑物的结构、楼层面积、楼层数量和通信设备情况,选用以下两种连接形式。

1. 第一种连接形式

第一种连接形式为网状-星形混合型接地结构,各楼层(或机房)的等电位连接方式可参照图 3.6 执行。图中 FEB 为楼层汇流排,即建筑物内各楼层的第一级接地汇流排;LEB 为局部等电位汇流排,即机房内作局部等电位连接的接地汇流排。

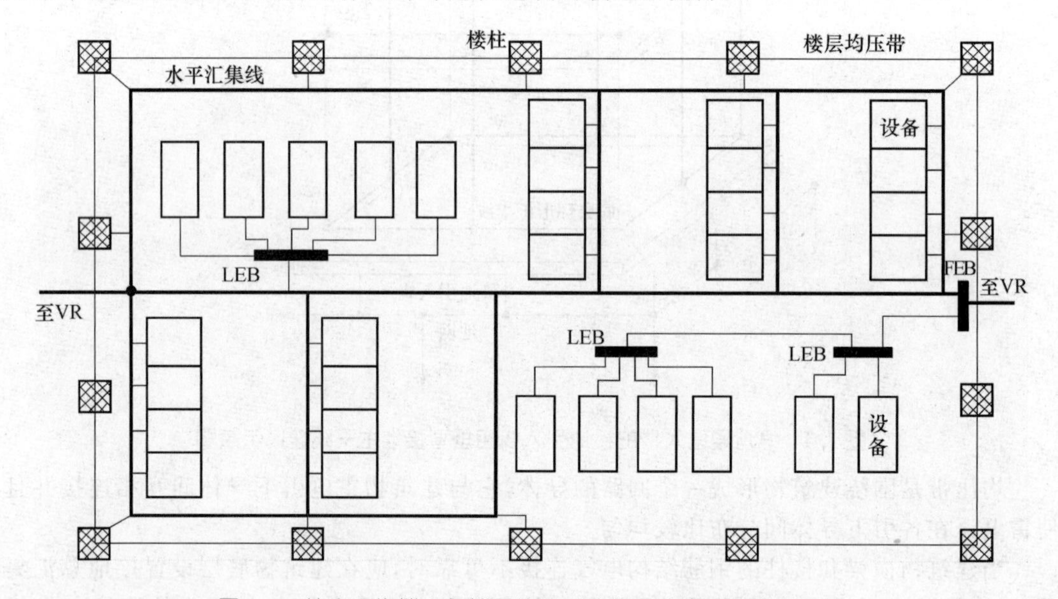

图 3.6 综合通信楼内各楼层接地系统第一种连接形式示意图

接地系统的第一种连接形式应符合以下要求。

① 应使用多根垂直接地主干线(VR),垂直接地主干线与每层机房的水平接地汇集线连通;当建筑物的钢筋结构符合国家标准 GB 50057—2010《建筑物防雷设计规范》中“第二类防雷建筑物”利用建筑物钢筋作防雷装置的规定时,可不设垂直接地主干线,水平接地汇集线可直接利用机房内楼柱钢筋引出的预留接地端子多点接地。

② 水平接地汇集线宜敷设成封闭的环形结构。

③ 水平接地汇集线应沿墙壁或走线架安装,并与垂直接地主干线连接,同时就近与室内楼柱预留接地端多点连通。

④ 根据机房内的设备布置情况,可在环形水平接地汇集线范围内,沿走线架增设水平接地汇集线形成适当的网格;水平接地汇集线上应预留连接孔(一般直径 8 mm)。

⑤ 机房通信设备应由水平接地汇集线就近接地。

⑥ 机房内使用星形接地的子系统,其局部汇流排(LEB)应连接到楼层汇流排(FEB)或就近与水平接地汇集线连通。LEB 与 FEB 之间的连接线,在距离较短时,可采用截面积为 16 mm^2 的多股铜线;当距离较长时,其截面积应不小于 35 mm^2。

2. 第二种连接形式

第二种连接形式基本上是星形接地结构,各楼层的等电位连接方式可参照图 3.7 执行。

图中 MET 为总接地汇流排，即单点接地的星形接地系统中，系统的第一级主汇流排；CEF 为电缆入口设施，CEEB 为电缆入口接地排。

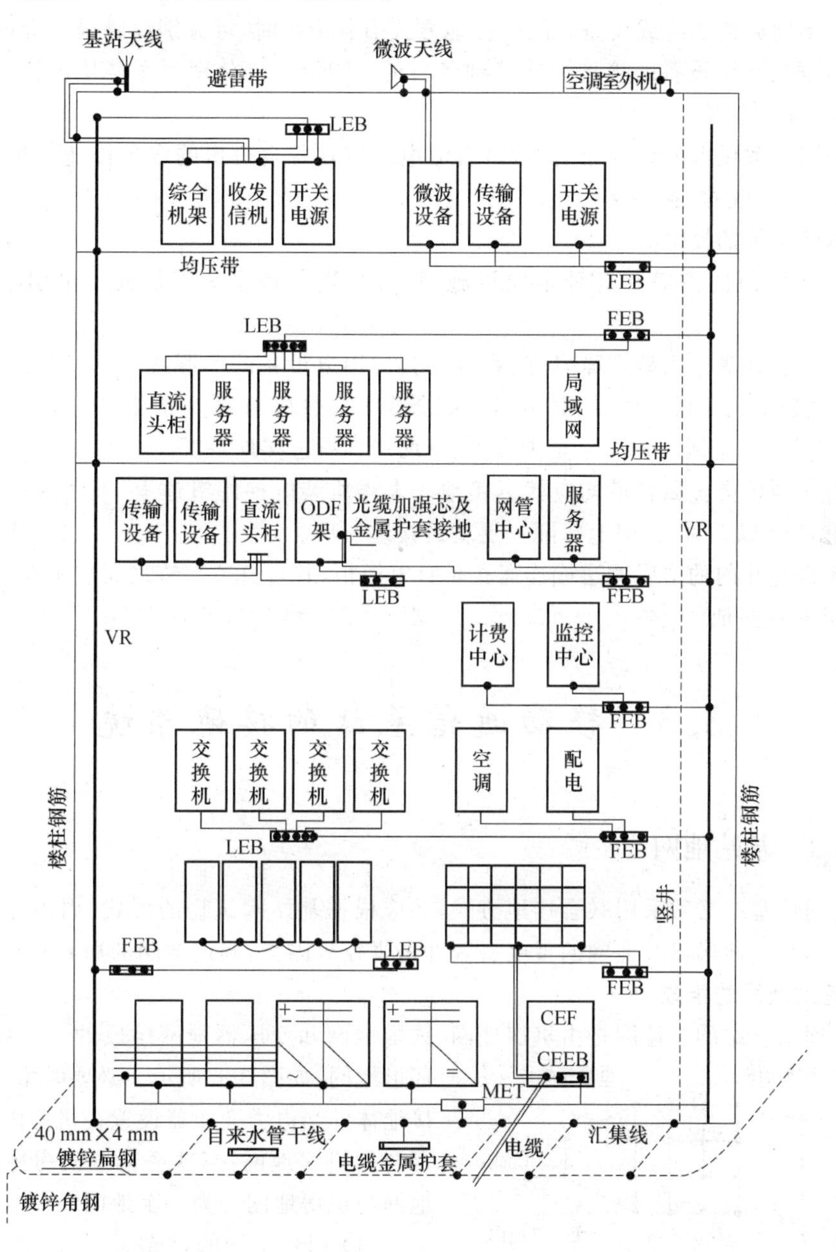

图 3.7　综合通信楼内各楼层接地系统第二种连接形式示意图

机房采用星形等电位连接方式时，各楼层汇流排(FEB)应就近与垂直接地主干线(VR)连接。当使用多根垂直接地主干线时，每条 VR 应与楼层均压网相互连通。

3.2.4　通信设备和其他设施的接地

1. 通信设备的接地

① 总配线架(MDF)宜设置在大楼底层的进线室附近，MDF 的接地引入线应从地网两

个方向就近分别引入(或从建筑物预留的接地端子及底层接地总汇集环引入),连接到 MDF 的汇流排上。

② 当不同通信系统或设备之间因接地方式引起干扰时,可分别设置局部等电位汇流排(LEB),各通信系统设备的接地线连接到各自的 LEB 后,再分别引至楼层汇流排(FEB)或水平接地汇集线接地。

③ 采用分散供电的综合通信大楼,直流电源应在各自机房的水平接地汇集线(或机房内第一级接地汇流排)接地。

2. 其他设施的接地

① 机房楼顶的铁塔和各种金属设施,均应分别与楼顶避雷带或雷电引下线就近多点连通。

② 楼顶和铁塔上的航空障碍灯、彩灯及其他用电设备的电源线,应采用有金属外皮的电缆。在楼顶横向布设的电缆,其金属外护套或金属管应与避雷带或接地线就近连通。上下走向的电缆,其金属外护套应至少在上、下两端各就近接地一次。

③ 机房内各类金属管道均应就近接地。大楼所装电梯的滑道上、下两端应就近接地,距离地面 30 m 以上时,宜向上每隔一层就近接地一次。

④ 大楼竖井内的金属槽道或连通式垂直电缆柜,其自身节与节之间应确保电气接触良好,并就近多点接地。

3.3 移动通信基站的接地系统

3.3.1 基站地网

移动通信基站必须采用联合接地方式,并应根据基站构筑物的形式、周边环境、土壤组成、土壤电阻率、地形以及地网的雷电有效冲击半径等因素,确定地网的边界和形状。

1. 基站地网的组成

移动通信基站的主地网是由机房地网、铁塔地网和变压器地网组成的一个周边封闭的环形地网,如图 3.8 所示。必要时增设辐射形等接地体。当电力变压器设置在机房内时,其地网可合用机房地网;当铁塔建于机房屋顶时,铁塔地网与机房地网合为一个地网。

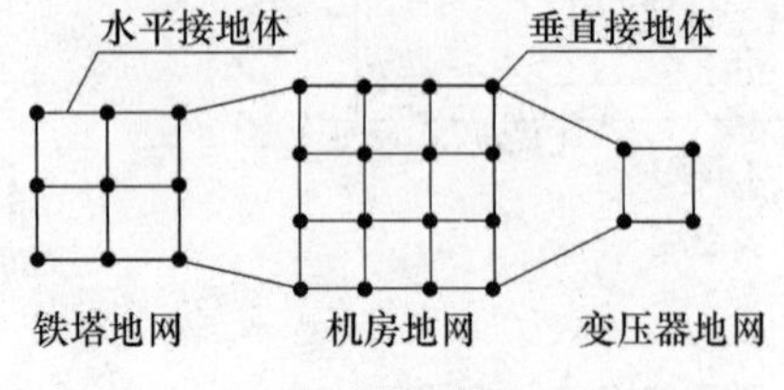

图 3.8 移动通信基站主地网示意图

(1) 机房地网的组成

机房地网由机房建筑基础接地体(含地桩)和外围环形接地体(包括水平接地体和垂直接地体)组成。环形接地体应沿机房建筑物散水点外敷设(距离建筑物地基 1 m 以上),并与机房建筑物基础横竖梁内两根以上主钢筋焊接连通。机房建筑物基础有地桩时,应将各地桩主钢筋与环形接地体焊接连通。环形接地体每边长一般为 10～20 m。

在土壤电阻率较高的地区,宜敷设多根辐射形接地体。辐射形接地体为水平接地体,长度宜为 20～30 m,其走向为联合地网向外辐射方向,在辐射形接地体终端附加垂直接地体。

(2) 铁塔地网的组成

角钢塔：基站使用角钢塔时，铁塔地网应采用 40 mm×4 mm 的热镀锌扁钢，将铁塔四个塔脚地基内的金属构件焊接连通，铁塔地网的网格尺寸可采用 3 m×3 m 或 5 m×5 m。

角钢塔位于机房旁边时，应采用 40 mm×4 mm 的热镀锌扁钢，在地下将铁塔地网与机房外环形接地体焊接连通。铁塔地网与机房地网之间可每隔 3～5 m 相互焊接连通一次，且连接点不应少于两点。

机房被包围在铁塔四脚内时，铁塔地网与机房的基础地网应联为一体，外设环形接地体应在铁塔地网外敷设，并与铁塔地网多点焊接连通。

钢管塔：基站使用钢管塔时，应从钢管塔基础处敷设不少于两根辐射形水平接地体，水平接地体应根据周围的地形环境，向远离机房的方向敷设。钢管塔的地网应和机房地网在两侧用水平接地体可靠连通。

(3) 变压器地网

专用电力变压器设置在机房外时，通常由围绕变压器台敷设的闭合环形接地体(包括水平接地体和垂直接地体)构成变压器地网。若变压器地网与机房地网的边缘相距不超过 30 m，应采用水平接地体将这两个地网焊接连通。当它们的边缘相距大于 30 m 时，变压器地网宜独立设置，可以不与机房地网连通。

(4) 接地电阻超过 10 Ω 的应对措施

根据国家标准 GB50065—2011《交流电气装置的接地设计规范》的附录 A，面积大于 100 m^2 的闭合地网，其接地电阻简易计算公式为

$$R \approx \frac{0.5\rho}{\sqrt{S}} = \frac{0.28\rho}{r} \tag{3.1}$$

式中，R 为工频接地电阻(Ω)，ρ 为土壤电阻率(Ω · m)，S 为地网面积(m^2)，r 为地网等效半径(m)。

由式(3.1)可知，闭合地网的接地电阻与地网面积的平方根成反比，扩大地网面积是减小接地电阻的有效措施。

移动通信基站所在地区土壤电阻率低于 700 Ω · m 时，基站地网的工频接地电阻宜控制在 10 Ω 以内。当地网的接地电阻值达不到要求时，可适当扩大地网的面积，即在地网外围增设 1 圈或 2 圈环形接地装置，使接地电阻不超过 10 Ω。环形接地装置由水平接地体和垂直接地体组成，水平接地体周边为封闭式，可根据地形、地理状况决定其形状，水平接地体与地网宜在同一平面上。水平接地体的间距宜不小于 5 m，当敷设地方受限时其间距可适当减小。环形接地装置与地网之间以及环形接地装置之间应每隔 5 m 左右相互焊接连通一次。也可在铁塔四角设置辐射形接地体，其长度宜限制为 10～30 m。

当移动通信基站的土壤电阻率大于 700 Ω · m 时，可不对基站的工频接地电阻予以限制，此时地网的等效半径应不小于 20 m，并在地网四角敷设 20～30 m 的辐射形水平接地体，以利于分散雷电流。

(5) 地网的网孔个数

在土壤电阻率一定的条件下，决定地网接地电阻大小的主要因素，是闭合地网的外环所围面积，而不是地网内接地体的网格数量。网格又称网孔。我国通信行业标准 YD/T 2324—2011《无线基站防雷的技术要求和测试方法》附录 C 中介绍，美国《电磁兼容性设计手册》

(AFSC-DH1-4)认为:“从设计的经济效益方面考虑,地网应尽可能覆盖更大的面积以降低其接地电阻,而网孔数目不宜多于16个”。这与我国水利电力部门的试验结果是相符的,当接地网孔大于16个时,接地电阻值随网孔数目增加而减小得很慢。因此,从优化设计的角度考虑,地网的网孔数宜不超过16个。

2. 基站地网的形式

(1) 铁塔建在机房旁的地网

机房、落地塔(包括角钢塔和钢管塔)、变压器的地网相互连通组成一个共用地网。当落地塔设有避雷针雷电引下线时,其引下线应接至落地塔地网远离机房一侧。机房内的接地引入线应接至机房环形接地体远离落地塔的一侧。

当大地电阻率较低时,仅采用周边封闭的共用地网即可。当大地电阻率较高并需引外接地时,宜将引外接地体埋在低电阻率区域或土壤潮湿区域,同时应注意引外接地处与基站地网边缘距离不宜超过30 m。

大地电阻率较高、有引外接地时铁塔建在机房旁的地网示意图如图3.9所示。若大地电阻率不高,则不需要引外接地;当大地电阻率较低时,辐射形接地体也不必敷设。

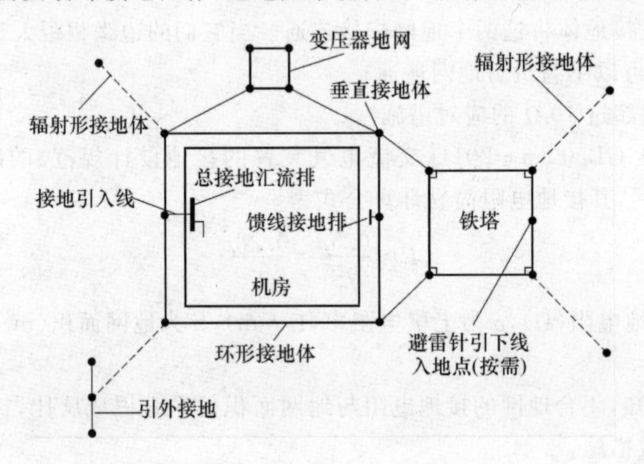

图3.9 大地电阻率较高、有引外接地时铁塔建在机房旁的地网示意图

(2) 铁塔建在机房上的地网

当铁塔设在基站的屋顶时,铁塔四脚应与屋顶避雷带就近不少于两处焊接连通,机房铁塔应利用建筑物框架结构建筑四角柱内的钢筋作为雷电引下线。接地系统除利用建筑物基础接地体外,还应环绕机房设置环形接地体共同组成地网,并在地网四角设置辐射形接地体。

若设有专用的铁塔避雷针雷电引下线,该引下线应接至专设的避雷针接地体,避雷针接地体宜设在机房某侧环形接地体向外延伸约10 m处。

铁塔建在正方形机房上时,应在机房两对角线设辐射形水平接地体,并在其相交处焊接,机房内的接地引入线应从两对角线的水平接地体相交焊接处引接;馈线接地排的接地引入线应就近接至机房环形接地体上。其地网示意图如图3.10所示。

(3) 铁塔四角包含机房的地网

铁塔四角包含机房是指基站机房建在铁塔四角塔脚之内,机房通常采用框架结构建筑。机房的基础接地体和铁塔地网应就近互连,并在铁塔四角外设环形接地体,三者共同组成共用地网,接地网的面积应不小于15 m×15 m。当大地电阻率大于700 Ω·m时,应在原地网

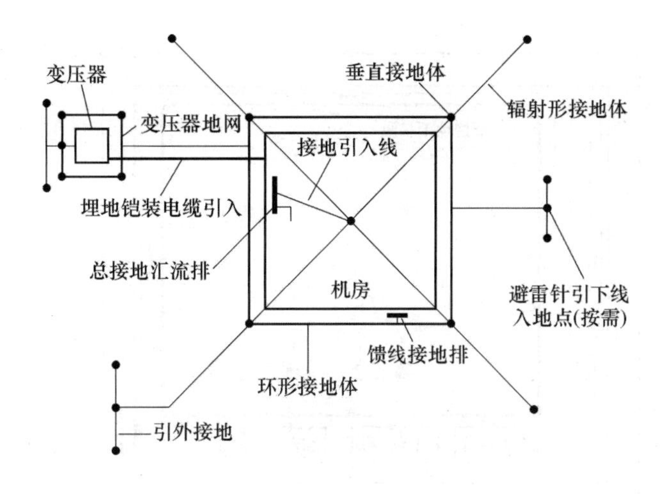

图 3.10　铁塔建在机房上的地网示意图

的基础上增设辐射形接地体，对变压器地网与机房地网相连的基站，辐射形接地体敷设可根据实际情况处理。

在设有专用的铁塔避雷针雷电引下线时，避雷针接地体的设置，雷电引下线的引接方式，以及机房内的接地引入线和室外馈线接地排的引接要求同(2)。

3.3.2　基站的接地引入线

移动通信基站接地引入线的材料为 40 mm×4 mm 的热镀锌扁钢，或截面积为 95 mm^2 的多股铜缆。接地引入线一般应从机房地网环形接地体引到机房环形接地汇集线或总接地汇流排。

机房内环形接地汇集线或总接地汇流排的接地引入线和馈线接地排的接地引入线，在地网上的引接点应根据实际情况尽量相隔一定距离。

接地引入线与地网的连接点，宜避开避雷针、避雷带的雷电引下线与地网的连接点及铁塔塔脚，其间距应大于 5 m，条件允许时，宜取 10～15 m。

3.3.3　基站的接地汇集线及接地汇流排

1. 采用网状接地结构

移动通信基站当机房内的等电位连接采用网状接地结构时，应在机房内沿走线架或墙壁设置环形接地汇集线。环形接地汇集线的材料，YD 5098—2005 中规定，应采用截面积不小于 90 mm^2 的铜材或 160 mm^2 的热镀锌扁钢；有的通信运营企业则在企业标准中规定，采用截面积不小于 40 mm×4 mm 的铜材。环形接地汇集线应多点就近与地网连通，站内设备由环形接地汇集线就近接地，连接方法如图 3.11 所示。

2. 采用星形接地结构

移动通信基站当机房内的等电位连接采用星形接地结构时，设置总接地汇流排，应采用不小于 400 mm×100 mm×5 mm 的铜排，并预留相应的螺孔以便连接。基站的总接地汇流排宜沿墙体直接与接地引入线连接，接地引入线应与地网的接地体单点连接。

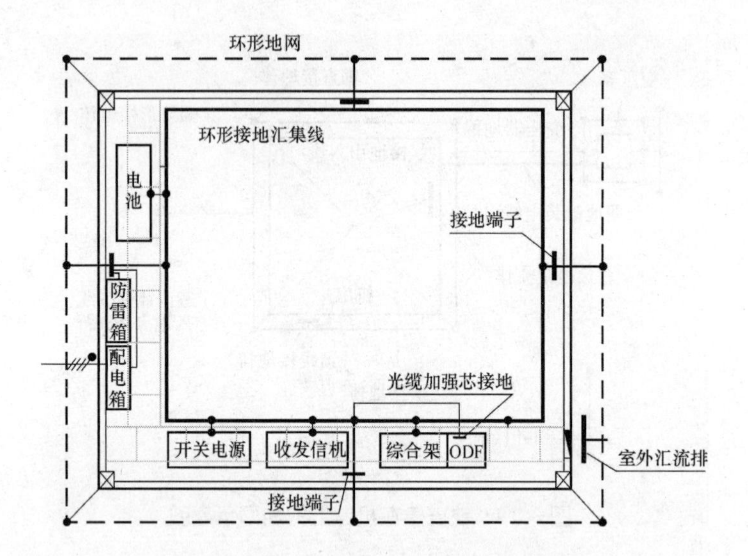

图 3.11　基站环形接地汇集线与设备及地网连接示意图

总接地汇流排应设在交流配电箱和电源第一级浪涌保护器(SPD)附近,开关电源以及其他设备的接地排母线均由总接地汇流排引接。如设备机架与总汇流排相距较远,可以采用两级汇流排,连接方法如图 3.12 所示。二级接地汇流排宜采用截面积不小于 100 mm×5 mm的铜排,并应采用截面积不小于 70 mm^2 的多股铜缆与总接地汇流排直接连接。

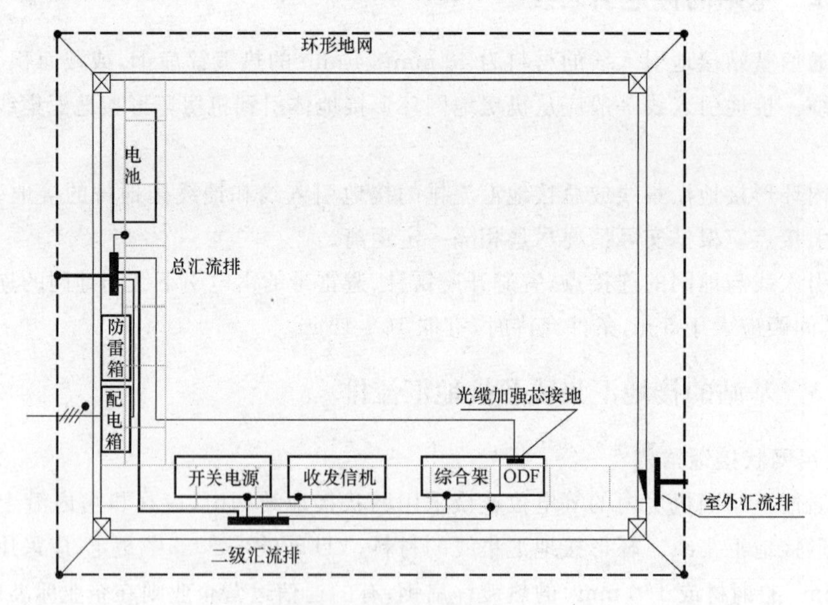

图 3.12　基站星形接地时汇流排与设备及地网连接示意图

机房采用星形接地方式,并使用两级接地汇流排时,第一级电源防雷箱、交流配电箱及光缆加强芯和金属护层的接地线,应从总接地汇流排接地;站内其他设备从第二级汇流排接地。

目前,我国移动通信基站室内接地系统的等电位连接大多采用星形接地结构。

3. 馈线接地排

移动通信基站宜在机房馈线口的室外侧设置馈线接地排,作为馈线的接地点,此即室外汇流排。馈线接地排应采用截面积不小于 40 mm×4 mm 的铜排,并采用 40 mm×4 mm 的镀锌扁钢或不小于 95 mm^2 的多股铜导线就近与机房地网作可靠连接,其引接点不宜在铁塔一角。

3.3.4 基站的接地线与接地处理

移动通信基站的接地线,应满足 3.1.1 中对接地线的要求。此外,接地线和接地处理还应符合下列要求。

① 采用星形接地结构时,各设备的保护地线应单独从接地汇流排上引入,严禁复接(即严禁在一个接地线中串接几个需要接地的设备)。机房接地系统示意图举例如图 3.13 所示。

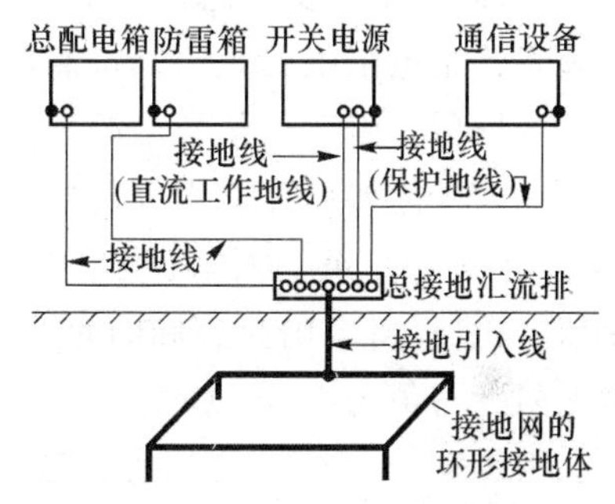

图 3.13 采用星形接地结构时机房接地系统示意图

② 开关电源系统的直流工作地线,应采用不小于 70 mm^2 的多股铜导线,单独从接地汇集线或接地汇流排上引入。

③ 机房内走线架、电池架、机架、金属通风管道、金属门窗等均应作接地处理。室内走线架不得与室外馈线架直接连通。

④ 走线架、接地汇集线和接地汇流排固定在墙体或柱子上时,必须牢固、可靠,当采用星形接地结构时,它们应与建筑物内的钢筋绝缘。

⑤ 铁塔上架设的馈线及其他同轴电缆金属外护层应分别在天线处、离塔处以及机房入口处外侧就近接地;当馈线及其他同轴电缆长度大于 60 m 时,宜在铁塔中部增加一个接地连接点。接地连接线应采用截面积不小于 10 mm^2 的多股铜线。室外走线架始末两端均应接地。

⑥ 光缆以地埋方式进入机房时,埋地长度宜不小于 50 m(对于少雷区和雷暴强度较弱的地区可减小),一般可从线路终端杆开始埋设,直埋光缆的金属屏蔽层或钢管两端应就近可靠接地。

3.4 接地电阻

3.4.1 通信局(站)的接地电阻要求

修订后的我国通信行业标准 YD/T 1051—2010《通信局(站)电源系统总技术要求》,没有对通信局(站)的接地电阻提出要求(已废止的 YD/T 1051—2000 中列有暂定各类通信局站的接地电阻值)。通信局(站)的接地电阻或地网面积,应符合 YD 5098—2005《通信局(站)防雷与接地工程设计规范》的要求。

在 YD 5098—2005 中没有对综合通信大楼的接地电阻提出明确要求，但按照该标准设计的联合地网，其接地电阻值基本上已经是该局可以获得的最低接地电阻。这个标准对综合通信楼不提出地网接地电阻值要求，而是以实际最大有效地网面积来代替对接地电阻值的要求，其主要理由如下。

① 从目前通信局(站)地网的检测情况看，绝大多数综合楼的接地电阻值都小于原规定的1 Ω。

② 由于城市环境所限，很多局(站)无法严格按照规定的测试方法进行接地电阻的测量，因此测得的接地电阻值偏差较大。

③ 原标准交换设备允许的接地电阻值是沿用前苏联的标准。根据资料介绍，前苏联对交换设备接地电阻值的规定是按照局间中继线的要求计算出来的，计算中又有很多未定因素和人为取值。随着通信技术的发展，模拟技术的交换系统已经被数字交换系统代替，原有局间金属实线连接已经被光缆连接代替，因此由接地电阻大小引起的问题已经不突出了。

④ 早在1972年，原国际电报电话咨询委员会 CCITT(国际电信联盟 ITU 的前身)的接地手册中，已经对多国交换局的允许接地电阻值进行了统计分析，当时统计的8个西方国家接地电阻允许值为0.5～10 Ω。

在 YD 5098—2005 中对移动通信基站的接地电阻要求，由原来的5 Ω放宽到10 Ω；对少数大地电阻率很高(大于700 Ω·m)的基站不限制工频接地电阻值，而要求地网的等效半径达到雷电最大有效冲击半径(20 m)，并在地网四角敷设20～30 m的辐射形水平接地体，同时提高电源第一级过电压保护和设备端口的保护水平。这样规定的主要理由如下。

① 随着移动通信服务区不断向边远地区以及山区延伸，基站所处地理环境越来越恶劣。山区基站的土质较差，很多是碎石土壤、风化岩或花岗岩石，有些地方表面土壤仅十几至几十厘米厚，甚至是光秃秃的岩石，土壤电阻率很高，在这种条件下要使基站地网接地电阻小极为困难。

② 防雷确需良好接地，但大量统计数据表明，并非接地电阻越小，遭雷害的概率就越小。基站雷害同接地电阻值并不是必然对应的关系。日前基站设备雷击损坏的主要原因是机房等电位连接不好和没有适当的雷电过电压保护措施。

③ 中讯邮电咨询设计院和广东移动通信公司合作，曾采用"优化地网面积"、"机房均压等电位连接"和"有效过电压保护"的综合防雷方案，对约300个雷害频繁的移动通信基站(大部分是山顶站)进行了试点改造，经过两年以上的实际运行，防雷效果良好，所有完成改造的基站均未出现新的雷害故障。实践证明，YD 5098—2005 中的规定完全可以满足移动通信基站防雷和设备正常运行的需要。

对微波站的接地电阻要求，与移动通信基站基本相同。

小型有线通信局(站)的接地电阻一般不宜大于10 Ω。

3.4.2 接地电阻的定义

接地装置的接地电阻是接地体周围的土壤电阻、土壤和接地体之间的接触电阻、接地体本身的电阻以及接地引入线、接地汇集线、接地线电阻的总和。在这些电阻中，起决定性作用的是接地体周围的土壤电阻，其他各部分的电阻都比它小得多，在接地体与其周围的土壤接触紧密、接地系统中各部分连接可靠的条件下,接地体周围土壤电阻以外的各部分电阻通常都可以忽略不计。

一般来说,接地电阻是指工频接地电阻。工频接地电阻的定义是:工频电流流过接地装置时,接地体与远方大地之间的电阻。其数值(R_0)等于接地装置相对远方大地(零电位点)的电压(U_0)与通过接地体流入地中电流(I_d)的比值。用公式表示为

$$R_0 = \frac{U_0}{I_d} \tag{3.2}$$

当冲击电流(雷电流)通过接地体向大地散流时,不采用工频接地电阻而是用冲击接地阻抗来衡量接地体与远方大地之间的阻抗大小。冲击接地阻抗定义为:冲击电流流过接地装置时,接地装置对地电压的峰值与流入大地电流峰值的比值。

由于冲击电流可在土壤中形成强烈放电,使土壤的等效电阻率大为降低,因此冲击接地阻抗一般小于工频接地电阻。但冲击电流的频率比工频高得多,对于长距离的伸长接地体来说,由于其电感效应,冲击接地阻抗可能大于工频接地电阻。

3.4.3　工频接地电阻的测量方法

1. 三极测量法

采用 DER2571 型数字地阻仪、ZC-8 型接地电阻测试仪或 K-7 型地阻仪等测量接地电阻,均属三极测量法。测量原理如图 3.14 所示,在测量时都要埋设两个辅助接地极,一个用来测量被测接地体或接地网(G)与零电位间的电压,称为电压极(P);另一个用来构成流过被测接地体的电流回路,称为电流极(C)。

被测接地体或接地网和两个辅助接地极之间的相互位置与距离,对于测量结果有很大影响。常用的辅助接地极布极法,有以下两种。

(1) 直线布极法

直线布极法就是地网边缘的中间位置与电压极和电流极在一条直线上,如图 3.15 所示。

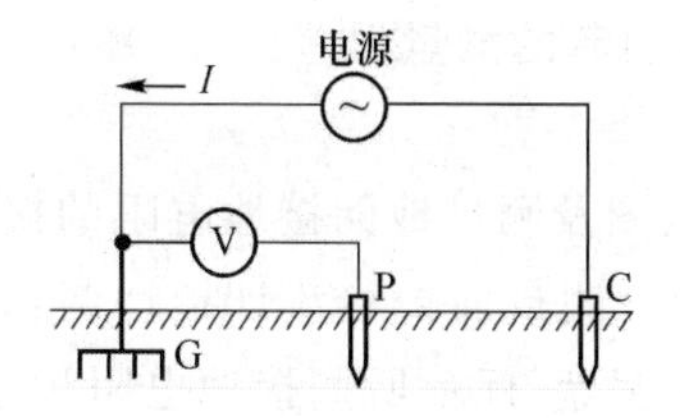

图 3.14　三极测量法原理图

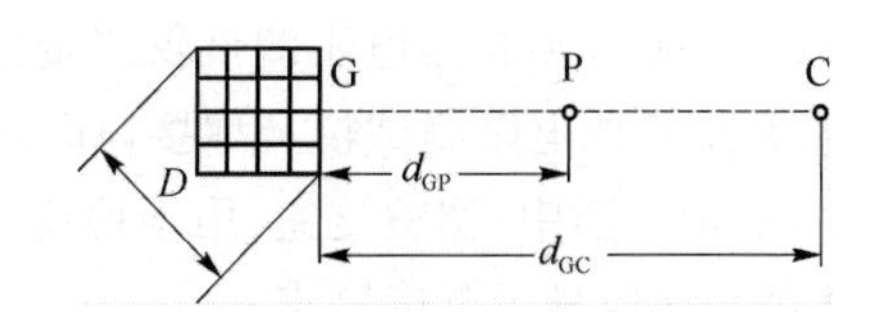

图 3.15　直线布极法测接地电阻

电流极 C 与接地网 G 边缘之间的距离 d_{GC} 一般取接地网最大对角线长度 D 的 4～5 倍。电压极 P 到接地网边缘的距离 d_{GP} 约为电流极到接地网边缘距离 d_{GC} 的 50%～60%;测量时,沿接地网和电流极的连线移动三次,每次移动距离为 d_{GC} 的 5%左右,三次测得值接近即可。

若 d_{GC} 取值 $4D$～$5D$ 有困难,在土壤电阻率较均匀的地区,d_{GC} 可取值 $2D$,d_{GP} 取值 D;在土壤电阻率不均匀的地区或城区,d_{GC} 可取值 $3D$,d_{GP} 取值 $1.7D$。

此外,假如被测接地体G、电压极P和电流极C均为单极且G、P、C三点在一条直线上,则GP间最小距离为20 m,GC间最小距离为40 m。

当向单极接地体注入电流时,其电流以半球形从接地体向周围土壤中扩散,由于半球形的球面积在离接地体越近的地方越小,越远的地方越大,因此离接地体越远的地方电阻越小,相应地电压降越小。实验证明,在离单极接地体20 m远的地方,电位已趋于零。这个电位为零的地方,称为电气地。GP间用于测量被测接地体与零电位之间的电压,电压极P在土壤中应处于零电位,故GP间最小距离应有20 m。

(2) 三角形布极法

电压极和电流极的三角形布极法如图3.16所示。一般取$d_1=d_2=d\geqslant 2D$,夹角$\theta=29^\circ\approx 30^\circ$;相应地电压极(P)与电流极(C)之间的距离为

$$AB=2d\sin 15^\circ\approx 0.52d$$

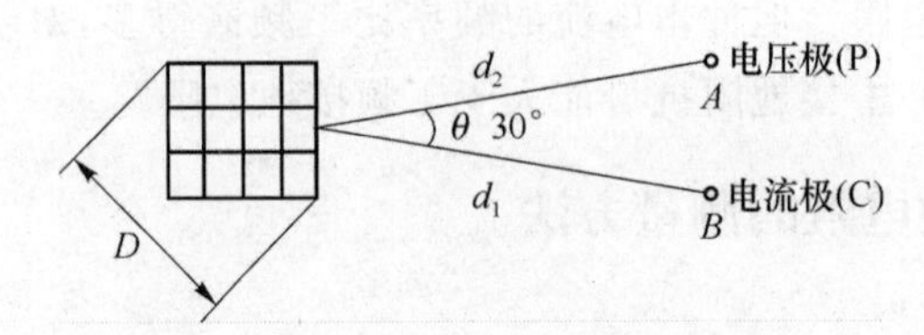

图3.16 三角形布极法测接地电阻

测量接地电阻时,辅助接地极(通常为钢接地棒)应可靠接地;如果接地不良,甚至晃动而导致与土壤形成空气间隙,则可能造成较大的测量误差。测试仪表与接地电阻测试点及与辅助接地极之间的连线,应采用绝缘导线;如果用裸导线,容易造成多点接地而影响测试值。

当被测接地网周围是混凝土地面,无法打入电流极和电压极时,可将两块平整的钢板(250 mm×250 mm)放在混凝土地面上,在钢板和混凝土地面间浇水,将电流极和电压极的测试线夹在钢板上,这样测得的结果和将接地极棒打入地下基本相同。

测量接地电阻的仪表应具有20 dB以上的抗干扰能力;仪表内测量信号的频率应在25 Hz~1 kHz之间,以免产生土壤极化现象或频率高所引起的测量误差。

(3) 用ZC-8型接地电阻测试仪测量接地电阻

ZC-8型接地电阻测试仪又称接地电阻摇表,其俯视图及测量地网接地电阻的接线图如图3.17所示。图中,调整旋钮:用于检流计指针调零——测量前把检流计指针调到与中心线重合;倍率盘:显示测试倍率——×0.1、×1、×10;标度盘:标示所测接地电阻读数;测量盘旋钮:测试时调节这个旋钮使检流计指针指于中心线;倍率盘旋钮:调节测试倍率;发电机摇把:手摇发电,为接地电阻测试仪提供交流测试电源;端钮C_2和P_2在测量接地电阻时用金属连接片可靠接通。该地阻仪还附带辅助接地极棒两支、绝缘导线三根。

用ZC-8型地阻仪测量地网接地电阻的操作方法如下。

① 把地阻仪置于被测地网近旁平整的地方,按前面讲述的布极要求,在地网外的适当位置把钢质电流接地极和电压接地极打入地中40 cm,接好测试线。

② 选择最大倍率,慢慢转动摇把,同时旋动“测量盘旋钮”使检流计指针指向中心线。当检流计的指针接近中心线时,加快发电机摇把的转速,使其为均匀的每分钟120转,调整

“测量盘旋钮”使指针指在中心线上,得出标度盘读数。当标度盘的读数小于1时,选择较小倍率,再重新调整“测量盘旋钮”以得到正确的测量结果。

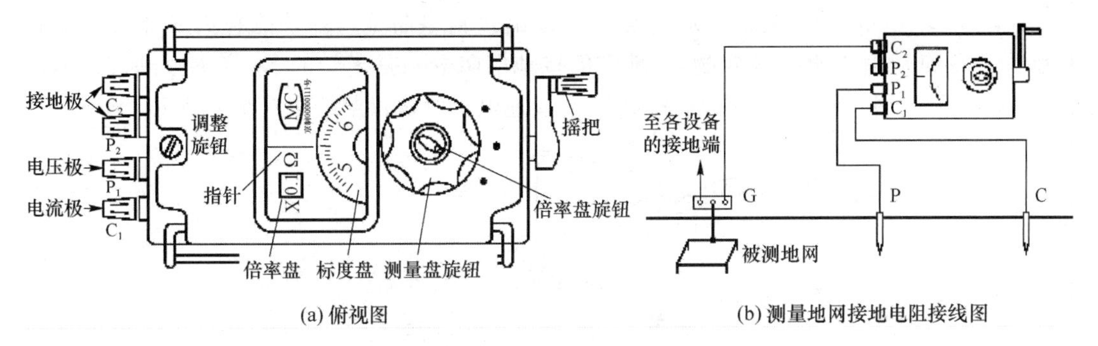

图3.17 ZC-8型接地电阻测试仪的俯视图及测量地网接地电阻接线图

③ 被测接地电阻值(Ω)=标度盘读数×倍率。例如,标度盘的读数为5,倍率是1,则被测接地电阻为5 Ω。

2. 非接触测量法

采用钳形接地电阻测试仪测量接地电阻,属于非接触测量法,又称在线测量法。其测量原理如图3.18所示。图中R_X为被测接地电阻。测量时也需要辅助接地极,其接地电阻为R_Z,辅助接地极用以构成测量时电流的闭合回路。测试仪通过电压钳口在接地连接线上产生特定频率的感应电压,电流钳口感应接地连接线上与电压钳口同频率的电流,自动计算被测接地回路的总电阻值。当$R_Z \ll R_X$时,可近似认为回路总电阻就是被测接地电阻。电压钳口与电流钳口应平行。

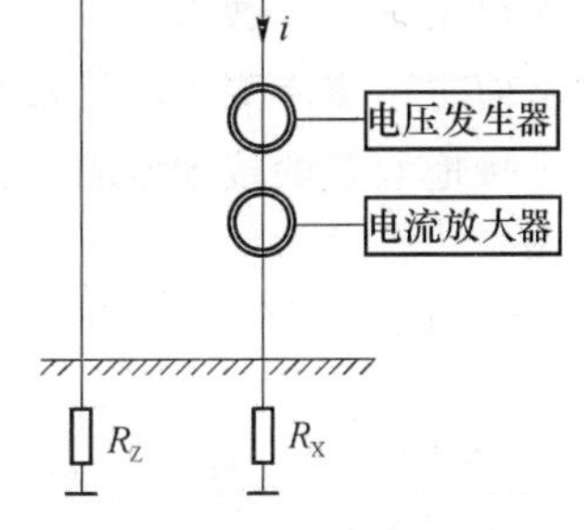

图3.18 非接触法测量原理图

非接触测量法可以非常方便地测量多点接地系统中某一接地体的接地电阻。多点接地系统如高低压架空避雷线接地、通信电缆接地,由于它们通过架空地线或通信电缆的屏蔽层连接,因此不需要另接辅助接地极,所有其他电杆的接地电阻并联后的等效电阻成为R_Z,从工程角度有理由认为$R_Z \approx 0$。这样,所测的回路电阻就是被测电杆接地体的接地电阻R_X。见图3.19。

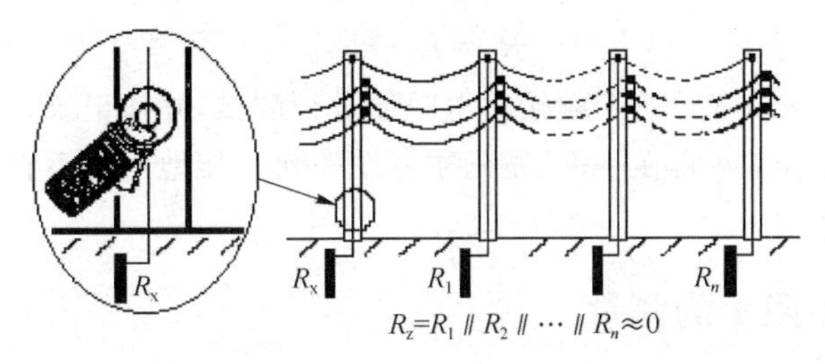

图3.19 用钳形地阻仪测多点接地系统(架空避雷线接地)中某一接地体的接地电阻

顺便指出,如果采用三极测量法来测量多点接地系统中某一接地体的接地电阻,则测量前必须将该接地体与接地系统中的其他部分断开。

非接触测量法由其测量原理所决定,只能测量回路电阻,对于单独的接地体或接地网,如果不接辅助接地极,就无法测出接地电阻。但对接地网而言,又很难找到一个接地电阻值比地网接地电阻还小得多的辅助接地极。这时若被测接地系统附近有两个独立的接地系统,则可利用它们来进行测试。

如图3.20所示,所要测量的是接地系统A的接地电阻R_A,如果能找到另外两个独立接地系统B和C(例如两个建筑物,其地网的接地电阻分别是未知的R_B和R_C),那么,第一步,可将A和B用一根导线连接起来,用钳形接地电阻测试仪测得第一个读数R_1。

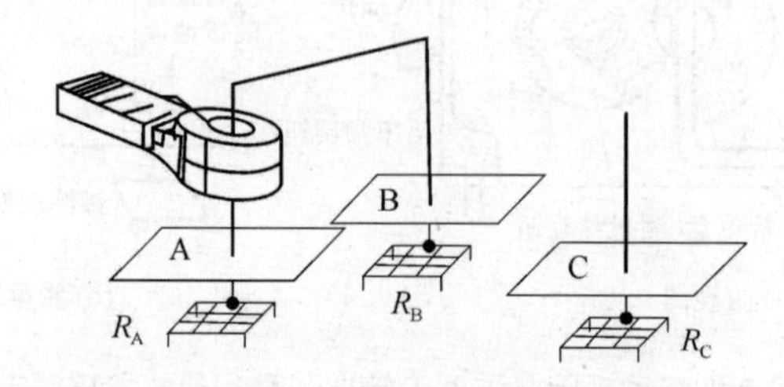

图3.20 利用附近接地系统测接地电阻示意图

第二步,将B和C用导线连接起来(撤去A、B间的连线),再用钳形接地电阻测试仪在B处或C处测得第二个读数R_2。

第三步,将C和A用导线连接起来(撤去B、C间的连线),再用钳形接地电阻测试仪在A处测得第三个读数R_3。

上面每一步所测得的读数都是两个接地电阻的串联值。这样,就可以很容易地计算出每一个接地装置的接地电阻。

由于

$$R_1=R_A+R_B$$
$$R_2=R_B+R_C$$
$$R_3=R_C+R_A$$

因此接地体A的接地电阻值为

$$R_A=\frac{R_1+R_3-R_2}{2} \tag{3.3}$$

同时也可以计算出另外两个参照接地系统的接地电阻值

$$R_B=R_1-R_A$$
$$R_C=R_3-R_A$$

每年应定期对通信局(站)的工频接地电阻值进行测试,并作记录,主要考察接地电阻值的变化情况。移动通信基站宜在干季、雷雨季各测一次。接地电阻不宜在雨天或雨后测量,以免测量结果不准确。

3.4.4 土壤电阻率的测量

1. 土壤电阻率的含义及参考值

实验证明,导体电阻R的大小与其长度l成正比,与其横截面积S成反比,用公式表示为

$$R=\rho\frac{l}{S}$$

故电阻率

$$\rho = R\frac{S}{l}$$

式中,电阻 R 的单位为 Ω,若 S 的单位为 m^2,l 的单位为 m,则电阻率 ρ 的单位为 Ω·m;若 S 的单位为 cm^2,l 的单位为 cm,则电阻率 ρ 的单位为 Ω·cm。1 Ω·m=100 Ω·cm。

土壤电阻率是表征土壤导电性能的参数,它的值等于体积为 1 m^3 的正方体土壤相对两面之间的电阻,常用单位是 Ω·m。

土壤电阻率的影响因素有土壤类型、含水量、含盐量、温度、土壤紧密程度等土壤的化学性质和物理性质。土壤含水量高、含盐量高、土壤紧密时,土壤电阻率低。

土壤电阻率的参考值见表 3.1。

表 3.1　土壤电阻率的参考值

类别	名称	电阻率近似值/(Ω·m)	不同情况下电阻率的变化范围/(Ω·m)		
			较湿时(一般地区、多雨区)	较干时(少雨区、沙漠区)	地下水含盐碱时
土	陶黏土	10	5～20	10～100	3～10
	泥炭、泥灰岩、沼泽地	20	10～30	50～300	3～30
	捣碎的木炭	40			
	黑土、园田土、陶土	50	30～100	50～300	10～30
	白垩土、黏土	60			
	砂质黏土	100	30～300	80～1 000	10～80
	黄土	200	100～200	250	30
	含砂黏土、沙土	300	100～1 000	1 000 以上	30～100
	河滩中的砂		300		
	煤		350		
	多石土壤	400			
	上层红色风化黏土、下层红色页岩	500(30%湿度)			
	表层土夹石、下层砾石	600(15%湿度)			
砂	砂、砂砾	1 000	250～1 000	1 000～2 500	
	砂层深度大于 10 m、地下水较深的草原	1 000			
	地面黏土深度不大于 1.5 m、底层多岩石				
岩石	砾石、碎石	5 000			
	多岩山地	5 000			
	花岗岩	200 000			
混凝土	在水中	40～55			
	在湿土中	100～200			
	在干土中	500～1 300			
	在干燥的大气中	12 000～18 000			
矿	金属矿石	0.01～1			

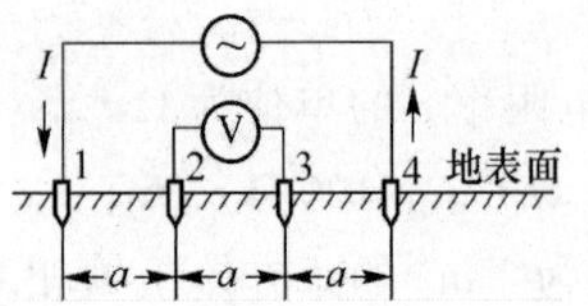

图 3.21　四点法测土壤电阻率

2. 土壤电阻率的测量方法

土壤电阻率的测量方法有多种,通信局(站)常用四点法,如图 3.21 所示。

将测试电极 1、2、3、4 埋入被测土壤呈一字排列,埋入深度均为 b,直线间隔均为 a。外侧的 1、4 极为电流极(如 ZC-8 型接地电阻测试仪的 C_2、C_1 极),用于通过入地的测试电流 I;内侧的 2、3 极为电压极(如 ZC-8 型接地电阻测试仪的 $P_2$①、P_1 极),用于测量两极间的电位差 V。从测试仪器上可读出被测土壤电阻 R,所测土壤电阻率为

$$\rho_0 = 4\pi aR/(1+\frac{2a}{\sqrt{a^2+4b^2}}-\frac{a}{\sqrt{a^2+b^2}})$$

式中,R 为所测电阻;a 为电极间距;b 为电极入地深度。

当测试电极入地深度 b 不超过 $0.1a$ 时,可假定 $b=0$,则所测土壤电阻率的计算公式可简化为

$$\rho_0 = 2\pi aR \tag{3.4}$$

土壤电阻率的测量应在干燥季节或天气晴朗多日后进行。土壤电阻率会随季节气候而变化,为了保证工频接地电阻在任何季节里都能符合要求,作为接地装置设计、施工和维护管理重要依据的土壤电阻率数据,应当是通信局(站)所在地土壤电阻率的最大值。因此,最终确定的土壤电阻率 ρ 应按下式进行季节修正:

$$\rho = \psi\rho_0 \tag{3.5}$$

式中,ρ_0 为所测土壤电阻率;ψ 为季节修正系数,见表 3.2。

表 3.2　根据土壤性质决定的季节修正系数

土壤性质	深度/m	ψ_1	ψ_2	ψ_3
黏土	0.5～0.8	3	2	1.5
黏土	0.8～3	2	1.5	1.4
陶土	0～2	2.4	1.36	1.2
砂砾盖以陶土	0～2	1.8	1.2	1.1
园地	0～3		1.32	1.2
黄沙	0～2	2.4	1.56	1.2
杂以黄沙的砂砾	0～2	1.5	1.3	1.2
泥炭	0～2	1.4	1.1	1.0
石灰石	0～2	2.5	1.51	1.2

注:ψ_1——在测量前数天下过较长时间的雨时选用;

ψ_2——在测量时土壤具有中等含水量时选用;

ψ_3——在测量时,可能为全年最高电阻,即土壤干燥或测量前降雨不大时选用。

① 四端子式的 ZC-8 型接地电阻测试仪在测量接地电阻时,通常 C_2、P_2 端用连接片接通,再接至被测接地体;测量土壤电阻率时,C_2、P_2 端的连接片应断开,该接地电阻测试仪的 C_2、P_2、P_1、C_1 对应为图 3.21 中的 1、2、3、4 极。

采用四点法测量土壤电阻率时,应注意以下事项。

① 测试电极应选用钢质接地棒,且不应使用螺纹杆。在多岩石的土壤地带,宜将接地棒按与铅垂方向成一定角度斜向打入,倾斜的接地棒应躲开石头的顶部。

② 为避免地下埋设的金属物对测量造成干扰,在了解地下金属物位置的情况下,可将接地棒排列方向与地下金属物(管道)走向呈垂直状态。

③ 不要在雨后土壤较湿时进行测量。

3.5　通信局(站)防雷基本知识

3.5.1　雷电危害的来源

雷云对大地及地面物体的放电现象称为雷击。雷击的危害主要有三方面:直击雷、感应雷和雷电过电压侵入。

1. 直击雷

直击雷是直接击在建筑物或防雷装置上的闪电。

大气中带电的雷云直接对没有防雷设施的建筑物或其他物体放电时,强大的雷电流通过这些物体入地,会产生破坏性很大的热效应和机械效应,可导致建筑物或其他物体损坏和人畜死亡。

通信局(站)的建筑物遭受直击雷时,雷电流通过接闪器、雷电引下线和接地体入地泄放,导致地电位升高,如果没有良好的等电位连接等防护措施,可能产生地电位反击损坏设备的现象。

移动通信基站等宜尽量增大机房接地引入线与雷电引下线在地网上引接点的距离,就是为了减轻地电位反击对机房内设备的影响。

2. 感应雷

感应雷是雷云放电时对电气线路或设备产生静电感应或电磁感应所引起的感应雷电流与过电压。

通信局(站)大部分的雷击为感应雷击。在导线中产生的感应雷电流比直击雷电流小很多,一般幅值在 20 kA 以内。

3. 雷电过电压侵入

因特定的雷电放电,在系统中一定位置上出现的瞬态过电压,称为雷电过电压。

通信系统的外引线在距离通信局(站)稍远的地方遭到雷击,部分雷电过电压将沿这些外引线进入到机房设备中,形成雷电过电压侵入。

3.5.2　描述雷电的参数

1. 模拟雷电冲击电流波

雷电流一般指雷电流脉冲的幅值,它决定雷灾的危害程度。雷电流幅值的变化范围很大,其典型值为 18 kA,变化范围为 2～300 kA。

模拟雷电冲击电流波如图 3.22 所示。视在原点 O_1 是指通过波前上 C 点(电流峰值的 10%处)和 B 点(电流峰值的 90%处)作一直线与横轴相交之点;时间 T 指电流波上 C、B 两点间的时间间隔;波前时间 T_1 指由视在原点 O_1 到 E 点(1.25T)的时间间隔;半峰值时间 T_2 指由视在原点 O_1 到电流峰值,然后再下降到峰值一半处的时间间隔。

根据国际电工委员会(IEC)标准,采用模拟雷电冲击电流波的"波前时间 T_1/半峰值时间 T_2"来表示雷电流的特性,10/350 μs 电流波形作为直击雷的模拟雷电流波形,8/20 μs 电流波形作为感应雷的模拟雷电流波形。10/350 μs 波形的电荷量约为 8/20 μs 波形电荷量的 20 倍。

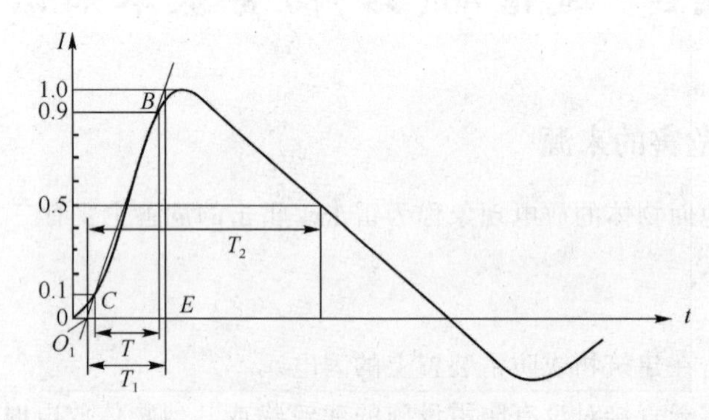

图 3.22　模拟雷电冲击电流波

2. 模拟雷电冲击电压波

模拟雷电冲击电压波如图 3.23 所示。视在原点 O_1 是指通过波前上 A 点(电压峰值的 30%处)和 B 点(电压峰值的 90%处)作一直线与横轴相交之点;时间 T 指电压波上 A、B 两点间的时间间隔;波前时间 T_1 指由视在原点 O_1 到 D 点(1.67T)的时间间隔;半峰值时间 T_2 指由视在原点 O_1 到电压峰值,然后再下降到峰值一半处的时间间隔。

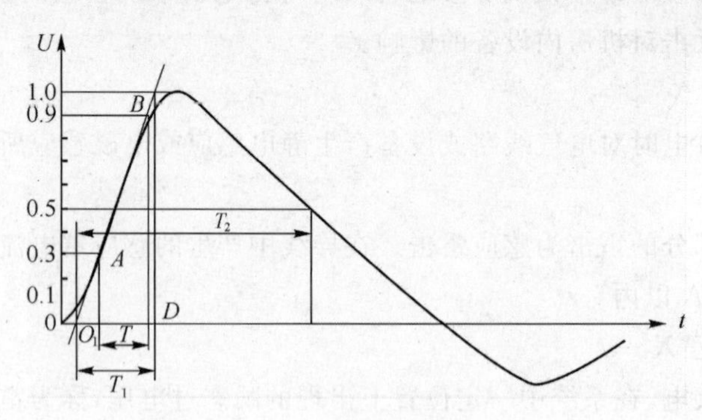

图 3.23　模拟雷电冲击电压波

根据 IEC 标准,采用模拟雷电冲击电压波的"波前时间 T_1/半峰值时间 T_2"来表示雷电压的特性。一般采用 1.2/50 μs 或 10/700 μs 模拟雷击电压波形。

3. 雷暴日

年平均雷暴日是衡量一个地区雷电活动频繁程度的一个参数。在一天中可以听到一次或一次以上雷声,就称为一个雷暴日。雷暴日通常用"d"表示。在不同年份观测到的雷暴日变化较大,一般取多年的平均值,即为年平均雷暴日。

4. 雷电活动区

根据年平均雷暴日的多少,雷电活动区分为少雷区、中雷区、多雷区和强雷区。年平均雷暴日不超过25天的地区称为少雷区,26～40天的地区称为中雷区,41～90天的地区称为多雷区,超过90天的地区称为强雷区。

3.5.3 防雷区的划分

通信电源系统的防雷保护,采用分区保护和多级保护措施。

根据国际电工委员会(IEC)标准IEC 1312—1《雷电电磁脉冲的防护》第一部分的一般原则,应将一个易遭雷击的区域,按照通信局(站)建筑物内外,通信机房及被保护设备所处环境的不同,由外到内把被保护区域划分为不同的防雷区(LPZ),以确定各部分空间区域不同的雷电电磁脉冲严重程度和相应的防护对策。

防雷区划分的一般原则如图3.24所示,按以下规定分区。

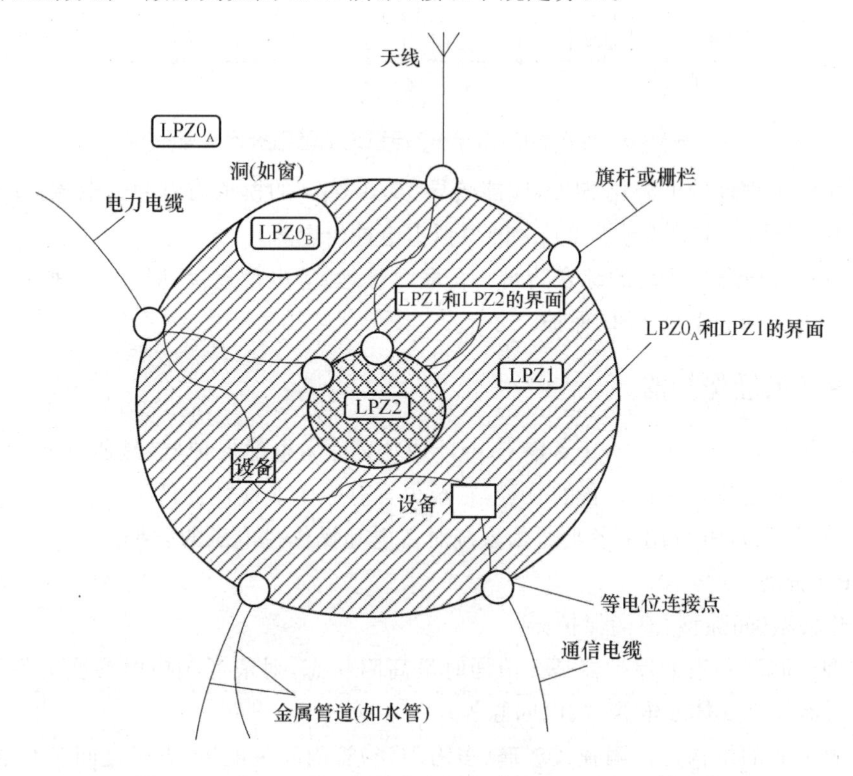

图3.24 将一个需要保护的空间划分为不同防雷区的原则

$LPZ0_A$ 区:本区内的各物体都可能遭受直接雷击和导走全部雷电流,本区的雷电电磁场没有衰减。

$LPZ0_B$ 区:本区内的各物体在接闪器保护范围内,不可能遭受直接雷击,但本区内的雷电电磁场的量级与 $LPZ0_A$ 区一样。

LPZ1区:本区内的各物体因在建筑物内,不可能遭受直接雷击,流经各导体的雷电流比 $LPZ0_B$ 区更小,本区内的雷电电磁场可能衰减,这取决于屏蔽措施。

后续防雷区 LPZ2 等:当需要进一步减小雷电流和雷电电磁场时,应引入后续防雷区,并按照需要保护的系统所要求的环境选择后续防雷区的要求条件。

通信局(站)划分防雷区,确定了浪涌保护器(SPD)多级保护的原则。建筑物外的设备为 A 级保护,0 区与 1 区的交界处为 B 级保护,1 区与 2 区的交界处为 C 级保护,2 区内重要设备前端为 D 级保护。综合通信局(站)电源系统防雷与接地示意图如图 3.25 所示。图中 A、B、C、D 为交流电源浪涌保护器,E 为直流电源浪涌保护器。

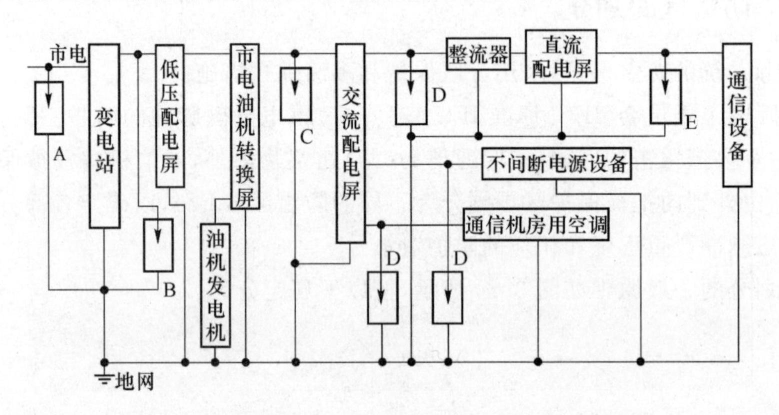

图 3.25 综合通信局(站)电源系统防雷与接地示意图

安装在建筑物外的电源用 SPD,应能疏导 10/350 μs 的模拟雷电冲击电流;安装在建筑物内的电源用 SPD,应能疏导 8/20 μs 的模拟雷电冲击电流。

IEC 的防雷理念是系统的综合防雷——联合接地、等电位连接、屏蔽、合理布线、直击雷防护以及协同配合的多级 SPD 保护。

3.5.4 浪涌保护器

浪涌保护器(Surge Protective Devices,SPD)又称为电涌保护器,是通过抑制瞬态过电压以及旁路浪涌电流来保护设备的装置,它至少含有一个非线性元件。

在通信局(站),SPD 用于各类通信系统对雷电和操作过电压的防护。

1. SPD 分类

(1) 开关型(间隙型)浪涌保护器

开关型(间隙型)浪涌保护器是无浪涌时呈高阻状态,对浪涌响应时突变为低阻的一种 SPD。常用器件有气体放电管、放电间隙等。

气体放电管的结构是在陶瓷或玻璃(多为陶瓷)管内安装电极,电极之间充有惰性气体,如氩或氖。器件平时阻抗很高,当外加电压达到击穿电压时,气体放电,变为低阻,在弧光放电状态管压降可低至 10～30 V,浪涌电压消失后电弧熄灭。气体放电管的缺点,一是击穿电压值与浪涌电压的上升率有关;二是浪涌电压消失后,如果工作电压较大,可能存在后续电流。气体放电管常在低压三相交流电源防雷的“3+1”保护模式中用做零线(N)与保护地线(PE)间的 SPD。

(2) 限压型浪涌保护器

限压型浪涌保护器是无浪涌时呈高阻状态,但随着浪涌的增大,其阻抗不断降低的

SPD。常用器件有氧化锌压敏电阻、瞬态抑制二极管等。

压敏电阻(MOV)是一种以氧化锌(ZnO)为主要成分的金属氧化物半导体过电压抑制器件,是典型的限压型浪涌保护器。

压敏电阻的伏安特性正负对称,其图形符号与伏安特性曲线如图3.26所示。当压敏电阻两端的电压小于标称导通电压时,电流很小(μA数量级),呈现近似开路状态;当所加电压大于标称导通电压时,压敏电阻击穿导通,呈低阻状态,它能泄放大量的雷电流,对过电压起到抑制作用。过电压消失后,压敏电阻立即恢复到原来的高阻状态。

压敏电阻具有非线性特性好、通流容量大、常态泄漏电流小、残压水平低、动作响应快(一般为几十纳秒)和无后续电流等诸多优点。氧化锌压敏电阻目前已被广泛应用于电气电子设备的雷电防护,是通信电源设备中采用的主要防雷器件。其缺点是长期运行后会老化,使标称导通电压降低。

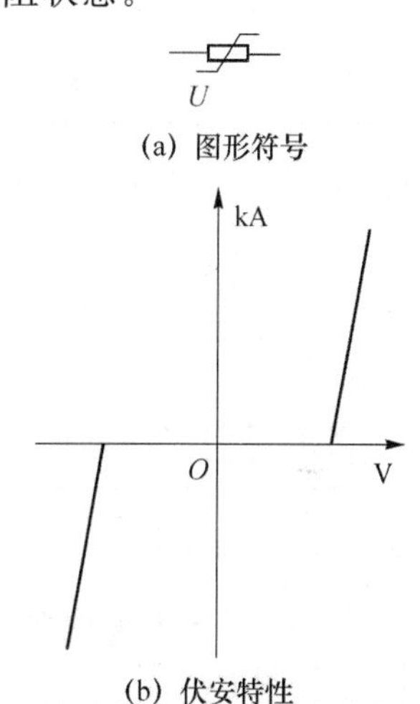

图3.26　压敏电阻的图形符号与伏安特性曲线

压敏电阻泄放雷电流时,虽然允许通过的电流脉冲幅值很大(kA级),但持续时间很短(数十至数百微秒)。在电源设备中,假如并未遭受雷电侵袭而压敏电阻烧坏,可能是电网电压太高或存在尖峰电压,或者压敏电阻劣化,使得交流电压每周期中都有部分时间的瞬时值超过压敏电阻的标称导通电压,导致压敏电阻长期有电流通过而发热损坏。

(3) 混合型浪涌保护器

混合型浪涌保护器是由开关型和限压型器件混合组成的SPD。

2. SPD的参数

(1) 标称导通电压

在施加恒定1 mA直流电流情况下,氧化锌压敏电阻的启动电压,称为标称导通电压,又称为压敏电压,常用U_n或$U_{1\,mA}$来表示。

用于低压交流供电系统的限压型SPD,其标称导通电压U_n宜按下式选取:

$$U_n = 2.2U \tag{3.6}$$

式中,U为最大运行工作电压有效值。

相线对地(或视具体情况对零线)也可采用标称导通电压600 V的限压型SPD。

(2) 标称放电电流I_n

标称放电电流I_n是表明SPD通流能力的指标,对应于8/20 μs模拟雷电波的电流峰值。

I_n的优选值系列为:2、3、5、10、15、20、25、30、40、50、60、80 kA。

(3) 最大通流容量I_{max}

最大通流容量(又称冲击通流容量)I_{max}是SPD不发生实质性破坏,每线(或单模块)能通过规定次数、规定波形(8/20 μs)模拟雷电波的最大电流峰值。最大通流容量一般大于标称放电电流的2.5倍。

I_{max}的优选值系列为:5、10、15、20、30、40、50、60、80、100、120、150、200 kA。

选择较大通流容量的 SPD 可以获得较长的使用寿命。例如,压敏电阻元件在同样的10 kA模拟雷电流(8/20 μs)下测试,通流容量为135 kA 的元件,其寿命为1 000~2 000 次;而通流容量为40 kA 的元件,寿命仅为50次左右。

根据我国有关通信行业标准,SPD 按冲击测试电流等级分类,分为 T 型(特高通流容量)、H 型(高通流容量)、M 型(中等通流容量)和 L 型(低通流容量)。限压型电源用 SPD 冲击测试电流等级分类见表 3.3。

表 3.3 限压型电源用 SPD 冲击测试电流等级分类

使用端口	冲击电流	SPD 类型				
		T 型(特高)	H 型(高)	M 型(中)		L 型(低)
交流 SPD	I_n(8/20 μs)	≥60 kA	≥40 kA	≥25 kA	≥15 kA	≥5 kA
	I_{max}(8/20 μs)	≥150 kA	≥100 kA	≥60 kA	≥40 kA	≥15 kA
直流 SPD	I_n(8/20 μs)	—	≥5 kA	—		≥2 kA
	I_{max}(8/20 μs)	—	≥15 kA	—		≥5 kA

(4) SPD 残压 U_{res}

残压 U_{res} 是雷电电流通过 SPD 时,其端子间呈现的电压峰值。

(5) 限制电压

限制电压是施加规定波形、幅值和次数的冲击时,在 SPD 端子间测得的残压的最大值。

电源用限压型 SPD 的限制电压,B 级防雷 SPD 宜不大于 2 kV,C 级防雷 SPD 宜不大于 1.3 kV,D 级防雷 SPD 宜不大于 1 kV。

虽然 SPD 的残压量值可观,但它加在设备上的时间很短,因此一般不会造成设备损坏。IEC 标准对不同设备的耐受脉冲电压要求与可以实现的 SPD 残压比较,见图 3.27。

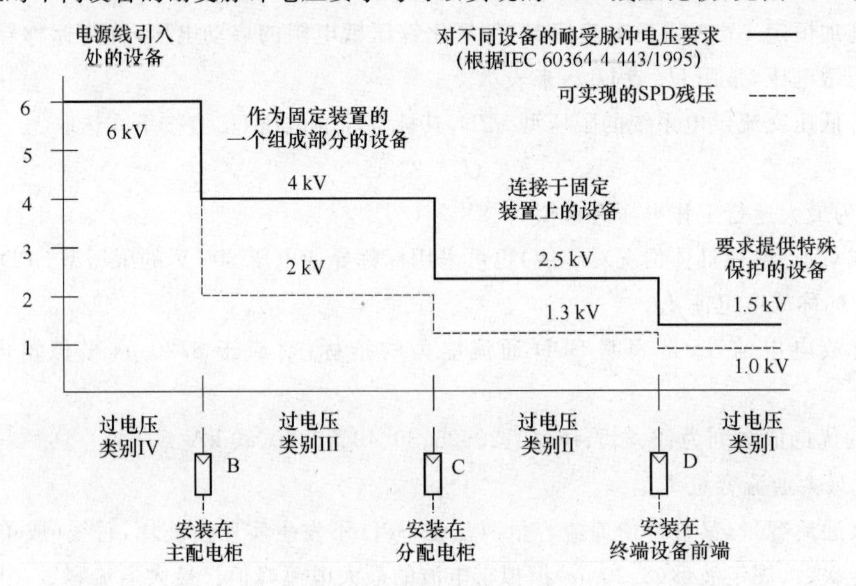

图 3.27 对不同设备的耐受脉冲电压要求与可以实现的 SPD 残压比较

(6) 最大持续运行电压 U_c

最大持续运行电压 U_c 是 SPD 在运行中能持久耐受的最大直流电压或工频电压有效值。

U_c 的优选值系列为:45、52、75、85、150、175、275、320、385、420、460、510、600 V。

3. SPD 的使用要求

① 通信局(站)内使用的浪涌保护器应经防雷产品质量检测部门测试合格。

② 通信局(站)的通信电源系统应采取适当、有效的雷电过电压分级保护措施。在使用分级保护时,各级浪涌保护器之间应保持必要的退耦距离或增设退耦器件,以确保各级浪涌保护器协调工作。氧化锌 SPD 与氧化锌 SPD 之间的退耦距离(电缆长度)应不小于 5 m。前后两级 SPD 之间如果导线长度太短,则导线的分布电感很小,当遇到雷击时,由于两级 SPD 间的导线对雷电流的阻抗(感抗)太小,有可能前级通流容量较大的 SPD 未发挥应有的泄放雷电流作用,而后级通流容量较小的 SPD 被烧坏。

③ 通信局(站)站低压三相交流电源 SPD 的连接方式,当采用 TN-S 供电系统时,既可使用四线对地连接方式,又称"4+0"保护模式,即相线和零线分别对地用限压型 SPD 保护;也可使用"3+1"连接方式,又称"3+1"保护模式,即三相分别对零线用限压型 SPD 保护,零线对地用气体放电管保护。当采用 TT 供电系统时,应使用"3+1"保护模式。两种保护模式 SPD 的连接如图 3.28 所示。

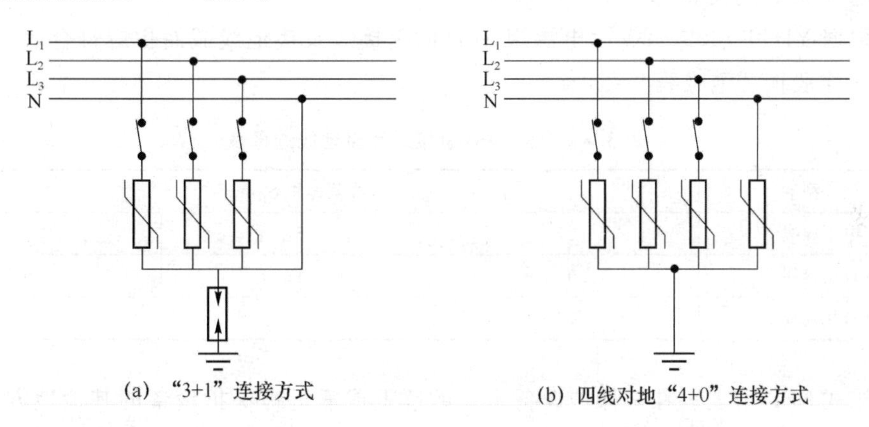

图 3.28 低压三相交流电源浪涌保护器连接示意图

TT 系统单相供电时,SPD 应采用"1+1"连接方式,即相线对中性线用限压型 SPD 保护,中性线对地用气体放电管保护。

④ 为了防止电源 SPD 发生故障时影响通信系统的正常供电和引起火灾事故,在电源 SPD 的引接线上应串接保护空气开关(或保险丝)。保护空开(或保险丝)的标称电流不应大于前级供电线路空开(或保险丝)的 1/1.6 倍。保护空开应使用质量可靠、符合防雷要求的产品。

⑤ 电源第一级(B 级)使用的箱式 SPD 应具有劣化指示、损坏告警、热熔保护、过流保护、保险跳闸告警、遥信等功能,并可根据实际需要选择雷电记数功能。

⑥ 电源第一级(B 级)使用的模块式 SPD 应具有劣化指示、损坏告警、热熔保护、过流保护、遥信等功能,并可根据实际需要选择雷电记数功能。

模块式限压型SPD正常时显示窗为绿色;若显示窗变为红色,则说明已失效,应及时更换。

电源SPD串接的保护空开在通过较大雷电流后,可能会产生跳闸现象。虽然空气开关的跳闸不影响浪涌保护器对本次雷击的防护作用(雷电脉冲的持续时间远小于开关的动作时间),但开关跳闸后使SPD从供电线路中脱离,造成系统对后续雷击失去保护。这个问题对处于雷电活动较强地区的无人值守局站影响较大,因为无人值守,空开跳闸后不能立即发现和恢复。因此,多雷地区的无人值守局站,第一级交流浪涌保护器应具有遥信功能,并通过动力环境监控系统将其工作状态传回监控中心。值班人员发现SPD串接的空开跳闸后,应及时通知维护人员前往恢复。

⑦ 严禁将C级40 kA模块型SPD进行并联组合作为80 kA或120 kA的SPD使用。其理由一是并联的各SPD模块启动电压难以完全一致,工作时将造成全部雷电流集中在先启动的模块上,引起器件损坏;二是模块式SPD的过流、过热保护机构不能并联使用。

⑧ 选用限压型SPD时,要关注SPD的标称导通电压、标称放电电流、最大通流容量、残压、限制电压等多个参数,进行合理选择。

⑨ YD 5098—2005等标准规定:间隙型或间隙组合型浪涌保护器不得在通信局(站)使用。

4. 电源SPD的安装

① 根据YD/T 1429—2006,电源用SPD的引接线及接地线截面积应符合表3.4的要求;材料为多股铜芯绝缘线。

表3.4 电源SPD引接线和接地线选择表

类 型	铜线截面积 S/mm^2		
配电电源线	≤35	50	≥70
SPD引接线	10	16	25
SPD接地线	≥16	25	≥35

② 箱式SPD应安装在被保护设备附近的墙上或靠近被保护设备的其他地方,其电源引线和接地线长度均应小于1.5 m。

③ 模块式SPD应尽量安装在被保护设备内,若无法在设备内安装,可将SPD安装在箱内。模块式SPD的电源引接线长度应小于1 m,接地线长度应小于1.5 m。

模块式SPD和空气开关一般固定在宽35 mm的标准导轨上,再将导轨固定在设备内。

④ 交流电源SPD必须安装在设备的交流输入端。宜采用凯文接线方式连接。凯文接法与传统接法示意图如图3.29所示。

⑤ 电源SPD的引接线和接地线应布放整齐,绑扎固定且松紧适中;走线应短直,不得盘绕,避免出现"V"形和"U"形弯,弯曲角度不得小于90°。

⑥ SPD的引接线和接地线必须通过接线端子或铜鼻连接牢固,防止雷电流通过时产生的线芯收缩造成连接松动。铜鼻和缆芯连接时,应使用液压钳紧固或浸锡处理。

⑦ SPD安装好后,应检查空开或熔断器与SPD的接线是否可靠,用手扯动确认接线可

靠后将空开合上或接入熔丝。对箱式SPD还应查看其指示灯是否显示正常。

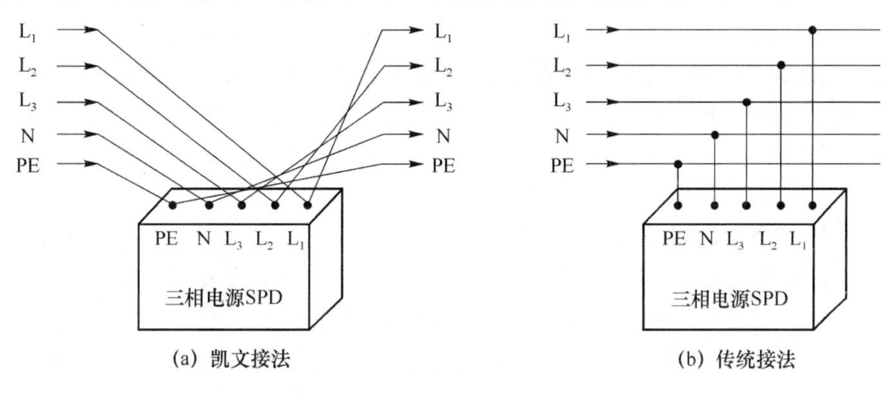

图3.29　凯文接法与传统接法示意图

3.6　通信局(站)的防雷措施

通信局(站)应采用系统的综合防雷措施,包括直击雷防护、联合接地、等电位连接、电磁屏蔽、雷电分流和雷电过电压保护等,并且符合YD 5098—2005、YD/T 1429—2006和YD/T 5175—2009等标准的要求。

通信局(站)的防雷装置包括外部防雷装置和内部防雷装置。外部防雷装置由接闪器(包括避雷针、避雷带、避雷网以及用做接闪的金属屋面和金属构件等)、雷电引下线(又称雷电流引下线)和接地装置组成,主要用于直击雷的防护。内部防雷装置由等电位连接系统、接地系统、屏蔽系统、浪涌保护器等组成,主要用于减小和防止雷电流产生的电磁危害。

3.6.1　直击雷防护

通信局(站)首先要防止直击雷的危害。到目前为止,世界上还没有一种方法或装置能阻止雷电的产生,采用金属材料接闪,引下雷电流并导入大地,是目前唯一有效的外部防雷方法。通信局(站)的天线、建筑物等都应在接闪器的保护范围之内。

1. 接闪器的保护范围

关于接闪器的保护范围,我国防雷规范已与国际接轨,采用IEC推荐的滚球法来确定。

滚球法是以h_r为半径的一个假想球体,沿需要防直击雷的部位滚动,当球体只触及接闪器(包括被利用作为接闪器的金属物),或只触及接闪器和地面(包括与大地接触并能承受雷击的金属物),而不触及需要保护的部位时,则该部分就得到接闪器的保护。根据不同的防雷类别,滚球半径h_r分别为30 m、45 m、60 m。

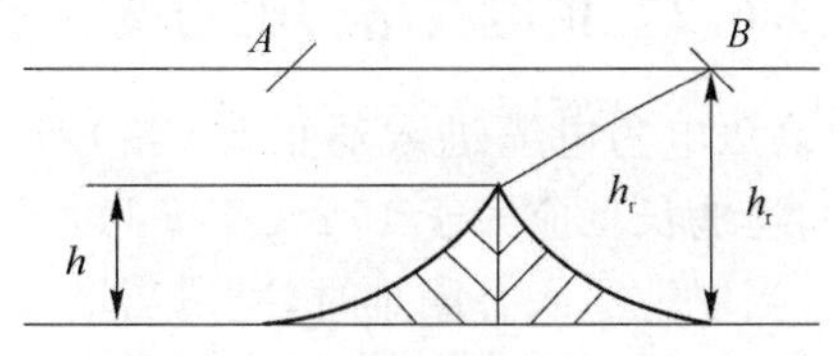

图3.30　单支避雷针的保护范围

以单支避雷针为例,其保护范围如图3.30所示,h为避雷针高度,h_r为滚球半径,图中所示为$h<h_r$的情形。当$h \leqslant h_r$时,用滚球法确定单支避雷针保护范围的方法如下:

① 距地面 h_r 处作一平行于地面的平行线。

② 以避雷针尖为圆心,h_r 为半径,作弧线交于平行线的 A、B 两点。

③ 以 A、B 为圆心,h_r 为半径作弧线,该弧线与避雷针尖相交并与地面相切。从此弧线起到地面止的部分(即球面达不到的阴影部分)就是保护范围,它是一个对称的锥体。

单支避雷针当 $h>h_r$ 时,半径为 h_r 的球与避雷针和地面相切,绕避雷针滚动一周所形成的阴影区就是避雷针的保护范围。

2. 综合通信楼的建筑防雷

综合通信楼的建筑物防雷除应满足 GB 50057—2010 的规定外,还应符合以下要求:

① 建筑物防雷装置中的雷电流引下线宜利用机房外围各房柱内的外侧主钢筋(不小于2根)。钢筋自身上、下连接点应采用搭接焊,其上端与楼顶避雷装置、下端与地网、中间与各楼层均压网焊接连通,形成法拉第笼式结构。楼顶设有塔楼或铁塔时,塔楼柱子和铁塔塔脚亦应按以上要求设雷电流引下线。

② 楼高超过 30 m 时,楼顶宜设暗装避雷网,房顶女儿墙应设避雷带,塔楼顶应设避雷针,且三者间应相互多点焊接连通。

③ 暗装避雷网、各均压网(含基础底层),可利用该层梁或楼板内的两根主钢筋按网格尺寸不大于 10 m×10 m 相互焊接成周边为封闭式的环形带;网格交叉点及钢筋自身连接处均应焊接牢靠。

3. 移动通信基站的直击雷防护

① 移动通信基站天线安装在建筑物房顶时,如天线在建筑物避雷针保护范围内,不宜另外架设独立的避雷针。

② 安装在建筑物房顶的基站天线,如不在建筑物避雷针保护范围内,应在抱杆(或增高架、铁塔)上安装避雷针,抱杆(或增高架、铁塔)应与楼顶避雷带或避雷网焊接连通。

③ 移动通信铁塔的避雷针应将移动通信机房和塔上通信设备置于保护范围内,可使用塔身做接地导体。当塔身金属构件电气连续性不可靠时,应使用 40 mm×4 mm 的热镀锌扁钢设置专门的铁塔避雷针雷电引下线。

④ 铁塔位于机房屋顶时,铁塔四脚应利用建筑物柱内的钢筋做雷电引下线,或与楼(房)顶避雷带就近不少于两处焊接连通。建筑物无钢筋结构做雷电引下线时,铁塔四脚应专设雷电引下线,并与环形接地体焊接连通。

⑤ 移动通信基站建在办公楼或大型公用建筑上时,铁塔(或增高架、抱杆)应与楼顶避雷带、避雷网或楼顶预留的接地端多点连接。机房的接地引入线可以从机房楼柱钢筋、楼顶避雷带或邻近的预留接地端引接。

⑥ 使用活动机房的移动通信基站,机房的金属框架必须就近做接地处理。

3.6.2 供电线路与电力变压器的防雷

高压电力电缆进入通信局(站),埋地长度应大于 200 m;低压电力电缆进入通信局(站),埋地长度应大于 15 m(高压电力电缆已做埋地处理时,低压电缆的埋地长度可不作限制)。当埋地引入有困难时,应适当增加电源系统第一级过电压保护设备的防护等级。

具有金属护套的电缆进入局(站)时,应将金属护套接地。无金属外护套的电缆宜穿钢管埋地引入,钢管两端应做好接地处理。

由于地形原因,微波站和移动通信基站无法埋地敷设高压电力电缆时,宜在架空高压电力线路的上方架设避雷线(即架空地线),长度为300~500 m。电力线应在避雷线的25°角保护范围内。避雷线(除终端杆外)宜每杆做一次接地。为确保安全,宜在避雷线终端杆的前一杆上加装一组氧化锌避雷器。

山区经常遭受直击雷侵入的低压架空电力线,可在架空电力线上方1 m处同杆架设避雷线,避雷线宜使用直径8 mm以上的钢绞线,其垂度应与电力线一致。避雷线除终端杆处外,应每杆(当线路较长时,可每隔3~5杆)做一次接地,其接地体宜设计成辐射形或环形。

电力变压器高压侧的三根相线,应分别就近对地加装交流无间隙氧化锌避雷器;电力变压器低压侧的三根相线应分别对地加装限压型浪涌保护器(根据不同情况,每线SPD的最大通流容量为60~120 kA);变压器的机壳、低压侧交流中性线以及与变压器连接的电缆金属铠装层,应就近接地——与变压器地网可靠连接,如图3.31所示(图中低压侧采用TN-S系统)。当变压器或高压避雷器频繁受到雷击损坏时,可要求电力部门将变压器高压侧的5 kA配电避雷器更换为强雷电负载避雷器。

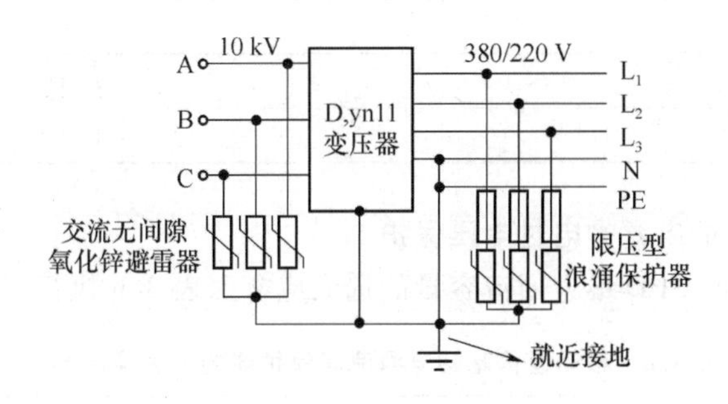

图3.31 电力变压器防雷

3.6.3 低压供电系统的防雷

通信电源系统的防雷必须采用分级保护。

通信局(站)低压交流供电系统的第一级防雷为B级防雷,其SPD设置在总配电屏或总配电箱等输入端处,用以泄放雷电的大部分能量;第二级(次级)防雷为C级防雷,其SPD设置在楼层配电箱或开关电源系统交流配电部分等输入端处,用以泄放雷电的剩余能量;第三级(精细)防雷为D级防雷,其SPD设置在开关整流器以及UPS等输入端处,用以泄放雷电剩余的较小能量。直流供电的SPD设置在开关电源系统直流配电部分的输出侧或通信设备的直流电源输入端。

220/380 V低压交流供电系统中相线对地或相线对零线的限压型SPD,最大持续运行电压U_c通常选取385 V(或320 V)。−48 V直流电源SPD的标称导通电压应在65~90 V之间。

1. 综合通信大楼的电源雷电过电压保护

① 综合通信大楼交流供电系统的第一级SPD(Ⅰ/B级),可根据实际情况选择在变压器低压侧或低压配电室电源入口处安装。

② 交流次级保护SPD(Ⅱ/C级),可以选择在后级配电室、楼层配电箱、机房交流配电柜或开关电源入口处安装。

③ 交流精细保护SPD(Ⅲ/D级),可选择在控制、数据、网络机架的配电箱内安装或使用拖板式防雷插座。

④ 直流保护SPD可选择在直流配电柜、列头柜或用电设备端口处安装。

⑤ 直流集中供电或UPS集中供电的通信综合楼,在远端机房的第一级直流配电屏或UPS交流配电箱(柜)内,应分别安装SPD,集中供电的输出端也需安装SPD。

⑥ 向系统外供电的端口以及从外系统引入的电源端口必须安装SPD。

⑦ 综合通信大楼电源SPD的最大通流容量的选取应参照表3.5执行。

表3.5 综合通信大楼电源浪涌保护器的最大通流容量

<table>
<tr><th colspan="3" rowspan="2">气象因素
环境因素</th><th colspan="3">当地雷暴日/日每年</th></tr>
<tr><th>≤25</th><th>26～40</th><th>≥41</th></tr>
<tr><td rowspan="4">交流第一级</td><td rowspan="2">平原</td><td>有不利因素</td><td>60 kA</td><td colspan="2">100 kA</td></tr>
<tr><td>无不利因素</td><td colspan="3">60 kA</td></tr>
<tr><td rowspan="2">丘陵</td><td>有不利因素</td><td>60 kA</td><td>100 kA</td><td>120 kA</td></tr>
<tr><td>无不利因素</td><td colspan="3">60 kA</td></tr>
<tr><td>交流次级</td><td colspan="2">—</td><td colspan="3">40 kA</td></tr>
<tr><td>交流精细</td><td colspan="2">—</td><td colspan="3">10 kA</td></tr>
<tr><td>直流保护</td><td colspan="2">—</td><td colspan="3">15 kA</td></tr>
</table>

2. 移动通信基站的电源雷电过电压保护

移动通信基站电源SPD最大通流容量的选取应参照表3.6执行。

表3.6 移动通信基站电源浪涌保护器的最大通流容量

<table>
<tr><th colspan="3" rowspan="2">气象因素
环境因素</th><th colspan="3">雷暴日/日每年</th><th rowspan="2">安装位置</th></tr>
<tr><th>≤25</th><th>26～40</th><th>≥41</th></tr>
<tr><td rowspan="6">交流第一级</td><td rowspan="2">城区</td><td>有不利因素</td><td>60 kA</td><td colspan="2">80 kA</td><td rowspan="6">交流配电箱</td></tr>
<tr><td>无不利因素</td><td colspan="3">60 kA</td></tr>
<tr><td rowspan="2">郊区</td><td>有不利因素</td><td colspan="2">80 kA</td><td>100 kA</td></tr>
<tr><td>无不利因素</td><td colspan="3">60 kA</td></tr>
<tr><td rowspan="2">山区</td><td>有不利因素</td><td>100 kA</td><td colspan="2">120 kA</td></tr>
<tr><td>无不利因素</td><td colspan="3">80 kA</td></tr>
<tr><td>交流二级</td><td colspan="2">—</td><td colspan="3">40 kA</td><td>开关电源</td></tr>
<tr><td>直流保护</td><td colspan="2">—</td><td colspan="3">15 kA</td><td>视具体情况</td></tr>
</table>

说明:城区指市区内一般公共建筑物、专用机房;郊区包括城市中高层孤立建筑物的楼顶机房、城郊、居民房、水塘旁以及无专用配电变压器供电的基站;山区包括丘陵、公路旁、农民房、水田旁的易遭受雷击的机房。

3. 微波站的电源雷电过电压保护

微波站的电源雷电过电压保护应根据微波站内交流供电系统的实际情况,选择在变压器低压侧、低压配电室(柜)、机房配电柜、开关电源和传输列头柜等处安装SPD,做多级保护。微波站电源SPD的最大通流容量选取应参照表3.7执行。

表 3.7　微波站电源浪涌保护器的最大通流容量

<table>
<tr><td colspan="2" rowspan="2">气象因素
环境因素</td><td colspan="3">当地雷暴日/日每年</td></tr>
<tr><td>≤25</td><td>26～40</td><td>≥41</td></tr>
<tr><td rowspan="2">交流第一级</td><td>市区综合楼内</td><td>80 kA</td><td colspan="2">100 kA</td></tr>
<tr><td>高山站</td><td colspan="2">100 kA</td><td>≥120 kA</td></tr>
<tr><td rowspan="2">交流次级</td><td>市区综合楼内</td><td colspan="3">40 kA</td></tr>
<tr><td>高山站</td><td colspan="3">40～60 kA</td></tr>
<tr><td>交流精细</td><td>—</td><td colspan="3">10 kA</td></tr>
<tr><td>直流保护</td><td>—</td><td colspan="3">15 kA</td></tr>
</table>

4. 市话接入网点、模块局、光缆中继站和卫星地球站电源 SPD 最大通流容量的选取

市话接入网点、模块局、光缆中继站电源 SPD 最大通流容量的选取应参照表 3.8 执行。

表 3.8　市话接入网点、模块局、光缆中继站电源浪涌保护器的最大通流容量

<table>
<tr><td colspan="3" rowspan="2">气象因素
环境因素</td><td colspan="3">雷暴日/日每年</td><td rowspan="2">安装位置</td></tr>
<tr><td>≤ 25</td><td>26～40</td><td>≥41</td></tr>
<tr><td rowspan="6">交流第一级</td><td rowspan="2">城区</td><td>有不利因素</td><td colspan="2">60 kA</td><td>80 kA</td><td rowspan="6">交流配电箱(柜)</td></tr>
<tr><td>无不利因素</td><td colspan="3">60 kA</td></tr>
<tr><td rowspan="2">郊区</td><td>有不利因素</td><td colspan="2">80 kA</td><td>100 kA</td></tr>
<tr><td>无不利因素</td><td colspan="3">60 kA</td></tr>
<tr><td rowspan="2">山区</td><td>有不利因素</td><td>80 kA</td><td>100 kA</td><td>120 kA</td></tr>
<tr><td>无不利因素</td><td colspan="3">80 kA</td></tr>
<tr><td>交流二级</td><td colspan="2">—</td><td colspan="3">40 kA</td><td>开关电源</td></tr>
<tr><td>直流保护</td><td colspan="2">—</td><td colspan="3">15 kA</td><td>视具体情况</td></tr>
</table>

市区内卫星地球站电源 SPD 的最大通流容量应参照综合通信楼选取;位于郊外的卫星地球站则应参照微波站选取。

为了避免雷害、防止火灾、减少电磁干扰和便于维护,通信局(站)在室内工程施工时,交流电源线、直流电源线、射频线、地线、传输电缆、控制线等应分开敷设,严禁互相缠绕或捆扎在同一线束内;同时,所有的接地线缆应避免与电源线、光缆等其他线缆近距离并排敷设。

3.7　通信局(站)防雷与接地系统的维护

3.7.1　防雷与接地系统的日常维护

维护人员应通过集中监控系统,注意 SPD 的告警状态;对于 SPD 没有纳入到集中监控系统中的局(站),宜每月对 SPD(包括设备本身配置的 SPD)状态进行一次巡视。当发现 SPD 已失效时,应及时更换,同时注意合上 SPD 的保护空开。

每年雷雨季节前,应对室内、外接地装置(包括接地线、接地汇集线、馈线接地排、接地引入线、雷电流专用引下线、接闪器等)及它们的连接状况进行巡检,发现脱焊、松动、严重锈蚀等情况进行修复性处理;同时对浪涌保护器系统(包括 SPD、保护空开或熔断器及相关连接线、接地线等)进行全面检查,发现异常及时进行修复、处理。

每年应定期对通信局(站)的工频接地电阻值进行测试,对测试时的天气情况、使用仪表和有关测试状况应作详细的记录;当接地电阻值与往年相比出现大幅度变化时,应查找原因。

通信局(站)每一次遭受雷击造成设备和设施损坏的情况均应作详细记录,并对雷害原因进行分析,提出针对性整改措施并组织实施;严重的雷害事故应按规定上报。

通信局(站)的防雷与接地系统维护周期表,应按各通信企业的维护规程执行。

3.7.2 限压型浪涌保护器的检测

为及时发现性能严重下降、但尚未显示失效的限压型 SPD,可采用压敏电阻测试仪对其作直流参数检测。

1. 测试项目

① 标称导通电压:是指通以直流电流 1 mA,施加在压敏电阻两端的电压,用 $U_{1\,\mathrm{mA}}$ 表示,单位为 V。

② 漏电流:是指在压敏电阻两端施加 $0.75U_{1\,\mathrm{mA}}$ 直流电压时,流过压敏电阻的电流,单位为 μA。

2. 测试周期

每年测试一次,宜安排在雷雨季节前进行。测试结果用“浪涌保护器直流参数测试表”记录,表格可设为三列:测试日期、标称导通电压值、漏电流值。

除作专门的记录外,可将测试表贴在浪涌保护器上,以便对比。

3. 判断标准

① 测得的标称导通电压值($U_{1\,\mathrm{mA}}$)应与氧化锌压敏电阻(MOV)标明的数值基本相符,使用一段时间后,其变化率不大于 10%为合格。

② 按有关标准,漏电流不得大于 30 μA;使用一段时间后,其变化率不大于 200%为合格。

上述两条标准,其中一条未达到,浪涌保护器就不能继续使用,应及时更换。

思考与练习

1. 什么叫联合接地方式?联合接地系统由哪几部分组成?设备接地的路径是怎样的?
2. 接地体、接地引入线、接地汇集线和接地线的定义是什么?对它们分别有什么要求?
3. 什么叫等电位连接?通信局(站)室内接地系统的等电位连接有哪几种结构?
4. 移动通信基站的主地网是怎样组成的?
5. 分别画出移动通信基站机房内采用网状接地结构和星形接地结构的连接示意图。
6. 移动通信基站对接地电阻有什么要求?

7. 工频接地电阻的定义是什么？接地电阻应怎样测量？

8. 雷击有哪些形式？

9. 8/20 μs 模拟雷击电流波形,8/20 μs 是什么意思？

10. 怎样划分少雷区、中雷区、多雷区和强雷区？

11. 国际上怎样划分防雷区？

12. SPD 有哪些类型？

13. 压敏电阻怎样起防雷保护作用？

14. 说出 SPD 各参数的名称和含义。

15. 分别画出"4＋0"和"3＋1"保护模式 SPD 的连接电路图,并说明其应用场合。

16. 怎样直观判断 SPD 模块的好坏？

17. 对 SPD 的使用要求有哪些？

18. 对电源用 SPD 的安装有什么要求？

19. 通信局(站)应采用什么样的防雷措施？其防雷装置怎样组成？

20. 引入机房的电力线缆,应怎样进行雷电防护？

21. 通信局(站)低压交流供电系统有哪几级防雷保护？移动通信基站对低压交流电源第一级和第二级 SPD 的最大通流容量作何要求？

22. 对通信局(站)防雷与接地系统的日常维护有哪些要求？

第4章 通信用蓄电池

在通信局(站)的直流供电系统中,蓄电池组与整流器并联,组成浮充供电系统:整流器正常输出时,蓄电池组补充充电待用,并起平滑滤波作用,降低整流器的输出杂音,提高供电质量;当整流器故障停机或交流电源中断时,蓄电池组对负载供电,确保供电不中断。蓄电池是直流供电系统中不可缺少的后备电源。

在交流不间断电源系统(UPS)中,蓄电池也是不可缺少的后备电源。当输入交流电源中断时,UPS 中的逆变器将蓄电池组提供的直流电逆变为交流电给负载供电。

此外,蓄电池还用做中小型油机发电机组的启动电源。

直流供电系统和交流不间断电源系统中的蓄电池,现在一般采用阀控式密封铅酸蓄电池。用于启动油机发电机组的启动电池,可采用普通铅酸蓄电池,但这种电池自放电和水的损耗都很大,要定期补充蒸馏水。因此启动电池也宜采用阀控式密封铅酸蓄电池。

在制造和使用过程中均对环境无污染的磷酸铁锂蓄电池,已逐渐在通信局(站)应用。

4.1 阀控式密封铅酸蓄电池的型号命名及工作原理

4.1.1 通信用阀控式密封铅酸蓄电池的型号命名

我国通信行业标准 YD/T 799—2010《通信用阀控式密封铅酸蓄电池》中规定,蓄电池型号命名用汉语拼音字母表示,命名方法如图 4.1 所示。

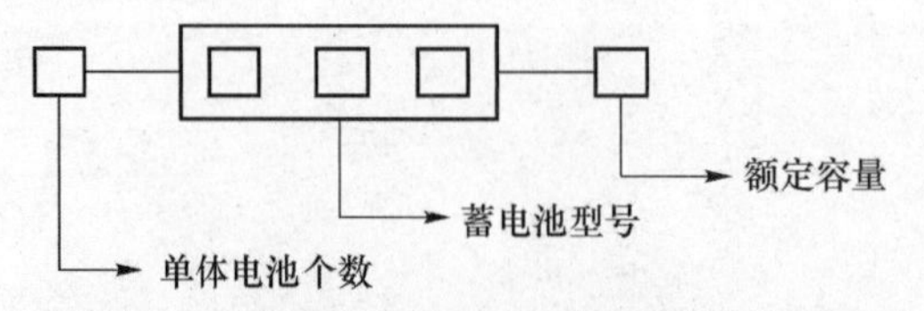

注:单体电池,个数省略;6 V、12 V电池的个数分别为3、6。

图 4.1 蓄电池的型号命名方法

例 4.1 GFM—1000 为额定电压 2 V、额定容量 1 000 Ah 的固定型(G)阀控式(F)密封(M)铅酸蓄电池。

例 4.2 6—FM—65 为内有 6 只单体电池、额定电压 12 V、额定容量 65 Ah 的阀控式

(F)密封(M)铅酸蓄电池。

此外,6—Q—100 为内有 6 只单体电池、额定电压 12 V、额定容量 100 Ah 的启动(Q)电池,属于普通铅酸蓄电池。

4.1.2　阀控式密封铅酸蓄电池的结构

阀控式密封铅酸蓄电池的英文名称为 Valve Regulated Lead Acid Battery(VRLAB),有的资料将它表达为"VRLA 电池"。正常使用时保持气密和液密状态;当内部气压超过预定值时,安全阀自动开启(开阀压力应在 10～35 kPa 范围内),释放气体;当内部气压降低后,安全阀自动闭合使电池密封(闭阀压力应在 3～30 kPa 范围内),防止外部空气进入电池内部。在使用寿命期间无须补加水或电解液。

阀控式密封铅酸蓄电池由电池槽、正负极板组、电解液、隔板、安全阀、引出端子(正、负极柱)等部分组成。

1. 正负极板组

正负极板组由单片正极板和单片负极板分别用汇流条焊接而成,其排列示意图如图4.2所示。单片极板由板栅和它支撑的疏松活性物质构成,板栅用无锑或超低锑铅合金铸造,正极板上的活性物质是二氧化铅(PbO_2),负极板上的活性物质是绒状(海绵状)铅(Pb)。

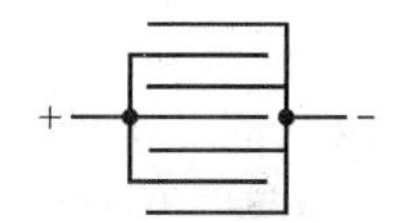

图 4.2　正负极板排列示意图

2. 电解液和隔板

电解液为稀硫酸(H_2SO_4),其作用是浸润正负极板上的活性物质,参与电极化学反应,并形成导电粒子。

阀控式密封铅酸蓄电池以电解液的状态不同而分为贫液式电池和胶体电池。

(1) 贫液式电池

贫液式电池用超细玻璃纤维(AGM)做正负极板间的隔板(隔膜),它有 93%以上的孔隙率,用以实现以下功能:防止正负极板短路,吸收电解液,让导电离子畅通,阻挡杂质离子扩散,由 10%左右的孔隙为正极析出的氧气扩散到负极进行复合提供通道。采用紧密装配工艺,隔板紧压极板表面,可防止极板活性物质脱落。由于电解液全部吸附在超细玻璃纤维隔板和极板中,因此电池内没有流动的电解液。

贫液式电池具有自放电小、充电效率高、内阻小、气体复合率高等特点,是阀控式密封铅酸蓄电池的主流产品。本章讲述的阀控式密封铅酸蓄电池,基本上是指贫液式电池。

(2) 胶体电池

胶体电池采用触变性二氧化硅凝胶(GEL)吸收电解液。胶体在凝固期间收缩形成微裂纹,裂纹宽与 AGM 的孔径在一个数量级,可为氧气复合提供通道。在电池使用初期,电解液胶体不能形成大量微裂纹,氧的复合效率较低,因此安全阀频繁开启,有气体逸出。随着电池的不断使用,微裂纹增加,氧的复合率达到正常状态。胶体电池的隔板是这种电池的专用聚氯乙烯(PVC)隔板。

胶体电池采用的是富液式非紧密装配结构,相同容量时,其质量略重于贫液式电池①。

---

① 胶体电池在"电池型号"的末尾多一个字母 J,其性能参数与贫液式电池大致相同,但有些参数略有差别,要了解参数的具体数值,可参阅我国通信行业标准 YD/T 1360—2005《通信用阀控式密封胶体蓄电池》。

胶体电池具有内阻较大、深放电恢复特性较好、较高温度下的使用寿命较长等特点。

3. 电池槽

电池槽由槽壳和槽盖组成,用于盛装正负极板组、电解液及附件等。电池槽材料应绝缘、阻燃、不渗漏、不变形。槽壳与槽盖必须密封,以杜绝电解液或气体的泄漏。槽盖上设有单向安全阀,用于泄放高压盈余气体,避免电池槽发生炸裂。此外,正、负极柱也设在槽盖上。

4.1.3 阀控式密封铅酸蓄电池的工作原理

1. 电动势

铅酸蓄电池的正极板二氧化铅(PbO_2)与硫酸(H_2SO_4)作用失去电子,呈正电位;负极板绒状铅(Pb)与硫酸作用有多余电子,呈负电位。蓄电池开路时正、负极之间的电位差,就是蓄电池的电动势 E。换句话说,蓄电池的电动势 E 等于蓄电池的开路电压。

单体铅酸蓄电池 E 的标称值为 2 V,不同厂家的产品其 E 值由于所用硫酸密度不同而有所差别,同一个蓄电池 E 的量值也是变化的:充电时,电解液密度增大,E 值相应地有所升高;放电时,电解液密度减小,E 值也相应地有所降低。

阀控式密封铅酸蓄电池出厂时,不同厂家的产品单体电池开路电压为 2.11~2.18 V。在一组阀控式密封铅酸蓄电池内,各电池的开路电压应均衡,YD/T 799—2010 中规定:各电池间的开路电压最高与最低差值,应不大于 20 mV(2 V 电池)、50 mV(6 V 电池)和 100 mV(12 V 电池)。

2. 电化学反应原理

放电:是蓄电池将储存的化学能转换为电能向外电路输出的过程,如图 4.3 所示。此时正极板上的活性物质二氧化铅(PbO_2)和负极板上的活性物质绒状铅(Pb)分别与电解液稀硫酸(H_2SO_4)发生电化学反应,在正、负极板上都生成硫酸铅($PbSO_4$),在电解液中生成水(H_2O)。

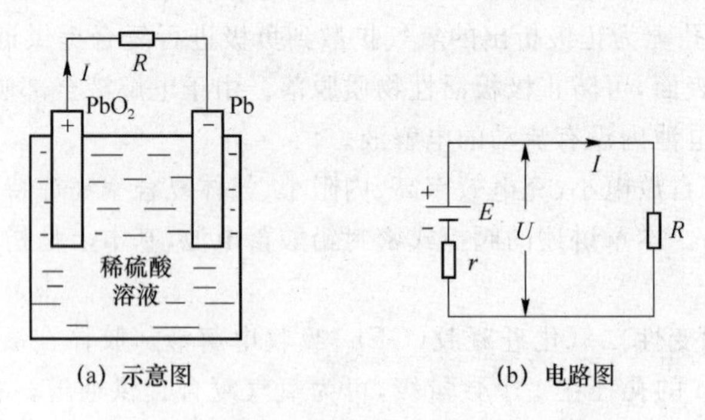

图 4.3 铅酸蓄电池的放电示意图及电路图

由于硫酸铅的导电性能比较差,因此放电后蓄电池的内阻增加。放电过程中生成的水使电解液密度减少,导致放电后蓄电池电动势降低。

充电:是利用外来直流电源向蓄电池输送电能的过程,如图 4.4 所示。这个直流电源通常是整流器,其输出的正、负端应分别与蓄电池的正、负极连接。它是放电的逆过程,此时蓄电池将电能转化为化学能储存起来。在此过程中,正、负极板上的硫酸铅($PbSO_4$)和电解液中的水(H_2O),在充电电流的作用下分别恢复为活性物质二氧化铅(PbO_2)、绒状铅(Pb)和稀硫酸(H_2SO_4)。

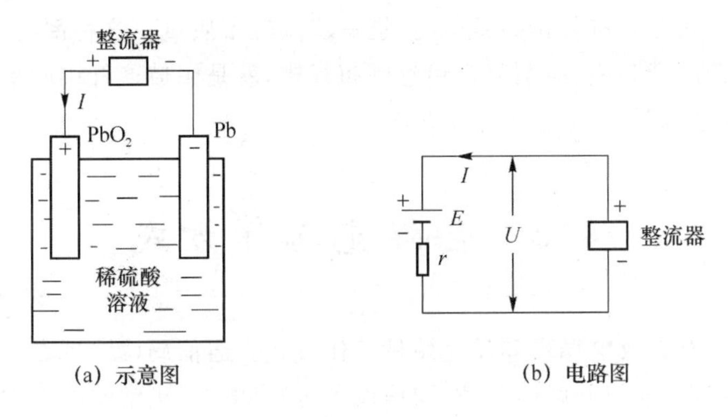

图 4.4　铅酸蓄电池的充电示意图及电路图

铅酸蓄电池在充、放电过程中总的电化学反应式为

$$\underset{\text{正极}}{PbO_2}+\underset{\text{电解液}}{2H_2SO_4}+\underset{\text{负极}}{Pb}\underset{\text{充电}}{\overset{\text{放电}}{\rightleftharpoons}}\underset{\text{正极}}{PbSO_4}+\underset{\text{水}}{2H_2O}+\underset{\text{负极}}{PbSO_4} \tag{4.1}$$

普通铅酸蓄电池在充电后期,由于正、负极板的活性物质大部分已经恢复,充电电流会起分解水的作用,使正极析出氧气,负极析出氢气。阀控式密封铅酸蓄电池负极板活性物质的总量比正极板多15%左右,电池充电至正极板已经充足时,负极板尚未充电到额定容量的90%,同时负极板采用提高析氢过电位的板栅材料(如铅钙合金),因此在正常情况下,电池内只有正极产生少量氧气,负极不会产生难以复合的氢气。正极在充电后期产生的氧气扩散到负极绒状铅的表面,与其化合(变成氧化铅 PbO),经化学反应最终复合为水,称为氧循环。其化学反应过程如下:

在正极板上的反应

$$2H_2O \rightarrow O_2+4H^++4e^-$$

在负极板上的反应

$$2Pb+O_2 \rightarrow 2PbO$$

$$2PbO+2H_2SO_4 \rightarrow 2PbSO_4+2H_2O$$

$$2PbSO_4+4H^++4e^- \rightarrow 2Pb+2H_2SO_4$$

由于阀控式密封铅酸蓄电池正常工作时无氢氧气体逸出,因此不需要补充水,蓄电池可以密封。

3. 端电压

如图 4.3 所示,蓄电池放电时端电压

$$U=E-Ir \tag{4.2}$$

如图 4.4 所示,蓄电池充电时端电压

$$U=E+Ir \tag{4.3}$$

式(4.2)和式(4.3)中 r 为蓄电池内阻。由以上两式可知,充电时,$U>E$;放电时,$U<E$。

4.1.4　阀控式密封铅酸蓄电池的特点

阀控式密封铅酸蓄电池与防酸隔爆铅酸蓄电池相比,主要有以下特点:质量轻,体积小,

能量体积比高;无酸雾逸出,不需要单独设立电池室,可与主机同室放置;无须添加纯水,维护工作量小;自放电小[①];要求浮充电压较高,并且对浮充电压值要求严格。

近年来出现的阀控式密封铅布蓄电池,进一步减轻了质量。这种蓄电池的正、负极板用复合铅丝网布板栅涂膏制成(所谓复合铅丝网布板栅,就是用玻璃纤维同轴铅丝编织成的极板骨架);在"电池型号"的末尾多一个字母B。

4.2 全浮充工作方式

蓄电池的运行有充放电循环和浮充两种工作方式。通信局(站)现在都采用全浮充工作方式,即整流器与蓄电池组并联向负载(通信设备等)供电,在正常情况下蓄电池组始终同整流器和负载并联,充电时也不脱离负载,电路原理图见图1.2。

4.2.1 浮充电压

平时整流器的输出电压值为浮充电压。此时整流器供给全部负载电流,并对蓄电池组进行补充充电,使蓄电池组保持电量充足。

浮充电压是指为补充自放电,使蓄电池保持完全充电状态的连续小电流充电的电压。浮充供电的整流器,应在自动稳压状态工作,现在高频开关整流器的稳压精度均应达到±0.6%以内。

所谓自放电,是由于电池内杂质的存在,使正极板和负极板活性物质逐渐被消耗而造成电池容量减小的现象。

浮充电压值的选取直接影响阀控式密封铅酸蓄电池的使用寿命、供电性能和运行的经济性。浮充电压偏低,则补充充电电流太小,不够补充蓄电池的自放电,将使蓄电池长期处于充电不足的状态,一旦遇到交流电源停电,需要蓄电池组放电供给负载电流时,就会因蓄电池储存的电量不足而影响正常供电,并容易使极板硫酸盐化,从而缩短蓄电池的使用寿命;浮充电压偏高,则补充充电电流偏大,将加剧正极板的腐蚀,并可能使蓄电池排气频繁、失水、温度高,甚至造成蓄电池热失控,也会缩短蓄电池的使用寿命。因此,阀控式密封铅酸蓄电池必须严格按照蓄电池厂家的规定来确定浮充电压值。

浮充状态下蓄电池放热,当浮充电压偏高导致浮充电流过大时,电池内产生的热量不能及时散发掉,从而使电池温度升高,这样又促使浮充电流增大。热失控是电池的浮充电流与电池温度发生积累性相互增强而使电池温度急剧升高的现象,轻则使电池槽变形鼓胀,重则导致电池失效。

YD/T 799—2010中规定:蓄电池浮充电单体电压为2.20~2.27 V(25 ℃)。需要注意,这是指不同厂家生产的阀控式密封铅酸蓄电池允许进网的浮充电压范围,而不是一个蓄电池成品的浮充电压允许变化范围。对于一种具体产品,阀控式密封铅酸蓄电池的浮充电压在25 ℃条件下是个确定值。

---

① 合格的阀控式密封铅酸蓄电池,静置28天后容量保存率不低于96%。

温度变化时,阀控式密封铅酸蓄电池的浮充电压应进行温度补偿。单体浮充电压的温度补偿系数为－3～－7 mV/℃,即以 25 ℃为基准,温度每升高 1 ℃,每个单体电池浮充电压应降低 3～7 mV(不同的产品有差别)。假设阀控式密封铅酸蓄电池的温度补偿系数为－3 mV/℃,则某一实际温度(t)下单体电池的浮充电压(U_t)应当是

$$U_t = U_e - 0.003 \times (t - 25) \tag{4.4}$$

蓄电池组的浮充电压绝对值($|U_{Zt}|$)应当是

$$|U_{Zt}| = n[U_e - 0.003 \times (t - 25)] \tag{4.5}$$

式中,U_e 为蓄电池厂家规定的 25 ℃时单体电池的浮充电压值(V);t 为蓄电池的实际温度(℃);n 为蓄电池组中串联的单体电池个数。

不同厂家的产品规定的浮充电压值有所不同,每只 2.23～2.25 V(25 ℃)较为多见。例如某品牌阀控式密封铅酸蓄电池,规定单体浮充电压为 2.23±0.02 V(25 ℃),温度补偿系数为－3 mV/℃,采用这种蓄电池时,－48 V 开关电源在 25 ℃条件下输出的浮充电压应为－53.5 V,当电池的温度变化时,浮充电压的绝对值应按－72 mV/℃进行修正:若温度为 30 ℃,则浮充电压应为－53.1 V,若温度为 10 ℃,则浮充电压应为－54.6 V;＋24 V 开关电源在 25 ℃条件下输出的浮充电压应为＋26.8 V,当电池的温度变化时,浮充电压值应按－36 mV/℃进行修正:若温度为 30 ℃,则浮充电压应为＋26.6 V,若温度为 10 ℃,则浮充电压应为＋27.3 V。这样可使电池性能达到最佳。浮充电压及其温度补偿值,均在开关电源系统的监控器(又称监控模块或控制器)上设置。

实现浮充电压的自动温度补偿,除了开关电源系统要具有此项性能外,还必须将测量蓄电池温度的温度传感器信号接入开关电源系统的相应接口。

在一组阀控式密封铅酸蓄电池内,各电池的浮充电压应均衡,YD/T 799—2010 中规定:蓄电池组进入浮充状态 24 h 后,各蓄电池之间的端电压差应不大于 90 mV(蓄电池组由不多于 24 只 2 V 电池串联组成时)、200 mV(蓄电池组由多于 24 只 2 V 电池串联组成时)、240 mV(6 V 电池)和 480 mV(12 V 电池)。

4.2.2　均充电压

为使蓄电池组中所有单体电池的电压等达到均匀一致的充电,称为均衡充电,简称均充。如果阀控式密封铅酸蓄电池组中有 2 只以上单体电池的浮充电压低于 2.18 V,或蓄电池组放电达 20%以上额定容量,或全浮充运行达 6 个月,或蓄电池搁置不用时间超过 3 个月,就应进行均衡充电。对蓄电池进行均衡充电的电压称为均衡充电电压,简称均充电压。

现在通常以恒压限流方式进行均衡充电,均充电压比浮充电压高。YD/T 799—2010 中规定:蓄电池均衡充电单体电压为 2.30～2.40 V(25 ℃)。均充电压值不同厂家的规定有所不同,不少电池定为每只 2.35 V(25 ℃),这时在 25 ℃条件下,－48 V 开关电源输出的均充电压应为－56.4 V,＋24 V 开关电源输出的均充电压应为＋28.2 V。均充电压也应进行温度补偿——按单体电池温度补偿系数－3～－7 mV/℃来进行修正。

一般均充 6～12 h。均充时间不宜太长,以免蓄电池过充电;如均充后仍有落后电池,可相隔两周后再均充一次。

有的电池厂家指出,其产品无须均衡充电。这时在开关电源的监控器上可将均充电压

值设置为与浮充电压相同或比浮充电压略高一点(如高 0.1 V),并把均充周期设置为最长时间(如999天)。

4.2.3　恒压限流充电

蓄电池放电后,应及时充电。通信局(站)现在广泛采用的充电方法是恒压限流充电:整流器以稳压限流方式运行,蓄电池组不脱离负载,进行在线充电(蓄电池组脱离负载进行充电叫离线充电),其"恒压"值一般为均充电压。

平时整流器输出浮充电压给负载供电。交流电源中断后,由蓄电池组给负载供电,蓄电池在放电过程中存储的电量逐渐减少,电压下降。当交流电源恢复整流器重新工作时,即使是输出浮充电压值,由于蓄电池放电后电动势 E 降低,蓄电池组开始充电的充电电流也可能很大。如果充电电流过大,将加剧正极板的腐蚀,并可能使蓄电池排气频繁、失水、温度高,甚至产生热失控而损坏。为了避免蓄电池遭受损害,阀控式密封铅酸蓄电池的充电电流必须限制在不超过 $0.25C_{10}$(A),通常限制在 $0.2C_{10}$(A)以下(C_{10}为蓄电池的额定容量)。蓄电池放电失去的电量应及时得到补充,因此充电电流也不能太小。充电限流值一般取 $0.1C_{10}$(A)为宜。

蓄电池的充电限流值,可预先在开关电源的监控器上设定。具体设置充电限流值时要考虑两个因素:一是蓄电池允许的充电电流值;二是整流器的承受能力。整流器的额定输出电流乘以安全系数 0.9,减去负载电流,为整流器允许提供给蓄电池的充电电流,设定的充电限流值应小于该值。

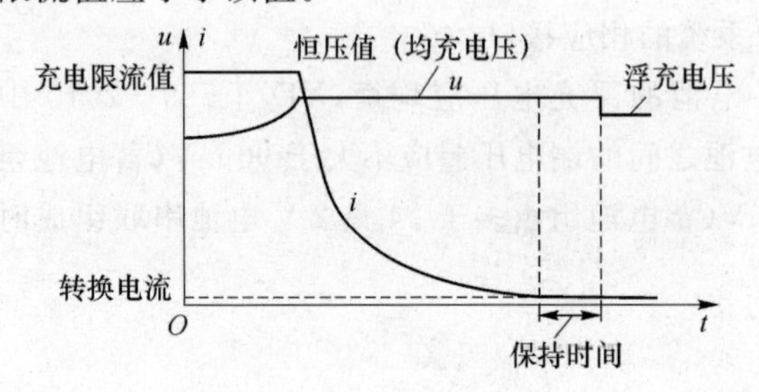

图4.5　恒压限流充电过程

恒压限流充电的实质是恒流充电和恒压充电相结合。现以交流电源中断一段时间后恢复供电时的情形来说明恒压限流充电过程,见图4.5(图中电压 u 为绝对值)。

交流电源恢复供电时,整流器开始运行。受开关电源监控器的控制,在充电前期,整流器使蓄电池的充电电流(i)基本恒定在充电限流值,进行恒流充电,从式(4.3)可以看出,这期间因为蓄电池的电解液密度逐渐增大使电动势 E 逐渐升高,所以整流器的输出电压(即蓄电池组端电压 u)由低到高逐渐上升;到充电中后期,当蓄电池组端电压上升至预先设定的均充电压值时,整流器的输出电压保持恒定,变为恒压充电,由于这时蓄电池组的端电压为恒定的均充电压值,而蓄电池的电动势 E 继续升高,因此充电电流大体上按指数规律下降;当充电电流减小到预先设定的"转换电流"值〔可设置为每安时 10 mA,即 $0.01C_{10}$(A)〕时,待继续均充的保持时间达到预先设定的"保持时间"(通常可在 1~180 min 范围内设置,如设为 10 min),监控器就控制整流器的输出电压降为浮充电压值,自动返回浮充供电状态。

实现上述充电过程的前提条件是:从开始均充到自动返回浮充的时间小于在开关电源监控器上设置的"均充时间"(或"均充保护时间",下同)。假如尚未完成上述全过程,而恒压限流充电的时间已经达到所设置的"均充时间",监控器也会控制整流器的输出电压降为浮充电压,结束均充。为了避免蓄电池充电不足,开关电源上设置的“均充时间”不能太短,可设置为 12～18 h。

4.3　蓄电池的放电特性

下面讨论铅酸蓄电池恒流放电时端电压的变化情况。

一只充足电且性能良好的阀控式密封铅酸蓄电池以 10 小时率电流($0.1C_{10}$)放电时,其端压变化曲线如图 4.6 所示。

电池在放电之前,活性物质微孔中的硫酸浓度与极板外主体溶液浓度相同,电池的开路电压与此浓度相对应。放电一开始,活性物质表面处(包括孔内表面)的硫酸被消耗,硫酸浓度立即下降,而硫酸由主体溶液向电极表面扩散较缓慢,活性物质表面处所消耗的硫酸不能立即得到补偿,故硫酸浓度继续下降。决定电动势数值的正是活性物质表面处的硫酸浓度(电解液密度),因此电池端电压明显下降,见曲线 OE 段。

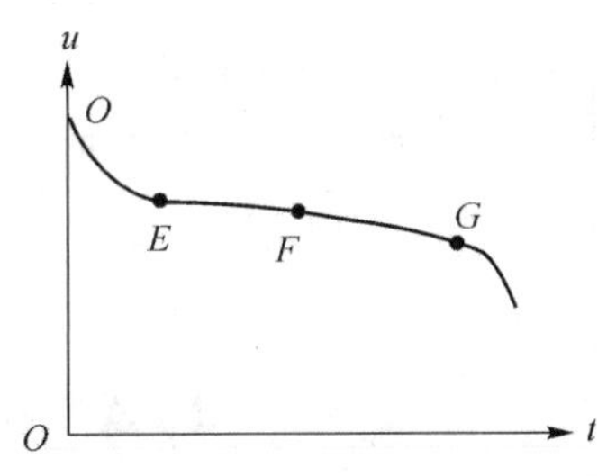

图 4.6　蓄电池恒流放电端压变化曲线

随着活性物质表面处的硫酸浓度继续下降,与主体溶液之间的浓度差加大,促进了硫酸向电极表面扩散,于是活性物质表面和微孔内的硫酸得到补充。在一定的电流放电时,在一段时间内,单位时间消耗的硫酸量大部分可由扩散的硫酸予以补充,所以活性物质表面处的硫酸浓度变化缓慢,电池端压比较稳定;但由于硫酸被消耗,整体硫酸浓度下降,同时放电过程中活性物质被消耗,其作用面积不断减少,使电池的电动势有所下降而内阻有所增加,故放电端压随着时间的推移还是缓慢下降,见曲线 EFG 段。

随着放电继续进行,正、负极板的活性物质逐渐转变为硫酸铅,并向活性物质深处扩展。硫酸铅的生成使活性物质的孔隙率降低,加剧了硫酸向微孔内部扩散的困难;硫酸铅的导电性不良,电池内阻增大。这些原因导致放电曲线在 G 点后电池端压急剧下降,达到放电终止电压。

所谓放电终止电压(也称为放电终了电压),是指蓄电池以一定的放电率放电至能再反复充放电正常使用的最低电压。固定型阀控式密封铅酸蓄电池当放电电流为 $0.1C_{10}$～$0.3C_{10}$(A)时,放电终止电压为每只 1.8 V(－48 V 系统－43.2 V、＋24 V 系统＋21.6 V) 。

蓄电池放电至放电终止电压时,应停止放电。否则,蓄电池过放电,容易使极板硫酸盐化(在极板上生成颗粒粗大、坚硬的硫酸铅结晶),充电时极板上活性物质难以恢复,将导致蓄电池容量减少,寿命缩短。

放电电流越大,其端压下降越快,可以放电的时间越短,放电终止电压则可稍低。例如,固定型阀控式密封铅酸蓄电池放电电流为 $0.55C_{10}$(A)时,放电终止电压为每只 1.75 V ;放电电流为 $0.9C_{10}$(A)时,放电终止电压为每只 1.70 V 。

放电电流较小时,放电终止电压较高。例如,固定型阀控式密封铅酸蓄电池放电电流为 $0.05C_{10}$(A)时,放电终止电压为每只 1.85 V(－48 V 系统－44.4 V、＋24 V 系统＋22.2 V);若放电电流更小,则放电终止电压每只在1.9 V以上。小电流放电时蓄电池端电压下降不明显,要特别注意防止过放电。

电量充足、性能良好的48 V(绝对值,下同)阀控式密封铅酸蓄电池组在25 ℃条件下以10小时率电流放电时,其端电压的变化情况大致是:放电大约半小时端电压降至49 V左右;放电1小时端电压降至约48 V;端电压下降速度很慢、基本保持48 V的时间大约7~8小时;此后端电压下降速度比较快,降至43.2 V时达到放电终止电压,应立即停止放电。蓄电池组停止放电后,其端电压会反弹,上升5 V左右,这是由于放电时端电压为电池组的电动势与内压降之差,而放电停止后端电压等于电池组的电动势;并且极板微孔中的电解液密度在停止放电前后有所变化,使电动势相应有所升高。

在一组阀控式密封铅酸蓄电池内,各电池的放电电压应均衡,YD/T 799—2010中规定:蓄电池组放电时,各蓄电池之间的端电压差应不大于200 mV(2 V电池)、350 mV(6 V电池)和600 mV(12 V电池)。

4.4 蓄电池的容量及寿命

4.4.1 蓄电池容量的概念

充足电后的蓄电池放电到规定终止电压所能供应的电量(电流与时间的乘积),称为蓄电池的容量,用C表示,单位为Ah,即安培×小时。

固定型铅酸蓄电池(2 V电池)的额定容量,是指环境温度为25 ℃,电池以10小时放电率(10 Hr)的恒定电流放电到终止电压1.8 V所能放出的电量,用C_{10}表示。10小时率电流为

$$I_{10}=\frac{C_{10}(\mathrm{A\cdot h})}{10(\mathrm{h})}=0.1C_{10}\ (\mathrm{A}) \tag{4.6}$$

例如,额定容量1 000 Ah的2 V蓄电池,表示它充足电后,在25 ℃时,以100 A的电流放电,放电到规定终止电压1.8 V,能够放电10小时。

移动型铅酸蓄电池(6 V电池、12 V电池)的额定容量,是指环境温度为(25±2)℃,电池以20小时放电率(20 Hr)的恒定电流放电到终止电压$n\times1.75$ V(n为单体电池个数)所能放出的电量,用C_{20}表示。20小时率电流为

$$I_{20}=\frac{C_{20}(\mathrm{A\cdot h})}{20(\mathrm{h})}=0.05C_{20}\ (\mathrm{A}) \tag{4.7}$$

蓄电池的额定容量由正极板的片数和单片容量决定。单片容量同极板面积等因素有关,极板面积大则容量大。

从使用的角度看,蓄电池的实际容量同放电率、电解液温度等因素有关。

4.4.2 蓄电池容量与放电率的关系

放电率表示蓄电池的放电速率,通常采用时间率。多少小时放电率,就是指蓄电池放电到终止电压的时间为多少小时。放电小时数少,表明放电电流大,蓄电池的容量将下降。固

定型阀控式密封铅酸蓄电池 25 ℃时不同放电率的放电电流和容量变化情况见表 4.1。

表 4.1　固定型 VRLAB 不同放电率的放电电流和电池容量

放电小时数/h	放电容量系数(η)	放电电流/A	放电终止电压/V
≥20	1	$0.05C_{10}$	≥1.85
10	1	$0.1C_{10}$	1.80
8	0.94	$0.118C_{10}$	1.80
6	0.88	$0.147C_{10}$	1.80
4	0.79	$0.198C_{10}$	1.80
3	0.75	$0.25C_{10}$	1.80
2	0.61	$0.305C_{10}$	1.80
1	0.55	$0.55C_{10}$	1.75
0.5	0.45	$0.9C_{10}$	1.70

注：此表的数据依据我国通信行业标准 YD/T 5040—2005《通信电源设备安装设计规范》。此外，5 小时放电率，$\eta=0.8$，放电电流为 $0.16C_{10}$(A)，放电终止电压 1.80 V。

通信用阀控式密封铅布蓄电池：3 小时放电率，$\eta=0.78$(放电终止电压 1.80 V)；1 小时放电率，$\eta=0.60$(放电终止电压 1.75 V)。

某放电小时率的蓄电池容量与蓄电池额定容量之比，称为放电容量系数，用 η 表示。例如，3 小时率的 $\eta=0.75$，表明这时蓄电池的实际容量为额定容量的 75%。3 小时率放电电流的数值为

$$I_3=\frac{0.75C_{10}(\mathrm{A\cdot h})}{3(\mathrm{h})}=0.25C_{10}=2.5I_{10}\ (\mathrm{A})$$

4.4.3　蓄电池容量与电解液温度的关系

铅酸蓄电池容量与电解液温度的关系用下式计算：

$$C_t=C_e[1+\alpha(t-25)] \tag{4.8}$$

式中，C_t 是温度为 t 时的电池容量。C_e 为基准温度(25 ℃)时的电池容量。α 为电池温度系数，10 小时率放电时，$\alpha=0.006$/℃；10＞放电小时率≥1 时，$\alpha=0.008$/℃；放电小时率小于 1 时，$\alpha=0.01$/℃。t 为放电的环境温度(℃)。

温度下降，蓄电池容量减小；温度升高，蓄电池容量增大。但阀控式密封铅酸蓄电池以 25 ℃为基准，运行温度每升高 10 ℃，使用寿命约降低一半。

4.4.4　蓄电池容量的选择

一般用下式来确定直流供电系统中铅酸蓄电池的额定容量：

$$C_{10}\geqslant\frac{KIT}{\eta\,[1+\alpha\,(t-25)]} \tag{4.9}$$

式中，K 为安全系数，取 1.25；I 为最大负载电流(A)；T 为需要的放电小时数(h)；η 为放电

容量系数(见表4.1);α为电池温度系数;t为电池的实际最低环境温度,有采暖设备时按15 ℃考虑,无采暖设备时按5 ℃考虑。

所需蓄电池放电小时数T,应根据通信局(站)的类型、所用市电类别和油机发电机组的配置情况来选取,在YD/T5040—2005中规定了不同情况的具体值,如中小型综合通信局T为1～3 h,移动通信基站的无线设备和传输设备T分别为1～5 h和12～24 h。

当采用两组蓄电池时,每组电池的额定容量按式(4.9)计算容量的一半来确定。

4.4.5 蓄电池的寿命

YD/T 799—2010《通信用阀控式密封铅酸蓄电池》中规定:2 V蓄电池折合浮充寿命不低于8年,6 V和12 V蓄电池折合浮充寿命不低于6年(所谓折合浮充寿命,是按该标准中的寿命试验方法试验后折合的寿命)。

当蓄电池的实际容量(条件为25 ℃、2 V电池和12 V电池分别以10小时率电流和20小时率电流放电)低于额定容量的80%时,视为蓄电池寿命终止。

启动型铅酸蓄电池的循环寿命为300～500次(蓄电池经历一次充电和放电,称为一次循环)。

蓄电池的实际使用寿命,不但取决于产品设计和制造质量,而且同使用维护是否得当有很大关系。使用维护中的下列因素都会使蓄电池的使用寿命降低,应注意预防、纠正。

① 环境温度高。

② 浮充电压值或均充电压值偏高,均充时充电限流值过大或充电未限流,均充时间过长等,导致蓄电池过充电。

③ 浮充电压或均充电压、充电限流值偏低,电池连接处接触不良等,使蓄电池长期充电不足。

④ 蓄电池过放电,或者放电终止后没有及时充电。

⑤ 维护工作不到位。

4.5 阀控式密封铅酸蓄电池的安装与维护

4.5.1 对蓄电池运行环境的要求

① 阀控式密封铅酸蓄电池能在环境温度−20～+45 ℃的条件下使用。在通信局(站),它宜放置在有空调的机房(房间有定期通风换气装置),机房温度宜保持在10～30 ℃之间(最佳运行温度为20～25 ℃),相对湿度宜保持在20%～80%之间。不需专设电池室(防酸隔爆电池必须专设电池室)。

② 应避免阳光对蓄电池直射,朝阳窗户应作遮阳处理。

③ 蓄电池应离热源2 m以上;蓄电池组中各电池应温度均匀,温差不超过5 ℃。

④ 应确保蓄电池组之间、蓄电池组与其他设备之间有足够的维护通道,不小于0.8 m。

⑤ 楼面承重应满足要求。要弄清所在机房允许的承重(通信楼可达到800 kg/m^2以上,移动通信基站等租用民房做机房时约为200 kg/m^2),蓄电池组的安装必须保证楼面承重安全。阀控式密封铅酸蓄电池(贫液式)的质量如表4.2所示。

表 4.2　阀控式密封铅酸蓄电池(贫液式)的质量

额定容量/Ah	12 V 电池质量/kg		6 V 电池质量/kg		2 V 电池质量/kg		额定容量/Ah	2 V 电池质量/kg	
	下限值	上限值	下限值	上限值	下限值	上限值		下限值	上限值
25	8.0	12.0	—	—	—	—	400	22.0	32.0
38	11.5	18.0	—	—	—	—	500	27.0	39.0
50	15.5	24.0	—	—	—	—	600	31.0	47.0
65	20.0	32.0	—	—	—	—	800	41.0	62.0
80	24.0	36.0	—	—	—	—	1 000	51.0	76.0
100	29.0	42.0	18.0	23.5	—	—	1 500	85.0	112.0
200	60.0	80.0	30.0	45.0	11.0	17.5	2 000	110.0	150.0
300	—	—	—	—	17.0	24.5	3 000	165.0	215.0

4.5.2　对蓄电池安装与维护的一般要求

① 阀控式密封铅酸蓄电池和防酸隔爆蓄电池禁止混合使用在同一个供电系统中；不同厂家、不同型号、不同容量和不同时期(出厂日期相差 1 年以上)的阀控式密封铅酸蓄电池严禁串、并联使用；新旧程度不同的蓄电池不应在同一直流供电系统中混用。

② 蓄电池禁止倒置运输。搬运和安装蓄电池时，应轻搬轻放，注意防止短路或电击。

③ 安装前应逐个检查阀控式密封铅酸蓄电池的外观，不得有变形、漏液、裂纹及污渍，标志要清晰；清点连接条、连接螺栓等配件是否齐全；用四位半数字万用表测量每个蓄电池的开路电压，在一组电池中，开路电压最高与最低的差值应符合规定(如 2 V 电池的差值应不大于 20 mV)。

④ 阀控式密封铅酸蓄电池尽可能卧式安装，这样有利于减少重力作用引起的电解液不均匀。电池组安装后，应逐个检查电池间连接螺栓是否拧紧，是否漏装垫圈；检查电池正、负极连接是否符合系统图的要求，电池组的总电压是否正常。需要注意，如果连接螺栓松动，会造成连接处的电阻增大，充放电过程中该处容易发热而引起事故。

⑤ 蓄电池组中各电池之间的连接电压降(ΔU)，在 1 小时率电流($5.5I_{10}$)放电时，应不大于 10 mV(在蓄电池的极柱根部测量)。若放电电流小于 1 小时率电流值，则应按比例折算实测连接电压降来判断是否符合要求。例如，实际放电电流等于 I_{10}，则电池间的连接电压降应不大于 1.8 mV。

⑥ 一个开关电源系统接入两组蓄电池时，两组电池的连接线材质、长度和线径均应一致，使其线路电压降相同。

⑦ 每个蓄电池组至少选 2 只标示电池，作为了解全组工作情况的参考。

⑧ 如具备动力及环境集中监控系统，应通过该系统对蓄电池组的总电压、电流、标示电池的单体电压、温度进行监测，并定期对蓄电池组进行检测。通过电池监测装置了解电池充放电曲线及性能，发现故障及时处理。

⑨ UPS 等使用的高电压电池组的维护通道应铺设绝缘胶垫。

4.5.3　蓄电池组接入开关电源系统的方法

在将蓄电池组接入直流电源系统时，必须防止发生打火现象。为此，对 －48 V 或

−24 V系统而言,应先将蓄电池组的正端接上开关电源已经接地的正母排;然后,把整流器置于输出浮充电压的状态,在把整流器的输出电压调到与蓄电池组端电压一致时,将蓄电池组的负端与开关电源负母排接通。由于此时蓄电池组的负端与负母排电位差为零,因此避免了在二者接通的瞬间打火。倘若二者接通前有较大的电位差,那么在它们接通的瞬间必然会强烈打火,甚至烧坏相关端子。

同理,+24 V 系统应先将蓄电池组的负端接上开关电源已经接地的负母排;然后,在把整流器的输出电压调到与蓄电池组端电压一致时,将蓄电池组的正端与开关电源正母排接通。

蓄电池组接入开关电源系统后,再把整流器的浮充电压设置为正常值。

应当避免在整流器停机时将蓄电池组接入开关电源系统,否则接入时可能强烈打火。

操作时必须注意:将蓄电池组接入开关电源系统时,正、负极性不可接反,否则会产生很大的短路电流。

4.5.4 蓄电池的充放电与浮充运行

1. 蓄电池使用前的补充充电

阀控式密封铅酸蓄电池在使用前无须初充电,但应进行补充充电。补充充电应采取恒压限流充电方式,按说明书的规定执行。一般情况下补充充电的充电电流不大于 $0.2C_{10}$(A),充电电压不大于每单体 2.35 V(25 ℃),充电时间(均充时间)可设置为 12 小时(均充电压每单体 2.35 V)或 24 小时(均充电压每单体 2.30 V)。

新安装的蓄电池组在补充充电结束后应进行放电试验:补充充电完毕静置 1 小时后,在 25 ℃条件下用假负载以 10 小时放电率的恒定电流放电(电流波动不超过 1%),放电开始时应立即测量并记录电池组总电压、放电电流、室温和每个电池的端电压,记录开始时间,以后每小时测一次;当单体电池电压降至 1.9 V 以下时,应随时测量,以免蓄电池过放电,放电终止电压为 1.8 V。放电容量应大于或等于额定容量的 95%。

YD/T 799—2010 中规定,阀控式密封铅酸蓄电池 10 小时率容量第一次循环应达到 $0.95C_{10}$,第三次循环之前应达到 C_{10}。

2. 蓄电池的充电

① 阀控式密封铅酸蓄电池组遇有下列情况之一时,应以恒压限流方式进行均衡充电(充电电流不得大于 $0.2C_{10}=2I_{10}$):

- 两只以上单体电池的浮充电压低于 2.18 V;
- 搁置不用时间超过 3 个月;
- 全浮充运行达 6 个月(或 3 个月);
- 放电深度超过额定容量的 20%。

② 蓄电池充电终止的判断依据:阀控式密封铅酸蓄电池的充电量达到放出电量的 1.1~1.2倍,或充电后期充电电流小于 $0.005C_{10}$(A),或充电后期充电电流连续 3 小时不变化,可视为充电终止。

3. 蓄电池的核对性放电试验及容量试验

阀控式密封铅酸蓄电池经过一段时间的使用后,常因失水、正极栅格腐蚀或极板硫酸盐化等原因,使容量逐渐减低。为了掌握蓄电池组的工作状况,确认市电停电后蓄电池组的保证放电时间，必须进行核对性放电试验及容量试验。

① 由 2 V 电池组成的蓄电池组，每年应以实际负荷做一次核对性放电试验，放出额定容量的 30%～40%。在放电过程中应关注是否存在落后电池，发现落后电池及时处理。

所谓落后电池，就是蓄电池组放电时，单体端电压偏低的电池。处理落后电池的方法，一是全组电池均充，均充时间设定在 10 小时以上，落后严重时要进行三次充放电循环；二是单体在线修复：将活化仪或充电机按正对正、负对负接入在线落后电池两端，对单体电池进行充电。落后电池如不能修复，应对其进行更换。

UPS 使用的 6 V、12 V 蓄电池，宜每季度或每半年对蓄电池组做一次核对性放电试验。

② 由 2 V 电池组成的蓄电池组，每三年应做一次容量试验，放出额定容量的 80%；使用六年后应每年一次。特别重要的直流供电系统宜每二年对蓄电池组做一次容量试验，使用四年后每年一次。

UPS 使用的 6 V、12 V 蓄电池，应每年对蓄电池组做一次容量试验。

③ 蓄电池放电期间，应使用在线测试装置适时记录测试数据，或每小时测量并记录一次蓄电池的端电压、单组放电电流。在容量试验的放电期末要随时测量，以免蓄电池过放电。当蓄电池组中有单体电池达到放电终止电压时，应立即停止放电。

放电电流乘以放电时间即为蓄电池组的放电容量。放电期间还应测量并记录环境温度，如果室温不是 25 ℃，则应按照式(4.8)换算成 25 ℃基准温度时的容量(C_e)，即

$$C_e = \frac{C_t}{1 + \alpha(t - 25)}$$

根据测量记录数据，绘制放电曲线。

④ 核对性放电试验或容量试验结束后，应及时充电，使蓄电池恢复其容量。这时市电应无计划内停电，并应事前准备好油机发电机——一则防止直流供电中断；二则防止蓄电池过放电或放电终止后不能及时充电而导致极板硫酸盐化，充电时极板上的活性物质难以恢复，使蓄电池容量下降，寿命缩短。

4. 蓄电池的浮充运行

采用全浮充供电方式，蓄电池组绝大多数时间处于浮充状态，浮充电压值应严格按照电池说明书确定，并注意温度补偿。准确设置浮充电压及其温度补偿，是正确使用维护阀控式密封铅酸蓄电池最为重要的一个环节。

4.5.5 蓄电池的日常维护检测

1. 基本要求

① 要严格按照作业计划执行蓄电池的日常维护作业项目和性能分析。

② 进行蓄电池检测时要遵循“查隐患、保安全”的原则。

③ 严格遵循蓄电池厂家和通信企业维护规程的相关要求来进行蓄电池参数设置和相关操作。

④ 做好安全防护工作，并将金属工具进行绝缘处理。

⑤ 使用规程制式符合检测要求的工具、仪表。

2. 保持电池清洁

应经常保持蓄电池工作环境和蓄电池表面的清洁、干燥；清扫时应采取避免产生静电的

措施;清洁蓄电池表面时,带好绝缘手套,用拧干的湿布擦拭,禁止用香蕉水、汽油、酒精等有机溶剂接触蓄电池。

3. 物理性检查项目

① 检查蓄电池的极柱、连接条是否干净,是否有氧化或腐蚀现象,如存在问题,应进行处理。

连接条轻微腐蚀时,将其拆下,用清水浸泡清除;腐蚀严重时进行更换;各连接点用钢丝刷清洁后重新连接拧紧。

② 检查蓄电池连接处有无松动,如有,应紧固。

③ 检查蓄电池壳体有无损伤、变形及渗漏;检查蓄电池极柱处有无损伤、变形、爬酸及漏液;检查安全阀周围有无酸液逸出。有损伤及漏液现象时,调查其原因,并对损伤的蓄电池进行修理或更换。

④ 用红外线测温仪测定蓄电池端子及壳体的表面温度,温升应无异常,否则查明原因进行处理。

4. 相关参数设置的检测和调整

① 根据厂家提供的技术参数和现场环境条件,用四位半数字万用表检测蓄电池组及单体电池的浮充、均充电压是否正常,发现异常及时处理。

开关电源设备显示的电压值应与数字万用表的测量值基本相同,如开关电源的显示存在偏差,应调整开关电源的显示值使之与实测值一致。

② 检测蓄电池组的充电限流值和退出均充的转换电流值等设置是否正确,发现异常及时调整。

③ 检测蓄电池组的告警电压(低压告警、高压告警)设置是否正确,发现异常及时调整。

④ 如直流供电系统中设有蓄电池组脱离负载的装置,应检测蓄电池组脱离电压设置是否准确,发现异常及时调整。

5. 维护周期表

根据我国通信行业标准 YD/T 1970.10—2009《通信局(站)电源系统维护技术要求 第10部分:阀控式密封铅酸蓄电池》,阀控式密封铅酸蓄电池的维护周期表如表4.3所示。

表4.3 阀控式密封铅酸蓄电池维护周期表

周期	维护项目
月	1. 保持电池房清洁卫生 2. 测量和记录电池房内的环境温度 3. 检查蓄电池的清洁度、端子的损伤及发热痕迹、外壳及盖的损坏或过热痕迹 4. 测量和记录电池系统的总电压、浮充电流
季	1. 测量单体端电压 2. 检查是否达到充电条件,如达到,应进行均衡充电
半年	1. 充电 2. 对UPS使用的6 V和12 V电池进行核对性放电试验 3. 检查引线及端子的接触情况,检查馈电母线、电缆及软连接头等各连接部位的连接是否可靠,并测量压降
年	1. 核对性放电试验(2 V电池) 2. 校正仪表 3. 容量测试(3年一次;对使用6年后的2 V电池和UPS使用的6 V及12 V电池,应每年一次)

4.5.6　蓄电池常见故障分析

1. 电池失水

(1) 现象

蓄电池失水使电解液密度升高因而开路电压较高，达每只 2.2 V，但放电容量却较小，电池内阻显著增大，放电时端电压下降较快。

(2) 原因

① 蓄电池密封不严，安全阀开阀压力太小，导致正常充电也有氧气逸出而失去水分（同时还会带出酸雾）。

② 浮充电压值或均充电压值偏高、均充时充电限流值过大或充电未限流、均充时间过长等，使得蓄电池过充电，安全阀频繁开启逸出气体，造成水分损失。

③ 环境温度高。

④ 蓄电池的正极板栅腐蚀消耗水分。

⑤ 蓄电池杂质超标或电池受到污染使自放电速度增大，导致失去水分。

⑥ 蓄电池的气体复合效率低于 100%。YD/T 799—2010 中要求气体复合效率（即密封反应效率）不低于 95%，实际可做到 97%～98%，这说明总有 2%～3%的氧气会从电池中逸出，数年积累下来，失水量便可观。

(3) 危害

阀控式密封铅酸蓄电池（此处指 AGM 电池）是贫液式电池，一旦失去水分，电池容量就要下降，当水损失达到 3.5 ml/Ah 时，电池容量会降至初始容量的 75%以下，电池寿命已经宣告终了。

(4) 对策

① 蓄电池应密封良好，安全阀的开阀压和闭阀压适当。

② 严格按照蓄电池厂家的规定来确定浮充电压值，并进行温度补偿，防止浮充电压偏高；均充时注意防止过充电。

③ 控制环境温度，做好维护工作。

2. 极板硫酸盐化

(1) 现象

充电时电池电压迅速升高，充不进电；放电时电池电压迅速降低，放不出电。

(2) 原因

① 浮充电压值或均充电压值偏低、均充时充电限流值太小、均充时间太短、电池连接处接触不良等，使得蓄电池经常充电不足。

② 蓄电池放电终止后没有及时充电。

③ 蓄电池过放电。

④ 环境温度高，放电时加速生成硫酸铅结块。

⑤ 失水使电解液密度升高，导致硫酸盐化的速度加快。

(3) 危害

在正常状态下，蓄电池放电时极板上生成的硫酸铅颗粒小、疏松，充电时容易转化成活性物质绒状铅和二氧化铅。如果电池经常处于充电不足或过放电状态，极板上就会逐渐形成颗粒粗大、坚硬的硫酸铅结晶,充电时极板上活性物质难以恢复,这就是极板硫酸盐化(简称极板硫化)。它使得极板活性物质减少,蓄电池容量下降、内阻增大、寿命缩短。

(4) 对策

① 正确整定浮充电压值和均充电压值,并进行温度补偿;注意防止蓄电池充电不足。

② 避免蓄电池过放电;蓄电池放电终止后及时充电。

③ 控制环境温度,做好维护工作。

④ 治疗:全组电池均充或单体在线修复;此外,使用“去硫化器”可以抑制和减轻极板硫化。

3. 蓄电池端电压均匀性劣化

(1) 现象

新的阀控式密封铅酸蓄电池通常性能比较均匀,能够达到 YD/T 799—2010 中的规定(以 2 V 电池为例,在一组蓄电池中各电池开路电压相差不超过 20 mV,浮充 24 小时后浮充电压相差不超过 90 mV),使用 0.5~1 年,其均匀性还略有改善。但到寿命中后期,蓄电池组中各单只电池的性能会出现较为明显的差别,而且差别会越来越大,部分电池开始失效。

(2) 原因

① 生产电池时,各单只电池的性能不可能做到完全一致。

② 过放电使电池间的差别加剧。

③ 各电池的开阀压和闭阀压不均匀。

(3) 危害

蓄电池端电压均匀性劣化后,当蓄电池组处于充电状态时,在恒压限流充电的恒流充电期间,落后电池端电压较高、电压上升快(因为极板硫化的电池内阻大,失水的电池电势偏高且内阻大),使得蓄电池组的电压比正常情况提前上升到均充电压值而转入恒压充电,恒流充电时间缩短,故蓄电池充入电量减少;在恒压充电过程中,蓄电池组电压恒定,落后电池电压偏高,必然使其他电池电压偏低,并使蓄电池组充电电流减小。上述情况造成蓄电池组充入电量不足,长此下去将导致整组电池极板硫酸盐化,从而缩短蓄电池组的使用寿命。

当蓄电池组处于放电状态时,其中的落后电池电压下降较快,其他电池尚未达到放电终止电压,而这种电池已处于过放电状态,从而进一步缩短其寿命。

由以上分析可以看出,当蓄电池组中电压均匀性明显变差时,会产生恶性循环,促使均匀性加速下降,导致蓄电池组加速失效。

(4) 对策

① 尽可能避免蓄电池组过放电。

② 对蓄电池组进行放电/充电治疗。当蓄电池组出现电压均匀性变差的问题时,用 10 小时率的电流放电到单体电池电压 1.8 V,然后以恒压限流方式进行均衡充电——充电电压为每只 2.35 V(25 ℃时),充电限流值为 $0.1C_{10}$(A),直到充电进入恒压阶段后充电电流 2 小时保持不变为止。

③ 尽早处理落后电池。通过全组均充或单体在线修复的方法对落后电池进行修复;若不能修复,则应及时更换,以免个别落后电池使整组蓄电池提前失效。

4.6　磷酸铁锂蓄电池简介

阀控式密封铅酸蓄电池经过几十年的发展，已经被众多行业广泛应用，但是这种蓄电池大量采用铅，在其开采和加工过程中均容易对环境造成污染。为了更好地保护环境，国际电池界不断地探索研制新型蓄电池。

磷酸铁锂蓄电池问世于 1997 年，是正极材料为磷酸铁锂（$LiFePO_4$）的锂离子电池。它与阀控式密封铅酸蓄电池相比，具有无污染、使用寿命长、体积小、质量轻、能大电流充放电、可耐受较高环境温度等优点，国内已逐渐在电动车辆、移动通信等领域应用。

4.6.1　磷酸铁锂蓄电池的内部结构及工作原理

磷酸铁锂蓄电池内部主要由正极、负极、电解质及隔膜组成。小型磷酸铁锂蓄电池的内部结构如图 4.7 所示。

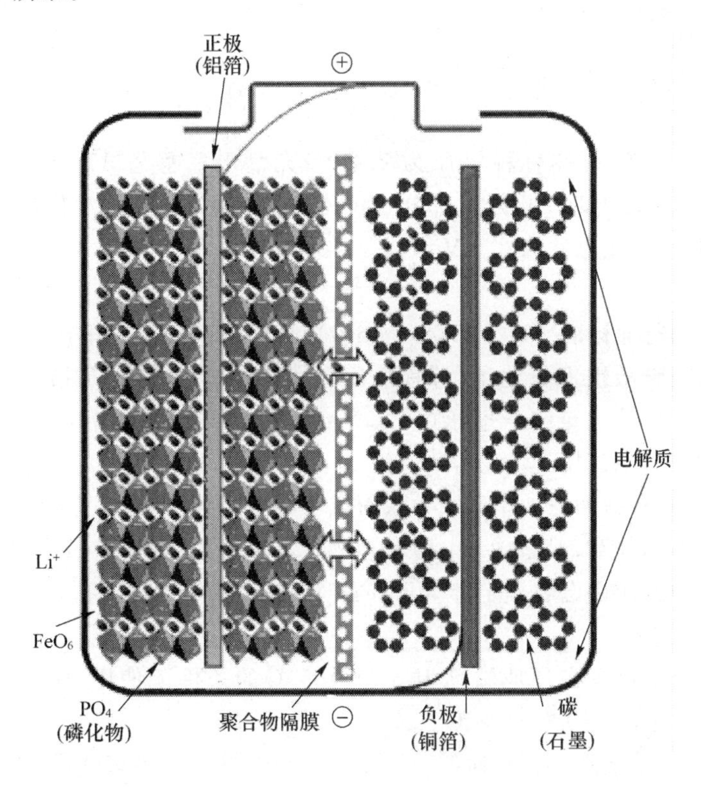

图 4.7　小型磷酸铁锂（$LiFePO_4$）蓄电池内部结构示意图

图 4.7 中左边橄榄石结构的磷酸铁锂（$LiFePO_4$）是电池的正极，由铝箔与电池正极端子连接；右边是碳（石墨）构成的电池负极，由铜箔与电池负极端子连接；中间是聚合物隔膜，它把正极与负极隔开，但锂离子 Li^+ 可以通过而电子 e^- 不能通过；电池的上下端之间是液态电解质，为锂离子运动提供运输介质。

磷酸铁锂蓄电池充电时，在充电电源的作用下，蓄电池内电流从正极流到负极，此时正

极中的锂离子 Li^+ 从磷酸铁锂的晶格中脱出,经液态电解质这一桥梁,通过隔膜向负极迁移,并嵌入石墨负极的层状结构中;与此同时,蓄电池外电流从负极流到正极,电子的运动方向与电流方向相反,即正极的电子经正极铝箔集流体、正极端子、外电路、负极端子、负极铜箔集流体,流到石墨负极,使负极的电荷达到平衡。锂离子从磷酸铁锂脱嵌后,磷酸铁锂转化成磷酸铁。

磷酸铁锂蓄电池放电时,蓄电池内电流从负极流到正极,此时负极中的锂离子 Li^+ 从石墨层间脱出,经液态电解质这一桥梁,通过隔膜向正极迁移,并嵌入正极材料的晶格中;相应地,蓄电池外电流从正极经负载流到负极,即负极的电子经负极铜箔集流体、负极端子、外电路、正极端子、正极铝箔集流体,流到磷酸铁锂正极,使正极的电荷达到平衡。

锂离子电池在充放电过程中,锂离子在正、负极之间往返脱嵌和嵌入,被形象地称为"摇椅电池"。

磷酸铁锂的导电性差;石墨的导电性虽然好一些,但仍需改善。为了解决磷酸铁锂蓄电池正负极的导电问题,必须在电池的正负极中加入导电剂。

4.6.2 磷酸铁锂蓄电池的特点

1. 磷酸铁锂蓄电池的主要技术参数

(1) 单体电压

磷酸铁锂蓄电池的单体标称电压为 3.2 V;充满电后静置 15 分钟,开路电压约为 3.3 V;放电性能好,放电时端电压大部分时间在 3.2 ~3.0 V 范围内平缓地变化,3.0 V 以下电压下降快,放电截止电压为 2.0 V。

(2) 额定容量

根据我国通信行业标准 YD/T2344.1—2011《通信用磷酸铁锂电池组 第 1 部分:集成式电池组》,通信用磷酸铁锂电池组(标称电压 48 V)的额定容量,是指环境温度为 25±2 ℃,电池组 10 小时率放电至终止电压(43.2 V)所应提供的电量,用 C_{10} 表示,单位为安时(Ah);10 小时率放电电流用 I_{10} 表示,数值为 $0.1C_{10}$,单位为安培(A)。

电池模块(由磷酸铁锂电池串联或并联而成的电池组合)与电池管理系统集成为一体的集成式电池组,YD/T2344.1—2011 中列出其额定容量系列为:5、10、20、30、40、50、60、80、100 Ah。分立式电池组则已有额定容量几百安时(如 500 Ah)的产品。

(3) 工作温度范围

磷酸铁锂蓄电池可以在环境温度为−10~55 ℃的条件下使用,充电环境温度为 0~55 ℃,放电环境温度为−10 ℃~55 ℃。

需要注意的是,磷酸铁锂蓄电池低于 0 ℃充电会对电池有不可逆的损害,高于 55 ℃充电可能会出现析锂现象而发生危险。

2. 磷酸铁锂蓄电池的主要优点

① 环保。磷酸铁锂蓄电池的所有原料都无毒,整个生产过程无毒。

② 安全性强。磷酸铁锂蓄电池充放电过程中结构稳定,即使电池内部或外部受到伤害也不燃烧、不爆炸。

③ 使用寿命长。磷酸铁锂蓄电池循环寿命可达 2 000 次以上。

④ 比能量较高。比能量指的是单位质量或单位体积的能量，用 Wh/kg 或 Wh/L 来表示。Wh(瓦小时)是能量的单位，kg(千克)是质量的单位，L(升)是体积的单位。磷酸铁锂蓄电池的“质量比能量”和“体积比能量”均优于铅酸蓄电池，因此质量轻、体积小。

⑤ 可以在较高环境温度下使用。磷酸铁锂蓄电池能耐受环境温度 55 ℃，寿命不受影响。

3. 磷酸铁锂蓄电池的主要缺点

① 目前磷酸铁锂蓄电池产品的一致性不如阀控式密封铅酸蓄电池。

② 目前磷酸铁锂蓄电池的价格比阀控式密封铅酸蓄电池高。

4.6.3 磷酸铁锂蓄电池在通信电源系统中的应用

通信用磷酸铁锂蓄电池组由电池组模块和电池管理系统(Battery Management System, BMS)两部分组成，如图 4.8 所示。BMS 由电池生产厂家负责提供，它在开关电源系统和电池组之间起桥梁作用，可以对电池逐只进行检测和充电管理，有利于提高电池的一致性，防止落后电池的发生。

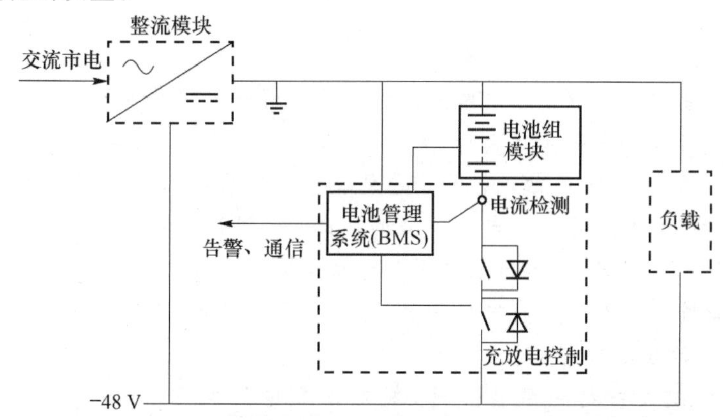

图 4.8 磷酸铁锂蓄电池组的组成示意图

BMS 采用智能间歇式充放电管理模式管理电池。它控制磷酸铁锂蓄电池组的充电是先恒流-恒压充电(−48 V 电池组的充电限制电压为绝对值不超过 57.6 V)，然后控制电池组进入开路静置状态，再控制电池组进入补充电状态，补充电方式也遵循恒流-恒压充电方式。在开路静置状态时，若交流电停电，BMS 应能控制电池组无延迟进入放电状态，保证直流电源不间断。

在 −48 V 直流电源系统中，磷酸铁锂蓄电池组模块可由 16 只单体电池串联构成，工作电压如表 4.4 所示(电池组的标称电压计算值为 51.2 V，但按行业标准称为 48 V)。连续充电电流限制为不超过 $1C_{10}$(A)，瞬间充电电流限制为不超过 $2C_{10}$(A)。通常采用的恒流充电电流值为 $0.1C_{10}$～$0.2C_{10}$(A)。

表 4.4 48 V 磷酸铁锂蓄电池组的工作电压(绝对值)

通信设备受电端子上电压允许变动范围/V	电池数/只	标称电压/V		放电终止电压/V		浮充电压/V		均充电压/V	
		组	单体	组	单体	组	单体	组	单体
40～57	16	48	3.2	43.2	2.7	53.6～54.4	3.35～3.40	56.8～57.6	3.55～3.60

磷酸铁锂蓄电池组的实际容量受放电电流大小和环境温度高低的影响小。在 25 ℃条件下,放电电流 I_{10}～$3.3I_{10}$,放电容量均能达到额定容量;放电电流 $10I_{10}$,放电容量能达到额定容量的 95%以上。在－10 ℃放电时,放电电流 I_{10},放电容量能达到额定容量的 60%以上。

在移动通信领域,磷酸铁锂蓄电池因循环寿命长,故非常适用于经常停电的四类市电基站;由于它能在较高环境温度下使用,因此特别适用于无机房、无空调的室外站,当它在有机房的基站使用时,可提高夏季机房设定温度,如提高到 35 ℃,从而减少空调的耗电,节约能源。

思考与练习

1. “GFM—500”中 G、F、M、500 分别表示什么意思?

2. 阀控式密封铅酸蓄电池由哪几部分组成? 其正、负极板,电解液分别是什么物质? 安全阀起什么作用?

3. 阀控式密封铅酸蓄电池以电解液的状态不同而分为哪两种电池? 各有什么特点?

4. 蓄电池的开路电压等于什么?

5. 写出铅酸蓄电池在充、放电过程中总的化学反应式。

6. 为什么阀控式密封铅酸蓄电池不需要补充水且可以密封?

7. 分别写出蓄电池充、放电时端电压与电动势的关系式。

8. 什么叫浮充电压? 不同厂家的产品,浮充电压范围是多少? 在实际工作中应如何确定浮充电压值,为什么?

9. 某品牌阀控式密封铅酸蓄电池,规定浮充电压在 25 ℃时为每只 2.23 V,这时－48 V、＋24 V 开关电源输出的浮充电压应分别为多少? 当电池温度变化时,浮充电压的绝对值应怎样进行修正?

10. 什么叫均充电压? 均充电压范围是多少? 在什么情况下应进行均衡充电? 充电电流应限制在多少以下? 一般取多大为宜?

11. 画出－48 V 系统浮充供电的电路原理图。设蓄电池组 C_{10}＝1 000 Ah,画出该系统在恒压限流充电全过程中蓄电池组电压、电流随时间变化的曲线,并标出有关电压、电流值。

12. 画出典型的恒流放电曲线。何谓放电终止电压? 列举固定型阀控式密封铅酸蓄电池不同放电率的三个放电终止电压值。

13. 蓄电池容量是什么意思? 说出固定型铅酸蓄电池额定容量的定义。电池容量的单位是什么?

14. C_{10}表示什么意思? I_{10}表示什么意思? C_{10}和 I_{10}如何换算?

15. 3 小时放电率是什么意思? 这时 VRLAB 的容量有多大? 放电电流是多少? 放电终止电压是多少?

16. 写出蓄电池容量与电解液温度的关系式。列出不同情况的电池温度系数值。

17. 环境温度对阀控式密封铅酸蓄电池的使用寿命有什么影响?

18. 直流电源系统怎样选择铅酸蓄电池的额定容量?

19. 固定型阀控式密封铅酸蓄电池的浮充寿命应有多少年？什么情况视为蓄电池寿命终止？哪些因素会导致 VRLAB 的使用寿命降低？

20. 在一组阀控式密封铅酸蓄电池中，各电池的开路电压、浮充电压和放电电压，最高与最低值之差应分别不大于多少？电池间的连接压降应不大于多少？

21. 简述将蓄电池组接入开关电源系统的方法。

22. 阀控式密封铅酸蓄电池组安装结束投入使用前应如何处理？

23. 如何判断蓄电池已充足电？

24. 什么是落后电池？应怎样处理？

25. 怎样进行阀控式密封铅酸蓄电池的核对性放电试验和容量试验？

26. 简述磷酸铁锂蓄电池的工作原理。这种电池的主要优点是什么？单体标称电压是多少？

第5章 整流电路

把交流电源电压变成单方向直流电压的电路，称为整流电路。由二极管组成的整流电路称为不可控整流电路或不控整流电路，由二极管和晶闸管组成或全部由晶闸管组成的整流电路称为可控整流电路。

5.1 不控整流电路

5.1.1 单相桥式不控整流电路

1. 工作原理

单相桥式不控整流电路简称单相桥式整流电路，由4个整流二极管组成。电阻性负载的单相桥式整流电路如图5.1所示。

当输入交流电源电压的极性为上端正下端负时，整流二极管 VD_1、VD_4 导通。这时 VD_1、VD_4 上的压降很小，在理想情况下，可视为两根导线。电流从输入电源上端经 VD_1、R、VD_4 回到输入电源下端，负载 R 上得到一个半波整流电压。

当电源电压的极性变为下端正上端负时，整流二极管 VD_2、VD_3 导通。电流流过 VD_2、R、VD_3 形成回路，负载 R 上得到与前半周极性相同的又一个半波整流电压。

设整流电路输入电源电压为正弦波交流电压

$$u_i = \sqrt{2}U\sin \omega t$$

则电阻性负载时输出电压瞬时值 u_d 为单方向的正弦波绝对值，u_d 与 u_i 的绝对值相等，波形图如图5.2所示。

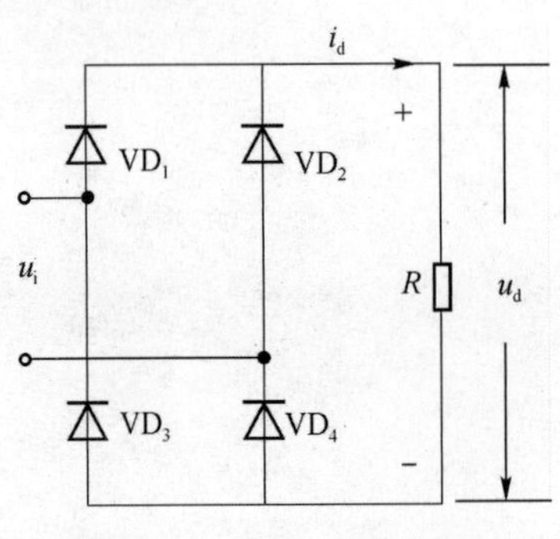

图5.1 单相桥式整流电路

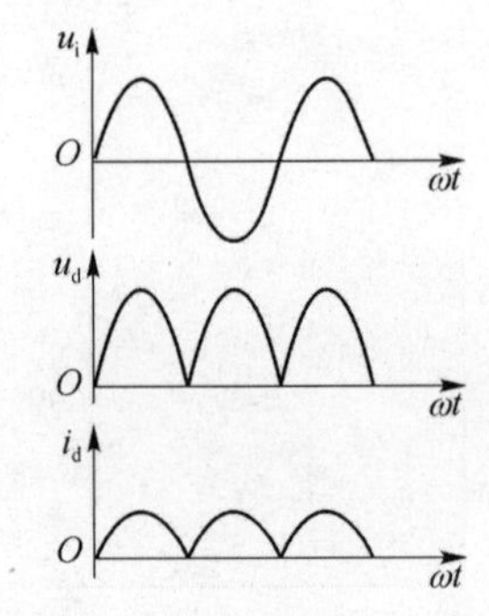

图5.2 电阻性负载的单相桥式整流电路波形图

2. 输出直流电压、电流

电阻性负载时输出直流电压(u_d 的平均值)为

$$U_d = \frac{1}{\pi}\int_0^{\pi} \sqrt{2}U \sin \omega t \, d(\omega t) = \frac{2\sqrt{2}}{\pi}U = 0.9U \tag{5.1}$$

式中,U 为整流桥输入交流电压的有效值。

流过负载的直流电流(i_d 的平均值)为

$$I_d = \frac{0.9U}{R} \tag{5.2}$$

3. 整流元件参数的计算

在单相桥式整流电路中,负载电流是由两组整流二极管(VD_1、VD_4 和 VD_2、VD_3)轮流导通供给的,流过每个整流二极管的平均电流 I_{VD} 等于负载电流的一半。即

$$I_{VD} = \frac{1}{2}I_d \tag{5.3}$$

当二极管 VD_1、VD_4 导通时,忽略二极管的正向压降,VD_2、VD_3 两只二极管承受的反向电压都等于输入电源电压。当二极管 VD_2、VD_3 导通时,VD_1、VD_4 承受的反向电压也是如此。所以,单相桥式整流电路整流二极管承受的最大反向电压 $U_{R\max}$ 等于输入电源电压的振幅值,即

$$U_{R\max} = \sqrt{2}U \tag{5.4}$$

4. 应用说明

单相桥式整流电路图还有另外两种画法,如图 5.3 所示。

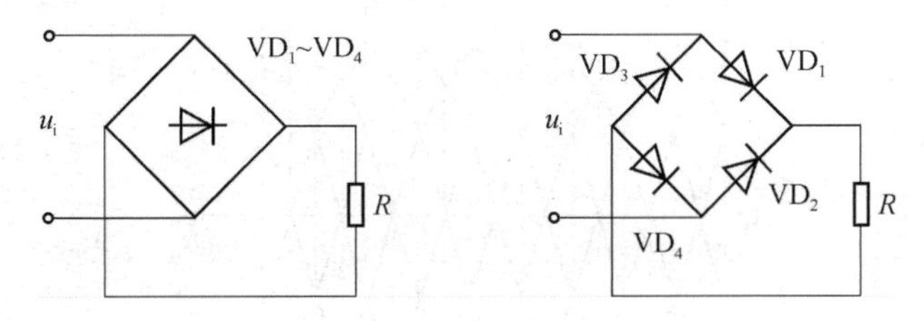

图 5.3　单相桥式整流电路的另外两种画法

当负载为电感性负载时(整流输出回路中串有大电感),输出电压 u_d 波形与电阻性负载时一样,但输出电流波形相当平滑,因此负载电阻上的电压波形相当平滑。

当负载为电容性负载时(负载电阻 R 与大电容 C 并联),只有当输入电压瞬时值大于电容两端电压时二极管才导通,所以输入电流只有在输入电压瞬时值大于电容两端电压时才存在,输入电流变为脉冲状;在电容量 C 足够大的条件下〔$C \geqslant (3\sim5)\times 0.01/R$〕,输出电压 u_d 波形平滑,输出直流电压通常可按 $U_d = 1.2U$ 估算。这种电路即单相桥式整流电容滤波电路,仅适用于小功率场合。

输入单相交流电的通信用开关整流器,主回路输入侧的整流电路一般采用无工频变压器单相桥式整流电路,在整流桥后面通常接有源功率因数校正电路,这时整流电路相当于接电阻性负载。

5.1.2　三相桥式不控整流电路

1. 电阻性负载

三相桥式不控整流电路简称三相桥式整流电路。电阻性负载的三相桥式整流电路如

图5.4所示。整流桥臂可分为两组,其中 VD_1、VD_2、VD_3 阴极接在一起,称为共阴极组,VD_4、VD_5、VD_6 阳极接在一起,称为共阳极组。电路的波形图如图5.5所示。

(1) 工作原理

根据优先导通原理,对于共阴极组,阳极电位最高的二极管导通,而共阳极组则阴极电位最低的二极管导通,其他二极管均承受反向电压而截止。

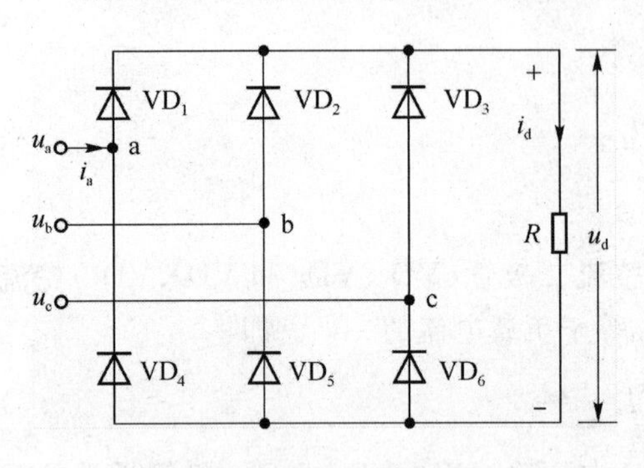

图5.4　电阻性负载的三相桥式整流电路图

在 $\omega t_1 \sim \omega t_2$ 期间,a相电压 u_a 最高,b相电压 u_b 最低,所以对应二极管 VD_1 和 VD_5 导通。忽略 VD_1 和 VD_5 的正向压降,输出电压 u_d(瞬时值)等于线电压 u_{ab}。

在 $\omega t_2 \sim \omega t_3$ 期间,a相电压 u_a 仍为最高,c相电压 u_c 变为最低,所以对应二极管 VD_1 和 VD_6 导通。忽略 VD_1 和 VD_6 的正向压降,输出电压 u_d 等于线电压 u_{ac}。

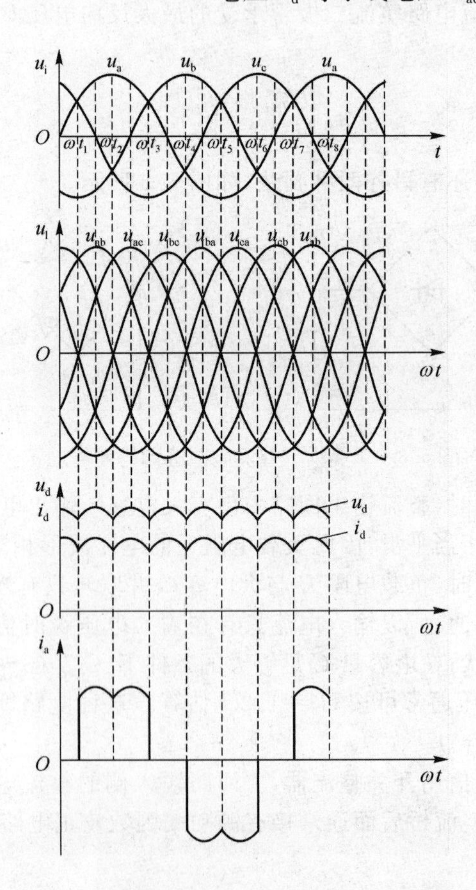

图5.5　电阻性负载的三相桥式整流电路波形图

在 $\omega t_3 \sim \omega t_4$ 期间,b相电压 u_b 变为最高,c相电压 u_c 仍为最低,所以对应二极管 VD_2 和 VD_6 导通,输出电压 u_d 等于 u_{bc}。

在 $\omega t_4 \sim \omega t_5$ 期间，b 相电压 u_b 仍为最高，a 相电压 u_a 变为最低，所以对应二极管 VD_2 和 VD_4 导通，输出电压 u_d 等于 u_{ba}。

以此类推，在 $\omega t_5 \sim \omega t_6$ 期间，二极管 VD_3 和 VD_4 导通，$u_d = u_{ca}$；在 $\omega t_6 \sim \omega t_7$ 期间，二极管 VD_3 和 VD_5 导通，$u_d = u_{cb}$。

在交流电源的一个周期内，每个二极管导通 120°，每隔 60°换流一次，输出电压 u_d 出现 6 个波头，脉动较小。

(2) 基本定量关系

输出直流电压（u_d 的平均值）为

$$U_d = \frac{3}{\pi}\int_{-\frac{\pi}{6}}^{\frac{\pi}{6}} \sqrt{6}U \cos \omega t \mathrm{d}(\omega t) = \frac{3\sqrt{6}}{\pi}U = 2.34U = 1.35U_l \tag{5.5}$$

式中，U 为交流相电压有效值；U_l 为交流线电压有效值，$U_l = \sqrt{3}U$。

输出直流电流为

$$I_d = \frac{U_d}{R} \tag{5.6}$$

每一个二极管都导通 120°，即 1/3 周期，故整流二极管的平均电流为

$$I_{VD} = \frac{1}{3}I_d \tag{5.7}$$

整流二极管承受的最大反向电压为线电压的振幅值，即

$$U_{R\max} = \sqrt{2}U_l = 2.45U \tag{5.8}$$

2. 电感性负载

电感性负载的三相桥式整流电路如图 5.6 所示，大电感 L 与负载电阻 R 串联。这种电路的输出电压（u_d）波形及输出直流电压、输出直流电流等计算公式均与电阻性负载时一样。

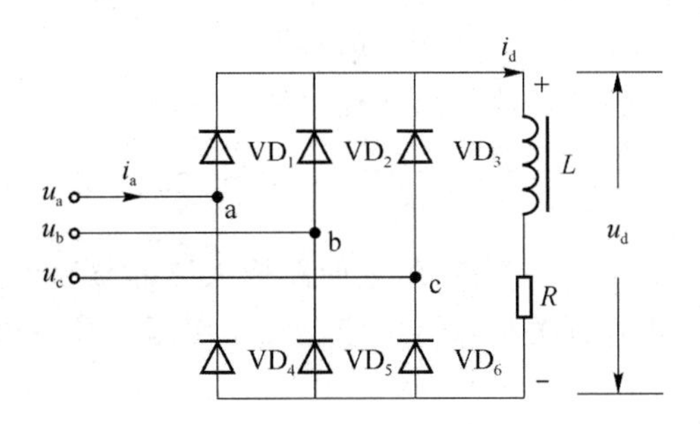

图 5.6　电感性负载的三相桥式整流电路图

当电感足够大，即 $\Omega L \gg R$ 时（Ω 为 u_d 中所含最低次谐波的角频率，$\Omega = 2\pi F$，$F =$ 300 Hz），输出电流 i_d 波形相当平滑，因此负载电阻 R 上的电压波形相当平滑；理想情况 i_d 波形为一条水平线，相应地，流过整流元件的电流为矩形波，输入电流为交变方波。波形图如图 5.7 所示。因为电感两端平均电压为零（忽略线圈电阻的压降），所以 R 上的直流电压等于 U_d。

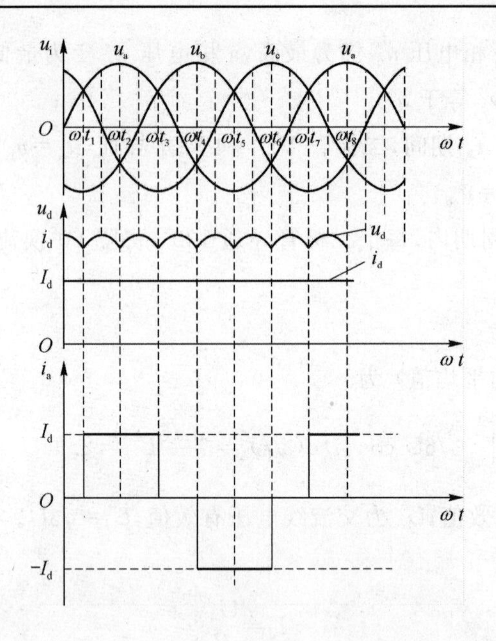

图5.7 电感性负载的三相桥式整流电路波形图

输出直流功率为

$$P_d = U_d I_d \tag{5.9}$$

输入有功功率 P_i 在理想情况下(无损耗)与输出直流功率相等,即

$$P_i = P_d \tag{5.10}$$

每相交流输入电流有效值为

$$I = \sqrt{\frac{120}{180}} I_d = \sqrt{\frac{2}{3}} I_d = 0.817 I_d \tag{5.11}$$

输入视在功率为

$$S_i = \sqrt{3} U_l I \tag{5.12}$$

可见电感性负载的三相桥式整流电路在理想情况下,功率因数为

$$\lambda = \frac{P_i}{S_i} = \frac{U_d I_d}{\sqrt{3} U_l I} = \frac{3}{\pi} = 0.955 \tag{5.13}$$

输入三相交流电的通信用开关整流器,主回路输入侧的整流电路一般采用无工频变压器三相桥式整流电路。如果在开关整流器中接无源功率因数校正电路,则整流电路相当于接电感性负载。

5.2 可控整流电路

5.2.1 晶闸管

晶闸管(Thyristor)又称为可控硅(Silicon Controlled Rectifier,SCR)。

1. 结构

普通晶闸管具有可控的单向导电性,它有三个电极:阳极 A、阴极 K 和门极(或称控制极)G。其内部结构示意图和图形符号如图 5.8 所示。

晶闸管的外形有螺栓形和平板形两种,如图 5.9 所示。螺栓形晶闸管的螺栓一端是阳极,另一端的粗引线是阴极,细引线是门极。平板形晶闸管,其中间金属环的细引线是门极,离门极近的一面是阴极,远的一面是阳极。由于平板形晶闸管的阳极和阴极都直接与散热器接触,故散热较好,容易制成大功率元件。一般额定电流在 200 A 以上的晶闸管采用平板形。

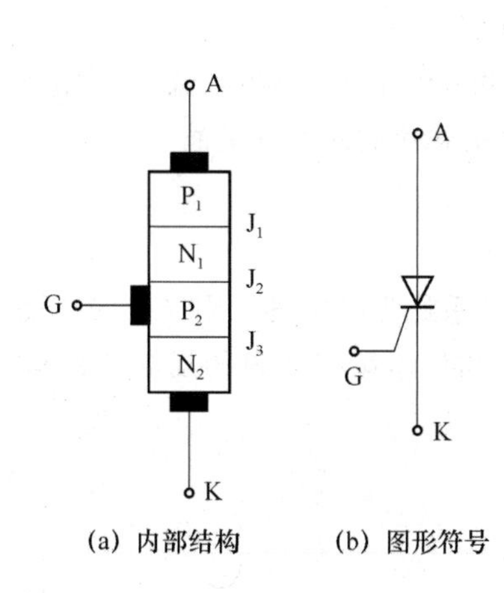

图 5.8　晶闸管的内部结构示意图与符号

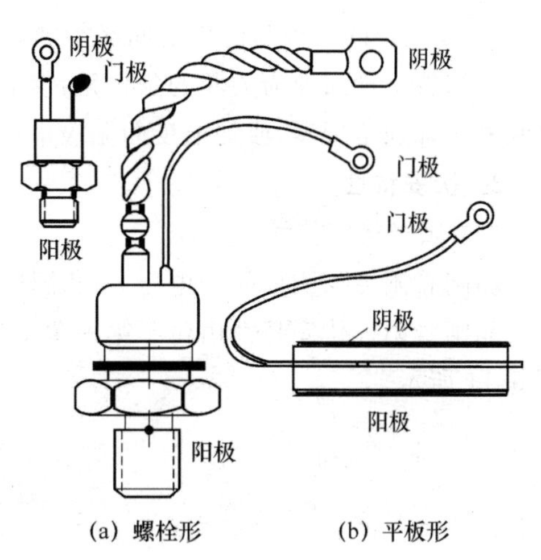

图 5.9　晶闸管外形

2. 工作原理

晶闸管由四层半导体材料构成 3 个 PN 结:J_1、J_2、J_3,从工作原理看,相当于一个 PNP 型三极管和一个 NPN 型三极管连接起来,等效原理图如图 5.10 所示。其中,NPN 管用 VT_1 表示,PNP 管用 VT_2 表示。晶闸管的阳极 A 是 VT_2 的发射极,门极 G 是 VT_1 的基极和 VT_2 的集电极,阴极 K 是 VT_1 的发射极。

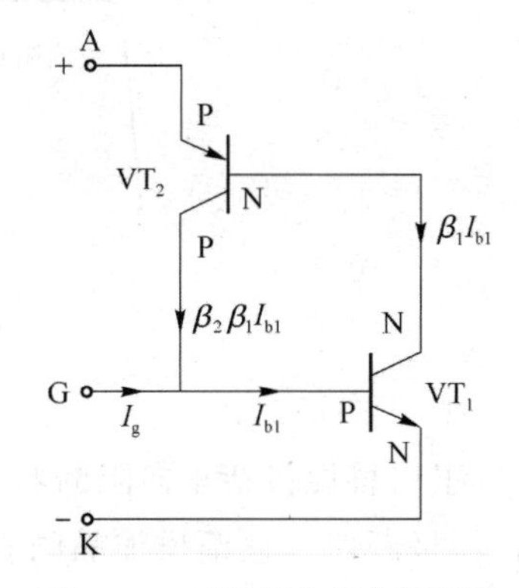

图 5.10　晶闸管的等效原理图

当在晶闸管阳极和阴极间施加一定的正向电压而门极开路时,VT_1、VT_2 都截止,晶闸管阳极-阴极之间没有电流通过,晶闸管不导通。

当在晶闸管阳极和阴极间施加正向电压 U_a,同时在门极和阴极间加一定的正向电压 U_g 时,VT_1 有基极电流流过,此时 VT_1 的基极电流 I_{b1} 等于门极电流 I_g,VT_1 导通,其集电极电流为 $\beta_1 I_{b1}$,这个电流就是 VT_2 的基极电流,因此 VT_2 的集电极电流为 $\beta_2\beta_1 I_{b1}$,它又流入 VT_1 的基极,再次放大。即

$$I_g=I_{b1}\rightarrow I_{c1}=\beta_1 I_{b1}=I_{b2}\rightarrow I_{c2}=\beta_2\beta_1 I_{b1}$$

如此循环下去,VT_1、VT_2 迅速饱和,晶闸管开通。这个过程很快,一般只有几微秒,称为触发过程。

晶闸管导通后,$I_{b1}\geqslant I_g$,门极电压不起作用,去掉门极正向电压,晶闸管仍然保持导通。由于这个特点,加在门极上的正向电压通常为脉冲电压,称为触发脉冲。

晶闸管导通后阳极电流的大小由阳极-阴极回路的电源电压和负载决定,如果降低电源电压或增大负载电阻,则阳极电流下降,当阳极电流减少到"维持电流"以下时,晶闸管就由导通变为关断。

由此可得出晶闸管导通和关断的条件。

晶闸管从阻断变为导通,必须同时满足两个条件,二者缺一不可:

① 晶闸管的阳极与阴极之间必须加一定值的正向电压;

② 晶闸管的门极与阴极之间必须加适当的正向电压。

晶闸管从导通变为关断的条件是:使晶闸管的阳极电流小于"维持电流"。将正向阳极电源电压降到接近零,或加上反向阳极电压,都能使原来导通的晶闸管关断。

3. 伏安特性

(1) 阳极伏安特性

晶闸管阳极与阴极间的电压 u_a 和阳极电流 i_a 的关系称为晶闸管的阳极伏安特性。

晶闸管阳极伏安特性由位于第一象限的正向特性和位于第三象限的反向特性组成,如图 5.11 所示。

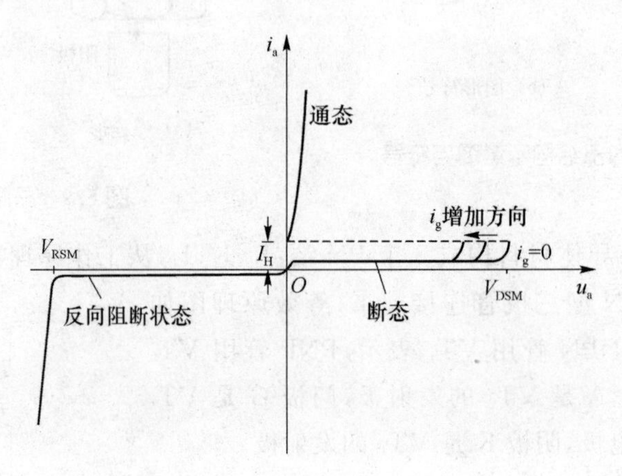

图 5.11　晶闸管的阳极伏安特性

① 正向特性

正向特性包括正向阻断状态(简称断态)和导通状态(简称通态)。在门极电流 $i_g=0$ 时(门极断路),逐渐增加晶闸管的正向阳极电压,只有很小(约几毫安)的正向漏电流,这时晶闸管处于断态。当正向阳极电压增加到断态不重复峰值电压 V_{DSM} 时,正向电流开始急剧上升,再稍增大正向阳极电压,晶闸管将由阻断状态突然转折为导通状态。晶闸管导通后的特性与二极管的正向特性相似,即管子通过较大的阳极电流,本身压降却很小,约为 1 V。

正常工作时,不允许把正向阳极电压加到断态不重复峰值电压来使晶闸管导通,而应靠门极输入正向触发电流 i_g 来使晶闸管导通。从图 5.11 可以看出,门极电流 i_g 越大,阳极电压转折点越低,当门极电流大到一定程度时,只需在阳极-阴极间加上较小的正向电压,晶闸管就能导通。

晶闸管导通后,逐步将阳极电流减小,当它小到一定值时,晶闸管便突然由导通变为阻断。在室温和门极断路条件下，保持晶闸管处于通态所必须的最小阳极电流，称为维持电流，用 I_H 表示。通常 I_H 约为数十毫安。

② 反向特性

晶闸管的反向特性表示晶闸管反向阳极-阴极间电压与反向阳极电流的关系。晶闸管的反向伏安特性与一般二极管的反向伏安特性相似。在正常情况下，当晶闸管承受反向阳极电压时，只有很小(几毫安)的反向漏电流，晶闸管总是处于阻断状态。当反向电压增加到一定数值时，反向电流将急剧上升，使晶闸管反向击穿。反向伏安特性曲线急剧弯曲处所对应的电压，称为反向不重复峰值电压 V_{RSM}，此电压不可重复施加。

(2) 门极伏安特性

门极伏安特性是指晶闸管门极正向电压 u_g 与门极正向电流 i_g 的关系。实际产品的门极伏安特性分散性很大，同一型号的晶闸管也只能用一个区间来表示，只要门极伏安特性在高阻极限曲线与低阻极限曲线范围以内，就为合格品。某型号晶闸管的门极伏安特性如图 5.12 所示。

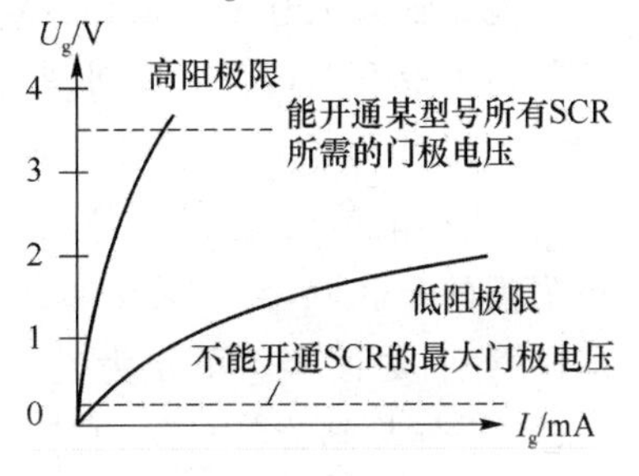

图 5.12　晶闸管门极伏安特性

在环境温度为室温、阳极与阴极之间加 6 V 直流电压的条件下，使晶闸管完全导通所必需的最小门极直流电压称为门极触发电压 V_{GT}，对应的门极电流称为门极触发电流 I_{GT}。额定电流 1 A 的元件 $V_{GT} \leqslant 2.5$ V，额定电流 5～50 A 的元件 $V_{GT} \leqslant 3.5$ V，额定电流 100～200 A 的元件 $V_{GT} \leqslant 4$ V，额定电流 300 A 以上的元件 $V_{GT} \leqslant 5$ V。为了防止晶闸管受干扰信号作用而误触发，当门极正向电压小于一定值时，晶闸管应能可靠地处于断态。在额定结温和额定断态电压下，保持晶闸管处于断态所能施加的最大门极直流电压，称为门极不触发电压 V_{GD}。额定电流 1 A 和 5 A 的元件 $V_{GD} \geqslant 0.3$ V，10 A 和 20 A 的元件 $V_{GD} \geqslant 0.25$ V，30～500 A 的元件 $V_{GD} \geqslant 0.15$ V。

国产晶闸管的门极正向峰值电压 V_{GFM} 为 10 V，门极反向峰值电压 V_{GRM} 为 5 V，使用中不得超过。

4. 主要参数

(1) 通态平均电流 I_T

通态平均电流即晶闸管的额定电流，是指规定条件下元件所允许的工频正弦半波电流的最大平均值。

一般应选晶闸管的通态平均电流为其正常工作电流平均值的 1.5～2 倍。

(2) 通态平均电压 V_T

通态平均电压是指元件在规定条件下通以工频正弦半波电流，其平均值达到通态平均电流时阳极和阴极间电压的平均值。通态平均电压约为正向压降的 1/2。

(3) 断态重复峰值电压 V_{DRM}

断态重复峰值电压是指门极开路、晶闸管正向阻断时，阳极和阴极间允许重复施加的 50 Hz 正弦半波正向电压的峰值。此电压规定为断态不重复峰值电压 V_{DSM} 的 80%。

(4) 反向重复峰值电压 V_{RRM}

反向重复峰值电压是指门极开路、晶闸管反向阻断时,阳极和阴极间允许重复施加的 50 Hz 正弦半波反向电压的峰值。此电压规定为反向不重复峰值电压 V_{RSM} 的 80%。

(5) 断态电压临界上升率 dv/dt

断态电压临界上升率是指在额定结温和门极断路的条件下,使元件从断态转入通态的最低电压上升率,用 V/μs 来表示。

门极断路时,即使阳极电压低于断态重复峰值电压,若加在晶闸管上的正向电压上升过快,则 N_1 与 P_2 间结电容充电电流较大,它相当于门极电流,将会引起晶闸管误导通。实际使用中元件上的正向电压上升率必须小于断态电压临界上升率。

(6) 通态电流临界上升率 di/dt

通态电流临界上升率是指在规定条件下,元件用门极开通时,能承受而不导致损坏的通态电流的最大上升率,用 A/μs 来表示。

门极流入触发电流后,晶闸管开始只在靠近门极附近的小区域内导通,随着时间的推移,导通区才逐渐扩大,直到全部结面导通。如果电流上升太快,则刚一导通就有大电流流经门极附近的小区域,会造成局部过热而使晶闸管损坏。

晶闸管种类很多,可分为普通晶闸管(SCR)、快速晶闸管(FST)、双向晶闸管(TRIAC)、逆导晶闸管(RCT)、光控晶闸管(LATT)、静电感应晶闸管(SITH)、门极关断晶闸管(GTO)、MOS 控制晶闸管(MCT)等。前面及以后整流电路中提到的晶闸管均指普通晶闸管。

5.2.2 三相桥式全控整流电路

1. 电阻性负载

(1) 工作原理

三相桥式全控整流电路由六只晶闸管组成,VS_1、VS_2、VS_3 为共阴极组,VS_4、VS_5、VS_6 为共阳极组。电阻性负载的三相桥式全控整流电路如图 5.13 所示。

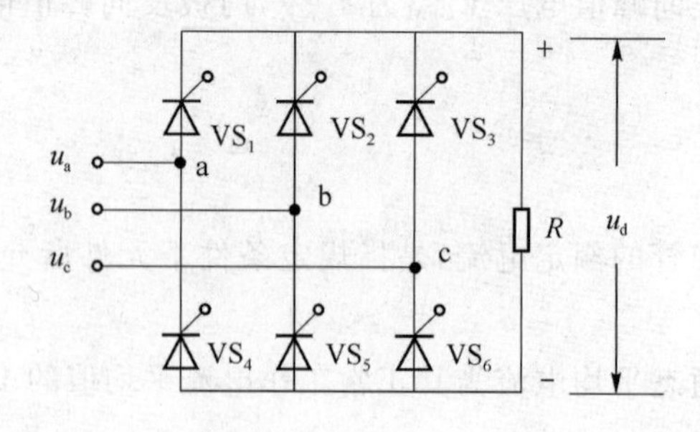

图 5.13 电阻性负载的三相桥式全控整流电路图

在交流电源的一个周期内,晶闸管在正向阳极电压作用下不导通的电角度称为控制角或移相角,用 α 表示;导通的电角度称为导通角,用 θ 表示。在三相可控整流电路中,控制角的起点,不是在交流电压过零点处,而是在自然换流点(又称自然换相点),即三相相电压的交点。采用双窄脉冲触发时,触发电路每隔 60°依次同时给两个晶闸管施加触发脉冲,每周期的触发顺序如下:

$$\begin{matrix}VS_1\\VS_5\end{matrix}\longrightarrow\begin{matrix}VS_1\\VS_6\end{matrix}\longrightarrow\begin{matrix}VS_2\\VS_6\end{matrix}\longrightarrow\begin{matrix}VS_2\\VS_4\end{matrix}\longrightarrow\begin{matrix}VS_3\\VS_4\end{matrix}\longrightarrow\begin{matrix}VS_3\\VS_5\end{matrix}$$

① $\alpha=0$

当 $\alpha=0$ 时，晶闸管在自然换流点得到触发脉冲。波形图如图 5.14 所示。

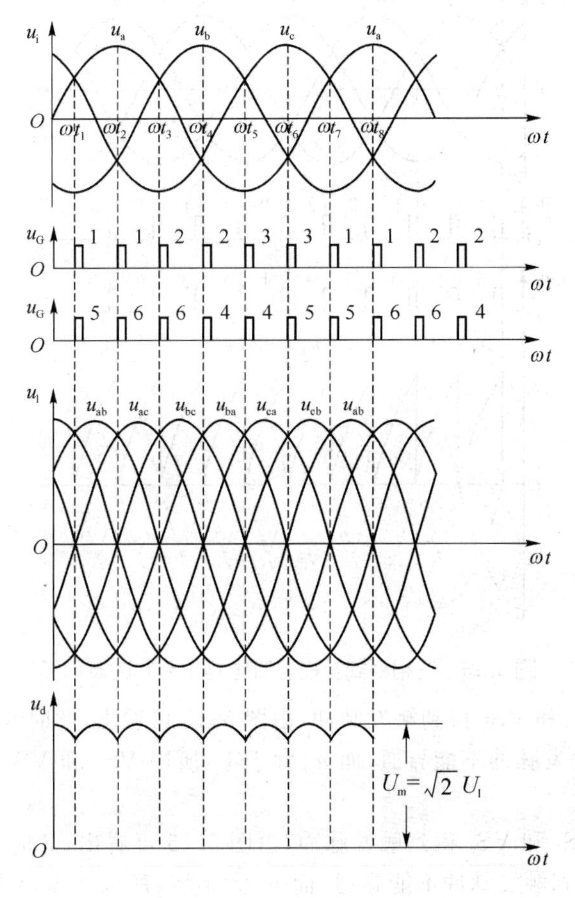

图 5.14　三相桥式全控整流电路 $\alpha=0°$ 的波形图

设从第一个自然换流点算起的电角度为 ϕ。

在 $\phi=0°$ 时，VS_1 和 VS_5 得到触发脉冲，由图 5.14 可看出，此时线电压的最大值为 u_{ab}，即 VS_1 的阳极电位最高、VS_5 的阴极电位最低，所以 VS_1 和 VS_5 导通。忽略 VS_1 和 VS_5 的导通压降，输出电压 $u_d=u_{ab}$。在此后 60°期间，VS_1 和 VS_5 保持导通，此输出保持 60°。

在 $\phi=60°$ 时，VS_1 和 VS_6 得到触发脉冲，由图 5.14 可看出，此时线电压的最大值变为 u_{ac}，所以 VS_1 保持导通，VS_6 导通，输出电压 $u_d=u_{ac}$。此输出保持 60°。

在 $\phi=120°$ 时，VS_2 和 VS_6 得到触发脉冲，由图 5.14 可看出，此时线电压的最大值变为 u_{bc}，所以 VS_2 导通，VS_6 保持导通，输出电压 $u_d=u_{bc}$。此输出保持 60°。

同理，此后输出电压依次等于 u_{ba}、u_{ca}、u_{cb}。

此时的工作情况和输出电压波形与三相桥式不控整流电路完全一样，整流电路处于全导通状态。

当 $\alpha>0$ 时，晶闸管导通要推迟 α 角，但晶闸管的触发、导通顺序不变。

② $\alpha=60°$

$\alpha=60°$时,晶闸管在自然换流点之后 60°得到触发脉冲。波形图如图 5.15 所示。

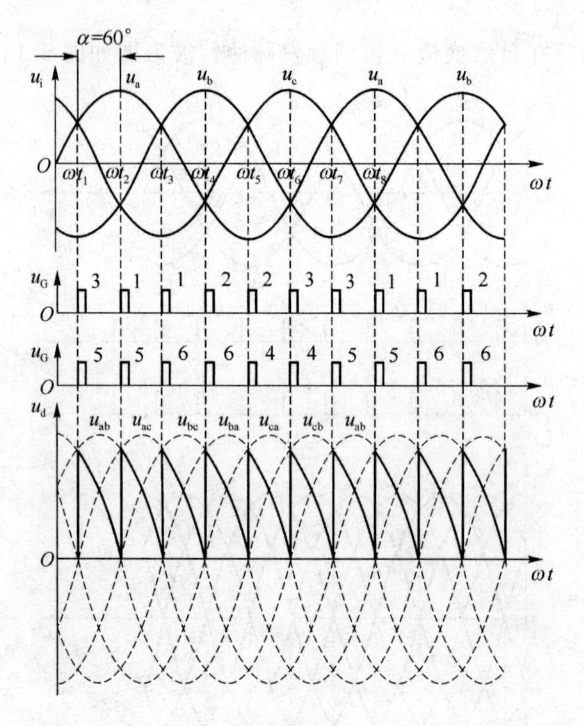

图 5.15　三相桥式全控整流电路 $\alpha=60°$的波形图

在 $\phi=60°$时,VS_1 和 VS_5 得到触发脉冲,由图 5.15 可看出,此时线电压的最大值为 u_{ac},由于 VS_6 没有得到触发脉冲不能导通,而 u_{ab}大于零,所以 VS_1 和 VS_5 导通,输出电压 $u_d=u_{ab}$。此输出保持 60°。

在 $\phi=120°$时,VS_1 和 VS_6 得到触发脉冲,由图 5.15 可看出,此时线电压的最大值变为 u_{bc},由于 VS_2 没有得到触发脉冲不能导通,而 u_{ac} 大于零,所以 VS_1 保持导通,VS_6 导通,输出电压 $u_d=u_{ac}$。此输出保持 60°。

在 $\phi=180°$时,VS_2 和 VS_6 得到触发脉冲,由图 5.15 可看出,此时线电压的最大值变为 u_{ba},由于 VS_4 没有得到触发脉冲不能导通,而 u_{bc} 大于零,所以 VS_2 导通,VS_6 保持导通,输出电压 $u_d=u_{bc}$。此输出保持 60°。

同理,此后输出电压依次等于 u_{ba}、u_{ca}、u_{cb}。

α 在 0°～60°范围内,输出电压 u_d 的波形是连续的,晶闸管的导通角 $\theta=120°$保持不变(不随控制角 α 变化而变化)。

③ $\alpha=90°$

$\alpha=90°$时,晶闸管在自然换流点之后 90°得到触发脉冲。波形图如图 5.16 所示。

在 $\phi=90°$时,VS_1 和 VS_5 得到触发脉冲,由图 5.16 可看出,此时线电压 u_{ab}大于零,所以 VS_1 和 VS_5 导通,输出电压 $u_d=u_{ab}$。但经过了 30°,u_{ab}变为零,VS_1 和 VS_5 截止,输出电压变为 0。

在 $\phi=150°$时,VS_1 和 VS_6 得到触发脉冲,由图 5.16 可看出,此时线电压 u_{ac}大于零,所以 VS_1 和 VS_6 导通,输出电压 $u_d=u_{ac}$。但经过了 30°,u_{ac}变为零,VS_1 和 VS_6 截止,输出电

压变为0。

在$\phi=210°$时，VS_2和VS_6得到触发脉冲，由图5.16可看出，此时线电压u_{bc}大于零，所以VS_2和VS_6导通，输出电压$u_d=u_{bc}$。但经过了30°，u_{bc}变为零，VS_2和VS_6截止，输出电压变为0。

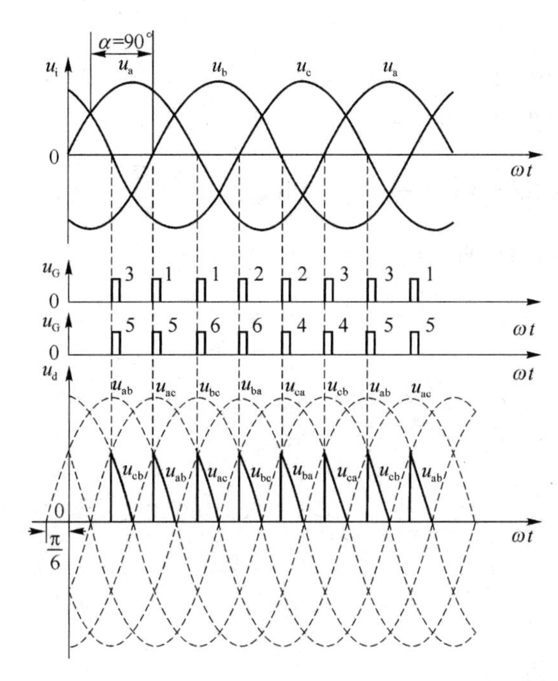

图5.16　电阻性负载的三相桥式全控整流电路$\alpha=90°$的波形图

其余类推。

显然，当$\alpha>60°$时，输出电压u_d的波形不连续，晶闸管出现自然关断现象；每只晶闸管在交流电源的一个周期内导通两次，其导通角$\theta=2\times(120°-\alpha)$。

当$\alpha=0$时，输出直流电压达到最大值；当$\alpha=120°$时，输出电压为零。因此最大移相范围为120°。

三相桥式全控整流电路也可以采用单脉冲触发，其脉冲宽度必须大于60°，触发电路每隔60°轮流给各晶闸管施加触发脉冲，对应于图5.13所示电路，触发顺序为：VS_1、VS_6、VS_2、VS_4、VS_3、VS_5，依此循环，如图5.17所示。此时晶闸管的导通顺序及其对应的输出电压瞬时值u_d与采用双窄脉冲触发时完全一样：①VS_1、VS_5导通，$u_d=u_{ab}$；②VS_1、VS_6导通，$u_d=u_{ac}$；③VS_2、VS_6导通，$u_d=u_{bc}$；④VS_2、VS_4导通，$u_d=u_{ba}$；⑤VS_3、VS_4导通，$u_d=u_{ca}$；⑥VS_3、VS_5导通，$u_d=u_{cb}$。依此循环。

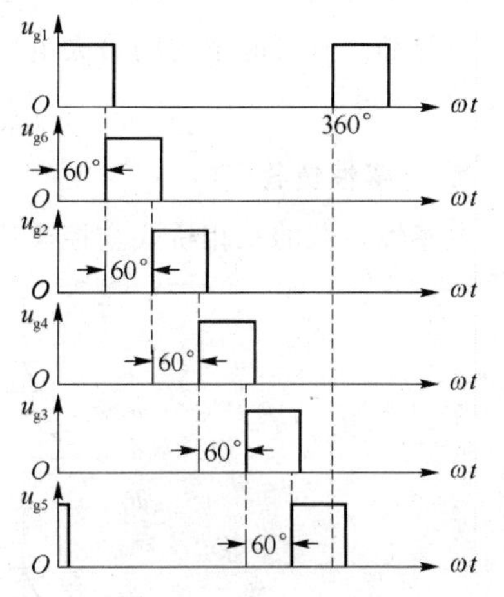

图5.17　三相桥式全控整流单脉冲触发

(2) 基本定量关系

① 输出直流电压、电流

输出电压 u_d 的第一个重复周期解析式为

$$u_d = u_{ab} = \sqrt{2}U_l \sin\left(\omega t + \frac{\pi}{3} + \alpha\right) \tag{5.14}$$

式(5.14)中,当 $0\leqslant\alpha\leqslant 60°$ 时,$0\leqslant\omega t\leqslant\pi/3$;当 $60°\leqslant\alpha\leqslant 120°$ 时,$0\leqslant\omega t\leqslant(2\pi/3)-\alpha$。

当 $0\leqslant\alpha\leqslant 60°$ 时,输出直流电压为

$$U_d = \frac{3}{\pi}\int_0^{\frac{\pi}{3}} \sqrt{2}U_l \sin\left(\omega t + \frac{\pi}{3} + \alpha\right)\mathrm{d}(\omega t) = \frac{3\sqrt{2}U_l}{\pi}\cos\alpha = 1.35U_l\cos\alpha \tag{5.15}$$

当 $60°\leqslant\alpha\leqslant 120°$ 时,输出直流电压为

$$\begin{aligned} U_d &= \frac{3}{\pi}\int_0^{\frac{2\pi}{3}-\alpha} \sqrt{2}U_l \sin\left(\omega t + \frac{\pi}{3} + \alpha\right)\mathrm{d}(\omega t) \\ &= \frac{3\sqrt{2}U_l}{\pi}\left[1 + \cos\left(\frac{\pi}{3} + \alpha\right)\right] \end{aligned}$$

即

$$U_d = 1.35U_l[1 + \cos(60° + \alpha)] \tag{5.16}$$

输出直流电流为

$$I_d = \frac{U_d}{R}$$

② 晶闸管的平均电流

每只晶闸管的平均电流为

$$I_a = \frac{1}{3}I_d \tag{5.17}$$

③ 晶闸管承受的最大电压

每只晶闸管可能承受的最大电压为

$$U_{R\max} = \sqrt{2}U_l = \sqrt{6}U = 2.45U \tag{5.18}$$

2. 电感性负载

电感性负载的三相桥式全控整流电路如图 5.18 所示,波形图如图 5.19 所示。

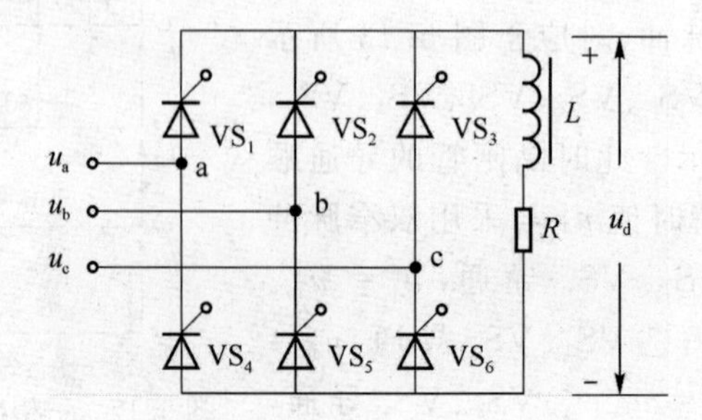

图 5.18 电感性负载的三相桥式全控整流电路图

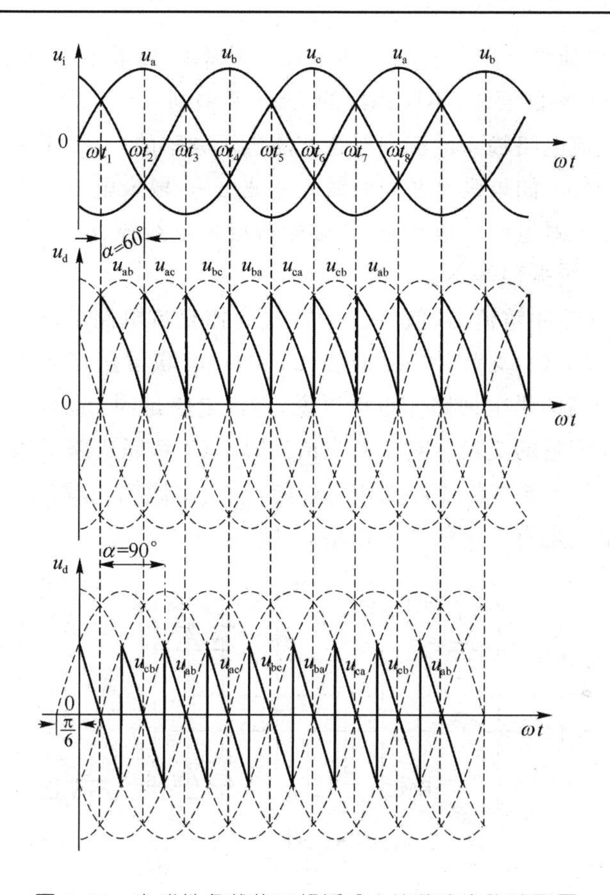

图 5.19　电感性负载的三相桥式全控整流电路波形图

当 $0\leqslant\alpha\leqslant60°$时，输出电压 u_d 波形同电阻性负载时一样。

当 $\alpha>60°$时，在线电压过零变负时，负载电感产生感应电势维持电流的存在，所以原来导通的晶闸管不会截止，继续保持导通状态。此时，输出电压 u_d 波形中有负电压。

当 $\alpha=90°$时，如负载电感足够大，则输出电压 u_d 波形图中正向面积和负向面积接近相等，输出直流电压 U_d 近似为零。可见电感性负载的三相桥式全控整流电路在电感足够大时，最大有效移相范围只有 90°，晶闸管的导通角 θ 则保持 120°不变。

由于电感的作用，负载电流 i_d 波形近似为水平直线，晶闸管电流近似为矩形波。

电感性负载的三相桥式全控整流电路输出直流电压为

$$U_d=1.35U_l\cos\alpha$$

上式在 $0\leqslant\alpha\leqslant90°$范围都适用。

在实际应用中，三相桥式全控整流电路控制角 α 的变化范围不宜宽（通常 $\alpha<60°$），因为控制角大会使输入功率因数小、输入电流谐波分量大，对电网产生比较严重的干扰。

3. 输入谐波电流的治理

在通信直流供电系统中，过去采用相控整流器，三相桥式全控整流电路曾得到广泛应用，现在已经被淘汰。

目前在一些双变换 UPS 中采用 6 脉冲整流器，它就是三相桥式全控整流器，用于为 UPS 中的逆变器提供直流电源并对蓄电池组进行充电。通信用 UPS 中的整流器除了应能输出所需直流电压、电流外,还要使 UPS 达到输入功率因数不小于 0.85～0.95、输入电流谐波成分小于 25%～5%的要求(不同档次的 UPS 有差别)。

三相桥式全控整流电路输入电流中包含交流电源频率的 5、7、11、13、17、19、23 次谐波,其中 5 次谐波电流最大。如果没有适当的输入滤波措施,输入电流总谐波畸变率(THD_i)达 30%以上。谐波电流大对电网形成污染,并可能造成配电线缆、变压器发热,空气开关误跳闸,引起油机发电机系统振荡等不良后果。

UPS 中使用的 6 脉冲整流器,宜在三相桥式全控整流电路的输入侧接 5 次谐波滤波器,如图 5.20 所示。L_P、C_P 支路对 5 次谐波(250 Hz)串联谐振,5 次谐波电流被它们旁路而不通过阻抗相对较高的供电回路。也可以说,整流电路是同 L_P、C_P 串联支路而不是同输入电源进行 5 次谐波能量的交换。对于高次谐波,L_P、C_P 串联支路呈感抗,串联支路的品质因数 Q 值较小,频率离开谐振点后阻抗升高不陡,该支路同输入滤波电感 L_F 配合,使输入滤波器对高次谐波电流也有一定的滤波作用。

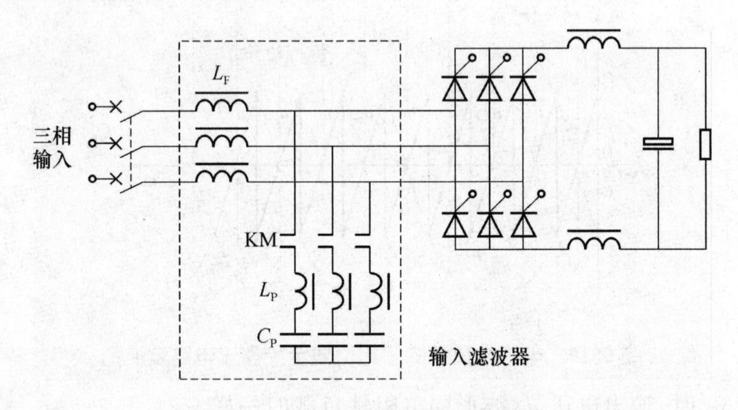

图 5.20 6 脉冲整流器的谐波治理

接入 5 次谐波滤波器后,6 脉冲整流器满载时输入功率因数可达 0.9,输入电流总谐波畸变率(THD_i)能达到 10%以下(负载减轻时输入功率因数减小、输入电流总谐波畸变率增大);所需油机发电机额定容量约为 UPS 额定容量的 2 倍。

L_P、C_P 串联支路对 50 Hz 呈容抗,当 UPS 负载较轻(小于 15%额定负载)时,会使整流器的输入电流超前输入电压。为了避免 UPS 轻载时整流器的电容特性对供电电源(尤其是油机发电机)产生不良影响,通常采用交流接触器(KM)来自动控制 L_P、C_P 串联支路的通断,使其在轻载时退出。

思考与练习

1. 画出电阻性负载的单相桥式整流电路图,并对应地画出其输入电压、输出电压、输出电流和输入电流波形图。该电路的输入功率因数为多少?

2. 画出电容性负载的单相桥式整流电路图,并对应地画出输入电压、输出电压和输入电流波形图。

3. 画出电感性负载的三相桥式不控整流电路图和波形图，设电网电压为 380×(1±20%)V，分别求出对应的输出直流电压值。

4. 晶闸管的导通和关断条件是什么？在普通晶闸管导通时，给门极加反向电压，它会截止吗？

5. 三相桥式全控整流电路，对应地画出三相电源电压波形图和 $\alpha=30°$ 的输出电压 u_d 波形图。

第6章 高频开关电源电路原理

高频开关电源(简称开关电源)是指功率晶体管工作在高频开关状态的直流稳压电源,其开关频率在20 kHz以上。随着技术的进步,目前开关频率可达几百千赫,甚至几兆赫。

开关电源的主要组成部分是直流(DC-DC)变换器。其分类方法有多种,按激励功率开关晶体管的方式来分,可分为自激型和他激型,本书仅介绍他激型(功率开关管的导通和截止由外加驱动脉冲控制);按控制方式来分,可分为脉宽调制(PWM)、脉频调制(PFM)和混合调制(即脉宽和脉频同时改变),通信用开关电源一般采用脉宽调制;按功率开关电路的结构形式来分,可分为非隔离型(主电路中无高频变压器)、隔离型(主电路中有高频变压器)以及具有软开关特性的谐振型等类型。

开关电源具有效率高、体积小、质量轻、稳压性能好、无可闻噪声等一系列显著的优点,因而得到越来越广泛的应用。

6.1 开关电源中的功率电子器件

6.1.1 概述

开关电源中的功率电子器件,主要是可以快速开关的功率二极管和功率开关晶体管。

非隔离型开关电源中的续流二极管、隔离型开关电源中的输出整流二极管,都是在高频(20 kHz以上)条件下工作的功率二极管。由于工作频率高,它们不能采用普通硅整流二极管,而必须采用快恢复二极管(FRD)、超快恢复二极管(UFRD)或肖特基二极管(SBD)等开关速度快(反向恢复时间短)的功率开关二极管。

高频开关电源中的功率开关晶体管是可控的开关器件:当加上控制信号(脉冲)时,功率开关管导通,流过大电流,但压降很小,相当于开关接通;当控制信号为零时,功率开关管截止,流过很小的漏电流,但承受的电压高,相当于开关断开。功率开关管的开关频率高,在20 kHz以上;开关功率较大,而且电路中存在电容和电感,在开关瞬间可能会产生很大的瞬间电流、电压。用做功率开关管的晶体管,其性能必须适应使用上的这些特点,对它的要求是:能够流过大电流、承受高电压,有较快的开关速度和较低的功率损耗等。

开关电源中使用的功率开关管有三大类:双极型功率晶体管(BJT)、VMOS场效应晶体管(VMOSFET)和绝缘栅双极晶体管(IGBT 或称 IGT)。通信用高频开关电源中功率开关管主要采用 VMOSFET 和 IGBT。

VMOSFET 和 IGBT 等功率开关晶体管以及功率二极管等功率器件,都应配置适当的散热器,并采用合理的冷却方式和安装方法,以获得良好的散热效果,限制器件的温升。

6.1.2　VMOSFET

1. VMOSFET 概述

场效应晶体管(Field Effect Transistor,FET)又称单极型晶体管,因为它导通时只有一种极性的载流子参与导电。场效应晶体管用栅极(G)电场控制漏极(D)和源极(S)之间的沟道电导,从而控制漏极电流(I_D),在直流状态下栅极几乎没有电流,因此它是电压控制型器件。

场效应晶体管分为结型场效应晶体管(JFET)和绝缘栅场效应晶体管两种,每种又分为 N 沟道和 P 沟道。导电沟道中载流子是电子时,称为 N 沟道;导电沟道中载流子是空穴时,称为 P 沟道。

绝缘栅场效应晶体管的栅极与半导体材料相互绝缘,所以具有极高的输入电阻,可达 $10^{15}\ \Omega$。目前应用最广泛的是 MOS 场效应晶体管(MOSFET),即金属(Metal)-氧化物(Oxide)-半导体(Semiconductor)场效应晶体管,它的栅极由金属构成,绝缘层由二氧化硅(SiO_2)构成,导电沟道由半导体(硅)构成。

MOS 场效应管不仅分为 N 沟道和 P 沟道,而且在每种当中,因沟道产生的条件不同又分为增强型和耗尽型。增强型 MOS 场效应管在零栅压($U_{GS}=0$)时不导电,耗尽型 MOS 场效应管在零栅压时导电(结型场效应管则仅有耗尽型)。

一般的 MOS 场效应晶体管把源极、栅极和漏极设在芯片的同一端面上,导电沟道平行于芯片表面,是水平导电器件,其漏区面积较小,使得散热困难,因而难以进入功率领域。

VMOS 场效应晶体管(VMOSFET)是垂直导电型 MOS 场效应晶体管(Vertical MOSFET)的简称。它是功率场效应晶体管,有两大类:一是垂直导电 V 型槽 MOS 场效应管,简称 VVMOS 场效应管(VVMOSFET),结构如图 6.1 所示;二是垂直导电双扩散 MOS 场效应管,简称 VDMOS 场效应管(VDMOSFET),结构如图 6.2 所示,各公司的产品以 VDMOS 结构居多,它由许多“元胞”并联组成。

VMOS 管与一般 MOS 管不同之处是源极与漏极分别处于上下两个端面上,电流不再沿表面水平方向流动,而是漏极和源极间电流的流向垂直于芯片表面。参看图 6.1 和图 6.2,高掺杂浓度的 N^+ 型衬底和低掺杂浓度的 N^- 型漂移区共同组成器件的漏区,漏区和 P 型沟道体区的交界面是漏区 PN 结,P 型沟道体区与 N^+ 型源区的交界面是源区 PN 结。由于源区和沟道体区总是被短路在一起由源极引线引出,因此源区 PN 结处于零偏置状态。当加上漏-源电压 U_{DS} 而未加栅-源正电压时,漏区 PN 结处于反向偏置状态,源区和漏区之间无导电沟道,故器件截止;在栅-源间加上适当的正电压 U_{GS} 后,表面电场效应会在 P 型沟道体区靠近绝缘层(SiO_2)的表面附近形成 N 型反型层,成为沟通源区和漏区的导电沟道,于是电子从 N^+ 区源极出发,经过沟道流到 N^- 漂移区,然后垂直地流到漏极,电流则与电子流动方向相反,是从漏极流到源极。VMOSFET 有如下特点:第一,漏极在硅片的底面,这样充分地利用了硅片面积,实现了垂直导电,因此不仅改善了散热特性,而且降低了导通电阻,为获得大电流容量提供了条件,从而使器件的输出功率明显提高;第二,沟道长度可由扩散工艺精确控制,能实现长度精确的短沟道,因此降低了沟道电阻,提高了工作速度,并使输出特性具有良好的线性;第三,设置了高电阻率的 N^- 型漂移区,因此提高了器件的耐压能力,并降低了栅-漏极间电容。目前 VMOSFET 电流最大额定值可达 200 A,耐压超过1 000 V。

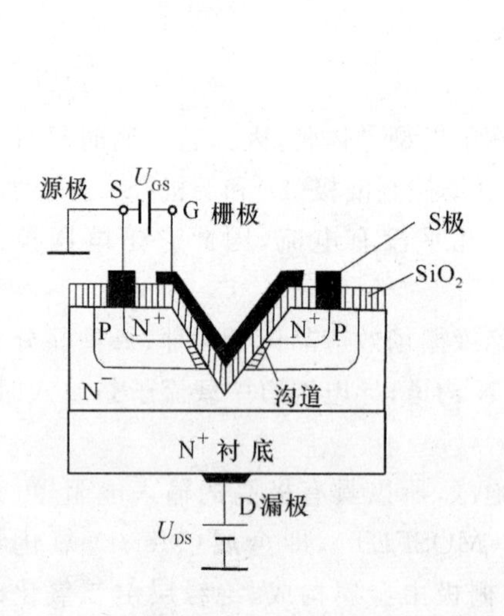

图 6.1 N 沟道增强型 VVMOSFET 结构示意图

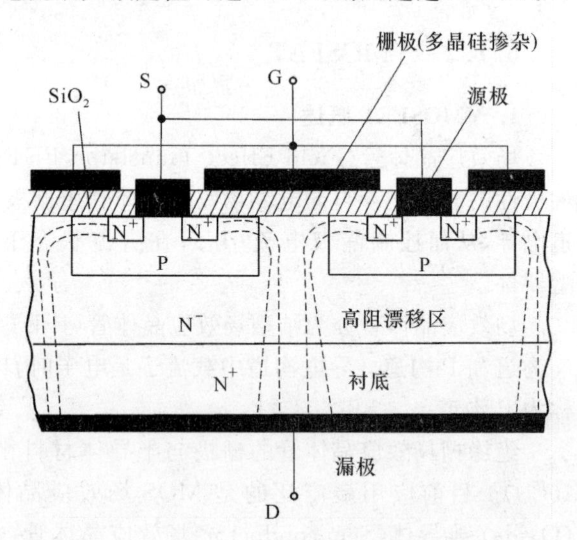

图 6.2 N 沟道增强型 VDMOSFET 结构示意图

开关电源中使用的 VMOSFET,不论是 N 沟道还是 P 沟道,一般为增强型,其图形符号及工作电压极性和电流方向如图 6.3 所示。VMOSFET 大多数是 N 沟道,这是因为相同的沟道尺寸 N 沟道管比 P 沟道管导通电阻 R_{on} 小。

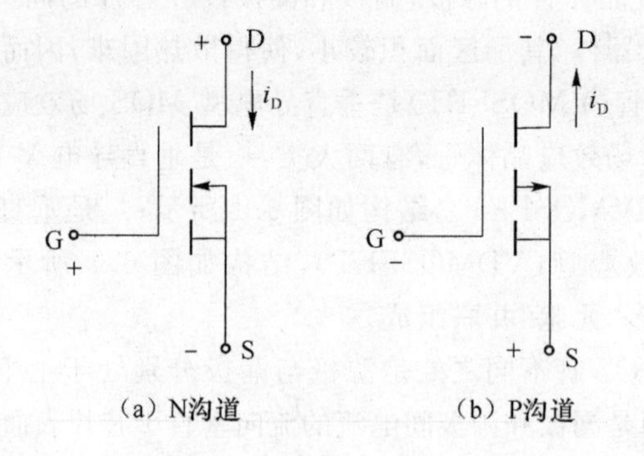

图 6.3 VMOSFET 的图形符号及电压极性电流方向

由器件的结构所决定,VMOSFET 在源极与漏极之间有一个寄生二极管(又称本体二极管),它与 VMOSFET 形成了一个不可分割的整体,其等效电路如图 6.4 所示。这个寄生二极管的电压和电流定额与 VMOSFET 本身的值相同,但它开关速度较慢。

VMOSFET 具有驱动功率小、开关速度快、无二次击穿、安全工作区大、适宜并联运用等显著优点,很多性能指标优于双极型功率晶体管,所以在开关电源等领域得到了广泛应用。其主要缺点是,除低压大电流器件外,通态电阻 R_{on} 较大,因此导通压降较大,相应地导通损耗较大。

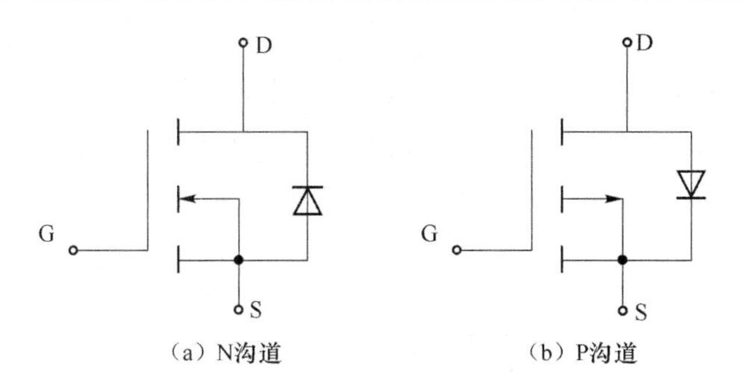

图 6.4　VMOSFET 的寄生二极管

2. VMOSFET 的静态参数

(1) 开启电压 $V_{GS(th)}$

$V_{GS(th)}$又称为栅极阈值电压，它是指漏区和源区之间形成导电沟道所需的最低栅-源电压。

N 沟道增强型 VMOSFET 的 $V_{GS(th)}$ 一般在 2～4 V 之间。在开关应用中，为使 VMOSFET导通时漏-源间电压降较小（通态电阻 R_{on}小），以减小通态损耗，通常驱动电压 U_{GS}为 10～15 V。在需要漏-源间可靠截止时，U_{GS}须小于 1 V 或略呈负值。

(2) 导通电阻 R_{on}

漏-源导通电阻 R_{on}又称为通态电阻，是指 VMOSFET 导通时在确定的栅-源电压 U_{GS}下漏-源极间的直流电阻。不同规格的器件 R_{on}变化范围很大，低压大电流器件小到 10 mΩ 数量级，高压小电流器件大到 1 Ω 数量级，耐压等级越高的器件 R_{on}值越大。在开关应用中，R_{on}决定了输出电压幅度和自身损耗的大小，是一个十分重要的参数。

R_{on}随 U_{GS}增大而减小，随 I_D 增大而有所增加，还随温度升高而增大，即具有正温度系数。R_{on}的温度系数低压器件为＋0.2%～＋0.7%/℃，高压器件为＋0.6%～＋0.9%/℃。

R_{on}的正温度系数使 VMOSFET 很容易并联，选择同等测试条件下 R_{on}相近的器件，并把并联的器件装在同一散热器上，就可获得良好的电流均衡分配。

除低压大电流器件外，VMOSFET 的 R_{on}较大，因此作功率开关管用其导通压降比双极型晶体管的饱和压降大，相应地导通损耗较大，这是 VMOSFET 的主要缺点。例如，耐压 500 V左右的 VMOSFET，在 25 ℃时 R_{on}约为 0.3 Ω，当结温高时 R_{on}要乘以 1.5～2.0 的系数，如果功率开关管导通时漏极电流 I_D＝30 A，则导通压降为

$$U_{DS(on)} = I_D R_{on} = 30 \times 0.3 \times (1.5 \sim 2.0) = 13.5 \sim 18\ \text{V}$$

(3) 漏-源击穿电压 BV_{DS}($V_{(BR)DSS}$)

BV_{DS}是指将栅-源短接（U_{GS}＝0 V），漏极电流达某一给定值（I_D＝250 μA 或 I_D＝1 mA 等）时，漏-源间的电压。它是为了避免器件击穿而设的极限参数，随结温升高而升高。它决定了 VMOSFET 的最高工作电压。例如，N 沟道增强型 VMOS 管 IRF450，BV_{DS}≥500 V，其最高工作电压必须小于 500 V。

(4) 最大栅-源电压 $V_{GS(max)}$

$V_{GS(max)}$是为了防止绝缘栅层因栅-源间电压过高产生击穿而设的参数。VMOSFET 处于不工作状态时，因静电感应引起的栅极上的电荷积累有可能击穿器件。一般将最大栅-源电压定为±20 V。

(5) 漏极直流电流额定值 I_D 和漏极脉冲电流额定值 I_{DM}

I_D 和 I_{DM} 是 VMOSFET 电流定额的参数。其测试条件通常是 $U_{GS}=10$ V,U_{DS} 为某个适当数值。一般 I_{DM} 约为 I_D 的 2～4 倍。VMOSFET 用作功率开关时,应满足漏极电流最大值 $I_{Dmax}<I_{DM}$,漏极电流有效值 $I_{Dx}<I_D$。工作温度对器件允许的漏极电流影响很大,生产厂家通常会给出不同壳温下的漏极直流电流额定值。在壳温为 80～90 ℃时,器件的漏极直流电流额定值通常只有壳温为 25 ℃时的 60%～70%。选用器件时,必须考虑其损耗及散热情况得出壳温,由此核算器件的电流定额是否满足要求。

(6) 漏极最大允许耗散功率 P_{DM}

VMOSFET 工作时会产生导通功率损耗和开关功率损耗,功耗使器件发热,管温升高,漏极最大允许耗散功率 P_{DM} 按热欧姆定律可表示为

$$P_{DM}=\frac{T_{jm}-T_C}{R_{(th)jc}}$$

式中,T_{jm} 为 VMOSFET 的额定结温(150 ℃);T_C 为管壳温度,单位为℃;$R_{(th)jc}$ 为器件的结-壳热阻,即管芯到管壳的稳态热阻。热阻表示介质的传热能力,可以看成是传导单位功率所产生的温差,单位为℃/W。热阻小则传热性能好。

器件手册上给出的 P_{DM} 值,通常是在壳温 $T_C=25$ ℃时的漏极最大允许耗散功率。当 $T_C>25$ ℃时,必须降额使用。例如,VMOS 管 IRF450,手册上给出额定结温 150 ℃,结-壳热阻0.83 ℃/W,$T_C=25$ ℃时最大允许耗散功率 150 W,线性降额因子 1.2 W/℃;当 $T_C=60$ ℃时,最大耗散功率为 $150-(60-25)\times1.2=108$ W。

3. VMOSFET 的动态参数

(1) 极间电容

VMOSFET 极间电容的等效电路如图 6.5 所示。图中 C_{GS} 为栅-源极间电容,C_{GD} 为栅-漏极间电容,C_{DS} 为漏-源极间电容。极间电容是影响 VMOSFET 开关速度的主要因素。

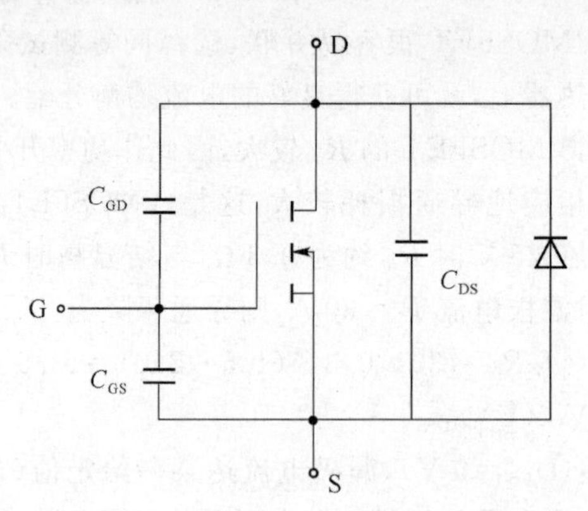

图 6.5 VMOSFET 极间电容

漏-源极间短路时的输入电容 C_{iss}、栅-源极间短路时的输出电容 C_{oss} 和反馈电容(又称反向传输电容)C_{rss},可用下列公式计算:

$$C_{iss}=C_{GS}+C_{GD}$$

$$C_{oss}=C_{DS}+C_{GD}$$

$$C_{rss}=C_{GD}$$

（2）开关时间

VMOSFET 输入电压 u_i 和漏极电流 i_D 对应的波形关系如图 6.6 所示。

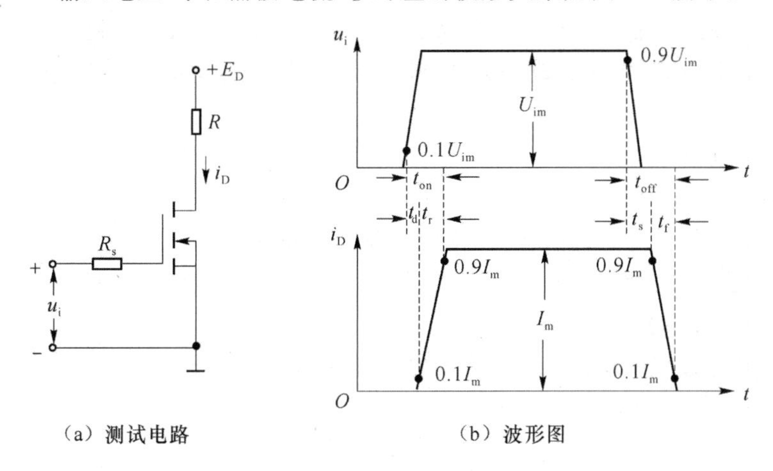

（a）测试电路　　（b）波形图

图 6.6　VMOSFET 的开关时间

开通时间 t_{on} 是指从输入电压波形上升至幅值(U_{im})的 10%到漏极电流波形上升至幅值(I_m)的 90%所需时间，它分为延迟时间 t_d 和上升时间 t_r 两部分：t_d 是从输入电压上升至幅值的 10%到漏极电流上升至幅值的 10%所需时间，t_r 是漏极电流上升沿从幅值的 10%上升到幅值的 90%所需时间。

关断时间 t_{off} 是指从输入电压波形下降至幅值(U_{im})的 90%到漏极电流波形下降至幅值(I_m)的 10%所需时间，它分为存储时间 t_s 和下降时间 t_f 两部分：t_s 是从输入电压下降至幅值的 90%到漏极电流下降至幅值的 90%所需时间，t_f 是漏极电流下降沿从幅值的 90% 下降到幅值的 10%所需时间。

开关时间的长短主要取决于栅极电容(等效输入电容)充放电所需时间，基本上与工作温度无关，但与驱动信号源的参数和漏极负载情况有关，测试条件不同，所得参数也不同。驱动信号源的内阻 R_s 越小，则开关时间越短，开关性能越好。

VMOSFET 是依靠多数载流子导电的多子器件，没有少子存储延迟效应，因此开关速度比双极型晶体管快得多。一般开通时间 t_{on} 为几十纳秒，关断时间 t_{off} 为几百纳秒，开关时间比双极型晶体管约快 10 倍。采用 VMOSFET 作功率开关管，开关损耗小，开关电源的工作频率可以达到 500 kHz，甚至兆赫级。

4. VMOSFET 的使用注意事项

（1）防止静电放电失效

VMOSFET 由于具有极高的输入电阻，因此栅极的感应电荷很难通过这个电阻泄漏掉，只要外界有感应电荷源，就可能在栅极上迅速积累电荷。器件的极间电容又小，少量的电荷积累就会产生相当高的电压。所以在静电场较强的场合，器件容易静电放电失效。静电放电失效有两种模式：一是电压型失效，即栅极的薄氧化层发生击穿，形成针孔，使栅极和源极间短路，或者使栅极和漏极间短路；二是功率型失效，即静电放电使金属化薄膜铝条熔断，造成栅极开路，或者源极开路。为了防止静电放电失效，应注意以下几点。

① 器件不能存放在塑料袋中，而要存放在抗静电包装袋内，或导电的泡沫塑料盒中，或者用铝箔包裹。

② 用器件时,应拿管壳部分而不是引线部分,工作人员应戴上铜或不锈钢腕带(接地环),腕带通过 500 kΩ~1 MΩ 的电阻接地,以防电击。

③ 测试器件时,测量仪器和工作台都要良好接地。器件的 3 个电极未全部接入测试仪器或电路以前,不许施加电压。改变测试范围时,电压和电流都必须先恢复到零。

④ 在将器件接入实际的电路时,工作台和电烙铁都必须良好接地。

(2) 防止过电压

① 栅-源间过压防护

适当降低栅极驱动电路的阻抗,在栅极与源极之间并联电阻,或并联约 20 V 的稳压二极管,特别要防止栅极开路工作。

② 漏-源间过压保护

为了防止开关过程中漏极与源极之间电压过高而使器件击穿,应有二极管、*RC* 钳位或 *RC* 浪涌吸收电路等保护措施。

(3) 防止过电流

除了正确选择漏极电流容量以及具有良好的散热条件外,要有电流传感和控制电路,在漏极电流过大时使器件回路迅速断开。

(4) 防止寄生振荡损坏器件

宜在栅极电路串联 4.7~100 Ω 的电阻(阻值随器件额定电流增大而减小),或者在靠近栅极的栅极引线处套上一个铁氧体磁环(又称磁珠),还要使器件各极的引线特别是栅极的引线尽量短。

5. VMOSFET 的栅极驱动电路

VMOSFET 是电压控制型器件,栅-源间驱动脉冲电压幅值一般取 10~15 V;栅极在稳态工作时无电流流过,仅在开关过程中有输入电容的充放电电流,因此所需驱动功率小,驱动电路较简单。

VMOSFET 的开通和关断过程就是输入电容的充放电过程。栅极脉冲电压的上升时间 t'_r 和下降时间 t'_f 取决于输入回路的时间常数,可按下式进行近似计算:

$$t'_r(\text{或 } t'_f) = 2.2RC_{iss}$$

式中,C_{iss} 为输入电容,R 为输入回路的电阻,在无外接电阻的情况下即为驱动源内阻(驱动电路的输出电阻)。驱动源内阻越小,开关速度越快。为了防止寄生振荡而串联在栅极电路中的电阻,阻值不宜过大,以免影响 VMOSFET 的开关速度。

为使栅-源间脉冲电压前后沿均陡峭,栅极驱动电路在控制 VMOSFET 开通时,应能提供足够大的输入电容充电电流;在控制 VMOSFET 关断时,应能使输入电容快速放电。

VMOSFET 的栅极驱动电路有多种形式,从驱动电路与栅极的连接方式来分,可分为直接驱动电路和隔离驱动电路。

(1) 直接驱动电路

产生 PWM 控制脉冲的集成控制器的浮地端可以与 VMOSFET 的源极同电位相连时,才能采用直接驱动电路。

① PWM 集成控制器直接驱动

举例如图 6.7(a)所示。VT_3 为被驱动的 VMOSFET,VT_1 和 VT_2 为 PWM 集成控制器内的输出级(图腾柱结构)。当集成控制器输出控制脉冲时,VT_1 导通、VT_2 截止,A 点为高电平，VT_1 提供拉电流，即 VT_3 输入电容的充电电流，使 VT_3 栅-源间电压迅速上升，漏-源间迅速导通；当集成控制器输出的控制脉冲结束时，VT_1 截止、VT_2 导通，A 点变为低电平，VT_2 提供灌电流，即吸收 VT_3 输入电容的放电电流，使 VT_3 栅-源间电压迅速下降，漏-源间迅速截止。

R_1（如 10 Ω）用来限制充、放电峰值电流，抑制寄生振荡；R_2（1～100 kΩ）为静态放电电阻，在电路不通电时使栅-源间处于低阻状态，防止栅-源击穿。

② 加设功率放大级的直接驱动

若 PWM 集成控制器输出的拉、灌电流不够大，可加设驱动功放级，举例如图 6.7(b)所示。图中 VT_5 为被驱动的 VMOSFET，VT_3、VT_4 为加设的 NPN 和 PNP 管互补式推挽功放级（又称推拉式射极输出器）。当集成控制器输出控制脉冲时，A 点为高电平，使 VT_3 正偏导通而 VT_4 反偏截止，VT_3 提供拉电流；当集成控制器输出的控制脉冲结束时，A 点变为低电平，使 VT_3 截止而 VT_4 导通，VT_4 提供灌电流。

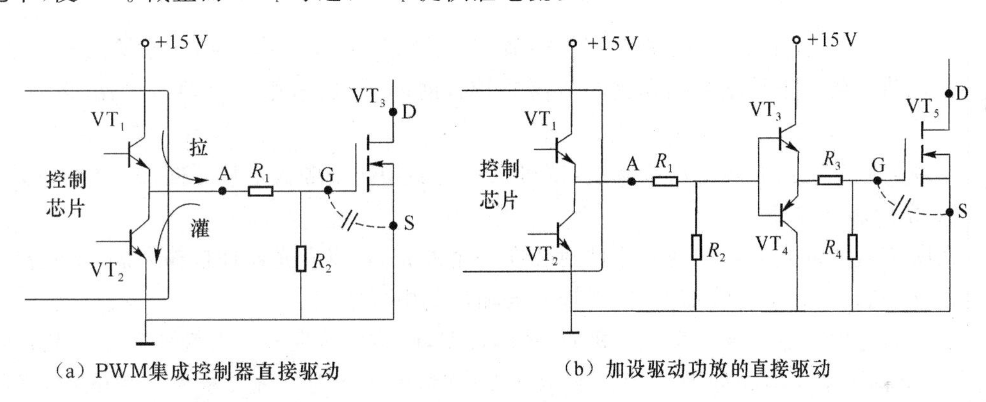

(a) PWM集成控制器直接驱动　　(b) 加设驱动功放的直接驱动

图 6.7　直接驱动电路

(2) 隔离驱动电路

在很多场合主回路和控制回路必须进行电气隔离，这就要采用隔离驱动电路。一般采用脉冲变压器（磁耦）或光耦合器（光耦）实现隔离。

① 磁耦驱动电路

用变压器进行电气隔离，又称磁耦。脉冲变压器可用来传递矩形脉冲列，能进行电压电流变换，并达到隔离目的。

磁耦驱动电路举例如图 6.8 所示。当输入电压 u_i 为高电平时，VT_1 饱和导通，脉冲变压器 T 初级电压近似等于 $+U_{CC}$，极性为上端正下端负，次级电压亦上端正下端负（极性由同名端决定），该电压经 R_3 对 VMOS 管 VT_2 的输入电容充电，驱动 VT_2 导通。在 VT_1 导通期间，脉冲变压器的励磁电感中储能。当 u_i 变为低电平（0 V）时，VT_1 截止，脉冲变压器的励磁电感产生下端正上端负的感应电压反抗磁化电流减小，此时二极管 VD_1 和稳压管 VD_2 导通，为励磁电感释放储能提供通道，在励磁电感释放储能期间，脉冲变压器初级电压被钳制为 VD_2 的稳定电压（不超过 U_{CC}）；励磁电感储能释放完毕后，脉冲变压器初级电压为零。与此相对应，脉冲变压器次级电压亦由负值变为零。因此 VT_1 由导通变为截止时，VT_2 在输入电容通过 R_3 和 R_4 放电后截止。

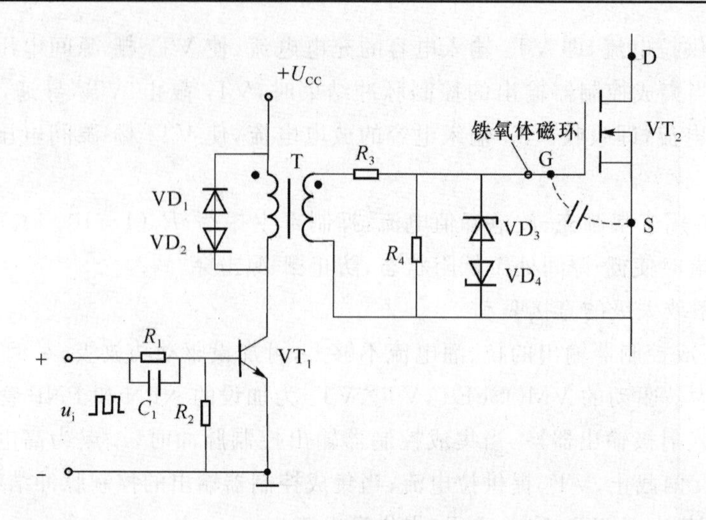

图 6.8 磁耦驱动电路

图 6.8 中，铁氧体磁环用于抑制寄生振荡；稳压管 VD_3、VD_4 用于 VT_2 栅-源间过压保护。

该驱动电路由于励磁电感释放储能需要较长时间，故仅适用于脉冲占空比 $D<0.5$ 的场合。

如果脉冲变压器有两个次级绕组，则可以同时驱动两个源极电位不同的 VMOSFET。

② 光耦驱动电路

光耦合器把发光器件和受光器件封装在一个外壳内，将发光器件接输入侧，受光器件接输出侧，以光作媒介来传输信号，实现输入与输出的电气隔离。

常用的光耦合器一种是发光二极管-晶体管型，由砷化镓发光二极管和硅光敏晶体管组成，内部结构及基本电路如图 6.9(a)所示。工作时，电流流过发光二极管产生光源，光的强度取决于流过发光二极管的电流 I_F；在该光源照射下，受光器件光敏晶体管产生集电极电流 I_C，I_C 的大小与光照强弱即 I_F 的大小成正比，其电流传输比(CTR)I_C/I_F 为 7%～30%。绝缘电压可达 1～5 kV。这种光耦器件有的并不引出晶体管的基极，引出基极的目的是可以加电信号，例如接反馈电容。

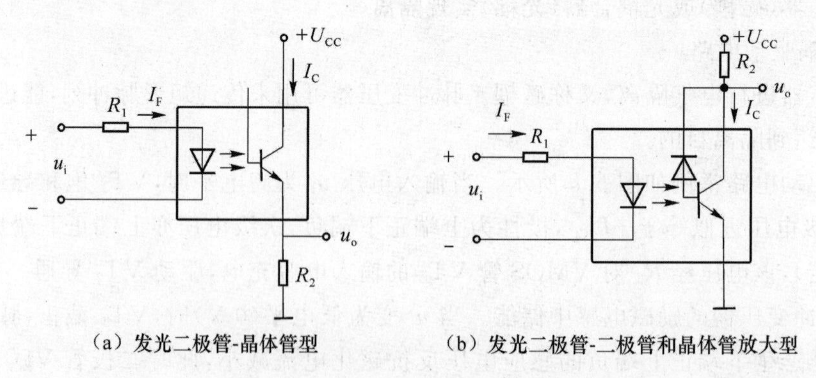

(a) 发光二极管-晶体管型　　(b) 发光二极管-二极管和晶体管放大型

图 6.9 常用的光耦合器及基本电路

另一种常用的光耦合器是发光二极管-二极管和晶体管放大型，用光敏二极管做受光器件，再用晶体管把光电流放大输出，内部结构及基本电路如图 6.9(b)所示。这种光耦合器可得到快速响应，电流传输比可提高到 100%～400%。

光耦驱动电路举例如图 6.10 所示，这是一个采用光耦驱动器 TLP250 的驱动电路。TLP250 中包括光耦合器、前级放大及比较器、触发器、功率放大器等部分。

- 光耦合器：由发光二极管和光敏二极管组成。发光二极管通过毫安级电流时，光敏二极管能产生微安级的电流。光耦的隔离耐压大于 1 500 V。分布电容小，干扰很小。
- 前级放大及比较器：放大倍数大，输出脉冲沿陡。
- 触发器与功放级：使输出电压波形的上升沿和下降沿陡峭，功放级输出脉冲的上升时间、下降时间小于 0.5 μs，拉、灌电流达安培数量级。输出端 7 和 6 并联（避免接触不良），经 R_3 接被驱动 VMOS 管 VT 的栅极。

该驱动电路 VMOSFET 栅-源间有负偏压。R_2 通过毫安级的电流，使稳压管 VD 有 5 V稳定电压，由它构成栅-源间的负偏压。VD 的阴极（电压正端）接 VMOSFET 的源极，当光耦驱动器输出端（6 与 7）为低电平（接近 5 端电位，即辅助电源的负端电位 0 V）时，栅极电位比源极电位约低 5 V，使 VMOSFET 可靠截止，不易受干扰；当光耦驱动器输出端（6 与 7）为高电平（接近 8 端电位，即辅助电源的正端电位＋20 V）时，VMOSFET 栅-源间驱动电压近似为 20－5＝＋15 V。

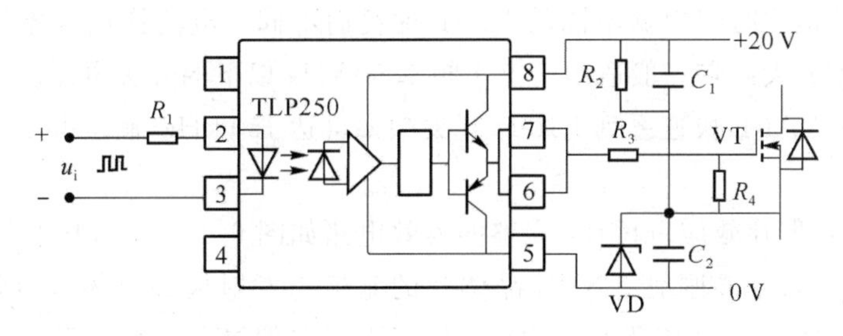

图 6.10　光耦驱动器驱动电路

6.1.3　IGBT

门极绝缘双极晶体管又称绝缘门极晶体管，简称 IGBT（Insulated Gate Bipolar Transistor）或 IGT（Insulated Gate Transistor），人们往往习惯性地称其为绝缘栅双极晶体管，或绝缘栅晶体管，它是一种 VMOSFET 和双极型晶体管的复合器件。增强型 N 沟道 IGBT 的简化等效电路如图 6.11 所示，图中 VMOSFET 为增强型 N 沟道管，双极型晶体管为 PNP 晶体管，R_{dr}是 PNP 晶体管基极和 VMOSFET 漏极之间的扩展电阻。这种结构相当于一个增强型 N 沟道 VMOSFET 驱动 PNP 晶体管，其图形符号及工作电压极性和电流方向如图 6.12 所示，图（a）为惯用图形符号，图（b）为国家标准图形符号。G 为门极，习惯上常称为栅极，C 为集电极，E 为发射极。

IGBT 具有以下特点。

① IGBT 从输入端看，类似于 VMOSFET，是电压控制型器件，具有输入阻抗高、驱动电流小、驱动电路简单等优点。IGBT 的导通和关断由栅极电压来控制，当栅-射电压（即栅极-发射极电压）U_{GE} 大于开启电压 $V_{GE(th)}$ 时，IGBT 导通，当栅-射电压小于开启电压时，IGBT截止，IGBT 的开启电压一般为 3～6 V。在开关应用中，使 IGBT 导通的栅-射电压通常取 15 V，以保证集-射间导通压降小；关断 IGBT 时，为使器件可靠截止，最好在栅-射间加负偏压，通常取－12～－5 V。

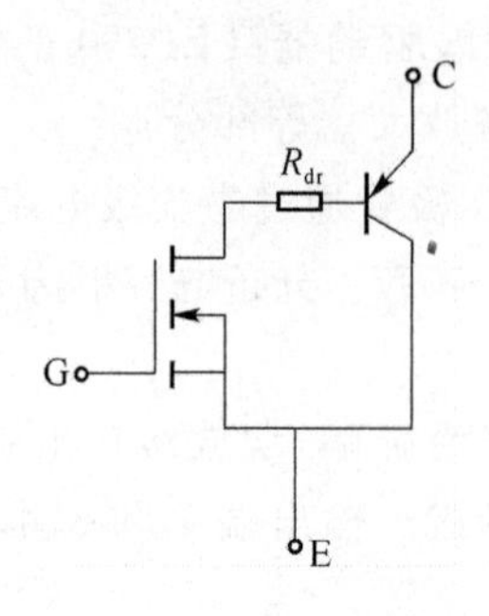

图 6.11 IGBT 的简化等效电路

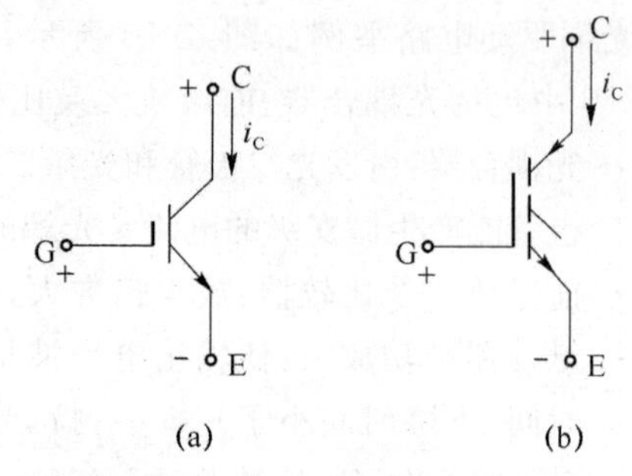

图 6.12 增强型 N 沟道 IGBT 的图形符号及电压极性和电流方向

② IGBT 从输出端看,类似于双极型晶体管,导通压降小,饱和压降一般在 2～4 V 之间,故导通损耗小。此外,IGBT 能够做得比 VMOSFET 耐压更高,电流容量更大。

③ IGBT 的开关速度在 VMOSFET 与双极型晶体管之间。IGBT 关断时间较长,由于简化等效电路中 PNP 晶体管存储电荷的影响,关断时电流下降存在拖尾现象,关断特性如图 6.13 所示。其拖尾时间根据不同的 IGBT 种类而不同。电流拖尾现象使 IGBT 的关断损耗比 VMOSFET 大。它一般适用于工作频率 50 kHz 以下的开关电源。国际整流器公司(IR)制造的一种 WARP 快速系列 IGBT,开关频率可达 150 kHz,额定电压为600 V,额定电流为 5～50 A。

④ IGBT 存在擎住效应。IGBT 完整的等效电路如图 6.14 所示,其中 PNP 和 NPN 两个晶体管组成一个寄生晶闸管。NPN 晶体管的基极与发射极并有体区电阻 R_{br},在 IGBT 正常工作范围内,R_{br}上的压降很小,NPN 晶体管因正向偏置电压很小而不起作用。当集电极电流大到一定程度时,在 R_{br}上产生的正向偏压足以使 NPN 晶体管导通,进而使 NPN 和 PNP 晶体管处于饱和导通状态,于是寄生晶闸管开通,栅极失去控制作用,这就是擎住效应。擎住效应将导致 IGBT 损坏,使用者必须避免擎住效应的产生。因此 IGBT 的集电极电流必须小于器件制造厂家规定的最大值 I_{CM},同时 IGBT 的电压上升率也必须小于规定的 dV_{CE}/dt 值。

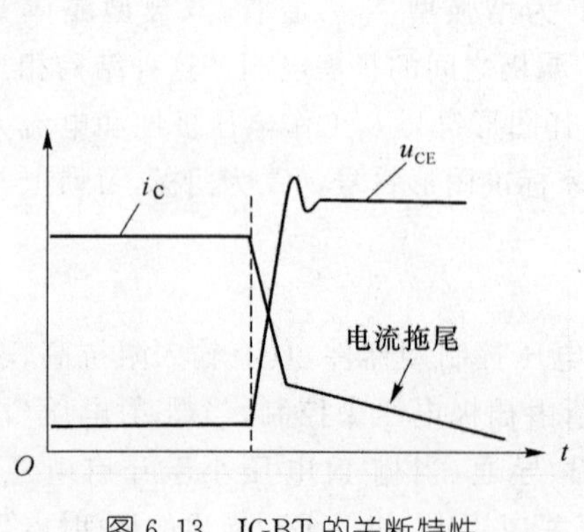

图 6.13 IGBT 的关断特性

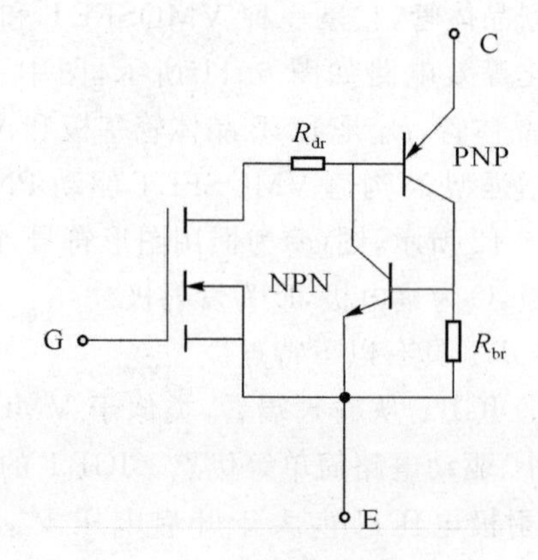

图 6.14 IGBT 的完整等效电路

此外,如果将 IGBT 及其辅助器件与驱动和保护电路集成在一起,则构成智能功率模块(Intelligent Power Module,IPM),现在已有各种型号的 IPM 产品。

在 IGBT 模块内,IGBT 集电极-发射极间通常接有反并联二极管。

6.2 非隔离型开关电源电路

非隔离型开关电源又称非隔离型直流变换器,还可称为斩波型开关电源,主要有降压(Buck)式、升压(Boost)式和反相(Buck-Boost,即降压-升压)式 3 种基本电路结构。

降压式、升压式和反相式等非隔离型开关电源的基本特征是:用功率开关晶体管把输入直流电压变成脉冲电压(直流斩波),再通过储能电感、续流二极管和输出滤波电容等元件的作用,在输出端得到所需平滑直流电压,输入与输出之间没有隔离变压器。

在分析电路工作原理时,为了便于抓住主要矛盾,掌握基本原理,简化公式推导,将功率开关晶体管和二极管都视为理想器件:可以瞬间地导通或截止,导通时压降为零,截止时漏电流为零;将电感和电容都视为理想元件:电感工作在线性区且漏感和线圈电阻都忽略不计,电容的等效串联电阻和等效串联电感都为零。

各种开关电源电路都存在电感电流连续模式(Continuous Conduction Mode,CCM)和电感电流不连续模式(Discontinuous Conduction Mode,DCM)两种工作模式,本节着重讲述电感电流连续模式。

为了便于理解和掌握开关电源的电路工作原理,首先来回顾电感和电容的特性。

6.2.1 电感和电容的特性

1. 电感的特性

电感元件是实际电感线圈的理想化模型。电感在数值上等于单位电流产生的磁链,即

$$L=\Psi/i=N\Phi/i$$

式中,i 为流过电感线圈的电流,Ψ 为磁链,N 为线圈匝数,Φ 为磁通,$\Psi=N\Phi$。电感的单位为亨(H),1 H=1 Wb/A,常用的较小单位有毫亨(mH)和微亨(μH)。

电感对电流的变化有抗拒作用。根据电磁感应定律,当流过电感的电流变化时,电感两端会产生自感电势 $e_L=-L\mathrm{d}i/\mathrm{d}t$ 来反抗电流变化,电感两端的电压为 $u_L=L\mathrm{d}i/\mathrm{d}t$。由该式可知,因为实际电路中的电压 u_L 总是有限值,所以 $\mathrm{d}i/\mathrm{d}t$ 也必然是有限值,于是可以得出一个重要结论:电感中的电流不能突变。

如图 6.15 所示,当流过电感的电流 i 上升时,e_L 与 i 方向相反(电势的方向是由负指向正,而电压的方向是由正指向负,故 u_L 与 i 方向相同),电感中储能,所储存的能量为 $W_L=i^2L/2$;在电流 i 下降时,e_L 与 i 方向相同(u_L 与 i 方向相反),电感中的储能释放。

2. 电容的特性

电容元件是实际电容器的理想化模型。电容在数值上等于单位电压作用下极板上所聚集的电荷量,即

$$C=q/u$$

式中,q 为电荷量,u 为电容两端电压。电容的单位为法(F),1 F=1 C/V,因为这个单位太

大,通常采用微法(μF)和皮法(pF)作电容的单位($1\ \mu F=10^{-6}$ F,$1\ pF=10^{-12}$ F)。

众所周知,电容不能通过直流电流,能起隔直作用。当电容两端的电压 u 发生变化时,它聚集的电荷 q 也随之发生变化,电路中便出现了电流 i,$i=dq/dt=Cdu/dt$。由该式可知,因为实际电路中的电流 i 总是有限值,所以 du/dt 也必然是有限值,于是可以得出又一个重要结论:电容两端的电压不能突变。

如图 6.16 所示,电容充电时,u 上升,du/dt 为正值,电流方向与图中 i 的正方向一致,此时电容储能,所储存的能量为 $W_C=Cu^2/2$;电容放电时,u 下降,du/dt 为负值,电流方向与图中 i 的正方向相反,此时电容释放储能。

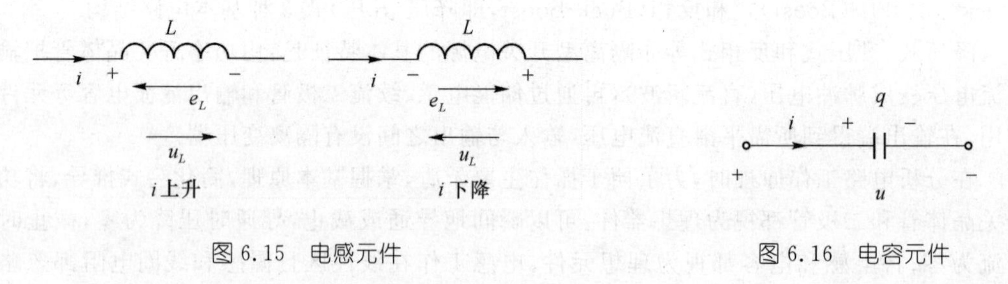

图 6.15　电感元件

图 6.16　电容元件

6.2.2　降压式直流变换器

1. 工作原理

降压式直流变换器(简称降压变换器)的电路图如图 6.17 所示,它由功率开关管 VT(图中为 N 沟道增强型 VMOS 场效应晶体管)、储能电感 L、续流二极管 VD、输出滤波电容 C_o 以及控制电路组成,R_L 为负载电阻。输入直流电源电压为 U_I,输出电压瞬时值为 u_o,输出直流电压(即瞬时输出电压 u_o 的平均值)用 U_O 表示,输出直流电流 $I_O=U_O/R_L$。

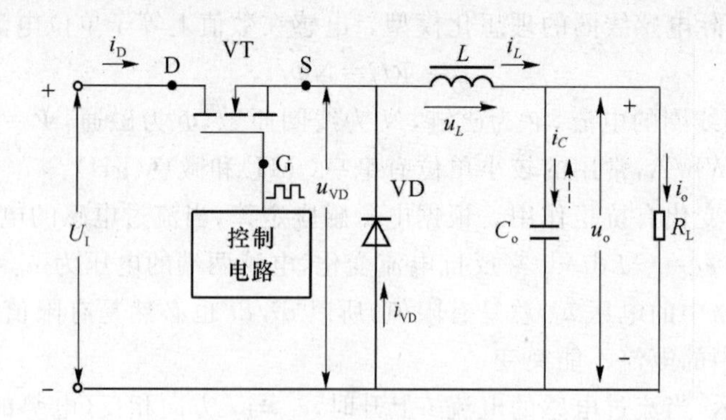

图 6.17　降压变换器电路图

功率开关管 VT 的导通与截止受控制电路输出的驱动脉冲控制。参看图 6.17,当控制电路有脉冲输出时,VT 导通,续流二极管 VD 反偏截止,VT 的漏极电流 i_D 通过储能电感 L 向负载 R_L 供电;此时 L 中的电流逐渐上升,在 L 两端产生左端正右端负的自感电势抗拒电流上升,L 将电能转化为磁能储存起来。经过 t_{on} 时间后,控制电路无脉冲输出,使 VT 截止,但 L 中的电流不能突变,这时 L 两端产生右端正左端负的自感电势抗拒电流下降,使

VD 正向偏置而导通，于是 L 中的电流经 VD 构成回路，其电流值逐渐下降，L 中储存的磁能转化为电能释放出来供给负载 R_L。经过 t_{off} 时间后，控制电路输出脉冲又使 VT 导通，重复上述过程。滤波电容 C_o 是为了降低输出电压 u_o 的脉动而加入的。续流二极管 VD 是必不可少的元件，倘若无此二极管，电路不仅不能正常工作，而且在 VT 由导通变为截止时，L 两端将产生很高的自感电势而使功率开关管击穿损坏。

在 L 足够大的条件下，降压变换器工作于电感电流(i_L)连续模式，假设 C_o 也足够大，则波形图如图 6.18 所示。下面把电路图和波形图紧密联系起来具体分析电路工作情况。

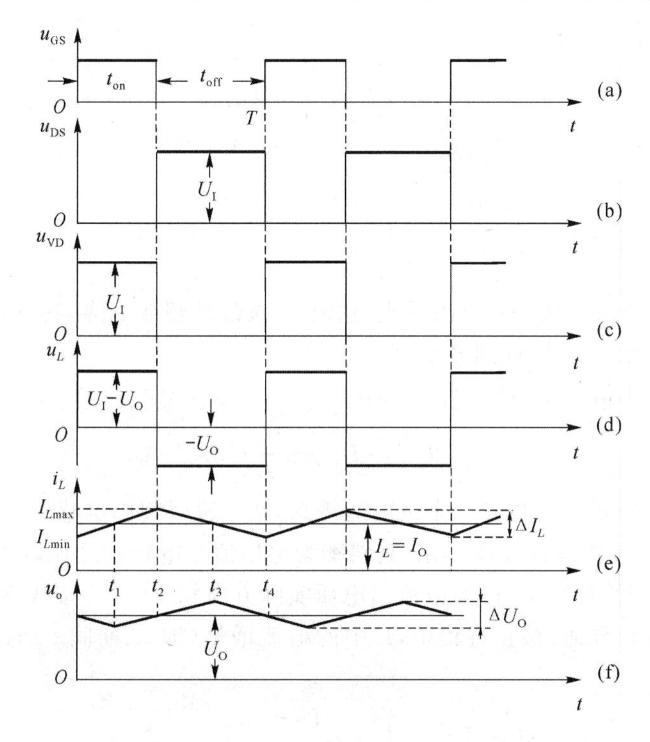

图 6.18　降压变换器波形图

控制电路输出的驱动脉冲宽度为 t_{on}，无脉冲的持续时间为 t_{off}，开关周期 $T=t_{on}+t_{off}$。栅极-源极间驱动脉冲 u_{GS} 的波形如图 6.18(a)所示；功率开关管漏极-源极间电压 u_{DS} 和续流二极管阴极-阳极两端电压 u_{VD} 的波形分别如图 6.18(b)、(c)所示。在 t_{on} 期间，VT 导通，$u_{DS}=0$，VD 截止，$u_{VD}=U_I$；在 t_{off} 期间，VT 截止而 VD 导通，$u_{VD}=0$，$u_{DS}=U_I$。

t_{on} 期间 L 两端电压为

$$u_L=L\frac{di_L}{dt}=U_I-u_o$$

其极性是左端正右端负。符合使用要求的开关电源在稳态情况下 u_o 波形应相当平滑，即 $u_o\approx U_O$，因此上式可以近似地写成

$$u_L=L\frac{di_L}{dt}=U_I-U_O$$

由此求出 t_{on} 期间 L 中的电流 i_L 为

$$i_L=\int\frac{U_I-U_O}{L}dt=\frac{U_I-U_O}{L}t+I_{L\min}$$

此时 $u_L=U_I-U_O$ 为恒定值,i_L 与 u_L 方向相同。从上式可以看出,i_L 按线性规律上升,其上升斜率为$(U_I-U_O)/L$。i_L 按此斜率从最小值 $I_{L\min}$(初始值)上升到最大值 $I_{L\max}$。

L 中的电流最大值为

$$I_{L\max}=\frac{U_I-U_O}{L}t_{on}+I_{L\min}$$

L 中储存的能量为

$$W=\frac{1}{2}I_{L\max}^2L$$

t_{off}期间 L 两端电压为

$$u_L=L\frac{di_L}{dt}=-U_O$$

其极性是右端正左端负,与正方向相反。

由上式求出 t_{off}期间 L 中的电流 i_L 为

$$i_L=-\int\frac{U_O}{L}dt=I_{L\max}-\frac{U_O}{L}t$$

此时 i_L 与 u_L 方向相反。从上式可以看出,这时 i_L 按线性规律下降,其下降斜率为$-U_O/L$。i_L 按此斜率由最大值 $I_{L\max}$降低到最小值 $I_{L\min}$。

L 中的电流最小值为

$$I_{L\min}=I_{L\max}-\frac{U_O}{L}t_{off}$$

通过以上定量分析可以得到一个重要的概念:在一段时间内电感两端有一恒定电压时,电感中的电流 i_L 必然按线性规律变化,其斜率为电压值与电感量之比。当电流与电压实际方向相同时,i_L 按线性规律上升;当电流与电压实际方向相反时,i_L 按线性规律下降。

在 VT 周期性地导通、截止过程中,L 中的电流增量(即 t_{on}期间 i_L 的增加量和 t_{off}期间 i_L 的减小量)为

$$\Delta I_L=I_{L\max}-I_{L\min}=\frac{U_I-U_O}{L}t_{on}=\frac{U_O}{L}t_{off} \tag{6.1}$$

如上所述,u_L 和 i_L 的波形分别如图 6.18(d)、(e)所示。从图 6.17 可以看出,储能电感中的电流 i_L 等于流过负载的输出电流 i_o 与滤波电容充放电电流 i_C 的代数和。由于电容不能通过直流电流,其电流平均值为零,因此储能电感的电流平均值 I_L 与输出直流电流 I_O(即 i_o 的平均值)相等,即

$$I_L=\frac{I_{L\max}+I_{L\min}}{2}=I_O \tag{6.2}$$

输出电压瞬时值 u_o 也就是滤波电容 C_o 两端的电压瞬时值,它实际上是脉动的,当 C_o 充电时 u_o 升高,当 C_o 放电时 u_o 降低。滤波电容的电流瞬时值为

$$i_C=i_L-i_o$$

其中输出电流瞬时值

$$i_o=\frac{u_o}{R_L}$$

符合使用要求的开关电源虽然输出电压 u_o 有脉动,但 u_o 与其平均值 U_O 很接近,即 $u_o\approx U_O$,于是 $i_o\approx I_O$,因此

$$i_C \approx i_L - I_O$$

当 $i_L > I_O$ 时，$i_C > 0$（i_C 为正值），C_o 充电，u_o 升高；当 $i_L < I_O$ 时，$i_C < 0$（i_C 为负值），C_o 放电，u_o 降低。u_o 的波形如图 6.18(f)所示（为了便于看清 u_o 的变化规律，图中 u_o 的脉动幅度有所夸张，实际上 u_o 的脉动幅度应很小）。

假设电路已经稳定工作，下面来观察 u_o 的具体变化规律：在开始观察的 $t=0$ 时刻，TV 受控由截止变导通，但此刻 $i_L = I_{L\min} < I_O$，因此 C_o 继续放电，使 u_o 下降；到 $t=t_1$ 时，i_L 上升到 $i_L = I_O$，C_o 停止放电，u_o 下降到了最小值；此后 $i_L > I_O$，C_o 开始充电，使 u_o 上升；在 $t=t_2$ 时，TV 受控由导通变截止，然而此刻 $i_L = I_{L\max} > I_O$，故 C_o 继续充电，u_o 继续上升；到 $t=t_3$ 时，i_L 下降到 $i_L = I_O$，C_o 停止充电，u_o 上升到了最大值；此后 $i_L < I_O$，C_o 开始放电，使 u_o 下降；在 $t=t_4$ 时又重复 $t=0$ 时的情况。输出脉动电压（即纹波电压）的峰-峰值用 ΔU_O 表示。

2. 输出直流电压 U_O

电感两端直流电压为零（忽略线圈电阻），即电压平均值为零，因此在一个开关周期中 u_L 波形的正向面积必然与负向面积相等。由图 6.18(d)可得

$$(U_I - U_O)t_{on} = U_O t_{off}$$

由此得到降压变换器在电感电流连续模式时，输出直流电压 U_O 与输入直流电压 U_I 的关系式为

$$U_O = \frac{t_{on}}{t_{on} + t_{off}} U_I = \frac{t_{on}}{T} U_I = D U_I \tag{6.3}$$

式中，t_{on} 为功率开关管导通时间；t_{off} 为功率开关管截止时间；T 为功率开关管开关周期，即

$$T = t_{on} + t_{off} \tag{6.4}$$

D 为开关接通时间占空比，简称占空比，即

$$D = \frac{t_{on}}{T} \tag{6.5}$$

由式(6.3)可知，改变占空比 D，输出直流电压 U_O 也就随之改变。因此，当输入电压或负载变化时，可以通过闭环负反馈控制回路自动调节占空比 D 来使输出直流电压 U_O 保持稳定。这种方法称为“时间比率控制”。

改变占空比的方法有下列 3 种。

① 保持开关频率 f 不变（即开关周期 T 不变，$T=1/f$），改变 t_{on}，称为脉冲宽度调制(Pulse Width Modulation，PWM)，这种方法应用得最多。

② 保持 t_{on} 不变而改变 f，称为脉冲频率调制(Pulse Frequency Modulation，PFM)。

③ 既改变 t_{on}，也改变 f，称为脉冲宽度频率混合调制。

从式(6.3)还可以看出，由于占空比 D 始终小于 1，必然 $U_O < U_I$，所以图 6.17 所示电路称为降压式直流变换器或降压式开关电源。

3. 元器件的选用

(1) 储能电感 L

储能电感的电感量 L 足够大才能使电感电流连续。假如电感量偏小，则功率开关管导通期间电感中储能较少，在功率开关管截止期间的某一时刻，电感储能就释放完毕而使电感中的电流、电压都变为零，于是 i_L 波形不连续，相应地 u_{DS}、u_{VD} 波形出现台阶，如图 6.19(a)

所示。由于 i_L 为零期间仅靠 C_o 放电提供负载电流,因此,这种电感电流不连续模式将使开关电源带负载能力降低、稳压精度变差和纹波电压增大。若要避免出现这种现象,就要 L 值较大,但 L 值过大会使储能电感的体积和质量过大。通常根据临界电感 L_c 来选取 L 值,即

$$L \geqslant L_c \tag{6.6}$$

临界电感 L_c 是使通过储能电感的电流 i_L 恰好连续而不出现间断所需要的最小电感量。当 $L=L_c$ 时,相关电压、电流波形如图 6.19(b)所示,i_L 在功率开关管截止结束时刚好下降为零。这时 $I_{L\min}=0$,并且

$$\Delta I_L = 2I_L \tag{6.7}$$

利用式(6.7)和式(6.1)、式(6.2),可求得降压变换器的临界电感为

$$L_c = \frac{U_O}{2I_O}t_{off} = \frac{U_O T(1-D)}{2I_O} = \frac{U_O T}{2I_O}\left(1-\frac{U_O}{U_I}\right) \tag{6.8}$$

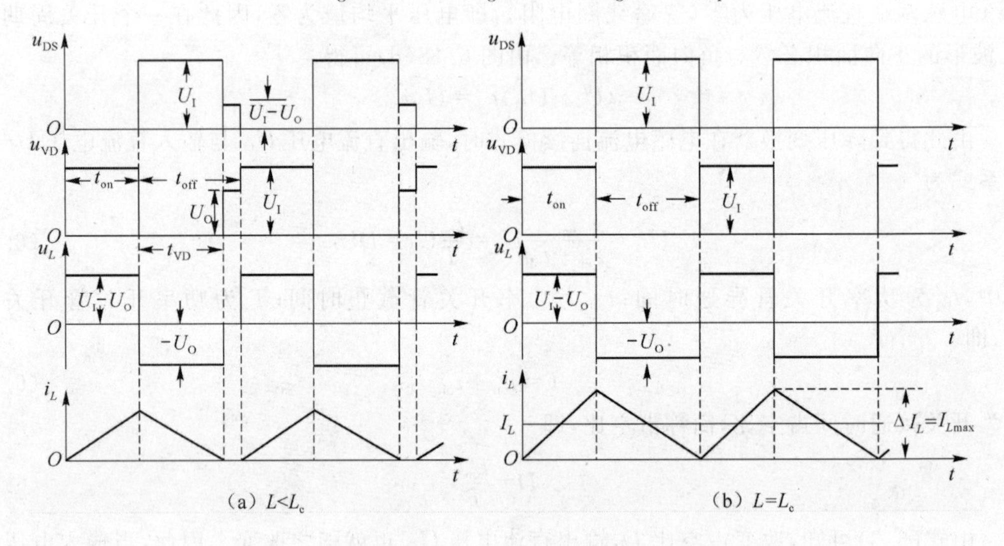

图 6.19 降压变换器 L 值对电压电流波形的影响

式中,I_O 应取最小值(但输出不能空载,即 $I_O \neq 0$),为了避免 L 体积过大,I_O 也可以取额定输出电流的 0.3～0.5 倍;$U_O/U_I=D$ 应取最小值(即 U_I 取最大值),U_O 应取最大值。从式(6.8)可以看出,开关工作频率越高,即 T 越小,则所需电感量越小。

观察图 6.17 可知,忽略 L 中的线圈电阻,降压变换器输出直流电压 U_O 等于续流二极管 VD 两端瞬时电压 u_{VD} 的平均值。对照 $L>L_c$、$L<L_c$ 和 $L=L_c$ 的 u_{VD} 波形图可以看出,当输入电压 U_I 和占空比 D 不变时,因为在 $L<L_c$ 时 u_{VD} 波形中多一个台阶,所以 $L<L_c$(电感电流不连续模式)的 U_O 值大于 $L \geqslant L_c$(电感电流连续模式)的 U_O 值。计算 U_O 的式(6.3)仅适用于 $L \geqslant L_c$ 的情形。

式(6.8)表明,当输入电压 U_I、输出电压 U_O 和开关周期 T 一定时,输出电流 I_O 越小(即负载越轻),则临界电感值 L_c 越大。假如制造开关电源时没有按实际的最小 I_O 值来计算 L_c,并取 $L>L_c$,就会出现这样的现象:只有负载较重时,I_O 较大,开关电源才工作在 $L \geqslant L_c$ 的状态;而轻载时,I_O 小,开关电源变为处于 $L<L_c$ 的状态,这时 $I_{L\max}$ 值较小,L 中储能少,不足以维持 i_L 波形连续,U_O 将比按式(6.3)计算的值大,要使 U_O 不升高,应减小占空比 D。

储能电感 L 的磁芯，通常采用铁氧体，在磁路中加适当长度的气隙，以免磁饱和；也可采用磁粉芯。由于磁粉芯是将铁磁性材料与顺磁性材料的粉末复合而成，相当于在磁芯中加了气隙，因此具有在较高磁场强度下不饱和的特点，不必加气隙；但磁粉芯非线性特性显著，其电感量随工作电流的增加而下降。

(2) 输出滤波电容 C_o

输出滤波电容的电容量 C_o 根据开关电源允许的输出纹波电压峰-峰值 ΔU_O 来确定。

从图 6.18(f)看出，降压变换器的输出纹波电压峰-峰值 ΔU_O，等于 $t_1 \sim t_3$ 期间 C_o 上的电压增量，因此

$$\Delta U_O = \frac{\Delta Q}{C_o} = \frac{1}{C_o}\int_{t_1}^{t_3} i_C \mathrm{d}t$$

虽然在整个 $t_1 \sim t_3$ 期间，$i_C \approx i_L - I_O > 0$，$C_o$ 充电，使 u_o 升高，但其中 $t_1 \sim t_2$ 期间（其持续时间约为 $t_{on}/2$），i_C 值上升，而 $t_2 \sim t_3$ 期间（其持续时间约为 $t_{off}/2$），i_C 值下降，两个期间 i_C 变化规律不同，所以要把积分区间分为两个部分，即

$$\begin{aligned}\Delta U_O &= \frac{1}{C_o}\left(\int_{t_1}^{t_2} i_C \mathrm{d}t + \int_{t_2}^{t_3} i_C \mathrm{d}t\right) \\ &= \frac{1}{C_o}\left[\int_{\frac{t_{on}}{2}}^{t_{on}}\left(\frac{U_I - U_O}{L}t + I_{L\min} - I_O\right)\mathrm{d}t + \int_0^{\frac{t_{off}}{2}}\left(I_{L\max} - \frac{U_O}{L}t - I_O\right)\mathrm{d}t\right]\end{aligned}$$ ①

经过数学运算求得

$$\Delta U_O = \frac{U_O T t_{off}}{8LC_o} = \frac{U_O T^2}{8LC_o}\left(1 - \frac{U_O}{U_I}\right)$$

根据允许的输出纹波电压峰-峰值 ΔU_O（或相对纹波 $\Delta U_O/U_O$，通常相对纹波小于 0.5%），可利用上式确定降压变换器输出滤波电容 C_o 所需的电容量为

$$C_o \geqslant \frac{U_O T^2}{8L\Delta U_O}\left(1 - \frac{U_O}{U_I}\right) \tag{6.9}$$

可以看出，开关频率越高，即 T 越小，则所需电容量 C_o 越小。

输出滤波电容 C_o 采用高频电解电容器，为使 C_o 具有较小的等效串联电阻(ESR)和等效串联电感(ESL)，常用多个电容器并联。电容器的额定电压应大于电容器上的直流电压与交流电压峰值之和，电容器允许的纹波电流应大于实际纹波电流值。电解电容器是有极性的，使用中正、负极性切不可接反，否则，电容器会漏电流很大而过热损坏，甚至发生爆炸。

(3)功率开关管 VT(VMOSFET)

① VMOSFET 的最大漏极电流 $I_{D\max}$ 与漏极电流有效值 I_{Dx}

降压变换器等非隔离型开关电源，功率开关管导通时漏极电流 i_D 等于 t_{on} 期间的电感电流 i_L，因此最大漏极电流 $I_{D\max}$ 与储能电感中的电流最大值 $I_{L\max}$ 相等。当 $L \geqslant L_c$ 时

$$I_{L\max} = I_L + \frac{\Delta I_L}{2} \tag{6.10}$$

在降压变换器中，$I_L = I_O$，ΔI_L 可用式(6.1)代入，得

$$I_{L\max} = I_O + \frac{U_O}{2L}t_{off}$$

① 为便于计算，第二项积分移动纵坐标使积分下限为坐标原点。

而

$$t_{\text{off}}=T-t_{\text{on}}=T(1-D)=T\left(1-\frac{U_{\text{O}}}{U_{\text{I}}}\right)$$

所以

$$I_{\text{D max}}=I_{L\max}=I_{\text{O}}+\frac{U_{\text{O}}T}{2L}\left(1-\frac{U_{\text{O}}}{U_{\text{I}}}\right) \tag{6.11}$$

漏极电流有效值为

$$I_{\text{Dx}}=\sqrt{\frac{\int_0^T i_{\text{D}}^2\,\text{d}t}{T}}\approx\sqrt{\frac{\int_0^{t_{\text{on}}} I_L^2\,\text{d}t}{T}}=\sqrt{\frac{t_{\text{on}}}{T}}I_L=\sqrt{D}I_L \tag{6.12}$$

在降压变换器中

$$I_{\text{Dx}}\approx\sqrt{D}I_{\text{O}} \tag{6.13}$$

② VMOSFET 的最大漏-源电压 U_{DSmax}

功率开关管的漏-源电压 u_{DS} 在它由导通变为截止时最大,在降压变换器中

$$U_{\text{DSmax}}=U_{\text{I}} \tag{6.14}$$

③ VMOSFET 的耗散功率 P_{D}

在前面的讨论中,把功率开关管视为理想器件,既没有考虑它的"上升时间"t_{r} 和"下降时间"t_{f} 等动态参数及开关损耗,也没有考虑它的通态损耗。实际上功率开关管在工作过程中是存在功率损耗的,开关工作一周期可分为4个时区,即上升期间 t_{r}、导通期间 t_{on}、下降期间 t_{f} 和截止期间 t_{off},除了 t_{off} 期间损耗功率很小外,在 t_{r}、t_{f} 和 t_{on} 期间的损耗功率都不能忽略。

深入讨论 t_{r} 和 t_{f} 的过程很复杂,为了简化分析,将开关工作波形理想化,如图6.20所示。VMOSFET 各时区的损耗功率分别如下。

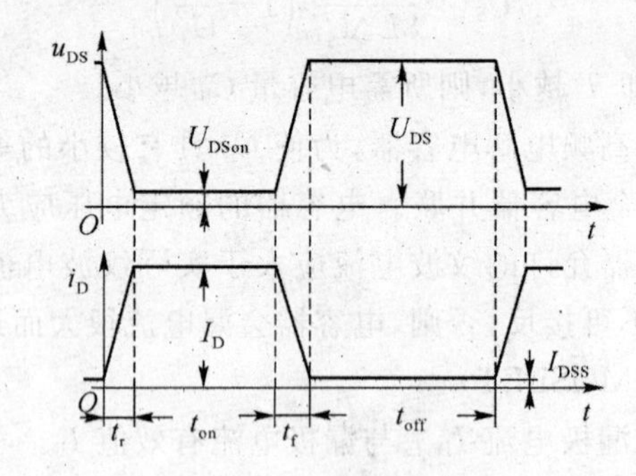

图6.20 功率开关管漏极电压电流开关工作波形

上升损耗为

$$P_{\text{r}}=\frac{1}{T}\int_0^{t_{\text{r}}}U_{\text{DS}}\left(1-\frac{t}{t_{\text{r}}}\right)I_{\text{D}}\,\frac{t}{t_{\text{r}}}\text{d}t=\frac{U_{\text{DS}}I_{\text{D}}}{6T}t_{\text{r}}$$

通态损耗为

$$P_{\text{on}}=U_{\text{DSon}}I_{\text{D}}\,\frac{t_{\text{on}}}{T}=U_{\text{DSon}}I_{\text{D}}D$$

下降损耗为

$$P_f = \frac{1}{T}\int_0^{t_f} U_{DS}\ \frac{t}{t_f} I_D \left(1-\frac{t}{t_f}\right) dt = \frac{U_{DS} I_D}{6T} t_f$$

截止损耗为

$$P_{off} = U_{DS} I_{DSS} \frac{t_{off}}{T} = U_{DS} I_{DSS}(1-D)$$

因此，VMOSFET 的耗散功率为

$$\begin{aligned} P_D &= P_r + P_{on} + P_f + P_{off} \\ &= \frac{U_{DS} I_D}{6T}(t_r + t_f) + U_{DSon} I_D D + U_{DS} I_{DSS}(1-D) \end{aligned} \tag{6.15}$$

式中，U_{DS}为 VMOSFET 截止时的 D、S 极间电压；I_D 为 VMOSFET 导通期间的漏极平均电流；T 为开关周期；t_r 为 VMOSFET 的开关参数“上升时间”；t_f 为 VMOSFET 的开关参数“下降时间”；U_{DSon}为 VMOSFET 的通态压降，$U_{DSon}=I_D R_{on}$（R_{on}为 VMOSFET 的导通电阻）；I_{DSS}为 VMOSFET 的零栅压漏极电流，即 VMOSFET 截止时的漏极电流；D 为占空比。

P_r 与 P_f 之和称为开关损耗，P_{on}与 P_{off}之和称为稳态损耗。

通常 VMOSFET 的 I_{DSS}很小，使 P_{off}可以忽略不计，因此 VMOSFET 的耗散功率可近似为

$$P_D = \frac{U_{DS} I_D}{6T}(t_r + t_f) + U_{DSon} I_D D \tag{6.16}$$

也就是说，P_D 近似等于开关损耗与通态损耗之和。开关频率越高，即 T 越小，开关损耗越大。为了避免开关损耗过大，t_r+t_f 应比 T 小得多。

式(6.16)具有通用性，不单适用于降压式直流变换器，对其他类型的直流变换器也适用。需要说明的是，该式仅适用于粗略估算，因为它所依据的是功率开关管的理想开关波形，同实际开关波形有些差别，式中的开关损耗部分有可能出现较大误差①。用该式计算的结果选管时，VMOSFET 允许的耗散功率要有一定余量。

对降压变换器而言，$U_{DS}=U_I$，$I_D=I_O$，$D=U_O/U_I$，故

$$P_D = \frac{U_I I_O}{6T}(t_r + t_f) + \frac{U_{DSon} I_O U_O}{U_I} \tag{6.17}$$

选择 VMOSFET 的要求是：漏极脉冲电流额定值 $I_{DM} > I_{Dmax}$，漏极直流电流额定值大于 I_{Dx}，漏-源击穿电压 $V_{(BR)DSS} \geqslant 1.25 U_{DSmax}$（考虑 25% 以上的余量），最大允许耗散功率 $P_{DM} > P_D$，导通电阻 R_{on}小，开关速度快。

(4) 续流二极管 VD

降压变换器等非隔离型开关电源，续流二极管 VD 在功率开关管 VT 截止时导通，其电流值等于 t_{off}期间的 i_L。从图 6.18(e)可以看出，续流二极管中的电流平均值为

$$I_{VD} = \frac{t_{off}}{T} I_L = (1-D) I_L \tag{6.18}$$

在降压变换器中，由于 $I_L = I_O$，$D = U_O/U_I$，因此

$$I_{VD} = \left(1 - \frac{U_O}{U_I}\right) I_O \tag{6.19}$$

续流二极管承受的反向电压为

$$U_R = U_I \tag{6.20}$$

① 计算开关损耗比较精确的方法是：根据实测 i_D、u_{DS}波形，用图解法求。这种方法较复杂。

选择续流二极管的要求是:额定正向平均电流 $I_F \geqslant (1.5\sim2)I_{VD}$,反向重复峰值电压 $V_{RRM} \geqslant (1.5\sim2)U_R$,正向压降小,反向漏电流小,反向恢复时间短并具有软恢复特性。

上述选择 VMOSFET 和二极管的要求不仅适用于降压式直流变换器,对其他直流变换器也适用。

限于学时和篇幅,对后面其他类型的直流变换器不讲述元器件参数计算。不同的直流变换器,虽然计算元器件参数的具体公式不同,但分析方法是相似的。对于其他直流变换器,在掌握其电路工作原理和波形图的基础上,可以借鉴上面的方法来计算元器件参数。本章附录列出了各种常见直流变换器的临界电感和输出滤波电容量计算公式,供参考。

4. 优缺点

降压变换器的优点如下:

① 当 L 足够大而使电感电流连续时,不论功率开关管导通或截止,负载电流都流经储能电感,因此输出电压脉动较小,并且带负载能力强;

② 对功率开关管和续流二极管的耐压要求较低,它们承受的最大电压为输入最高电源电压。

降压变换器的缺点如下:

① 当功率开关管截止时,输入电流为零,因此输入电流不连续,是脉冲电流,这对输入电源不利,加重了输入滤波的任务;

② 功率开关管和负载是串联的,如果功率开关管击穿短路,负载两端电压便升高到输入电压 U_I,可能使负载因承受过电压而损坏。

6.2.3 升压式直流变换器

1. 工作原理

升压式直流变换器(简称升压变换器)的电路图如图 6.21 所示。当控制电路有驱动脉冲输出时(t_{on}期间),功率开关管 VT 导通,输入直流电压 U_I 几乎全部加在储能电感 L 两端,其极性为左端正右端负,续流二极管 VD 反偏截止,电流 i_L 从电源正端经 L 和 VT 流回电源负端,i_L 按线性规律上升,L 将电能转化为磁能储存起来。经过 t_{on}时间后,控制电路无脉冲输出(t_{off}期间),使 VT 截止,L 两端自感电势的极性变为右端正左端负,使 VD 导通,L 释放储能,i_L 按线性规律下降;这时 U_I 和 L 上的电压 u_L 相加,经 VD 向负载 R_L 供电,同时对滤波电容 C_o 充电。经过 t_{off}时间后,VT 又受控导通,VD 截止,L 储能,已充电的 C_o 向负载 R_L 放电。经 t_{on}时间后,VT 受控截止,重复上述过程。开关周期 $T = t_{on} + t_{off}$。

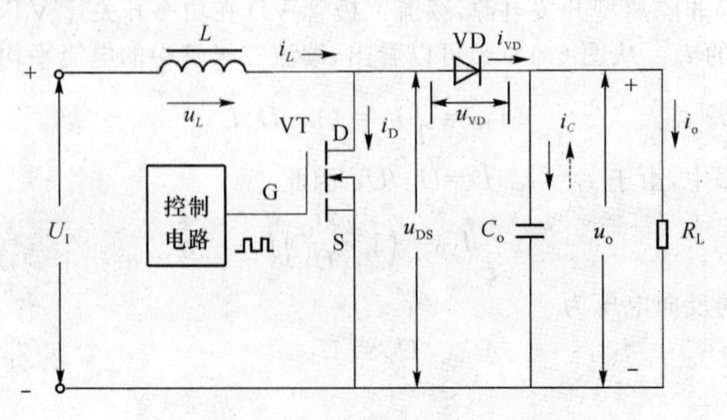

图 6.21 升压变换器电路图

假设 L 足够大而使电路工作于电感电流（i_L）连续模式，C_o 也足够大，则升压变换器的波形图如图 6.22 所示，图中 u_{GS}为 VT 栅极-源极间的驱动脉冲。在 t_{on}期间，VT 漏极-源极间电压 $u_{DS}=0$，VD 阴极-阳极两端电压 $u_{VD}=u_o \approx U_O$，L 两端电压 $u_L=U_I$（极性左端正右端负）；在 t_{off}期间，$u_{VD}=0$，$u_{DS}=u_o \approx U_O$，$u_L=-(u_o-U_I)\approx-(U_O-U_I)$（极性右端正左端负，与正方向相反）。$u_o$ 为输出电压瞬时值，t_{on}期间 C_o 放电，故 u_o 有所下降；t_{off}期间 C_o 充电，故 u_o 有所上升（为便于说明问题，图中 u_o 脉动幅度有所夸张，实际上 u_o 脉动很小）。

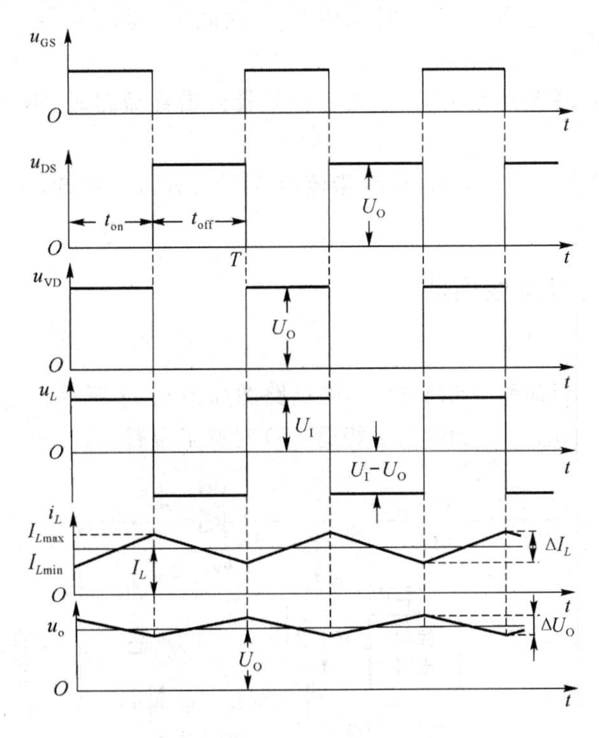

图 6.22　升压变换器波形图

2. 输出直流电压 U_O

电感两端直流电压为零（忽略线圈电阻），即电压平均值为零。据此利用 u_L 波形图可求得升压变换器电感电流连续[①]模式的输出直流电压（即 u_o 的平均值）为

$$U_O=\frac{T}{t_{off}}U_I=\frac{U_I}{1-D} \tag{6.21}$$

式中，D 为占空比，$D=t_{on}/T$。

由于 $t_{off}<T$，$0<D<1$，因此输出直流电压 U_O 始终大于输入直流电压 U_I，这就是升压式直流变换器或升压式开关电源名称的由来。

需要指出，在升压变换器中，储能电感 L 的电流平均值 I_L 大于输出直流电流 I_O。与降压变换器不同，L 中的电流就是升压变换器的输入电流。忽略电路中的损耗，输出直流功率应与输入直流功率相等，即

① 电感电流连续的条件是储能电感的电感量 L 不小于临界电感 L_c（即 $L \geqslant L_c$），各种开关电源电路均如此，但不同类型的电路 L_c 值不同。

$$U_O I_O = U_I I_L$$

因此

$$I_L = \frac{U_O}{U_I} I_O = \frac{I_O}{1-D} \tag{6.22}$$

3. 优缺点

升压变换器的优点如下：

① 输入电流(即 i_L)是连续的，不是脉冲电流，因此对电源影响较小，输入滤波器的任务较轻；

② 输出电压总是高于输入电压，当功率开关管被击穿短路时，不会出现输出电压过高而损坏负载的现象。

升压变换器的缺点：输出侧的电流(指流经 VD 的 i_{VD})不连续，是脉冲电流，从而加重了输出滤波的任务。

6.2.4　反相式直流变换器

1. 工作原理

反相式直流变换器(简称反相变换器)的电路图如图 6.23 所示。与降压变换器相比，电路结构的不同点是储能电感 L 和续流二极管 VD 对调了位置。

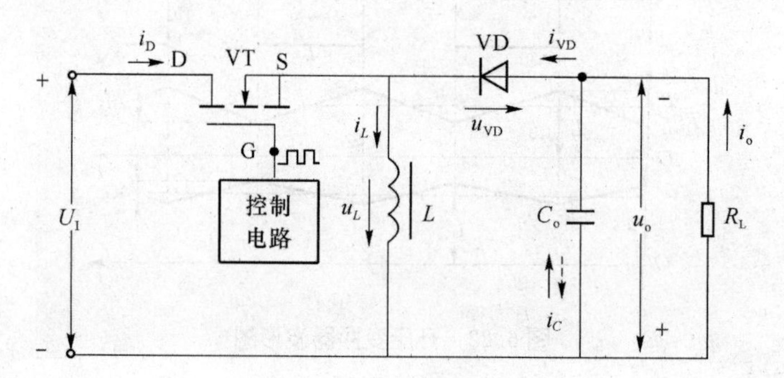

图 6.23　反相变换器电路图

当控制电路有驱动脉冲输出时(t_{on}期间)，功率开关管 VT 导通，输入直流电压 U_I 几乎全部加在储能电感 L 两端，其极性为上端正下端负，续流二极管 VD 反偏截止，电流从电源正端经 VT 和 L 流回电源负端，i_L 按线性规律上升，L 将电能转化为磁能储存起来。经过 t_{on}时间后，控制电路无脉冲输出(t_{off}期间)，使 VT 截止，L 两端自感电势的极性变为下端正上端负，使 VD 导通，L 所储存的磁能转化为电能释放出来，向负载 R_L 供电，并同时对滤波电容 C_o 充电，i_L 按线性规律下降。经过 t_{off}时间后，VT 又受控导通，VD 截止，L 储能，已充电的 C_o 向负载 R_L 放电。经 t_{on}时间后，VT 受控截止，重复上述过程。开关周期 $T = t_{on} + t_{off}$。由以上讨论可知，这种电路输出直流电压 U_O 的极性和输入直流电压 U_I 的极性是相反的，故称为反相式直流变换器或反相式开关电源。

假设 L 足够大而使电路工作于电感电流(i_L)连续模式，C_o 也足够大，则反相变换器的波形图如图 6.24 所示。在 t_{on}期间，$u_{DS}=0$，L 两端电压 $u_L=U_I$(极性上端正下端负)，VD 阴极-阳极间电压 $u_{VD}= U_I+u_o \approx U_I+U_O$；在 t_{off}期间，$u_{VD}= 0$，$u_L=-u_o \approx -U_O$(极性下端正上端负，与正方向相反)，$u_{DS}= U_I+u_o \approx U_I+U_O$。

L 中的电流平均值为 I_L。根据电荷守恒定律，当电路处于稳态时，储能电感 L 在 t_{off} 期间所释放的电荷总量，等于负载 R_L 在一个周期(T)内所获得的电荷总量，即

$$I_L t_{off} = I_O T$$

所以

$$I_L = \frac{T}{t_{off}} I_O = \frac{I_O}{1-D} \tag{6.23}$$

可见在反相变换器中，$I_L > I_O$。

输出电压瞬时值 u_o 等于滤波电容 C_o 两端的电压瞬时值。在 VT 导通、VD 截止时(t_{on}期间)，C_o 放电，u_o 有所下降；在 VT 截止、VD 导通时(t_{off}期间)，C_o 充电，u_o 有所上升。因此，u_o 波形如图 6.24 中所示(图中 u_o 脉动幅度有所夸张)。

2. 输出直流电压 U_O

利用 u_L 波形图求得反相变换器电感电流连续模式的输出直流电压为

$$U_O = \frac{t_{on}}{t_{off}} U_I = \frac{D}{1-D} U_I \tag{6.24}$$

式中，D 为占空比，$D = t_{on}/T$。

从式(6.24)可知：

- 当 $t_{on} < t_{off}$ 时，$D < 0.5$，$U_O < U_I$，电路属于降压式；
- 当 $t_{on} = t_{off}$ 时，$D = 0.5$，$U_O = U_I$；
- 当 $t_{on} > t_{off}$ 时，$D > 0.5$，$U_O > U_I$，电路属于升压式。

由此可见，这种电路的占空比 D 若能从小于 0.5 变到大于 0.5，输出直流电压 U_O 就能由低于输入直流电压 U_I 变为高于输入直流电压 U_I，所以反相式直流变换器又称为降压-升压式直流变换器，使用起来灵活方便。

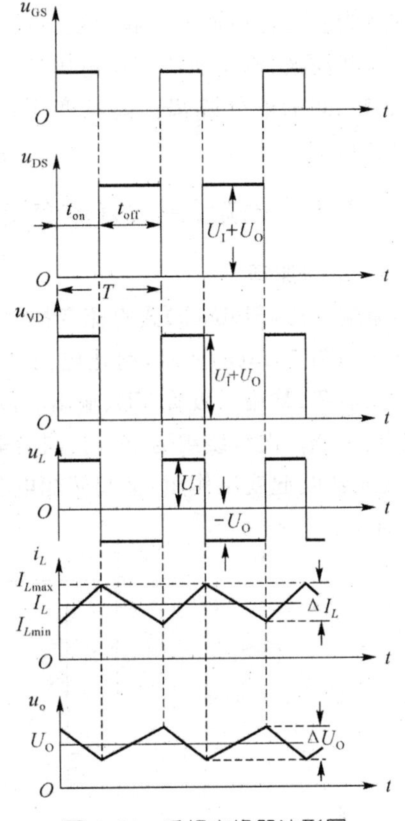

图 6.24 反相变换器波形图

3. 优缺点

反相变换器的优点如下：

① 既可以降压，也可以升压；

② 当功率开关管被击穿短路时，不会出现输出电压过高而损坏负载的现象。

反相变换器的缺点如下：

① 在续流二极管截止期间，负载电流全靠滤波电容 C_o 放电来提供，因此带负载能力较差，稳压精度亦较差；这种电路输入电流(指 VT 的 i_D)与输出侧的电流(指流经 VD 的 i_{VD})都是脉冲电流，从而加重了输入滤波和输出滤波的任务；

② 功率开关管或续流二极管截止时承受的电压较高，都等于 $U_I + U_O$，因此对器件的耐压要求较高。

6.3 隔离型开关电源电路

隔离型开关电源又称隔离型直流变换器,按其电路结构的不同,可分为单端反激式、单端正激式、推挽式、全桥式和半桥式。

隔离型开关电源的基本工作过程是:输入直流电压,先通过功率开关管的通断把直流电压逆变为占空比可调的高频交变方波电压加在变压器初级绕组上,然后经过变压器变压、高频整流和滤波,输出所需直流电压。在这类开关电源中均有高频变压器,可以实现输出侧与输入侧之间的电气隔离。高频变压器的磁芯,通常采用铁氧体或铁基纳米晶合金(超微晶合金)。

6.3.1 单端反激式直流变换器

1. 工作原理

单端反激(Flyback)式直流变换器(简称单端反激变换器)又称为单端反激式开关电源,电路图如图 6.25(a)所示,简化电路如图 6.25(b)所示。这种变换器由功率开关管 VT、高频变压器 T、整流二极管 VD、输出滤波电容 C_o、负载电阻 R_L 以及控制电路组成。变压器初级绕组为 N_p、次级绕组为 N_s,其同名端如图中所示,当 VT 导通时,VD 截止。在这种电路中,变压器既起变压作用,又起储能电感的作用。所以,人们又把这种电路称为电感储能式变换器。

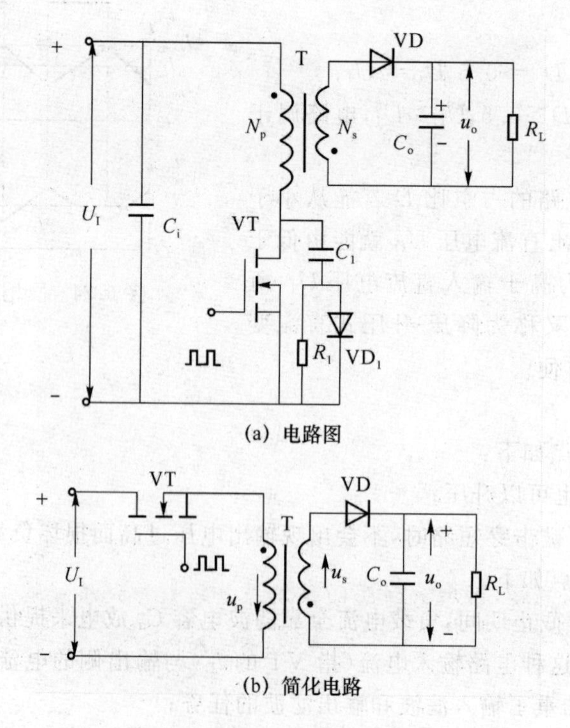

图 6.25 单端反激变换器电路图

功率开关管 VT 的导通与截止由加于栅极-源极间的驱动脉冲电压(u_{GS})控制，开关工作周期 $T=t_{on}+t_{off}$。

(1) t_{on}期间

VT 受控导通，忽略 VT 的压降，可近似认为输入直流电压 U_I 全部加在变压器初级绕组两端。变压器初级电压 $u_p=U_I$，变压器次级电压为

$$u_s=\frac{u_p}{n}=\frac{U_I}{n}$$

式中，$n=\frac{u_p}{u_s}=\frac{N_p}{N_s}$，为变压器的变比，即变压器初、次级绕组匝数比。

参看图 6.25，此时变压器初级绕组的电压极性为上端正下端负，次级绕组的电压极性由同名端决定，为下端正上端负，故 VD 反向偏置而截止，次级绕组中无电流通过。由于变压器初级电压为

$$u_p=N_p\frac{d\Phi}{dt}=L_p\frac{di_p}{dt}=U_I$$

因此变压器初级绕组的电流(即 VT 的漏极电流)为

$$i_p=\int\frac{U_I}{L_p}dt=\frac{U_I}{L_p}t+I_{p0} \tag{6.25}$$

式中，L_p 为变压器初级励磁电感；I_{p0} 为初级绕组的初始电流。

由式(6.25)可知，在 t_{on}期间 i_p 按线性规律上升，L_p 储能。变压器初级绕组中的电流最大值 I_{pm}出现在 VT 导通结束的 $t=t_{on}$时刻，其值为

$$I_{pm}=\frac{U_I}{L_p}t_{on}+I_{p0}$$

L_p 中的储能为

$$W_p=\frac{1}{2}I_{pm}^2L_p$$

该能量储存在变压器的励磁电感中，即储存在磁芯和气隙的磁场中。

(2) t_{off}期间

VT 受控截止，变压器初级电感 L_p 产生感应电势反抗电流减小，使变压器初、次级电压反向(初级绕组电压极性变为下端正上端负，而次级绕组电压极性变为上端正下端负)，于是 VD 正向偏置而导通，储存在磁场中的能量释放出来，对滤波电容 C_o 充电，并对负载 R_L 供电，输出电压等于 C_o 两端电压。假设电路已处于稳态，C_o 足够大，使输出电压瞬时值 u_o 近似等于平均值——输出直流电压 U_O，忽略 VD 的正向压降，则 VD 导通期间(t_{VD})，变压器次级电压为

$$u_s=N_s\frac{d\Phi}{dt}=L_s\frac{di_s}{dt}=-U_O \tag{6.26}$$

式中，L_s 为变压器次级电感，它是变压器初级励磁电感折算到次级的量。这时变压器次级电压绝对值为 U_O，式中的负号表示电压方向与次级电压正方向(下端正上端负)相反。

由式(6.26)可解得变压器次级绕组中的电流为

$$i_s=I_{sm}-\frac{U_O}{L_s}t$$

当 $t=0$ 时，$i_s=I_{sm}$。I_{sm}为变压器次级电流最大值，它出现在 VT 由导通变为截止的时

刻,即 VD 由截止变为导通的时刻。由于变压器的磁势$\sum iN$不能突变,因此

$$I_{sm}=nI_{pm}$$

式中,n 为变压器的变比。

设 T 为全耦合变压器①,则储能为

$$\frac{1}{2}I_{pm}^2L_p=\frac{1}{2}I_{sm}^2L_s \tag{6.27}$$

用式(6.27)求得变压器次级电感 L_s 与变压器初级电感 L_p 的关系为

$$L_s=\frac{L_p}{n^2} \tag{6.28}$$

由 i_s 的解析式可知,在 t_{off} 期间,i_s 按线性规律下降,其下降速率取决于 U_O/L_s。L_s 小则 i_s 下降快,L_s 大则 i_s 下降慢,而 L_s 与 L_p 值是密切关联的。在单端反激变换器中,变压器初级的临界电感值为 L_{pc},对应的变压器次级临界电感值为 L_{sc}($L_{sc}=L_{pc}/n^2$)。在 $L_p<L_{pc}$($L_s<L_{sc}$)、$L_p>L_{pc}$($L_s>L_{sc}$)时,电路的波形图分别如图 6.26(a)、(b)所示。

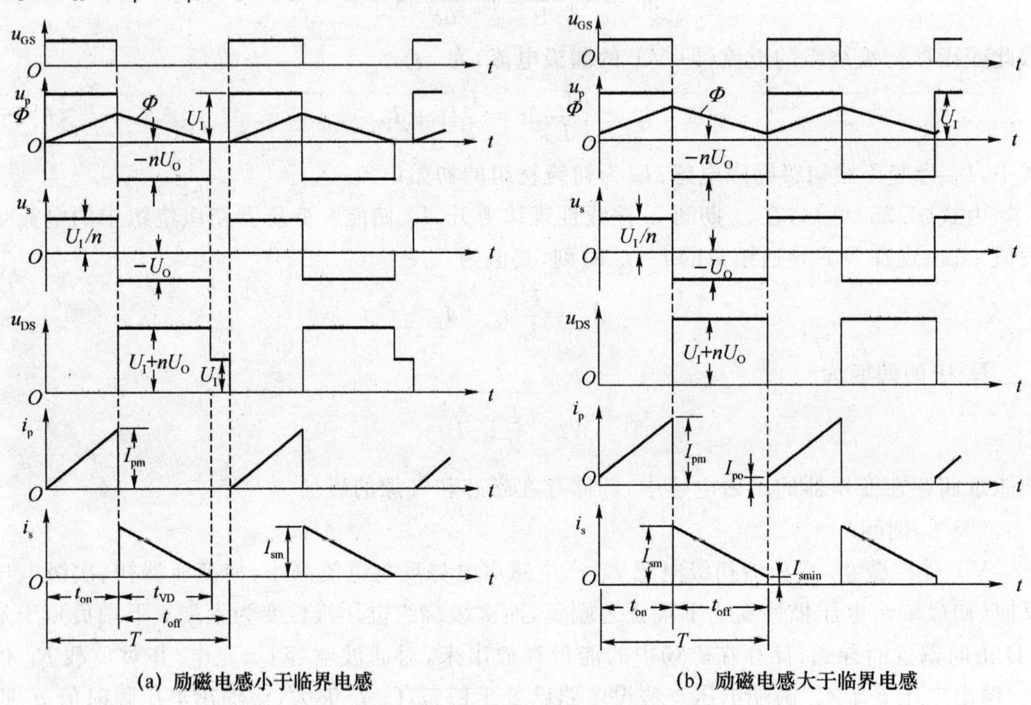

图 6.26 单端反激变换器波形图

① 当 $L_s<L_{sc}$ 时,如图 6.26(a)所示,i_s 下降较快,VT 受控截止尚未结束,变压器的电感储能便释放完毕,此时变压器初、次级电压均变为零,使 VD 截止。VD 的导通时间 $t_{VD}<t_{off}$,变压器次级电流最小值 $I_{s\,min}=0$,相应地变压器初级初始电流 $I_{p0}=0$。从 VD 开始导通到它截止的 t_{VD} 期间,变压器次级电压 $u_s=-U_O$,初级电压 $u_p=nu_s=-nU_O$,VT 的漏-源电压 $u_{DS}=U_I+nU_O$。VD 截止后到 t_{off} 结束期间,$u_s=0$,$u_p=0$,$u_{DS}=U_I$。

② 当 $L_s>L_{sc}$ 时,如图 6.26(b)所示,i_s 下降较慢。在 t_{off} 期末,即 VT 截止结束时,i_s 尚

① 全耦合变压器是指无漏磁通(即无漏感)、无损耗但励磁电感为有限值(不是无穷大)的变压器,它等效为励磁电感同理想变压器并联。

末下降到零，i_s 的最小值为

$$I_{smin} = I_{sm} - \frac{U_O}{L_s} t_{off} > 0$$

但此刻 VT 再次受控导通，变压器初、次级电压反向，使 VD 加上反向电压而截止，另一个开关周期开始。因变压器的磁势 $\sum iN$ 不能突变，故在 VD 截止、变压器次级电流由 I_{smin} 突变为零的同时，变压器初级电流由零突变为初始电流，即

$$I_{p0} = \frac{I_{smin}}{n}$$

显然，当 $L_s > L_{sc}$ 时，$t_{VD} = t_{off}$，在整个 t_{off} 期间，$u_s = -U_O$，$u_p = -nU_O$，$u_{DS} = U_I + nU_O$。

③ 当变压器电感为临界电感（$L_p = L_{pc}$、$L_s = L_{sc}$）时，恰好在 t_{off} 结束的时刻 i_s 下降到零，相应地，$I_{p0} = 0$。也就是说，这时磁化电流（t_{on} 期间的 i_p 和 t_{off} 期间的 i_s）恰好连续而不间断。

t_{off} 期间结束，又转入 t_{on} 期间。在 t_{on} 期间靠 C_o 放电供给负载电流。

由于这种变换器当功率开关管 VT 导通时，整流二极管 VD 截止，电源不直接向负载传送能量，而由变压器储能；当 VT 变为截止时，VD 导通，储存在变压器磁场中的能量释放出来供给负载 R_L 和输出滤波电容 C_o，因此称为反激式变换器。

（3）辅助元器件的作用

图 6.25(a)中，C_i 用于输入滤波；C_1、R_1、VD_1 为关断缓冲电路，用于对功率开关管进行保护，并抑制高频变压器漏感释放储能所引起的尖峰电压。

在 VT 由导通变为截止时，电容 C_1 经二极管 VD_1 充电，C_1 充电结束时电压为 $U_{C1} = U_I + nU_O$。由于电容电压不能突变，VT 的漏-源电压被 C_1 两端电压钳制而有个上升过程，因此不会出现漏-源电压与漏极电流同时为最大值的情况，从而减小了瞬时尖峰功耗。C_1 储存的能量为 $C_1 U_{C1}^2 / 2$。当 VT 由截止变为导通时，C_1 经 VT 和 R_1 放电，其放电电流受 R_1 限制，电容 C_1 储存的能量大部分消耗在电阻 R_1 上。由此可见，在加入关断缓冲电路后，VT 关断时的功率损耗，一部分从 VT 转移至缓冲电路中，VT 承受的电压上升率和关断损耗下降，从而受到保护。但是，总的功耗并未减少。

此外，当 VT 由导通变为截止时，高频变压器漏感中储存的能量，也经 VD_1 向 C_1 充电，使漏感的 di/dt 值减小，因而变压器漏感释放储能所引起的尖峰电压受到一定抑制。

2. 变压器的磁通

由于变压器初级电压为

$$u_p = N_p \frac{d\Phi}{dt}$$

因此变压器磁芯中的磁通为

$$\Phi = \int \frac{u_p}{N_p} dt$$

在 VT 导通的 t_{on} 期间：

$$u_p = U_I$$

故

$$\Phi = \frac{U_I}{N_p} t + \Phi_0$$

式中，Φ_0 为磁通初始值。

由此可见,在 t_{on} 期间,Φ 按线性规律上升,最大磁通为

$$\Phi_m = \frac{U_I}{N_p} t_{on} + \Phi_0$$

磁通增量为正增量

$$\Delta\Phi_{(+)} = \frac{U_I}{N_p}\Delta t = \frac{U_I}{N_p} t_{on}$$

在 VD 导通的 t_{VD} 期间：

$$u_p = -nU_O$$

可求得此期间：

$$\Phi = \Phi_m - \frac{nU_O}{N_p} t$$

Φ 按线性规律下降,磁通增量为负增量

$$\Delta\Phi_{(-)} = -\frac{nU_O}{N_p}\Delta t = -\frac{nU_O}{N_p} t_{VD}$$

在稳态情况下,一周期内磁通的正增量 $\Delta\Phi_{(+)}$ 必须与负增量的绝对值 $|\Delta\Phi_{(-)}|$ 相等,称为磁通的复位。磁通复位是单端变换器必须遵循的一个原则。在单端变换器中,磁通 Φ 只工作在磁滞回线的一侧(第一象限),假如每个开关周期结束时 Φ 没有回到周期开始时的值,则 Φ 将随周期的重复而渐次增加,导致磁芯饱和,于是 VT 导通时磁化电流很大(即漏极电流 i_D 很大),会造成功率开关管损坏。因此,每个开关周期结束时的磁通必须回复到原来的起始值,这就是磁通复位的原则。

3. 输出直流电压 U_O

(1) 磁化电流连续模式

当 $L_p \geqslant L_{pc}$($L_s \geqslant L_{sc}$)时,磁化电流连续。忽略变压器线圈电阻,变压器上直流电压应为零,即变压器初级电压 u_p(或次级电压 u_s)的平均值应为零。也就是说,波形图上 u_p 波形在 t_{on} 期间与时间 t 轴所包络的正向面积,应和它在 t_{off} 期间与时间 t 轴所包络的负向面积相等。由图 6.26(b)中的 u_p 波形图可得

$$U_I t_{on} = nU_O t_{off}$$

因此,单端反激变换器磁化电流连续模式的输出直流电压为

$$U_O = \frac{U_I t_{on}}{n t_{off}} = \frac{DU_I}{n(1-D)} \tag{6.29}$$

式中,D 为占空比,$D = \frac{t_{on}}{T}$。

这时输出直流电压取决于占空比 D、变压器的变比 n 和输入直流电压 U_I,同负载轻重几乎无关。

(2) 磁化电流不连续模式

当 $L_p < L_{pc}$($L_s < L_{sc}$)时,磁化电流不连续。整流二极管 VD 的导通时间 $t_{VD} < t_{off}$,因此需要用与上面不同的方法来求得 U_O 值。

已知功率开关管 VT 导通期间变压器电感中储存的能量为

$$W_p = \frac{1}{2} I_{pm}^2 L_p$$

在 $L_p < L_{pc}$ 时，初始电流 $I_{p0}=0$，故

$$I_{pm}=\frac{U_I}{L_p}t_{on}$$

因此

$$W_p=\frac{U_I^2 t_{on}^2}{2L_p}$$

其功率为

$$P=\frac{W_p}{T}=\frac{U_I^2 t_{on}^2}{2L_p T}$$

负载功率为

$$P_O=\frac{U_O^2}{R_L}$$

理想情况下，效率为 100%，变压器在功率开关管导通期间所储存的能量，全部转化为供给负载的能量，即

$$P=P_O$$

由此求得单端反激变换器磁化电流不连续模式的输出直流电压为

$$U_O=U_I t_{on}\sqrt{\frac{R_L}{2L_p T}} \tag{6.30}$$

可见在励磁电感小于临界电感的条件下，如果 U_I、t_{on}、T 和 L_p 不变，输出直流电压 U_O 随负载电阻 R_L 增大而增大，当负载开路（$R_L \to \infty$）时，U_O 将会升得很高；功率开关管在截止时，$u_{DS}=U_I+nU_O$ 也将很高，可能击穿损坏。因此，应注意反激变换器不要让负载开路。在输出滤波电容 C_o 两端并联一只大约流过 1% 额定输出电流的泄放电阻（死负载），使单端反激式直流变换器实际上不会空载，可以防止产生过电压。闭环时（接通负反馈自动控制），如果电路的稳压性能良好，在负载电阻 R_L 增大时，占空比 D 会自动调小，即 t_{on} 减小，从而使 U_O 保持稳定。

4. 性能特点

① 利用高频变压器初、次级绕组间电气绝缘的特点，当输入直流电压 U_I 是由交流电网电压直接整流滤波获得时，可以方便地实现输出端和电网之间的电气隔离。

② 能方便地实现多路输出。只需在变压器上多绕几组次级绕组，相应地多用几只整流二极管和滤波电容，就能获得不同极性、不同电压值的多路直流输出电压。

③ 保持占空比 D 在最佳范围内的情况下，可适当选择变压器的变比 n，使开关电源满足对输入电压变化范围的要求。

例 6.1 某单端反激变换器应用在无工频变压器开关整流器中做辅助电源，用交流市电电压直接整流滤波获得输入直流电压 U_I，允许市电电压变化范围为 150～290 V，要求占空比 D 的变化范围为 0.2～0.4，验证能否实现输出电压 $U_O=18$ V 保持不变？

解：由式（6.29）可得

$$U_I=\frac{n(1-D)}{D}U_O$$

设变压器的变比 $n=N_p/N_s=5$，将 $D=0.2$ 及 $D=0.4$ 分别代入上式，得

$$U_{I(max)}=\frac{5\times(1-0.2)}{0.2}\times 18=360\ \text{V}$$

$$U_{I(min)}=\frac{5\times(1-0.4)}{0.4}\times18=135\ V$$

单相桥式整流电容滤波电路,其输出直流电压 U_I 与输入交流电压有效值 U_{AC} 之间的关系式为

$$U_I=1.2U_{AC}$$

故

$$U_{AC(max)}=\frac{U_{I(max)}}{1.2}=\frac{360}{1.2}=300\ V$$

$$U_{AC(min)}=\frac{U_{I(min)}}{1.2}=\frac{135}{1.2}=113\ V$$

由此可见,选变比 $n=5$,在 $D=0.2\sim0.4$ 范围内,输入交流电压有效值在 113～300 V 之间变化,可以保持输出直流电压 $U_O=18$ V 不变,所以交流市电电压变化范围 150～290 V 完全能够满足 $U_O=18$ V 不变的要求。

以上①～③是各种隔离型开关电源电路共有的优点,以后不再重述。

④ 单端反激变换器抗扰性强。由于 VT 导通时 VD 截止,VT 截止时 VD 导通,能量传递经过磁的转换,因此通过电网窜入的电磁干扰不能直接进入负载。

⑤ 单端反激变换器功率开关管在截止期间承受的电压较高。

当 $L_p\geqslant L_{pc}$($L_s\geqslant L_{sc}$)时,功率开关管 VT 截止期间的漏-源电压为

$$U_{DS}=U_I+nU_O=\frac{U_I}{1-D} \tag{6.31}$$

占空比 D 越大,功率开关管截止期间的 U_{DS} 就越高。在无工频变压器开关电源中,由于我国交流市电电压 U_{AC} 为 220 V,因此整流滤波后的直流电压 $U_I=(1.2\sim1.4)U_{AC}$,约 300 V,若占空比 $D=0.5$,则 $U_{DS}=2U_I\approx600$ V;若 $D=0.9$,则 $U_{DS}\approx3\,000$ V。考虑到目前功率开关管大多耐压在 1 000 V 以下,在设计无工频变压器开关电源中的单端反激变换器时,通常选取占空比 $D<0.5$。

⑥ 单端反激变换器在隔离型直流变换器中结构最简单,但只能由变压器励磁电感中的储能来供给负载,故主要适用于输出功率较小的场合,常在开关整流器中用做辅助电源。

⑦ 单端变换器的变压器,磁通 Φ 只工作在磁滞回线的一侧,即第一象限。为防止磁芯饱和,使励磁电感在整个周期中基本不变,应在磁路中加气隙。反激变换器的气隙较大,杂散磁场较强,需要加强屏蔽措施,以减小电磁骚扰。

6.3.2 单端正激式直流变换器

单端正激(Forward)式直流变换器(简称单端正激变换器)又称为单端正激式开关电源。既可采用单个晶体管,也可采用双晶体管。

双晶体管单端正激变换器的电路图如图 6.27 所示。功率开关管 VT_1 和 VT_2 受控同时导通或截止,但两个栅极驱动电路必须彼此绝缘。高频变压器 T 初级绕组 N_p、次级绕组 N_s 的同名端如图中所示,其连接同单端反激变换器相反,当功率开关管 VT_1 和 VT_2 受控导通时,整流二极管 VD_1 也同时导通,电源向负载传送能量,电感 L 储能;当 VT_1 和 VT_2 受控截止时,VD_1 也截止,L 的储能通过续流二极管 VD_2 向负载释放。输出滤波电容 C_o 用于降低输出电压的脉动。由于这种变换器在功率开关管导通的同时向负载传送能量,因此

称为正激式变换器。

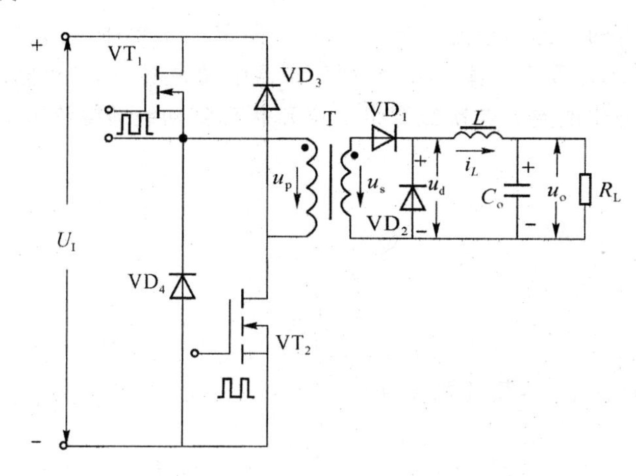

图 6.27　双晶体管单端正激变换器电路图

当储能电感 L 的电感量足够大而使电感电流(i_L)连续时,电路的波形图如图 6.28 所示。

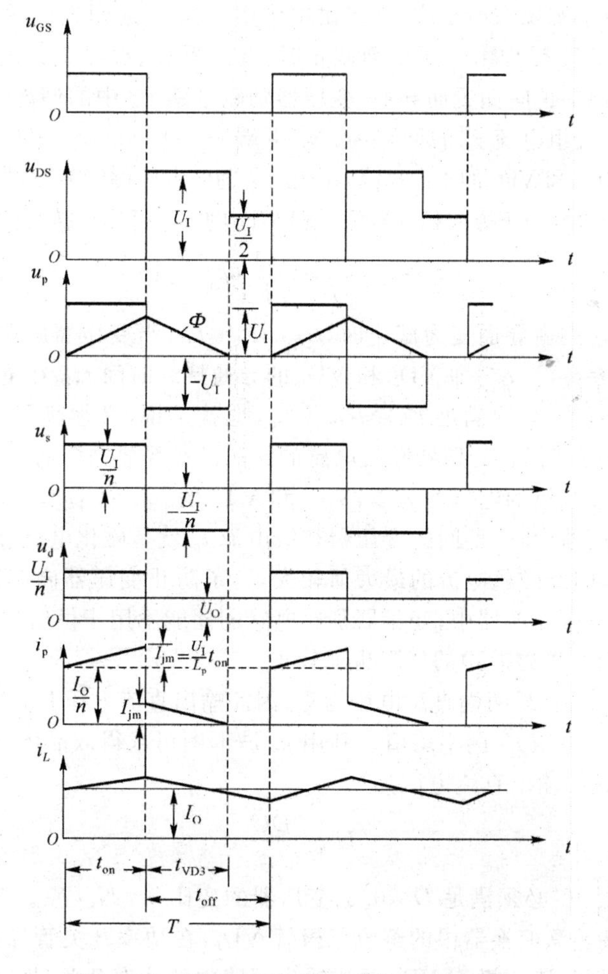

图 6.28　双晶体管单端正激变换器波形图

在 t_{on} 期间,VT_1 和 VT_2 导通,变压器初、次级绕组电压极性均为上端正下端负,$u_p=U_I$,$u_s=U_I/n$(n 为变压器的变比),整流二极管 VD_1 正向偏置而导通,电源向负载传送能量,同时储能电感 L 储能,i_L 按线性规律上升,高频变压器中励磁电感 L_p 也储能。此时变压器初级绕组电流 i_p 等于磁化电流 i_j 与次级绕组电流 i_s 折算到初级的电流 i'_s 之和,即

$$i_p = i'_s + i_j$$

其中

$$i'_s = \frac{i_s}{n} = \frac{i_L}{n} \approx \frac{I_O}{n}$$

$$i_j = \frac{U_I}{L_p} t$$

磁化电流 i_j 按线性规律上升,其最大值为

$$I_{jm} = \frac{U_I}{L_p} t_{on}$$

在 t_{off} 期间,VT_1 和 VT_2 截止,VD_1 反向偏置而截止,续流二极管 VD_2 导通,L 中的储能释放出来供给负载,i_L 按线性规律下降。

VD_3 和 VD_4 用于实现磁通复位,并起钳位作用。在 t_{on} 期间它们承受反压(其值为 U_I)而截止;当 VT_1 和 VT_2 受控由导通变为截止时,变压器初、次级绕组电压极性均变为下端正上端负,VD_3 和 VD_4 正向偏置而导通,变压器励磁电感 L_p 中的储能经 VD_3 和 VD_4 回送给电源,变压器初级绕组电流 i_p 的回路为:N_p 下端→VD_3→$U_{I(+)}$→$U_{I(-)}$→VD_4→N_p 上端→N_p 下端。忽略 VD_3 和 VD_4 的正向压降,在变压器励磁电感储能释放过程中,$u_p=-U_I$(负号表示变压器初级电压极性与正方向相反),VT_1 和 VT_2 的 $u_{DS}=U_I$,i_p 按线性规律下降,即

$$i_p = I_{jm} - \frac{U_I}{L_p} t = \frac{U_I}{L_p}(t_{on} - t)$$

式中,当 VT_1 和 VT_2 刚由导通变为截止时,$t=0$,$i_p=I_{jm}$;当变压器励磁电感储能释放完毕时,$i_p=0$,对应地,$t=t_{VD3}=t_{on}$,即 VD_3 和 VD_4 的导通持续时间 t_{VD3} 在量值上等于 t_{on}。

为了保证磁通复位,必须满足 $t_{off} \geqslant t_{VD3}=t_{on}$,也就是说,必须满足占空比 $D \leqslant 0.5$。在 t_{VD3} 结束至 t_{off} 期末这段时间,变压器励磁电感的储能已经释放完毕而 VT_1 和 VT_2 尚未受控导通,变压器初、次级绕组的电压均为零,VT_1 和 VT_2 的 $u_{DS}=U_I/2$。

在单端反激变换器中,t_{on} 期间的变压器初级电流 i_p 就是磁化电流,由于通过 i_p 在 L_p 中的储能来供给负载,因此磁化电流的最大值较大,为了防止变压器磁芯饱和,磁芯中的气隙应较大。而在单端正激变换器中,变压器励磁电感的储能不用于供给负载,故磁化电流应相当小($I_{jm} \ll I_O/n$),变压器磁芯中的气隙也就较小。

从电路图看出,由于 L 两端直流电压为零,因此输出直流电压 U_O 等于续流二极管 VD_2 阴极与阳极两端瞬时电压 u_d 的平均值。利用 u_d 波形图可求得双晶体管单端正激变换器电感电流(i_L)连续模式的输出直流电压为

$$U_O = \frac{DU_I}{n} \tag{6.32}$$

式中,占空比 $D=t_{on}/T$,必须满足 $D \leqslant 0.5$;变压器的变比 $n=N_p/N_s$。

如前所述,单端正激变换器中的整流二极管 VD_1,在功率开关管导通时导通,功率开关管截止时截止。若把整流二极管 VD_1 看成输出回路中的功率开关,把高频变压器次级绕组电压 $u_s=U_I/n$ 看成输出回路的输入电压,则单端正激变换器的输出回路不仅在电路形式上

和降压变换器的主回路一样，而且工作原理也相同。

采用单个晶体管的单端正激变换器如图 6.29 所示。图中 N_F 是变压器中的去磁绕组，通常这个绕组和初级绕组的匝数相等，即 $N_F = N_p$，并且保持紧耦合，它和储能反馈二极管 VD_3 用以实现磁通复位（VD_3 在 VT 由导通变截止后导通），N_F 和 VD_3 绝不可少。这种电路的 U_O 仍用式(6.32)计算，同样必须满足 $D \leqslant 0.5$；但当功率开关管 VT 截止时，在 VD_3 导通期间，漏-源极间电压 $U_{DS} = 2U_I$；VD_3 截止后，$U_{DS} = U_I$。

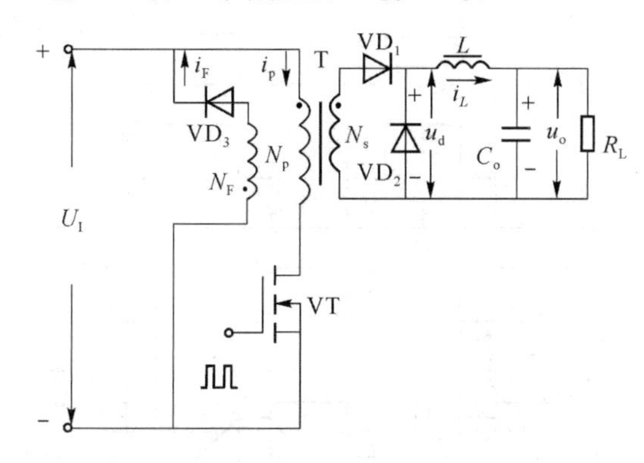

图 6.29　单晶体管单端正激变换器电路图

在实际应用中，单端正激变换器采用双晶体管电路的比较多。

单端正激变换器具有类似降压变换器的输出电压脉动小、带负载能力强等优点。但高频变压器磁芯仅工作在磁滞回线的第一象限，其利用率较低。

6.3.3　推挽式直流变换器

单端直流变换器不论是正激式还是反激式，其共同的缺点是高频变压器的磁芯只工作于磁滞回线的一侧（第一象限），磁芯的利用率较低，且磁芯易于饱和。双端直流变换器的磁芯是在磁滞回线的第一、三象限工作，因此磁芯的利用率高。双端直流变换器有推挽式、全桥式和半桥式 3 种，先讨论推挽式。

1. 工作原理

推挽(Push-Pull)式直流变换器（简称推挽变换器）又称推挽式开关电源，电路图如图 6.30所示。VT_1 和 VT_2 为特性一致、受驱动脉冲控制而轮流工作的功率开关管，每管每次导通的时间小于半个周期；T 为高频变压器，初级绕组 $N_{p1} = N_{p2} = N_p$，次级绕组 $N_{s1} = N_{s2} = N_s$；VD_1 和 VD_2 为整流二极管，L 为储能电感，C_o 为输出滤波电容。电路结构对称。

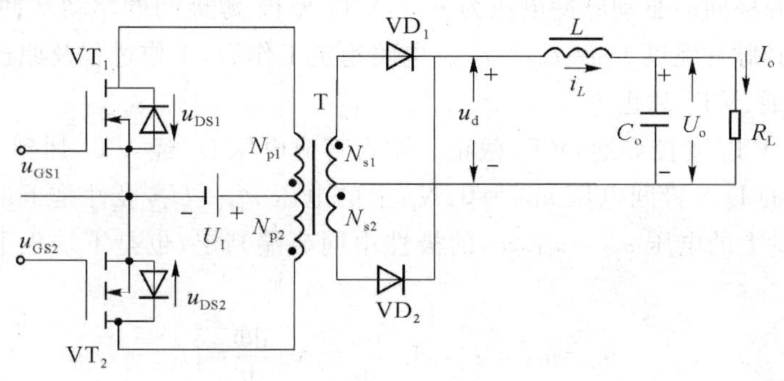

图 6.30　推挽变换器电路图

假设功率开关管和整流二极管都为理想器件，L 和 C_o 均为理想元件，高频变压器为全耦合变压器，储能电感 L 的电感量足够大而使电路工作于电感电流(i_L)连续模式，则波形图如图 6.31 所示。

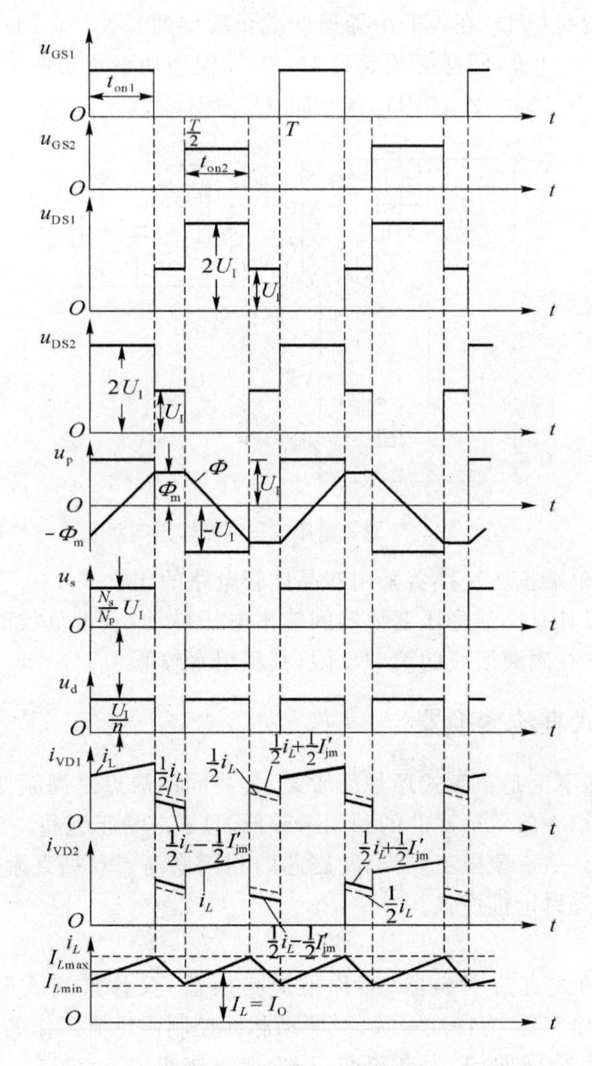

图 6.31　推挽变换器波形图

VT_1 栅极-源极间的驱动脉冲电压为 u_{GS1}，VT_2 栅极-源极间的驱动脉冲电压为 u_{GS2}，彼此相差半周期，其脉冲宽度 $t_{on1}=t_{on2}=t_{on}$。电路稳定工作后，工作过程及原理如下。

(1) VT_1 导通、VT_2 截止

在 t_{on1} 期间，VT_1 受控导通，VT_2 截止。输入直流电压 U_I 经 VT_1 加到变压器初级 N_{p1} 绕组两端，VT_1 的 D、S 极间电压 $u_{DS1}=0$，N_{p1} 上的电压 $u_{p1}=U_I$，极性是下端正上端负。因 $N_{p1}=N_{p2}$，故 N_{p2} 上的电压 $u_{p2}=u_{p1}$，u_{p2} 的极性由同名端判定，也是下端正上端负。即变压器初级电压为

$$u_p=u_{p1}=u_{p2}=L_p\frac{di_j}{dt}=N_p\frac{d\Phi}{dt}=U_I$$

这时 VT_2 的 D、S 极间电压 $u_{DS2}=2U_I$，即截止管承受两倍的电源电压。

变压器次级绕组 N_{s1} 上的电压为 u_{s1}，N_{s2} 上的电压为 u_{s2}。变压器次级电压为

$$u_s = u_{s1} = u_{s2} = \frac{N_s}{N_p} u_p = \frac{U_I}{n}$$

式中，$n = N_p / N_s$ 为变压器的变比，即初、次级匝数比。

由同名端判定，此时 u_{s1} 和 u_{s2} 的极性都是上端正下端负，因此整流二极管 VD_1 导通，VD_2 截止，它承受的反向电压为 $2U_I/n$。储能电感 L 两端电压 $u_L = U_I/n - U_O$，极性是左端正右端负，流过 L 的电流 i_L（同时也是 N_{s1} 绕组的电流 i_{s1}）按线性规律上升，L 储能。与此同时，电源向负载传送能量。

t_{on1} 期间变压器中磁通 Φ 按线性规律上升，由 $-\Phi_m$ 升至 $+\Phi_m$，在 $t_{on1}/2$ 处过零点。当 t_{on1} 结束时，N_{p1} 绕组中的磁化电流升至最大值 I_{jm}。

（2）VT_1 和 VT_2 均截止

从 t_{on1} 结束到 t_{on2} 开始之前，VT_1 和 VT_2 均截止。当 $t = t_{on1}$ 时，VT_1 由导通变为截止，N_{p1} 绕组中的电流由 $i_{p1} = i'_{s1} + I_{jm}$ 变为零（其中 i'_{s1} 是负载电流分量，即变压器次级电流 i_{s1} 折算到初级的电流值，$i'_{s1} = i_L / n$，变压器初级磁化电流的最大值 I_{jm} 通常在折算到初级的额定负载电流的 10% 以下）。只要磁化电流最大值小于负载电流分量，则从 t_{on1} 结束到 t_{on2} 开始前，变压器中励磁磁势（安匝）不变，使磁通保持 Φ_m 不变，即 $d\Phi/dt = 0$，于是变压器各绕组的电压都为零。VT_1 和 VT_2 承受的电压均为电源电压，即 $u_{DS1} = u_{DS2} = U_I$。

在此期间，储能电感 L 向负载释放储能，i_L 按线性规律下降，u_L 的极性变为右端正左端负，整流二极管 VD_1 和 VD_2 都正向偏置而导通，同时起续流二极管的作用，这时 $u_L = -U_O$。将变压器次级磁化电流最大值记为 I'_{jm}，流过 VD_1 的电流（即 N_{S1} 中的电流）为

$$i_{VD1} = i_{s1} = \frac{i_L}{2} - \frac{I'_{jm}}{2}$$

流过 VD_2 的电流（即 N_{S2} 中的电流）为

$$i_{VD2} = i_{s2} = \frac{i_L}{2} + \frac{I'_{jm}}{2}$$

变压器的磁势为

$$\sum i_s N_s = (i_{s2} - i_{s1}) N_s = I'_{jm} N_s$$

在电感电流连续模式，该磁势与 $t = t_{on1}$ 时变压器初级励磁磁势相等，即

$$I'_{jm} N_s = I_{jm} N_p$$

可得变压器次级磁化电流最大值为

$$I'_{jm} = \frac{N_p}{N_s} I_{jm} = n I_{jm}$$

由变压器的结构原理可知，在此期间要磁通保持 Φ_m 不变，必须是 $i_{VD2} > i_{VD1}$，并且二者之差等于 I'_{jm}；而 i_{VD1} 与 i_{VD2} 之和等于 i_L。

（3）VT_2 导通，VT_1 截止

在 t_{on2} 期间，VT_2 受控导通，VT_1 仍然截止。输入电压 U_I 经 VT_2 加到变压器初级 N_{p2} 绕组两端，变压器初级电压极性为上端正下端负，与 t_{on1} 期间的极性相反，即

$$u_p = u_{p2} = u_{p1} = L_p \frac{di_j}{dt} = N_p \frac{d\Phi}{dt} = -U_I$$

此时 $u_{DS2} = 0$，而 $u_{DS1} = 2U_I$；变压器次级电压为

$$u_{s}=u_{s2}=u_{s1}=-\frac{U_{I}}{n}$$

其极性是下端正上端负,因此整流二极管 VD_2 导通,VD_1 截止,它承受的反向电压为 $2U_I/n$;$u_L=U_I/n-U_O$,极性又变为左端正右端负,i_L(同时也是 N_{s2} 绕组的电流 i_{s2})按线性规律上升,L 储能,同时电源向负载传送能量。

t_{on2} 期间,变压器中磁通 Φ 按线性规律下降,由 $+\Phi_m$ 降至 $-\Phi_m$,在 $t_{on2}/2$ 处过零点。当 t_{on2} 结束时,N_{p2} 绕组中的磁化电流为 $-I_{jm}$。

(4) VT_2 和 VT_1 均截止

从 t_{on2} 结束至下一个周期 t_{on1} 开始之前,VT_2 和 VT_1 均截止。在 t_{on2} 结束的瞬间,VT_2 由导通变为截止,N_{p2} 绕组中的电流由 $i_{p2}=-(i'_{s2}+I_{jm})$ 变为零。若磁化电流最大值小于负载电流分量,则从 t_{on2} 结束到下个周期开始前,变压器励磁磁势维持不变,使磁通保持 $-\Phi_m$ 不变,即 $d\Phi/dt=0$,因此变压器各绕组电压都为零,$u_{DS1}=u_{DS2}=U_I$。

在此期间,L 对负载释放储能,i_L 按线性规律下降,VD_1 和 VD_2 都导通,其电流分别为

$$i_{VD1}=i_{s1}=\frac{i_L}{2}+\frac{I'_{jm}}{2}$$

$$i_{VD2}=i_{s2}=\frac{i_L}{2}-\frac{I'_{jm}}{2}$$

此时变压器的磁势为

$$\sum i_s N_s=(i_{s2}-i_{s1})N_s=-I'_{jm}N_s$$

它与 t_{on2} 结束瞬间的变压器初级励磁磁势相等,即

$$-I'_{jm}N_s=-I_{jm}N_p$$

这种电路每周期都按上述 4 个过程工作,不断循环。滤波前的输出电压瞬时值为 u_d,忽略整流二极管的正向压降,在 t_{on1} 和 t_{on2} 期间,$u_d=U_I/n$,其余时间 $u_d=0$。

需要指出,图 6.31 是理想波形图,实际有关电压、电流波形如图 6.32 所示。在开关的暂态过程中,当功率开关管开通时,由于变压器次级在整流二极管反向恢复时间内所造成的短路,漏极电流将出现尖峰;在功率开关管关断时,尽管当负载电流较大时变压器中励磁磁势不变,使主磁通保持 Φ_m 或 $-\Phi_m$ 不变,但高频变压器的漏磁通下降,漏感仍将释放它的储能,在变压器绕组上,相应地在功率开关管漏-源截止电压中,会出现电压尖峰,经衰减振荡变为终值。

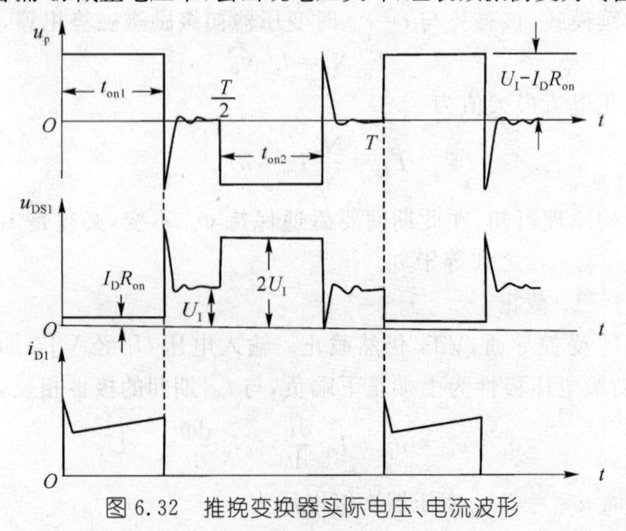

图 6.32 推挽变换器实际电压、电流波形

2. 防止“共同导通”

功率开关管有个动态参数——“存储时间”t_s。对双极型晶体管而言，它是指消散晶体管饱和导通时储存于集电结两侧的过量电荷所需要的时间；对 VMOS 场效应晶体管而言，则是对应于栅极电容存储电荷的消散过程。由于存储时间的存在，在驱动脉冲结束后，晶体管要延迟一段时间才开始关断，使晶体管的导通持续时间大于驱动脉冲宽度 t_{on}。若晶体管导通持续时间超过工作周期的一半，则该晶体管尚未关断而另一个晶体管已经得到驱动脉冲而导通，一对晶体管将在一段时间里共同导通，使变压器合成磁通为零而相当于短路，这时晶体管电流大、电压高、耗散功率很大，将会烧坏。

在推挽式等双端直流变换器中，为了防止“共同导通”，要求功率开关管的存储时间 t_s 尽可能地小；同时，必须限制驱动脉冲的最大宽度，以保证轮流导通的晶体管在开关工作中有共同截止的时间。驱动脉冲宽度在半个周期中达不到的区域称为“死区”。在提供驱动脉冲的控制电路中，必须设置适当宽度的“死区”，即驱动脉冲的死区时间要大于功率开关管的“关断时间”：t_s+t_f，并有一定的余量。正因为如此，图 6.30 中 VT_1 和 VT_2 每管每次导通的时间小于半个周期。

3. 输出直流电压 U_O

如图 6.31 所示，每个功率开关管的工作周期为 T，然而输出回路中滤波前方波脉冲电压 u_d 的重复周期为 $T/2$ 。输出直流电压 U_O 等于 u_d 的平均值，由 u_d 波形图求得推挽变换器电感电流连续模式的输出直流电压为

$$U_O=\frac{\frac{U_I}{n}t_{on}}{\frac{T}{2}}$$

每个功率开关管的导通占空比为

$$D=\frac{t_{on}}{T}$$

滤波前输出方波脉冲电压的占空比为

$$D_O=\frac{t_{on}}{\frac{T}{2}}=\frac{2t_{on}}{T}=2D \tag{6.33}$$

所以

$$U_O=\frac{D_O U_I}{n}=\frac{2DU_I}{n} \tag{6.34}$$

U_O 的大小通过改变占空比来调节。为了防止“共同导通”，必须满足 $D<0.5$、$D_O<1$。

输出直流电流 $I_O=\frac{U_O}{R_L}$，与 i_L 的平均值 I_L 相等。

4. 优缺点

推挽变换器的优点如下：

① 同单端直流变换器比较，变压器磁芯利用率高，输出功率较大，输出纹波电压较小；

② 两只功率开关管的源极是连在一起的，两组栅极驱动电路有公共端而无须绝缘，因此驱动电路较简单。

推挽变换器的缺点如下：

① 高频变压器每一初级绕组仅在半周期以内工作，故变压器绕组利用率低；

② 功率开关管截止时承受2倍电源电压，因此对功率开关管的耐压要求高；

③ 存在“单向偏磁”问题，可能导致功率开关管损坏。

尽管选用功率开关管时两管是配对的，但在整个工作温度范围内，两管的导通压降、存储时间等不可能完全一样，这将造成变压器初级电压正负半周波形不对称。例如，两管导通压降不同将引起正负半周波形幅度不对称，两管存储时间不同将引起正负半周波形宽度不对称。只要变压器的正负半周电压波形稍有不对称(即正负半周“伏秒”积绝对值不相等)，磁芯中便产生“单向偏磁”，形成直流磁通。虽然开始时直流磁通不大，但经过若干周期后，就可能使磁芯进入饱和。一旦磁芯饱和，则变压器励磁电感减至很小，从而使功率开关管承受很大的电流电压，耗散功率增大，管温升高，最终导致功率开关管损坏。

解决单向偏磁问题较为简便的措施，一是采用电流型PWM集成控制器使两管电流峰值自动均衡；二是在变压器磁芯的磁路中加适当气隙，用以防止磁芯饱和。

推挽式直流变换器用一对功率开关管就能获得较大的输出功率，适宜在输入电源电压较低的情况下应用。

6.3.4 全桥式直流变换器

1. 工作原理

全桥(Full-Bridge)式直流变换器(简称全桥变换器)又称全桥式开关电源，电路图如图6.33所示。特性一致的功率开关管VT_1、VT_2、VT_3和VT_4组成桥的四臂，高频变压器T的初级绕组接在它们中间。对角线桥臂上的一对功率开关管VT_1、VT_4或VT_2、VT_3，受栅极驱动脉冲电压的控制而同时导通或截止，驱动脉冲应有死区，每一对功率开关管的导通时间小于半个周期；VT_1、VT_4和VT_2、VT_3轮流通断，彼此间隔半周期。图中C为耦合电容，其电容量应足够大，它能阻隔直流分量，用以防止变压器产生单向偏磁，提高电路的抗不平衡能力(采用电流型PWM集成控制器时可以不接C)。VD_1～VD_4对应为VT_1～VT_4的寄生二极管。变压器次级输出回路的接法同推挽式直流变换器完全一样。理想情况下电感电流(i_L)连续模式的波形图如图6.34所示。

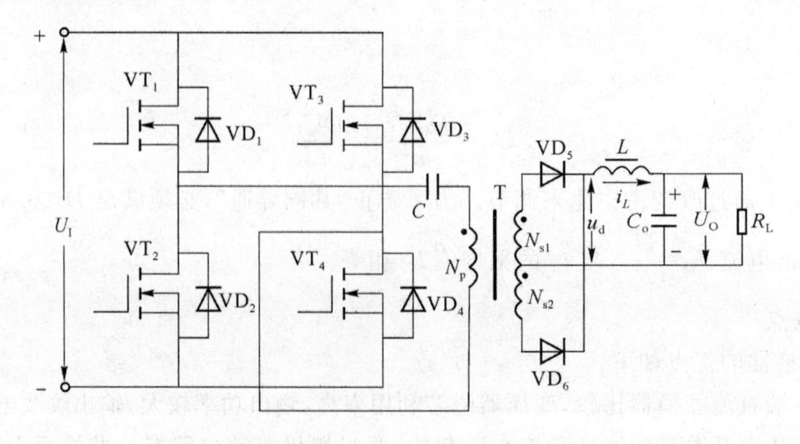

图6.33 全桥变换器电路图

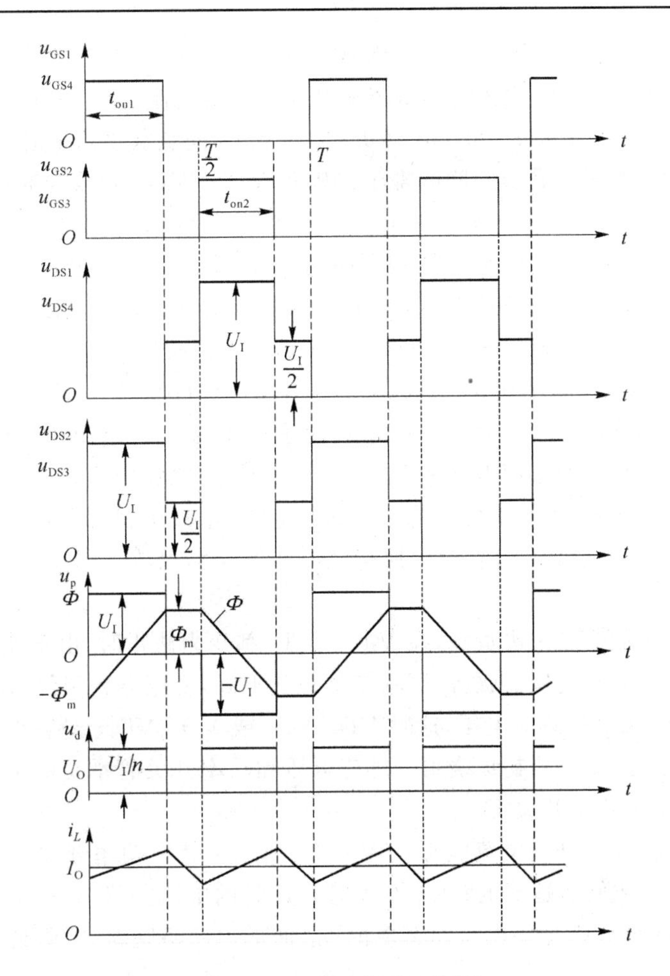

图 6.34　全桥变换器波形图

在 t_{on1} 期间，VT_1 和 VT_4 受控同时导通，VT_2 和 VT_3 截止。电流回路为：$U_{I(+)}\rightarrow VT_1\rightarrow C\rightarrow N_p\rightarrow VT_4\rightarrow U_{I(-)}$。忽略 VT_1、VT_4 的压降以及 C 的压降，变压器初级绕组电压 $u_p=U_I$，其极性是上端正下端负。VT_2 和 VT_3 的 D、S 极间电压分别等于 U_I。变压器磁通 Φ 由 $-\Phi_m$ 上升至 $+\Phi_m$，在 $t_{on1}/2$ 处过零点。变压器次级电压的极性由同名端决定，亦上端正下端负，此时整流二极管 VD_5 导通、VD_6 反偏截止，储能电感 L 储能。

从 t_{on1} 结束到 t_{on2} 开始前，VT_1～VT_4 都截止，$u_p=0$，每个功率开关管的 D、S 极间电压都为 $U_I/2$。这时 L 释放储能，VD_5 和 VD_6 都导通，同时起续流作用；$\sum i_s N_s=I_{jm}N_p$，维持变压器中磁势不变，使磁通保持 Φ_m 不变。

在 t_{on2} 期间，VT_2 和 VT_3 受控同时导通，VT_1 和 VT_4 截止。电流回路为：$U_{I(+)}\rightarrow VT_3\rightarrow N_p\rightarrow C\rightarrow VT_2\rightarrow U_{I(-)}$。忽略 VT_2、VT_3 的压降以及 C 的压降，$u_p=-U_I$，其极性是下端正上端负。VT_1 和 VT_4 的 D、S 极间电压分别等于 U_I。变压器磁通 Φ 由 $+\Phi_m$ 下降至 $-\Phi_m$，在 $t_{on2}/2$ 处过零点。在变压器次级回路中，VD_6 导通，VD_5 反偏截止，L 又储能。

从 t_{on2} 结束到下个周期 t_{on1} 开始前，VT_1～VT_4 都截止，$u_p=0$，每个功率开关管的 D、S 极间电压都为 $U_I/2$ 。这时 L 释放储能，VD_5 和 VD_6 都导通，同时起续流作用；$\sum i_s N_s=-I_{jm}N_p$，维持变压器中磁势不变，使磁通保持 $-\Phi_m$ 不变。

$t_{on1}=t_{on2}=t_{on}$,在变压器初级绕组上形成正负半周对称的方波脉冲电压,它传递到次级,经 VD_5、VD_6 整流后得到滤波前的输出电压 u_d,忽略整流二极管的正向压降,在 t_{on1} 和 t_{on2} 期间 $u_d=U_I/n$,其余时间 $u_d=0$。u_d 经 L 和 C_o 滤波,向负载供给平滑的直流电。

图6.33中与功率开关管反并联的寄生二极管 $VD_1 \sim VD_4$,在换向时起钳位作用:为高频变压器提供能量反馈通道、抑制尖峰电压。例如,当 VT_1、VT_4 由导通变截止时,尽管高频变压器的主磁通保持不变,但变压器的漏磁通下降,漏感释放储能,在 N_p 绕组上产生与 VT_1、VT_4 导通时极性相反的感应电压,这个下端正上端负的感应电压,使 VD_3 和 VD_2 导通,电流回路为:N_p(下)→VD_3→$U_{I(+)}$→$U_{I(-)}$→VD_2→C→N_p(上),漏感储能回送给电源,u_p 被钳制为 $-U_I$;这时 $u_{DS2}\approx 0$,$u_{DS3}\approx 0$,$u_{DS1}\approx U_I$,$u_{DS4}\approx U_I$。当 VT_2、VT_3 由导通变截止时,高频变压器的漏感也要释放储能,在 N_p 绕组上产生与 VT_2、VT_3 导通时极性相反的感应电压,此上端正下端负的感应电压使 VD_1 和 VD_4 导通,电流回路为:N_p(上)→C→VD_1→$U_{I(+)}$→$U_{I(-)}$→VD_4→N_p(下),漏感储能又回送给电源,u_p 被钳制为 U_I;此时 $u_{DS1}\approx 0$,$u_{DS4}\approx 0$,$u_{DS2}\approx U_I$,$u_{DS3}\approx U_I$。寄生二极管的导通持续时间等于漏感放完储能所需时间,这个时间应很短。

此外,如果变换器突然失去负载,在 $VT_1 \sim VT_4$ 都变为截止时,由于变压器保持磁势不变的条件已经丧失,因此变压器磁势下降,使主磁通下降,变压器初级绕组将产生与 $VT_1 \sim VT_4$ 都截止前极性相反的感应电压,这时 VD_3、VD_2 或 VD_1、VD_4 导通,把变压器励磁电感中的储能回送给电源,变压器初级绕组的感应电压和功率开关管承受的最大电压都被钳制为 U_I 值,从而保护了功率开关管。

电路中的有关实际电压、电流波形如图6.35所示。其中功率开关管关断时的电压尖峰,是变压器漏感释放储能造成的;功率开关管开通时的电流尖峰,是整流二极管反向恢复时间内在变压器次级形成短路电流而造成的;u_p 波形顶部略倾斜,主要是受耦合电容 C 的压降影响。

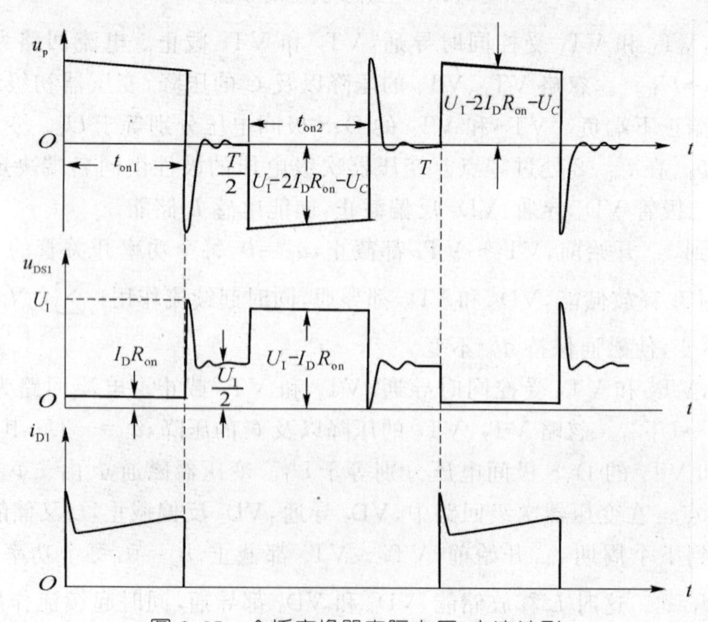

图6.35　全桥变换器实际电压、电流波形

2. 输出直流电压 U_O

如图 6.34 所示，全桥变换器每对功率开关管的工作周期为 T，而滤波前输出电压 u_d 的重复周期为 $T/2$，输出直流电压 U_O 为 u_d 的平均值。U_O 与 U_I 的关系同推挽变换器一样，即电感电流连续模式的输出直流电压为

$$U_O=\frac{D_O U_I}{n}=\frac{2DU_I}{n}$$

为了防止两对功率开关管“共同导通”，占空比的变化范围必须限制为 $D<0.5$、$D_O<1$。

3. 优缺点

全桥变换器的优点如下：

① 变压器利用率高，输出功率大，输出纹波电压较小；

② 对功率开关管的耐压要求较低，比推挽式电路低一半。

全桥变换器的缺点如下：

① 要用 4 个功率开关管；

② 需要 4 组彼此绝缘的栅极驱动电路，驱动电路复杂。

全桥式直流变换器适宜在输入电源电压高、要求输出功率大的情况下应用。

6.3.5 半桥式直流变换器

1. 工作原理

半桥(Half-Bridge)式直流变换器(简称半桥变换器)又称半桥式开关电源，电路图如图 6.36 所示。4 个桥臂中两个桥臂采用特性相同的功率开关管 VT_1、VT_2，故称为半桥。另外两个桥臂是电容量和耐压都相同的电容 C_1、C_2，它们起分压等作用，其电容量应足够大。

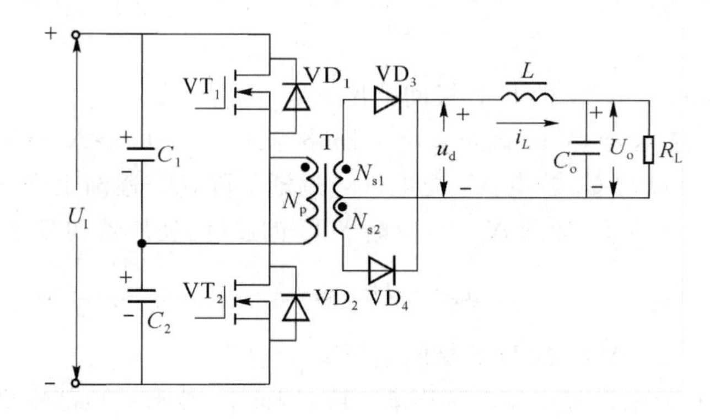

图 6.36 半桥变换器电路图

当 VT_1 和 VT_2 尚未开始工作时，电容 C_1 和 C_2 被充电，它们的端电压均为电源电压的一半，即

$$U_{C1}=U_{C2}=\frac{U_I}{2}$$

VT_1 和 VT_2 受栅极驱动脉冲电压的控制而轮流导通，驱动脉冲应有死区，每个功率开

关管的导通时间小于半个周期。理想情况下电感电流(i_L)连续模式的波形图如图 6.37 所示。

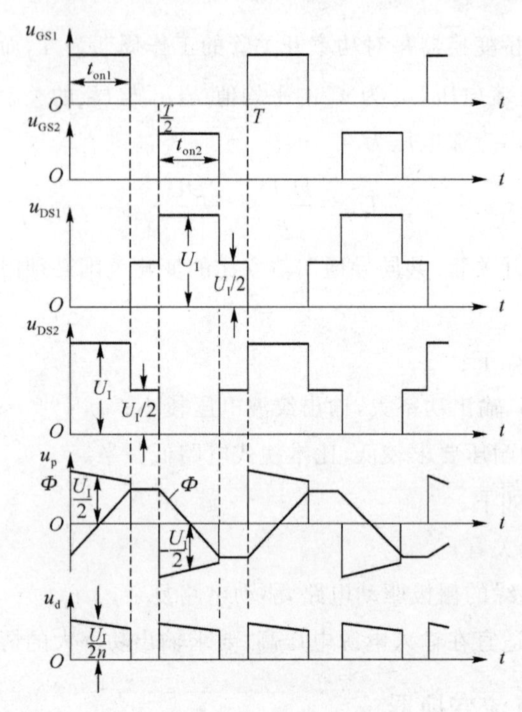

图 6.37 半桥变换器波形图

t_{on1} 期间,VT_1 受控导通,VT_2 截止。电流回路为:$U_{I(+)} \to VT_1 \to N_p \to C_2 \to U_{I(-)}$;$C_{1(+)} \to VT_1 \to N_p \to C_{1(-)}$。这时 C_1 放电,C_2 充电;U_{C1} 逐渐下降,U_{C2} 逐渐上升,保持 $U_{C1}+U_{C2}=U_I$。C_1 两端电压 U_{C1} 经 VT_1 加到高频变压器 T 的初级绕组 N_p 上,忽略 VT_1 的压降,变压器初级电压为

$$u_p = U_{C1} \approx \frac{U_I}{2}$$

其极性是上端正下端负。VT_2 的 D、S 极间电压 $u_{DS2}=U_I$。

t_{on2} 期间,VT_2 受控导通,VT_1 截止。电流回路为:$U_{I(+)} \to C_1 \to N_p \to VT_2 \to U_{I(-)}$;$C_{2(+)} \to N_p \to VT_2 \to C_{2(-)}$。此时 C_2 放电,C_1 充电;U_{C2} 逐渐下降,U_{C1} 逐渐上升,保持 $U_{C1}+U_{C2}=U_I$。C_2 两端电压 U_{C2} 经 VT_2 加到 N_p 上,忽略 VT_2 的压降,变压器初级电压为

$$u_p = -U_{C2} \approx -\frac{U_I}{2}$$

其极性是下端正上端负。VT_1 的 D、S 极间电压 $u_{DS1}=U_I$。

由于 C_1 或 C_2 在放电过程中端电压逐渐下降,因此 u_p 波形的顶部略呈倾斜状。当电路对称时,U_{C1} 与 U_{C2} 的平均值为 $U_I/2$。

当 VT_1 和 VT_2 都截止时,只要变压器初级磁化电流最大值小于负载电流分量,则 $u_p=0$,$u_{DS1}=u_{DS2}=U_I/2$。

$t_{on1}=t_{on2}=t_{on}$,在变压器初级绕组上形成正负半周对称的方波脉冲电压。次级绕组 $N_{s1}=N_{s2}=N_s$,每个次级绕组的电压为

$$u_s = \frac{N_s}{N_p} u_p = \frac{u_p}{n}$$

其极性根据同名端来判定。t_{on1} 期间：

$$u_s=\frac{U_I}{2n}$$

t_{on2} 期间：

$$u_s=-\frac{U_I}{2n}$$

次级绕组电压经 VD_3、VD_4 整流后得 u_d，忽略整流二极管的正向压降，在 t_{on1} 和 t_{on2} 期间，$u_d=\frac{U_I}{2n}$，其余时间 $u_d=0$。

变压器次级输出回路的工作情形，除 u_s 的幅值变为 $U_I/2n$ 外，同推挽式以及全桥式直流变换器一样。

半桥变换器自身具有一定的抗不平衡的能力。例如，若 VT_1 和 VT_2 的存储时间 t_s 不同，$t_{s1}>t_{s2}$，使 VT_1 比 VT_2 的导通时间长，则电容 C_1 的放电时间比 C_2 的放电时间长，C_1 放电时两端的平均电压将比 C_2 放电时两端的平均电压低。因此，在 VT_1 导通的正半周，N_p 绕组两端的电压幅值较低而持续时间较长；在 VT_2 导通的负半周，N_p 绕组两端的电压幅值较高而持续时间较短。这样可使 u_p 正负半周的"伏秒"积相等而不产生单向偏磁现象。由于半桥变换器自身具有一定的抗不平衡能力，因此可以不接与变压器初级绕组串联的耦合电容。有的半桥变换器仍接耦合电容是为了进一步提高电路的抗不平衡能力，更好地防止因电路不对称(如两个功率开关管的特性差异)而造成变压器磁芯饱和。

图 6.36 中的 VD_1、VD_2 分别为 VT_1、VT_2 的寄生二极管，它们在换向时起钳位作用：为高频变压器提供能量反馈通道，抑制尖峰电压。当 VT_1 由导通变截止时，高频变压器的漏感释放储能，在 N_p 绕组上产生与 VT_1 导通时极性相反的感应电压，这个下端正上端负的感应电压使 VD_2 导通，漏感储能给 C_2 充电并回送电源，电流回路为：N_p(下)→C_2→VD_2→N_p(上)；N_p(下)→C_1→$U_{I(+)}$→$U_{I(-)}$→VD_2→N_p(上)。这时 $u_p=-U_{C2}\approx -U_I/2$，$u_{DS2}\approx 0$，$u_{DS1}\approx U_I$。

当 VT_2 由导通变截止时，高频变压器的漏感也要释放储能，在 N_p 绕组上产生与 VT_2 导通时极性相反的感应电压，该上端正下端负的感应电压使 VD_1 导通，漏感储能给 C_1 充电并回送电源，电流回路为：N_p(上)→VD_1→C_1→N_p(下)；N_p(上)→VD_1→$U_{I(+)}$→$U_{I(-)}$→C_2→N_p(下)。此时 $u_p=U_{C1}\approx U_I/2$，$u_{DS1}\approx 0$，$u_{DS2}\approx U_I$。

VD_1 或 VD_2 的导通持续时间，等于漏感放完储能所需时间，应很短。

电路中的有关实际电压、电流波形如图 6.38 所示。

2. 输出直流电压 U_O

输出直流电压 U_O 为滤波前输出方波脉冲电压 u_d 的平均值，据图 6.37 中所示 u_d 波形，可以求得半桥变换器电感电流连续模式的输出直流电压为

$$U_O=\frac{D_OU_I}{2n}=\frac{DU_I}{n} \tag{6.35}$$

式中，$n=N_p/N_s$ 为变压器的变比，$D=t_{on}/T$ 为每个功率开关管的导通占空比，$D_O=2D$ 为滤波前输出方波脉冲电压的占空比。

为了防止"共同导通"，必须满足 $D<0.5$、$D_O<1$。

3. 优缺点

半桥变换器的优点如下：

① 抗不平衡能力强;

② 同推挽式电路比,变压器利用率高,对功率开关管的耐压要求低(低一半);

③ 同全桥式电路比,少用两只功率开关管,相应地,其驱动电路也较为简单。

半桥变换器的缺点如下:

① 同推挽式电路比,驱动电路较复杂,两组栅极驱动电路必须绝缘;

② 同全桥式及推挽式电路比,获得相同的输出功率,功率开关管的电流要大一倍,若功率开关管的电流相同,则输出功率少一半。

半桥式直流变换器适宜在输入电源电压高、输出中等功率的情况下应用。

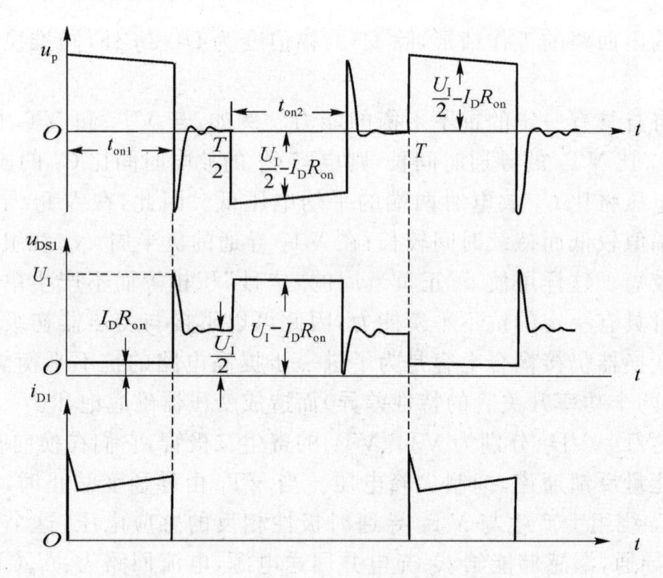

图 6.38 半桥变换器实际电压、电流波形

6.4 集成 PWM 控制器

6.4.1 概述

脉宽调制(PWM)控制电路是开关电源的重要组成部分,其作用是产生 PWM 信号,向功率开关管或它的驱动电路提供前后沿陡峭、占空比可变、工作频率不变的矩形脉冲列。对于单端开关电源,只需提供一组矩形脉冲列;而对于双端开关电源(推挽、全桥和半桥变换器),则需提供相位相差 180°、对称并且有死区时间的两组矩形脉冲列。

对 PWM 控制电路的基本要求是:

① 满足开关电源输出电压稳定度及动态品质的要求;

② 与主回路配合,使开关电源具有规定的输出电压值及其调节范围;

③ 能实现开关电源的软启动;

④ 能实现开关电源的过流、过压保护。

传统的 PWM 控制电路普遍采用属于模拟控制技术的单片集成 PWM 控制器,其型号较多,通常分为电压型控制器和电流型控制器两类,电流型控制又分为峰值电流模式控制和平均电流模式控制。

电压型 PWM 集成控制器只有电压反馈控制，可以满足开关电源稳定输出电压等要求。

电流型 PWM 集成控制器不仅有电压反馈控制，还增加了电感电流反馈控制，控制电路为双环控制，具有电压外环和电流内环，从而使开关电源系统具有快速的瞬态响应及高度的稳定性，有很高的稳压精度，可实现逐周限流，并具有良好的并联运行能力。

在数字化控制技术不断发展的基础上，数字化开关电源有了较快发展。所谓数字化开关电源，就是开关电源的控制电路数字化——采用数字信号处理器（Digital Signal Processor，DSP）或微处理器（Micro Control Unit，MCU）来进行开关电源的 PWM 控制和保护。美国德州仪器公司（TI）以及其他厂商生产的 DSP 芯片（如 TI 推出的 TMS320 系列等），已经在通信用开关电源中得到应用。数字化控制的性能优于模拟控制，随着 DSP 价格的下降，通信用开关电源产品很快就会实现全数字化控制。

6.4.2 电压型控制器举例

1. 电路原理

美国硅通用公司制造的 SG1525A 系列 PWM 集成控制器适用于驱动 N 沟道 VMOSFET 或 NPN 型晶体管，属于电压型控制器。该系列包括 SG1525A、SG2525A 和 SG3525A，它们的工作原理和结构完全相同，不同的是使用环境条件有差别。SG1525A 是Ⅰ类军用品，可用于环境温度－55～＋125℃；SG2525A 是Ⅱ类工业品，可用于环境温度－25～＋85 ℃；SG3525A 是Ⅲ类民用品，适用于环境温度 0～＋70 ℃。国产相应型号为 CW1525A、CW2525A 和 CW3525A。

SG1525A 系列 PWM 集成控制器芯片有 16 个引脚，内部结构框图如图 6.39 所示。电路由以下几部分组成：基准电压源、振荡器、误差放大器、PWM 比较器及锁存器、触发器、欠压锁定、输出级、软启动及关闭电路。

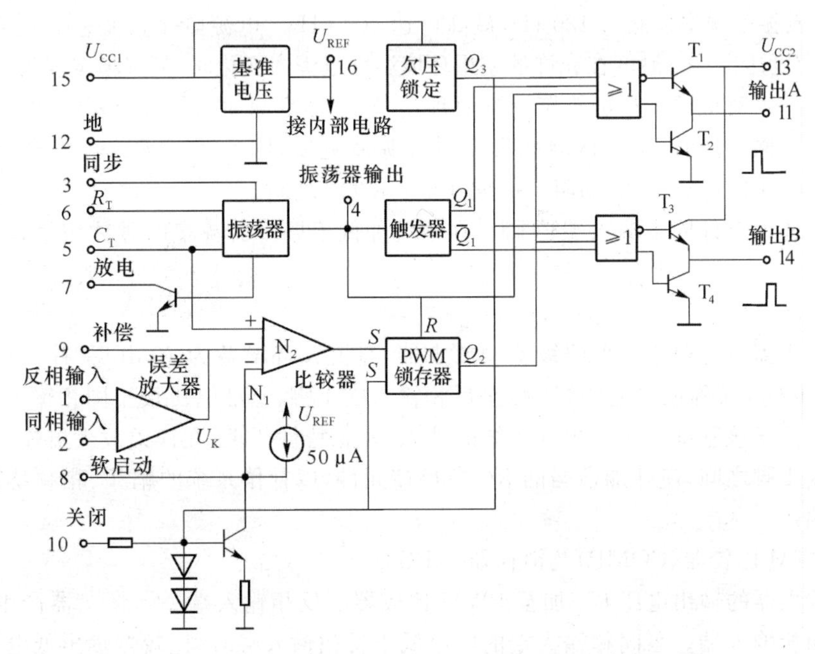

图 6.39 SG1525A 系列 PWM 集成控制器内部结构框图

(1) 基准电压源

基准电压源是一个典型的三端稳压器,有温度补偿。它由15脚输入电源电压U_{CC1},输出5.1V±1%,既作为内部电路的电源,又由16脚向外供给基准参考电压U_{REF},可向外输出不超过50 mA的电流,并设有过流保护电路。

(2) 振荡器

振荡器(OSC)由一个回差比较器、一个恒流源及电容充放电电路组成,其外部连接如图6.40所示。在5脚(即C_T)上产生锯齿波电压,如图6.41所示,锯齿波的峰点和谷点电平分别为$U_H=3.3$ V和$U_L=0.9$ V。内部一恒流源给电容C_T充电,恒流源对C_T的充电电流值由R_T的阻值决定,锯齿波的上升沿对应于C_T的充电,充电时间t_1取决于R_TC_T;锯齿波的下降沿对应于C_T经R_D放电,放电时间t_2取决于R_DC_T。锯齿波频率为

$$f=\frac{1}{t_1+t_2}=\frac{1}{C_T(0.7R_T+3R_D)}$$

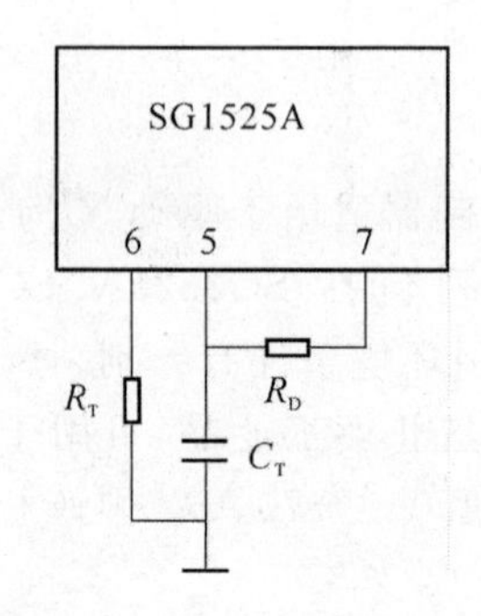

图6.40 振荡器的外部连接

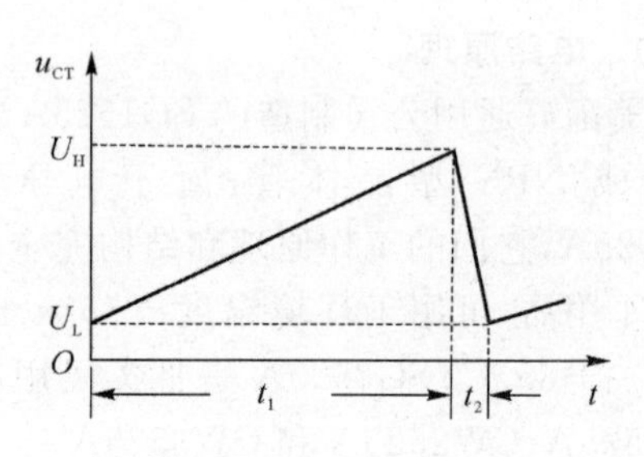

图6.41 锯齿波电压

锯齿波振荡频率主要由外接电容C_T、电阻R_T决定,一般取C_T为0.001~0.1 μF,R_T为2~150 kΩ,其振荡频率最低为120 Hz,最高可达400 kHz。电源电压在8~35 V范围内变化时,频率稳定度达±1%;温度在允许的使用环境温度范围内变化时,频率稳定度为±3%。

振荡器输出对应于锯齿波下降沿的时钟信号(矩形窄脉冲),并接至4脚,时钟脉冲宽度等于t_2。在后面可以看出,死区时间等于时钟脉冲宽度,因此改变R_D,就可改变死区的大小。R_D愈大,死区愈宽。R_D的阻值一般在0~500 Ω之间。

振荡器还设有外同步输入端(3脚),在该端加低于振荡器频率的脉冲信号,可实现对振荡器的外同步。

(3) 误差放大器

误差放大器(E/A)是一个两级差动放大器,直流开环增益为70 dB左右。根据逻辑要求,取样电压U_y(或称反馈电压U_f)接至反相输入端1脚,基准电压接至同相输入端2脚,取样电压应略低于该基准电压。根据系统的动态、静态特性要求,在误差放大器输出端9脚和反相输入端1脚之间,应外加适当的RC负反馈元件,以补偿系统的幅频、相频特性,故9脚称为补偿端。

(4) PWM比较器(COMP)及锁存器(REG)

误差放大器的输出电压U_K加至PWM比较器的反相输入端N_2,振荡器产生的锯齿波加至它的同相输入端。当同相输入端的电压低于反相输入端时,比较器输出低电平;当同相输入端的电压高于反相输入端时,比较器输出高电平。因此,比较器输出脉冲信号。该脉冲

送至 PWM 锁存器，以保证在锯齿波的一个周期内只输出一个 PWM 脉冲信号。

误差放大器输出信号 U_K 中可能存在尖峰或振荡，此信号与锯齿波信号比较时就可能出现多个交点，造成在锯齿波一个周期中比较器输出多个方波，这将破坏正常的脉宽调制作用。PWM 锁存器是一个 RS 触发器，输入端 R 为复位端、S 为置位端。振荡器输出的时钟脉冲，加至锁存器的 R 端；比较器输出的脉冲，加至锁存器的 S 端。时钟脉冲的上升沿使锁存器置"0"，比较器输出的脉冲上升沿使锁存器置"1"。在置"0"后，只有 S 端的第一个置"1"脉冲才起作用，以后 S 端的状态变化不影响锁存器的输出。这样，在一个锯齿波周期内，即使比较器输出的信号有多个脉冲，锁存器的输出端 Q_2 也仅输出一个方波信号。

PWM 比较器的另一反相输入端 N_1(8 脚)，设有软启动及关闭 PWM 信号的功能。N_1 与 N_2 两个反相输入端是电位低的那端起作用。通常在 8 脚与地之间外接一个几微法的电容以实现软启动。刚接通电源时，由于这个电容的电压原来为零且不能突变，故比较器的反相输入端 N_1 处于低电平，使比较器输出至 S 端为高电平，PWM 锁存器的输出端 Q_2 亦为高电平，因此芯片无驱动脉冲输出。约 50 μA 的恒流源对软启动电容充电，在充电过程中 N_1 端电压逐渐升高，使芯片输出的脉冲宽度逐渐由窄变宽。只有当该电容充电到使 N_1 端处于高电平时，由 N_2 端起作用，电路才投入正常运行。软启动电容的电容量越大，软启动时间越长。

(5) 触发器

它由一个 T 触发器组成。其触发信号为振荡器输出的时钟脉冲，对应每个时钟脉冲上升沿，触发器被触发翻转一次；触发器输出端 Q_1、$\overline{Q_1}$ 输出频率为锯齿波频率 1/2 的方波信号，分别送至输出级的两组门电路输入端，以实现 PWM 脉冲的分相。

(6) 欠压锁定

15 脚输入的电源电压 U_{CC1} 应在 8～35 V 范围内，最大可达 40 V。当芯片的电源电压降低到 $U_{CC1} \leqslant 7.5$ V 时，"欠压锁定"输出端 Q_3 变为高电平，送至输出级门电路输入端，使芯片无驱动脉冲输出；与此同时，软启动电容放电。当 U_{CC1} 升至 8 V 时，Q_3 端才恢复为低电平，PWM 集成控制器软启动后恢复正常工作。芯片内部设定了 0.5 V 的回差电压，以避免"欠压锁定"在阈值处振荡。

(7) 输出级

由 13 脚接入输出级的集电极电源 U_{CC2}。输出级采用了图腾柱结构，这是该系列 PWM 集成控制器的最大优点之一。SG1525A 系列有两组相同结构的输出级，图 6.42 所示为一组输出级。

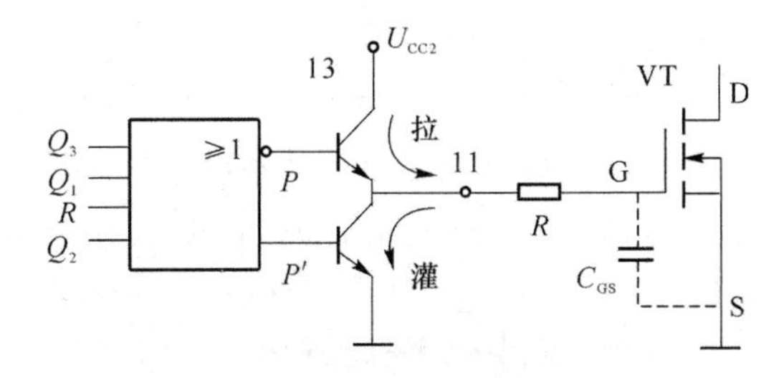

图 6.42　一组输出级(图腾柱结构)

图 6.42 中门电路上侧为"或非"门，下侧为"或"门。门电路有 4 个输入端，分别加入触发器的输出信号(Q_1 或者$\overline{Q_1}$)、锁存器的输出信号(Q_2)、时钟信号(R)和欠压锁定信号(Q_3)。其输出端为 P 和 P'。"或非"门的逻辑关系是"全低出高，有高出低"；"或"门的逻辑关系是

“全低出低,有高出高”。当门电路各输入端的信号全部为低电平时,P 为高电平,P'为低电平,使上晶体管导通,下晶体管截止,输出正脉冲电压,驱动功率开关管 VT 导通,提供 VT 栅极电容的充电电流。输出级最大驱动电流稳态为 100 mA,峰值可达 500 mA(推荐值 400 mA)。

两晶体管组成图腾柱结构,使输出既可向负载提供电流(拉电流),又可吸收负载电流(灌电流),这对功率开关管 VT 关断有利。当门电路有一个输入端变为高电平时,P'为高电平,P 为低电平,上晶体管截止而下晶体管导通,为 VT 提供了栅极电容低阻放电回路,从而加速 VT 关断。

正常工作时“欠压锁定”输出端 Q_3 为低电平,此时 SG1525A 系列 PWM 集成控制器的波形图如图 6.43 所示。从波形图可见,集成控制器输出脉冲 U_A(U_B)的前沿对应于时钟脉冲(R)的后沿,U_A(U_B)的后沿对应于 PWM 锁存器输出脉冲(Q_2)的前沿,即锯齿波电压上升到比 U_K 略大的时刻(近似为锯齿波上升段与 U_K 的交点)。在时钟脉宽区间,必然有 $u_A=0$、$u_B=0$,故为死区。比较器反相端输入电压 U_K 越大,则集成控制器输出脉冲 U_A(U_B)的占空比 D 越大,反之就越小。

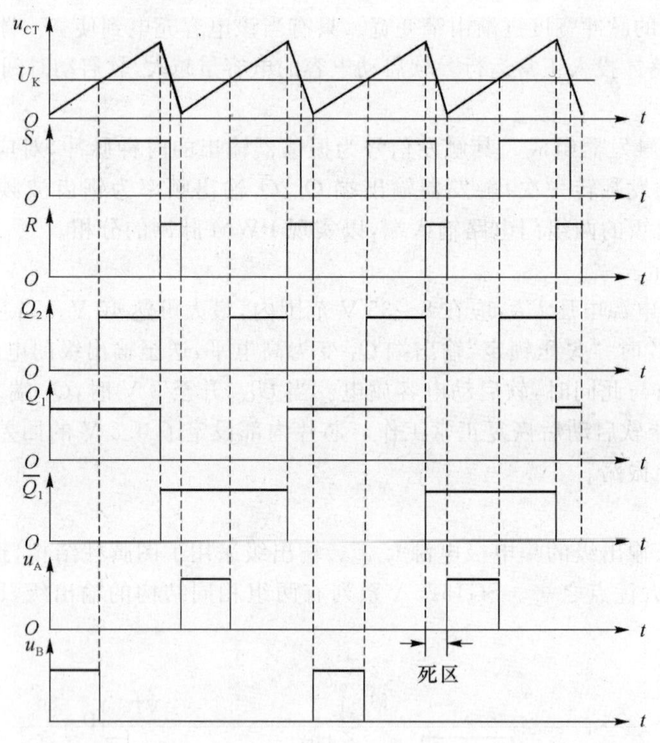

图 6.43 SG1525A 系列 PWM 集成控制器波形图

两组输出级输出的 PWM 脉冲相差 180°,每组 PWM 脉冲占空比 D 的变化范围是 0~0.49。设开关电源的输出电压为 U_O,取样电压为 U_y,自动稳压原理可简述为

$$U_O\uparrow \rightarrow U_y\uparrow \rightarrow U_K\downarrow \rightarrow D\downarrow \rightarrow U_O\downarrow$$

(8) 过流关闭

10 脚为关闭端(又称关断端),该端能同时控制软启动电路和输出级。一般在 10 脚接入过流检测信号电压,这种芯片具有逐个脉冲电流限制和直流输出电流限制的功能。当关闭端的电压大于 0.7 V 时,软启动电容开始放电,比较器 N_1 端电压降低,使芯片输出的脉

冲宽度变窄，开始起限流作用。过流信号消失时，限流状态要保持到下一个时钟脉冲复位为止。当关闭端的电压大于 1.5 V 时，将使 PWM 锁存器输出端 Q_2 为高电平，从而关闭芯片的输出，外接启动电容上的电荷也随即放掉；待过流关闭信号消失后，电路重新软启动，恢复正常工作。

过压或其他故障信号电压也可加至 10 脚，当出现过压或机内温度过高等故障时，关闭 PWM 集成控制器的输出。

辨别集成控制器引脚的方法是：以芯片的凹口为标记，从外壳顶部俯视（直插型引脚朝下），从标记左下角起，按逆时针方向，依次为 1，2，3，…。16 脚的芯片，与 1 脚相对的是 16 脚。

2. 应用举例

SG1525A 系列 PWM 集成控制器的应用举例如图 6.44 所示。这是用 CW1525A 控制的一个 500 W 半桥型开关电源。输入为交流 220 V 或 110 V，无工频变压器整流电容滤波后直流电压约为 300 V，此即半桥变换器的输入电压（U_I）。CW1525A 的电源电压由一个小工频变压器 T_4 降压、桥式整流电容滤波后供给。CW1525A 的两路输出驱动一个脉冲变压器 T_1，再由 T_1 的两个次级绕组分别驱动两只 VMOSFET。高频变压器 T_2 次级分成 4 个绕组，组成双并联式全波整流电路，输出 5 V、100 A。输出电压的取样是 5 V 输出电压不经过分压，直接经 10 kΩ 电阻串联微分电路，接至 CW1525 A 的误差放大器反相输入端 1 脚，微分电路由 24 kΩ 电阻与 220 pF 电容并联组成；稳定的 5.1 V 基准参考电压从 16 脚引出，经 200 Ω 和 10 kΩ 电阻分压后形成基准电压，经 30 kΩ 电阻接至误差放大器的同相输入端 2 脚；300 pF 电容与 27 kΩ 电阻串联，接在误差放大器的输出端 9 脚和反相输入端 1 脚之间，构成积分环节。误差放大器无直流负反馈，直流放大倍数达几千倍，对输出直流电压的稳定有利；而积分环节、微分环节以及误差放大器输出端 50 pF 电容接地（此处“地”为公共电位端），使误差放大器中、高频区的放大倍数很小，可以抑制稳压系统振荡。

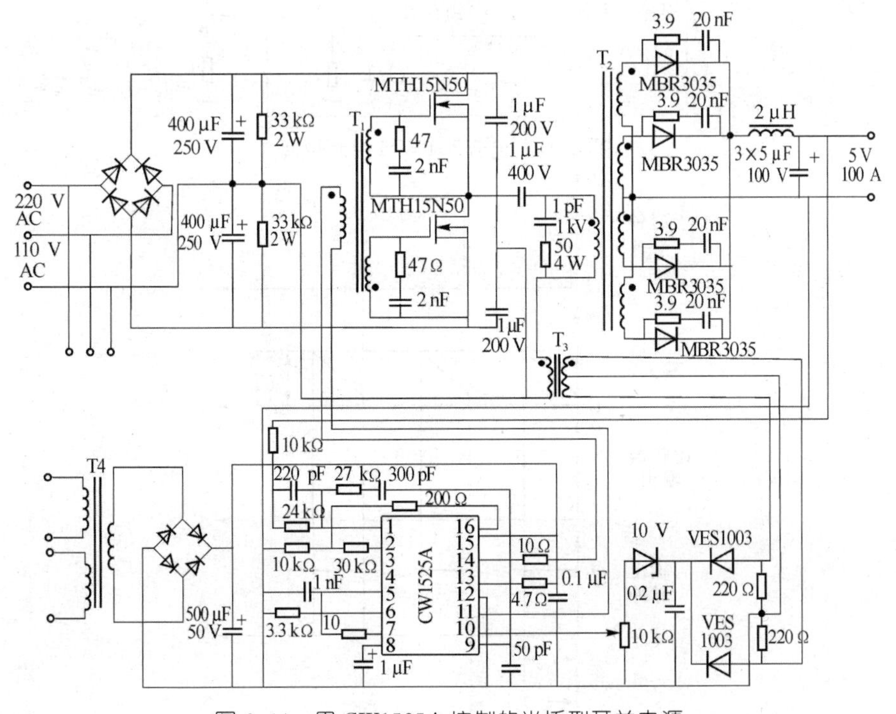

图 6.44　用 CW1525A 控制的半桥型开关电源

由于晶体管存在关断时间,CW1525A 每组输出级的上下晶体管在状态转换过程中会出现重叠导通,在重叠导通处产生一个电流尖峰,其持续时间一般不超过 100 ns。为此在 13 脚外串联 4.7 Ω 电阻以限制短路电流,并在集电极电源与地之间接 0.1 μF 电容滤波。该 4.7 Ω 电阻还用于 CW1525A 输出驱动脉冲时限制拉电流。

过流保护:在高频变压器 T_2 的初级侧串入电流互感器 T_3 来进行电流取样,其输出经整流滤波后得到直流电压,加在 10 V 稳压二极管和 10 kΩ 电位器组成的串联电路上,从 10 kΩ电位器中获取过流检测信号电压,加至 CW1525A 的关闭端 10 脚,以实现开关电源的限流保护以及过流时关闭 CW1525A 的输出。

高频整流二极管和变压器绕组上并联的阻容吸收电路,用以抑制尖峰电压,保护元器件。

需要注意,由于主电路采用无工频变压器桥式整流,因此接通交流电源后主电路整流输出的正端和负端对地都有高电位,应严防触电。

6.4.3 电流型控制器举例

1. 电流型 PWM 控制器基本原理

电流型 PWM 控制原理如图 6.45 所示,这是采用峰值电流模式控制的电流型 PWM 控制器控制单端反激变换器的基本原理电路,其控制器的波形图如图 6.46 所示。

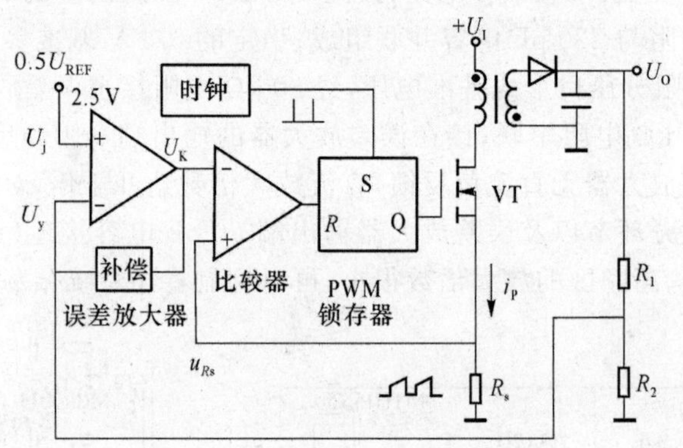

图 6.45 电流型 PWM 控制原理

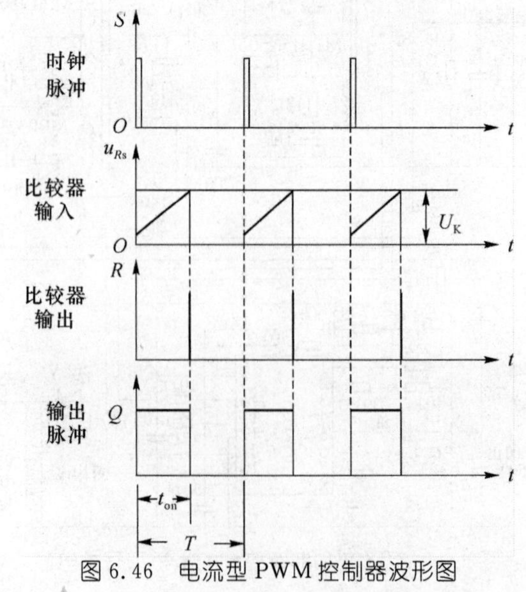

图 6.46 电流型 PWM 控制器波形图

(1) 锯齿波的来源

在峰值电流模式控制的电流型 PWM 控制器中，与误差放大器输出电压进行比较的锯齿波电压，不是由振荡器产生的锯齿波，而是电感电流取样获得的锯齿波，在图 6.45 所示电路中，就是功率开关管 VT 的电流(即高频变压器初级电流 i_p)在小阻值取样电阻 R_s 上产生的峰值不大于 1 V 的斜坡电压 u_{Rs}($u_{Rs}=i_pR_s$)。因为 i_p(属于电感电流)在 VT 导通期间是呈斜线上升的，所以 u_{Rs}称为斜坡电压(又称斜波电压)。

(2) 电流控制环

上述电流取样斜坡电压 u_{Rs}加在比较器的同相输入端，误差放大器的输出电压 U_K(不大于 1 V)加在比较器的反相输入端。两者相比较，当 $u_{Rs}\leqslant U_K$ 时，比较器输出低电平；当 $u_{Rs}>U_K$时，比较器输出高电平。比较器的输出接到 PWM 锁存器的复位端 R。

时钟脉冲加到 PWM 锁存器的置位端 S，它使锁存器置位，Q 端(原码输出端)输出高电平，驱动功率开关管 VT 导通；VT 导通后 i_p 按线性规律上升使 u_{Rs}相应上升，当 $u_{Rs}>U_K$ 时，锁存器 R 端为高电平而复位，Q 端变为低电平，驱动脉冲结束，使 VT 截止，随即 u_{Rs}变为零。由此可见，在每个开关周期，时钟脉冲上升沿确定 PWM 控制器输出脉冲的前沿，而斜坡电压 u_{Rs}升至比 U_K 略大的时刻(近似为斜坡电压 u_{Rs}与 U_K 的交点)为输出脉冲的后沿。也就是说，PWM 控制器输出的驱动脉冲宽度由 VT 的电流峰值决定。

这个控制环路称为电流控制环，因环路结构简单而成为内环。环路中无惯性元件，响应速度极快，能控制每个开关周期功率开关管的电流峰值，实现逐个脉冲限流(逐周限流)。

(3) 稳压控制环

2.5V 的基准电压(U_j)加在误差放大器的同相输入端，开关电源输出直流电压的取样电压(U_y)加在误差放大器的反相输入端，U_y 略小于 U_j；在误差放大器输出端与反相输入端之间接补偿网络。与普通的稳压控制环相同，在这里称为外环。

由于采用双环控制，电流内环和电压外环同时起作用，因此无论电源电压变化或负载轻重变化，输出电压都很稳定。此外，由于电流内环的响应速度很快，因此电压外环误差放大器抑制系统振荡的补偿电路可以简化，系统稳定性高。

开关稳压电源的输出电压值，可以通过改变输出电压取样电路的分压比或基准电压的大小来调整。从图 6.45 看出，输出电压 U_O 的取样电压为

$$U_y=\frac{R_2}{R_1+R_2}U_O=n_fU_O$$

式中，n_f 为输出电压取样电路的分压比

$$n_f=\frac{R_2}{R_1+R_2}$$

由于误差放大器的增益足够大，因此正常工作时误差放大器反相输入端与同相输入端之间电压相差很小。在估算开关电源的输出电压时，可以认为送至误差放大器反相输入端的取样电压 U_y 近似等于误差放大器同相输入端的基准电压 U_j，所以开关稳压电源的输出电压 U_O 符合以下关系式：

$$U_O=\frac{U_y}{n_f}\approx\frac{U_j}{n_f}\tag{6.36}$$

要使输出电压 U_O 稳定，基准电压 U_j 必须十分稳定。

2. UC1842系列PWM集成控制器

美国UNITRODE公司(该公司已被TI公司收购)制造的UC1842系列双列8脚芯片包括UC1842、UC2842和UC3842,它们的电路和结构都相同,使用环境条件分别为－55～＋125 ℃、－40～＋85 ℃和0～＋70 ℃,国产相应型号为CW1842、CW2842和CW3842。这是一种单端输出采用峰值电流模式控制的电流型PWM集成控制器,输出脉冲的最大占空比接近1,通常多用于单端反激变换器,输出功率限于100 W以下。这种PWM集成控制器的主要优点是外接元件很少,接线简单,可靠性高,成本低。

UC1842系列PWM集成控制器的内部结构框图如图6.47所示。它由基准电压源、振荡器、误差放大器(E/A)、电流检测比较器、PWM锁存器、欠压锁定电路(UVLO)、门电路和输出级等部分组成。芯片电源电压正常时,波形图如图6.48所示。

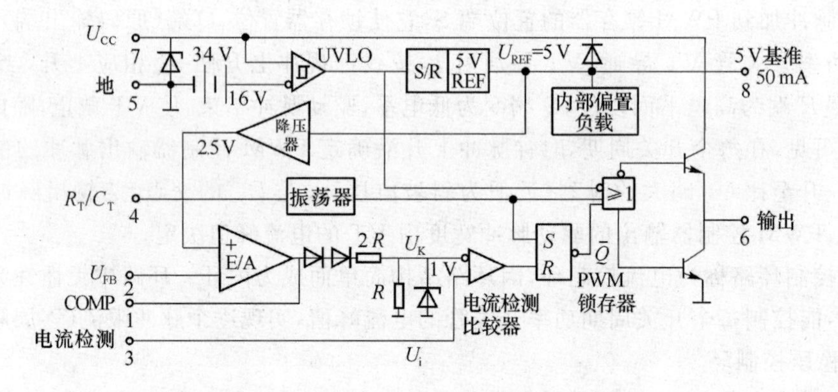

图6.47　UC1842系列PWM集成控制器内部结构框图

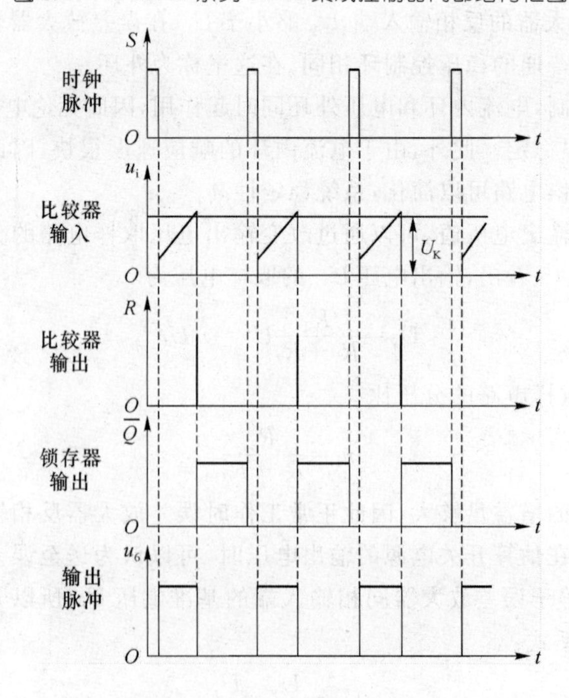

图6.48　UC1842系列PWM集成控制器波形图

(1) 基准电压源

基准电压源产生5 V基准电压,供芯片内部使用,并由8脚向外部提供稳定的5 V电压,输出电流可达50 mA。

(2) 振荡器

时钟脉冲由振荡器产生。在芯片的4脚与8脚间接定时电阻R_T,4脚与5脚(地)间接定时电容C_T。8脚输出的5 V基准电压经R_T向C_T充电,当C_T的电压升高到某一数值时,振荡器内部晶体管使C_T迅速放电。C_T两端产生锯齿波电压,C_T放电期间振荡器输出时钟脉冲。振荡频率近似为

$$f=\frac{1}{T}=\frac{1.75}{C_T R_T}$$

式中,T为振荡周期,即时钟脉冲周期。最高振荡频率可达500 kHz(一般用在50 kHz左右)。

(3) 误差放大器和电流检测比较器

5 V基准电压经芯片内部降压为稳定的2.5 V,加在误差放大器(E/A)同相输入端;开关电源输出电压的取样电压(反馈电压)接至2脚,加在误差放大器反相输入端。误差放大器的输出端接至1脚(补偿端),1脚与2脚间应接负反馈元件。误差放大器的输出电压在芯片内减去两个二极管的正向压降(1.4 V)后,再由$2R$和R分压得1/3电压,记为U_K,其最大值不大于1 V,加在电流检测比较器的反相输入端。

电流检测(逐脉冲电流取样)信号电压u_i为斜坡电压,峰值应不大于1 V,接至3脚,加在电流检测比较器的同相输入端。

当$u_i \leqslant U_K$时,比较器输出低电平;当u_i升高到略大于U_K时,比较器输出高电平。

电路中由开关电源的输出电压取样和误差放大器构成电压闭环,由逐脉冲电流取样和电流检测比较器构成电流闭环,从而实现双环控制。

(4) PWM锁存器

振荡器输出的时钟脉冲加在PWM锁存器的置位端S,时钟脉冲的上升沿使锁存器置位,锁存器$\overline{Q}$端(反码输出端)输出低电平。

电流检测比较器的输出接至PWM锁存器的复位端R,当u_i升高到略大于U_K时,R端得到正脉冲使锁存器复位,锁存器$\overline{Q}$端变为输出高电平。

(5) 欠压锁定(UVLO)与过压保护

芯片的电源U_{CC}正端接7脚,负端接5脚(地),电源电压允许达到30 V。

欠压锁定的开启阈值为16 V、关闭阈值为10 V,开启和关闭阈值有6 V的回差。当U_{CC}低于关闭阈值时,欠压锁定回差比较器使芯片的输出级输出低电平,关闭PWM驱动信号;此时输出级的灌电流约1 mA,可使被驱动的功率开关管维持关断状态。当U_{CC}升高到开启阈值时,欠压锁定回差比较器使芯片的输出级恢复正常工作。

在芯片的电源输入端,内部接有一个34 V稳压二极管,当供电电源内阻较大时,能把芯片的电源电压限制为不超过34 V,对芯片起过压保护作用。但若供电电源内阻小(如稳压电源供电),一旦输入电源电压超过34 V,该稳压二极管将因电流过大而烧毁,整个芯片也就报废。可见34 V稳压管起过压保护作用是有前提的。

(6) 门电路及输出级

门电路输入3个信号:欠压锁定电路输出的逻辑反、振荡器产生的时钟脉冲、PWM锁存器$\overline{Q}$端的输出信号。门电路上侧为“或非”门,下侧为“或”门。

输出级为图腾柱结构。芯片电源电压正常时,欠压锁定回差比较器输出高电平,经逻辑反变为低电平。在此条件下,当振荡器和PWM锁存器$\overline{Q}$端都输出低电平时,"或非"门输出高电平,"或"门输出低电平,使输出级上晶体管导通、下晶体管截止,芯片的输出端6脚输出高电平;当振荡器输出时钟脉冲或PWM锁存器$\overline{Q}$端输出高电平时,"或非"门输出低电平,"或"门输出高电平,使输出级上晶体管截止、下晶体管导通,6脚输出低电平。6脚的输出电压记为U_6,输出高电平电压约为13.5 V,低电平电压约为0.1~1.5 V(灌电流小则低电平电压小);输出最大电流(最大拉、灌电流)持续值为±200 mA,峰值为±1 A。

从图6.48所示波形图可以看出,每个开关周期芯片输出的驱动脉冲前沿对应于时钟脉冲的后沿,驱动脉冲后沿则对应于PWM锁存器输出脉冲的前沿,即电流检测比较器输出高电平的时刻(近似为斜坡电压u_i与U_K的交点)。在时钟脉冲过后,受控功率开关管开始导通,通过逐脉冲电流取样电路获得斜坡电压u_i,当被取样的电流瞬时值上升到给定值时,u_i升至略大于U_K,使PWM锁存器复位而在$\overline{Q}$端输出高电平,于是驱动脉冲结束,被控功率开关管截止,相应地u_i变为零。正因为如此,电流检测比较器输出到PWM锁存器R端是一个很窄的脉冲。

从图6.48还可以看出,在时钟脉宽区间,6脚必然输出低电平,故输出脉冲的死区时间等于时钟脉冲宽度。死区时间t_d的大小由C_T值决定,计算式为

$$t_d = 300C_T$$

式中,C_T的单位为μF,t_d的单位为μs。设计电路时应先根据所需死区时间确定C_T值,再根据开关频率和选定的C_T值确定R_T的阻值。

(7) 使芯片输出端关闭的方法

将3脚电压升高到1 V以上或者将1脚电压降低到1 V以下,都会使电流检测比较器输出高电平,PWM锁存器复位,从而关闭输出,直到下一个时钟脉冲使锁存器置位为止。根据上述原理,可按使用要求设置相关电路来实现各种必要的保护。

单端输出电流型PWM集成控制器其他型号的产品中,UC1844系列与UC1842系列基本相同,区别是最大占空比不同。UC1844系列的输出频率为振荡频率的一半,输出脉冲的最大占空比接近0.5,一般常用于单端正激变换器,输出功率100 W~2 kW都可以。

UC1842系列PWM集成控制器的应用,举例如图6.49所示。这是用UC3842控制的25 W单端反激型开关电源。交流输入电压经整流桥整流电容C_1滤波后变为直流电压,该电压经电阻R_2对电容C_2充电,当C_2两端电压上升到16 V后,UC3842开始工作。电路正常运行后,高频变压器辅助绕组N_C及其整流滤波电路提供芯片的电源电压。同时该电压经R_3和R_4分压,在R_4上获得取样电压,从2脚送往误差放大器反相输入端。R_5与C_{14}并联,接在误差放大器输出端1脚与反相输入端2脚之间,构成负反馈,补偿系统的幅频相频特性。电流检测电路由逐脉冲电流取样电阻R_{10}以及滤波电路R_8和C_7组成,流过R_{10}的电流等于高频变压器初级电流,R_{10}两端产生斜坡电压,R_8和C_7可滤除功率开关管开通时的电流尖峰取样。

R_6和C_6确定振荡频率和死区时间,开关频率约40 kHz。R_{12}、C_9、VD_3及R_{11}、C_8、VD_4组成浪涌吸收电路,用以保护功率开关管。

安全注意:图6.49所示电路由于采用无工频变压器桥式整流,电路中的浮地端对地也有高电位,因此高频变压器初级侧(包括N_C绕组回路)的所有部分均应防止人体接触。图中的浮地端是公共电位端,但不能接地。假如浮地端(即整流输出负端)接地,则整流桥输出

负端通过接地线与交流零线相通，将使交流输入有半周期被整流桥中的一个桥臂短路，该整流桥臂将会烧毁。

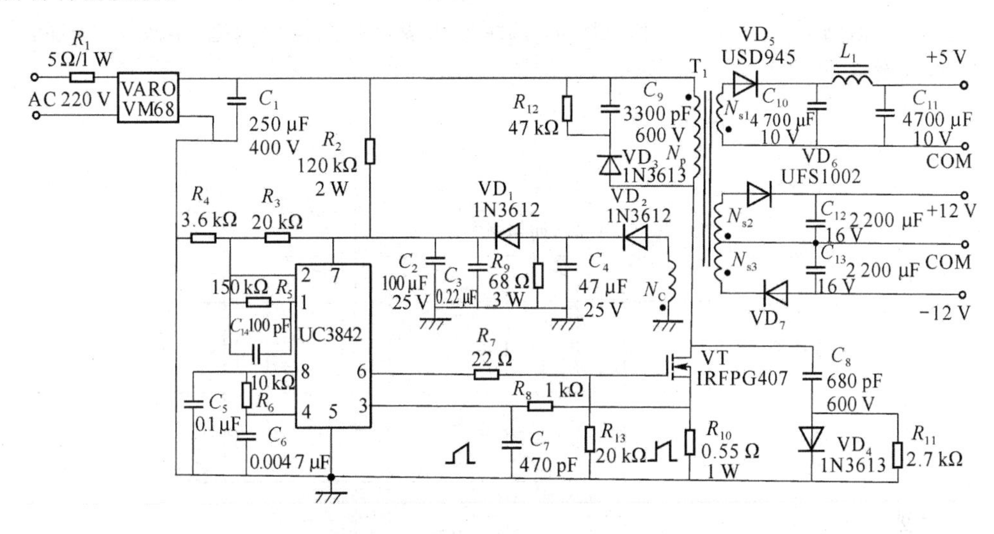

图 6.49　用 UC3842 控制的 25W 单端反激型开关电源

3. UC1846 系列 PWM 集成控制器

美国 UNITRODE 公司制造的 UC1846 系列 16 脚芯片包括 UC1846、UC2846 和 UC3846，国产相应型号为 CW1846、CW2846 和 CW3846。这是一种双端输出采用峰值电流模式控制的电流型 PWM 集成控制器，适用于推挽式、全桥式和半桥式变换器等双端电路的控制。

UC1846 系列 PWM 集成控制器的内部结构框图如图 6.50 所示。芯片的最大电源电压为 40 V，欠压锁定的开启阈值约为 8.4 V，关闭阈值约为 7.6 V；基准电压(U_{REF})为 5 V；驱动输出峰值电流为 500 mA；利用 T 触发器实现 PWM 脉冲的分相；振荡频率最高可达 1 MHz，因此芯片 A、B 输出端的工作频率最高可达 500 kHz；最大占空比为 0.45～0.48。开关电源的输出电压取样和误差放大器构成电压闭环，逐脉冲电流取样、电流检测放大器和比较器构成电流闭环，实现双环控制。

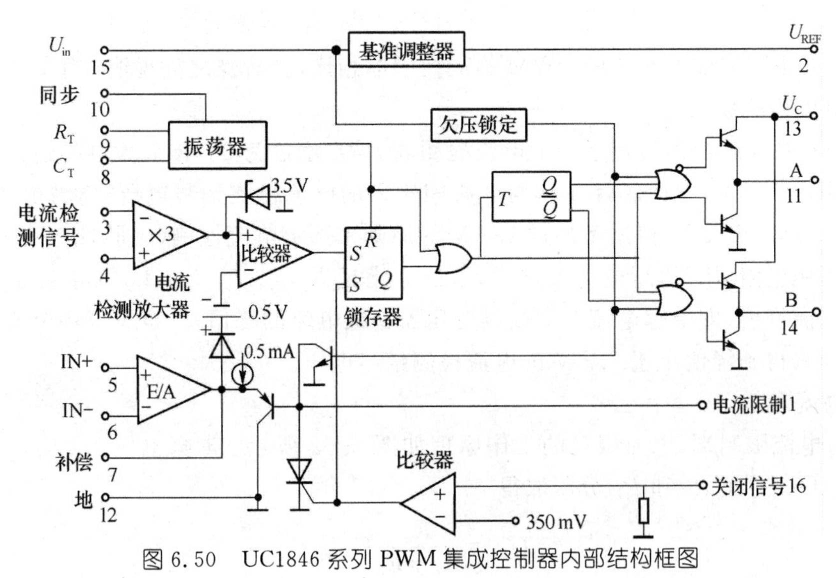

图 6.50　UC1846 系列 PWM 集成控制器内部结构框图

芯片在电源电压正常的条件下,波形图如图 6.51 所示。芯片输出的驱动脉冲前沿对应于时钟脉冲的后沿,驱动脉冲后沿则对应于锁存器输出脉冲的前沿,即被取样的电流瞬时值上升到给定峰值的时刻。在时钟脉宽区间,两组输出级都必然输出低电平,故死区时间等于时钟脉冲宽度。

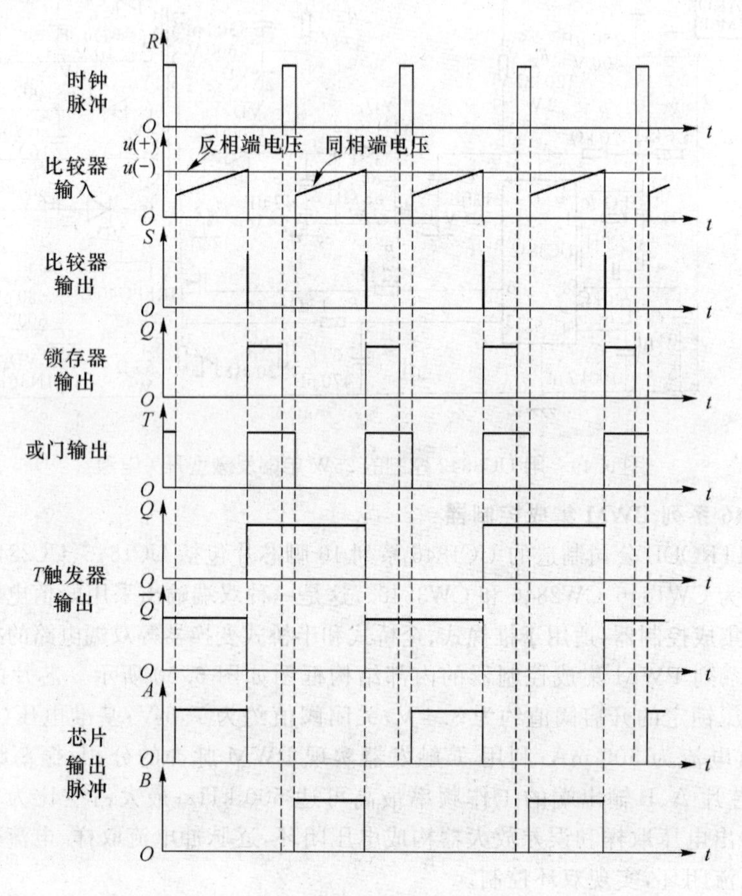

图 6.51 UC1846 系列 PWM 集成控制器波形图

UC1846 系列与前面介绍的 PWM 集成控制器相比,其特殊之处说明如下。

(1) 电流检测放大器

UC1846 系列芯片内设置了一个电流检测放大器,增益为 3。该放大器的输出由内电路限定为不超过 3.5 V,因此芯片 4 脚与 3 脚间输入的电流检测信号电压(斜坡电压)最大值应限制为 3.5/3≈1.2 V,根据不超过 1.2 V 的原则来选定电流检测(逐脉冲电流取样)环节的参数。当用电阻(R_s)进行电流取样时,阻值应满足 $R_s < 1.2 / I_{PK}$,I_{PK} 为正常工作时功率开关管的电流峰值(即电感电流——高频变压器初级电流的峰值)。也可以用电流互感器进行电流取样来得到峰值小于 1.2 V 的电流检测信号电压。

(2) 电流限制

1 脚为电流限制端,电流限定的工作原理如图 6.52 所示。1 脚电压 U_{P1} 从 2 脚输出的 5 V基准电压 U_{REF} 经 R_1 和 R_2 分压取得

$$U_{P1} = \frac{R_2}{R_1 + R_2} U_{REF}$$

当误差放大器(E/A)的输出电压达到$U_{P1}+0.5$ V时(0.5 V为T_r导通所需的发射结正向电压),PNP型晶体管T_r导通,使误差放大器的输出电压被钳制为:$U_{P1}+0.5$ V。误差放大器的输出电压减去约1.2 V(D的正向压降0.7 V加0.5 V)后加在电流检测比较器的反相输入端,电流检测放大器的输出电压加在该比较器的同相输入端。当电流检测放大器的输出电压略大于$U_{P1}+0.5-1.2=(U_{P1}-0.7)$ V时,电流检测比较器输出高电平,使锁存器置位而输出高电平,因此芯片的脉冲输出被关闭。由此可见,U_{P1}值调定了误差放大器的限幅值。"电流限制"端起作用而使芯片关闭驱动脉冲的电流检测信号电压阈值为

$$U_{Rs}=\frac{U_{P1}-0.7}{3}$$

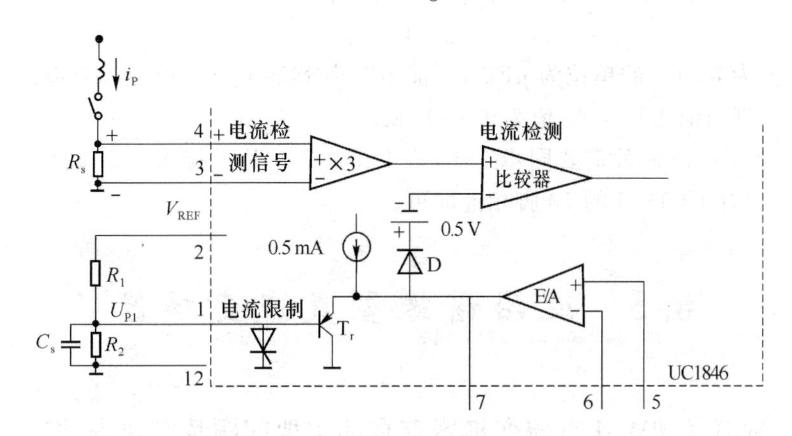

图 6.52　电流检测、限定原理图

对应的电感峰值电流阈值为

$$I_{P(max)}=\frac{U_{P1}-0.7}{3R_s}$$

"电流限制"应在出现过流时起作用,因此$I_{P(max)}>I_{Pk}$。

U_{P1}值根据所需$I_{P(max)}$值和选定的R_s值确定,而且必须小于4.2 V。因为晶体管T_r导通后要实现"电流限制"保护,电流检测比较器反相输入端的电压必须低于同相输入端限定的3.5 V,所以必须满足$U_{P1}<3.5+1.2-0.5=4.2$ V。

在1脚与12脚(地)之间外接电容可实现软启动。启动时电容充电使U_{P1}从零逐渐升高,钳制误差放大器输出到电流检测比较器反相输入端的电压逐渐升高,使芯片输出的驱动脉冲逐渐由窄变宽。电容充电结束时,U_{P1}达到正常值。

电路正常工作时,误差放大器的输出电压低于$(U_{P1}+0.5)$ V,晶体管T_r处于截止状态。

(3) 关闭

16脚为关闭端。当16脚输入电压超过350 mV时,关闭保护比较器输出高电平,一方面使锁存器置位而输出高电平,关闭驱动脉冲输出;另一方面晶闸管被触发导通,使1脚的电压被拉到最低,T_r正向偏置而导通,误差放大器的输出电压也被拉到最低,于是芯片无驱动脉冲输出。

电路关闭后,当16脚的关闭信号消失时,有自恢复和不能自恢复两种模式可供选择。图6.50中晶闸管的擎住电流(一经从断态转到通态就移除触发信号要保持晶闸管处于通态所必需的最小阳极电流)为1.5 mA,调节图6.52中R_1的值,以决定晶闸管导通时阳极电流

能否达到1.5 mA。若阳极电流小于1.5 mA,则晶闸管失去触发信号就关断,芯片可以自恢复;如果阳极电流大于1.5 mA,则晶闸管导通后门极失去控制作用,即使16脚的关闭信号消失,晶闸管仍保持导通状态,因此芯片不能自恢复。这时须切断电源后再重新启动,电路才能恢复正常工作。

(4) 振荡器的振荡频率

振荡器的振荡频率为

$$f=\frac{2.2}{C_{T}R_{T}}$$

C_T 接在8脚与地之间。死区时间 t_d 由 C_T 值决定

$$t_d=145C_T$$

式中,t_d 的单位为 μs,C_T 的单位为 μF。C_T 值不能小于100 pF,一般选1 000 pF以上。

R_T 接在9脚与地之间。R_T 值为1～500 kΩ。

如果多个UC1846芯片需要同步工作,只要在一个芯片上接 R_T、C_T 元件,并将它的10脚(同步端)与所有UC1846的10脚相连即可。

6.5 边沿谐振型直流变换器

6.5.1 硬开关PWM直流变换器存在的主要问题及解决办法

在一般PWM直流变换器中,功率开关管在高电压下开通、大电流下关断,处于强迫开关过程,开关条件较为恶劣(开关应力大),因此称之为"硬开关"。这种开关电源电路结构较简单,输出波形良好,在较短时间内发展得很快,但是进一步提高效率以及提高工作频率使开关电源更小型轻量受到限制。

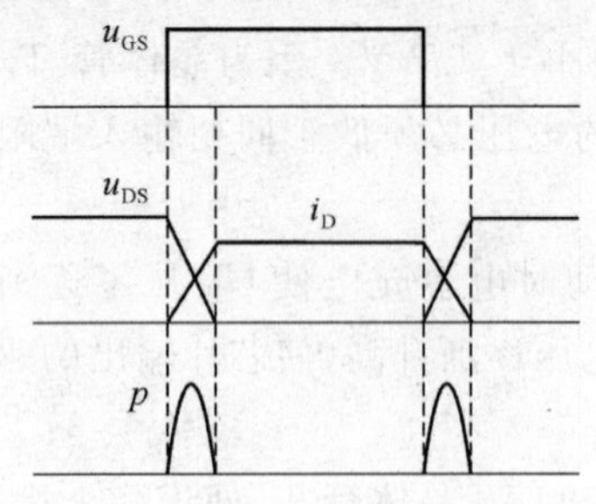

图6.53 开关过程中的损耗功率

功率开关管的开通和关断实际上都需要一定的时间,在一般PWM直流变换器中,即使驱动电压波形为标准的矩形波,但功率开关管的电压、电流为梯形波,梯形波的斜边部分对应于功率开关管的开关过程。功率开关管开通时电流上升、电压下降,关断时电流下降、电压上升,在开关过程中功率开关管产生了电流、电压波形重叠,其瞬时电流、电压的乘积为瞬时损耗功率 p,如图6.53所示。开关频率越高,开关损耗功率越大。

此外,功率开关管(如VMOSFET)的输出电容 C_{oss} 在器件开通前加有电压 U_{DS},其储能为 $W_C=C_{oss}U_{DS}^2/2$,当功率开关管由截止变为导通时,输出电容对功率开关管放电,所储存的能量全部消耗在功率开关管内,其损耗功率为 $P_C=fC_{oss}U_{DS}^2/2$。开关频率(f)越高,这项损耗功率也越大。

一般PWM直流变换器在功率开关管开关过程中,不仅存在开关损耗,而且电流、电压变化率大,导致了开关噪声的产生,形成电磁骚扰。

为了解决硬开关存在的上述问题,使开关电源能在高频下高效率地运行并减少开关噪声,

国内外电力电子和电源科技界自 20 世纪 70 年代以来，不断地在研究开发高频软开关技术。

所谓“软开关”，是应用谐振原理，在开关电源主回路中接入谐振电感 L_r、谐振电容 C_r 等元件，使功率开关管的电压波形或电流波形在某阶段变为部分正弦波，让功率开关管在开通前电压自然降为零，实现零电压开通，或者让功率开关管在关断前电流自然降为零，实现零电流关断，消除功率开关管开关过程中电流、电压波形的重叠，并降低它们的变化率，从而大幅度减小开关损耗和开关噪声，提高效率，降低电磁骚扰。

需要指出，这里所说的“谐振”，并非电源频率与 L_rC_r 回路本身的谐振频率相等时产生的串联谐振或并联谐振，而是由功率开关管的开通或关断所激发的 L_rC_r 回路的自由振荡。

功率开关管的输出电容以及高频变压器的漏感在一般 PWM 变换器中是不希望存在的寄生参数，但在软开关变换器中这些寄生参数可作为谐振电容或谐振电感的一部分加以利用。

通信用高频开关整流器中采用的软开关电路多为 PWM 边沿谐振变换器。这类变换器均采用开关频率恒定的 PWM 方式控制，L_rC_r 谐振仅发生于开关过程的边沿，故称为 PWM 边沿谐振变换器。PWM 控制方式开关频率恒定，有利于高频变压器和输出滤波电路的优化设计，因此非常适合于对输出杂音电压要求严格的通信用高频开关电源。

在通信用高频开关整流器中，常见下述两种 PWM 边沿谐振变换器。

6.5.2　移相控制全桥零电压开关脉宽调制直流变换器

移相控制全桥零电压开关脉宽调制直流变换器简称移相全桥 ZVS-PWM 变换器(或称移相 FB-ZVS-PWM 变换器)。开关频率恒定，通过对 4 个功率开关管驱动脉冲的移相控制来进行脉宽调制；利用谐振电感 L_r、谐振电容 C_r 边沿谐振实现功率开关管零电压开通，功率开关管输出电容 C_{oss}所储存的能量也不再消耗在功率开关管内。因此，不但减少了开关应力和开关噪声，而且基本消除了开通损耗，提高了电路效率，使开关频率可达 100 kHz 以上。

1. 电路结构

移相全桥 ZVS-PWM 变换器的电路图如图 6.54 所示。其电路结构与一般全桥 PWM 变换器的区别如下。

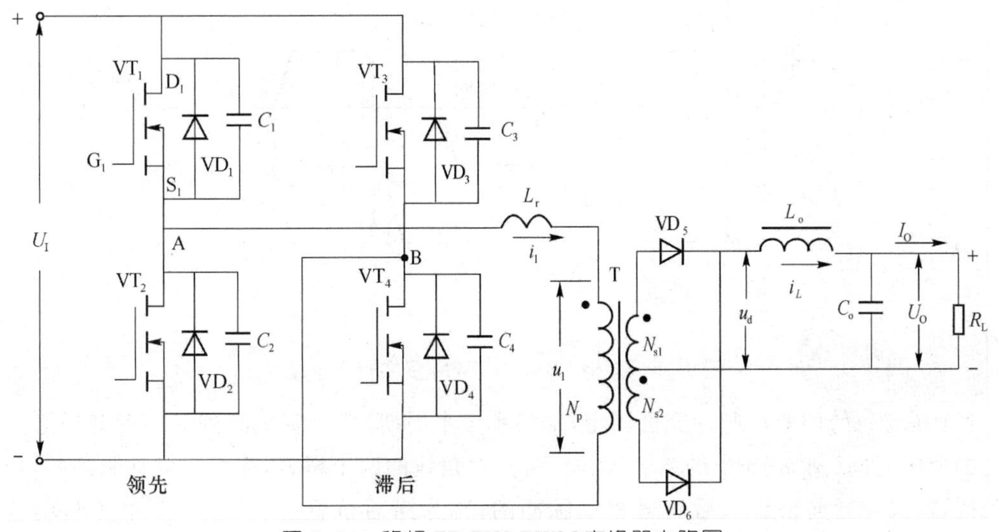

图 6.54　移相 FB-ZVS-PWM 变换器电路图

① 在变压器初级回路中串联了一个谐振电感 L_r(分析时其电感量 L_r 包括了变压器的漏感 L_1);在每个功率开关管的D、S极两端并联了谐振电容 C_r,即 $C_1 \sim C_4$,$C_1 = C_2 = C_3 = C_4 = C_r$(分析时其电容量包括了功率开关管的输出电容)。

② 驱动方式不同。每一对角线两个桥臂的功率开关管不是同时导通、同时关断,而是其导通与关断彼此错开了一段时间,存在相移。驱动脉冲由专用集成电路供给,例如UC3875、UC3879、UCC3895等(驱动脉冲也可由DSP芯片经隔离驱动电路提供)。

电路图中的 $VD_1 \sim VD_4$,是对应功率场效应晶体管 $VT_1 \sim VT_4$ 中的寄生二极管。

假设电路处于电感电流(i_L)连续模式,忽略电子器件的导通压降及电路中的损耗,则电路工作波形如图6.55所示。

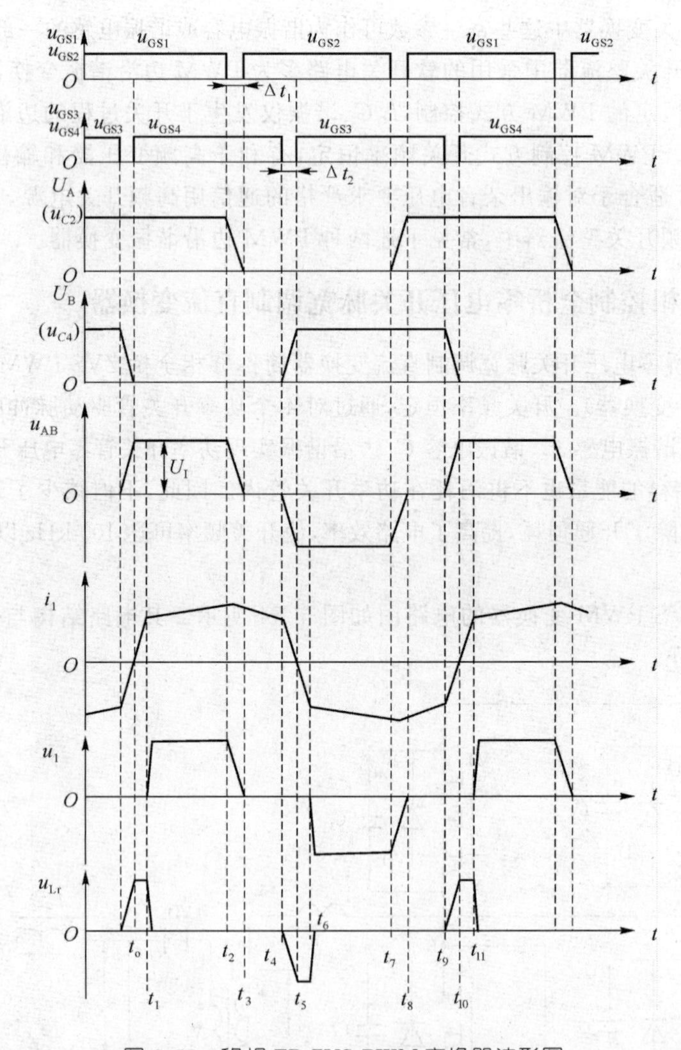

图6.55 移相FB-ZVS-PWM变换器波形图

4个桥臂每管的驱动脉冲宽度固定,都略小于半周期,从一管关断到另一管开通之间有一定的死区时间(图6.55中的 Δt_1、Δt_2)。每一对角线的两个桥臂,先获得驱动脉冲的,称为领先桥臂(又称导前桥臂);后获得驱动脉冲的,称为滞后桥臂。由图6.55中的驱动电压($u_{GS1} \sim u_{GS4}$)波形可知,对角线功率开关管 VT_1 比 VT_4 驱动电压波形超前、VT_2 比 VT_3 驱动电压波形超前，因此 VT_1 和 VT_2 为领先桥臂，VT_3 和 VT_4 为滞后桥臂。加入驱动脉冲的先后顺序为：VT_1、VT_4、VT_2、VT_3，依此循环。除了死区时间外，其他任何时间都有两个功率开关管加有驱动脉冲，其顺序为：VT_1 与 VT_4，VT_4 与 VT_2，VT_2 与 VT_3，VT_3 与 VT_1，依此循环。在对角线功率开关管 VT_1 与 VT_4 同时导通或 VT_2 与 VT_3 同时导通时，变压器传输功率；而 VT_4 与 VT_2 同时导通或 VT_3 与 VT_1 同时导通时，全桥电路处于续流状态，变压器不传输功率。改变这两类导通的时间比例，即改变领先桥臂与滞后桥臂之间的移相期，就能改变变压器上交变方波脉冲电压的占空比，从而实现输出电压的调节。

在图 6.55 中，$t_2 \sim t_4$ 为 VT_1 与 VT_4 两桥臂的移相期，$t_7 \sim t_9$ 或 $t_3 \sim t_5$ 为 VT_2 与 VT_3 两桥臂的移相期。

从电路图可以看出：

$$u_{DS1} = u_{C1} \qquad u_{DS2} = u_{C2} \qquad u_{C1} + u_{C2} = U_I$$

$$u_{DS3} = u_{C3} \qquad u_{DS4} = u_{C4} \qquad u_{C3} + u_{C4} = U_I$$

桥臂中点电压为

$$u_{AB} = U_A - U_B = U_{C2} - U_{C4}$$

2. 工作过程

设电路已稳定工作，下面简要地分析电路工作过程，参看图 6.54 和图 6.55，把电路图和波形图联系起来讨论。

(1) $t_1 \sim t_2$——传输功率

VT_1 与 VT_4 导通，变压器传输功率。

变压器初级电流 i_1 的回路为：$U_{I(+)} \rightarrow VT_1 \rightarrow L_r \rightarrow N_p \rightarrow VT_4 \rightarrow U_{I(-)}$。此时

$$u_{C1} = 0 \qquad u_{C2} = U_I$$

$$u_{C3} = U_I \qquad u_{C4} = 0$$

$$u_{AB} = u_{C2} - u_{C4} = U_I \quad (A+、B-)$$

变压器初级电压 u_1 的极性是上端正下端负，变压器次级电压的极性由同名端决定，也是上端正下端负，整流二极管 VD_5 导通而 VD_6 截止，输出滤波电感（即储能电感）L_o 储能，L_o 中的电流 i_L 逐渐上升；变压器初级电流 i_1 亦平缓上升，谐振电感 L_r 储能。

若忽略变压器的励磁电流，则 $t_1 \sim t_2$ 期间 $i_1 \approx i_L/n \approx I_O/n$（$n$ 为变压器的变比，$n = N_p/N_{s1} = N_p/N_{s2} = N_p/N_s$）。

(2) $t_2 \sim t_3$——第一个谐振过程，领先桥臂零电压开通

t_2 时刻，领先桥臂 VT_1 因驱动脉冲结束而关断。

VT_1 的关断激发谐振，由电容 C_1、C_2、电感 L_r 以及 L_o 折算到变压器初级的电感量 $n^2 L_o$ 构成振荡回路。C_1 充电而 C_2 放电，u_{C1} 上升，u_{C2} 下降，电流回路——C_1 充电：$U_{I(+)} \rightarrow C_1 \rightarrow L_r \rightarrow N_p \rightarrow VT_4 \rightarrow U_{I(-)}$；$C_2$ 放电：$C_{2(+)} \rightarrow L_r \rightarrow N_p \rightarrow VT_4 \rightarrow C_{2(-)}$。$C_1$ 与 C_2 的充放电电流之和等于 i_1。

到 VT_2 加上驱动脉冲的 t_3 时刻（或 t_3 之前），C_1 充完电而 C_2 放完电，此时

$$u_{C1} = U_I \qquad u_{C2} = 0$$

$$u_{C3} = U_I \qquad u_{C4} = 0$$

$$u_{AB} = 0$$

因此,在 t_2～t_3 期间,$u_{AB}=u_{C2}-u_{C4}=u_{C2}$,从 $u_{AB}=U_I$ 逐渐下降到 $u_{AB}=0$。

t_3 时刻领先桥臂 VT_2 加上驱动脉冲,此时 $u_{DS2}=u_{C2}=0$,因此 VT_2 在零电压下开通,开通损耗为零。

VT_1 在关断过程中,由于 C_1 电压不能突变而限制了它的电压上升率 du_{DS1}/dt,使该管在较小的电压下关断(接近于零电压关断),因此关断损耗小。同理,因为并联了谐振电容的缘故,其他功率开关管也都关断损耗小。

(3) t_3～t_4——续流状态

领先桥臂 VT_2 虽在 t_3 时刻加上了驱动脉冲,但还不能正向导通(没有正向导通回路),而是其反并联的寄生二极管 VD_2 处于导通状态:从 C_2 放完电开始,i_1 通过 VD_2 续流。i_1 的回路为:L_r(右)$\rightarrow N_p \rightarrow VT_4 \rightarrow VD_2 \rightarrow L_r$(左)。

从 VD_2 导通起,到 VT_4 关断的 t_4 时刻止,L_o 和 L_r 释放储能,i_1 逐渐下降。

从电路图不难看出,忽略 VT_4 和 VD_2 的导通压降,在 t_3～t_4 期间(或从 t_3 之前 C_2 放完电 VD_2 开始导通,至 t_4 时刻),保持 $u_{AB}=0$。

(4) t_4～t_5——第二个谐振过程,滞后桥臂零电压开通

t_4 时刻,滞后桥臂 VT_4 因驱动脉冲结束而关断。VT_4 关断激发第二个谐振过程,由 L_r、C_3 和 C_4 构成振荡回路,靠 L_r 释放储能,使 C_4 充电而 C_3 放电,u_{C3}下降,u_{C4}上升,电流回路——C_4 充电:L_r(右)(u_{Lr}的正端)$\rightarrow N_p \rightarrow C_4 \rightarrow VD_2 \rightarrow L_r$(左)($u_{Lr}$的负端);$C_3$ 放电:$C_{3(+)}$(上端)$\rightarrow U_{I(+)} \rightarrow U_{I(-)} \rightarrow VD_2 \rightarrow L_r \rightarrow N_p \rightarrow C_{3(-)}$(下端)。$C_4$ 与 C_3 的充放电电流之和等于 i_1。由于 L_r 小,其储能少,因此 i_1 迅速减小。

到 VT_3 加上驱动脉冲的 t_5 时刻(或 t_5 之前),C_4 充完电而 C_3 放完电,此时

$$u_{C3}=0 \qquad u_{C4}=U_I$$

$$u_{C1}=U_I \qquad u_{C2}=0$$

$$u_{AB}=u_{C2}-u_{C4}=-U_I \quad (B+、A-)$$

由此可见,在 t_4～t_5 期间 u_{AB}由 $u_{AB}=0$ 逐渐变为 $u_{AB}=-U_I$。

如果在 t_5 时刻之前 C_4 充完电而 C_3 放完电,则从此时起至 i_1 下降到零的时刻止,VD_3 导通,i_1 通过 VD_2 和 VD_3 续流。

t_5 时刻滞后桥臂 VT_3 加上驱动脉冲,此时 $u_{DS3}=u_{C3}=0$,因此 VT_3 在零电压下开通,开通损耗为零。

在 t_4～t_5 期间,当 $i_1<i_L/n\approx I_O/n$ 时,由变压器中的磁势平衡原则所决定,L_o释放储能使整流二极管 VD_5 和 VD_6 同时导通,于是变压器中磁势不变,变压器初、次级电压为零而相当于短路。

(5) t_5～t_6——i_1 反向增大,占空比丢失

t_5 时刻滞后桥臂 VT_3 加上驱动脉冲(领先桥臂 VT_2 早已加上驱动脉冲)。从 t_5 时刻起,i_1 在下降到零后开始反向增大,VT_3 和 VT_2 导通,L_r 开始储能。i_1 的回路为:$U_{I(+)} \rightarrow VT_3 \rightarrow N_p \rightarrow L_r \rightarrow VT_2 \rightarrow U_{I(-)}$,$i_1$ 的方向与正方向相反。当$|i_1|<I_o/n$ 时,依靠 L_o释放储能仍然使 VD_5 和 VD_6 同时导通,变压器初、次级仍相当于短路。

到 t_6 时刻,$|i_1|$上升到$|i_1|\approx i_L/n\approx I_O/n$。由变压器中磁势平衡的原则所决定,此时 VD_5 截止,电流 i_L 全部转移到 VD_6 中,变压器相当于短路的状态结束,建立起反向电压,L_o开始储能。

从 t_5 时刻到 t_6 时刻前，虽然对角线功率开关管 VT_2、VT_3 同时导通，但变压器上的电压仍然为零，于是形成占空比丢失。

从 t_6 时刻起，到 VT_2 关断的 t_7 时刻止，变压器又传输功率；变压器初级电压 u_1 的极性是下端正上端负，与正方向相反。

$t_1 \sim t_6$ 是开关电源半个周期的时间；另半个周期 $t_6 \sim t_{11}$，电路的工作过程与前半个周期完全对称。

在对角线的两个功率开关管都加上驱动脉冲时，除了出现占空比丢失现象的时间外，其他时间都可认为 $u_1 \approx u_{AB}$，因为 L_r 小，而且这些时间 di_1/dt 小，故 L_r 上的压降很小，可以忽略不计。

占空比丢失现象总是发生在变压器开始传输功率之前，即总是出现在滞后桥臂开通后的一段时间。由于这种电路存在占空比丢失现象，为使输出电压 U_O 达到要求，必须适当降低变压器的变比 n。

3. 领先桥臂与滞后桥臂实现零电压开通的条件

实现功率开关管的零电压开通，需要有足够的能量来使关断桥臂的并联电容充电到电压等于输入电源电压 U_I、待开通桥臂的并联电容放电到电压为零。领先桥臂和滞后桥臂实现零电压开通的情况有所不同。

领先桥臂（如 VT_2）实现零电压开通的能量是 L_r 和 L_o 中的储能，由于 L_o 大，储能多，因此容易实现零电压开通。而滞后桥臂（如 VT_3）实现零电压开通的能量仅是 L_r 中的储能，其能量比前者小得多，所以滞后桥臂实现零电压开通比领先桥臂困难。

电感中的储能与通过它的电流的平方成正比。无论领先桥臂或滞后桥臂，能否实现零电压开通都同输出电流 I_O 的大小有关。

领先桥臂实现零电压开通的条件可表达为

$$I_O \geqslant \frac{2nU_I}{\pi}\sqrt{\frac{2C_r}{L_r}} \tag{6.37}$$

滞后桥臂实现零电压开通的条件可表达为

$$I_O \geqslant nU_I\sqrt{\frac{2C_r}{L_r}} \tag{6.38}$$

从式(6.37)和式(6.38)可以看出：输出电流 I_O 越大，越容易实现功率开关管零电压开通；滞后桥臂实现零电压开通比领先桥臂困难，当输出电流 I_O 满足滞后桥臂零电压开通的条件时，一定能够满足领先桥臂零电压开通的条件；在轻载时，I_O 小，将使领先桥臂和滞后桥臂都不能实现零电压开通。

顺便指出，在电感电流不连续模式下（L_o 不够大，L_o 中的电流 i_L 不连续），$VT_1 \sim VT_4$ 都不能实现零电压开通。

减小并联在功率开关管上的谐振电容 C_r 对零电压开通是有利的，但对限制电压上升率及抑制寄生振荡不利。

谐振电感 L_r 应适当取值，通常 L_r 值小，若 L_r 值较大，虽更有利于实现滞后桥臂零电压开通，但会使占空比丢失现象更严重。

4. 电路的优缺点

电路的优点如下：

① 能实现功率开关管零电压开关:零电压开通、接近于零电压关断,从而减小了开关损耗,提高了电路效率;

② 元器件的电压、电流应力小;

③ 开关频率恒定,有利于高频变压器和输出滤波器的优化设计。

电路的缺点如下:

① 滞后桥臂实现零电压开通比领先桥臂困难;

② 存在占空比丢失现象,限制了开关频率的提高;

③ 电路中存在较大的环流,使导通损耗增大。

尽管移相控制全桥零电压开关 PWM 变换器存在一些缺点,但它的优点突出,因此获得了较广泛的应用。

6.5.3 移相控制全桥零电压零电流开关脉宽调制直流变换器

移相控制全桥零电压零电流开关脉宽调制直流变换器简称移相全桥 ZVZCS-PWM 变换器(或称移相 FB-ZVZCS-PWM 变换器)。其特点是:领先桥臂为零电压开通,而滞后桥臂为零电流关断,能在较宽的负载范围内实现领先桥臂零电压开关(ZVS)和滞后桥臂零电流开关(ZCS),电路的效率更高。

移相全桥 ZVZCS-PWM 变换器的驱动方式与移相全桥 ZVS-PWM 变换器相同。

IGBT 比 VMOSFET 导通损耗小,因而它更适应提高电路输出功率的要求。但 IGBT 关断时存在电流拖尾现象,关断损耗大。由于移相全桥 ZVZCS-PWM 变换器中滞后桥臂实现了零电流关断,降低了 IGBT 关断时电流拖尾现象的影响,因此目前大多使用 IGBT 来作移相全桥 ZVZCS-PWM 变换器中的功率开关管。

1. 电路结构

移相全桥 ZVZCS-PWM 变换器的电路结构举例如图 6.56 所示,图中 L_1 为变压器的漏感。其电路结构特点如下。

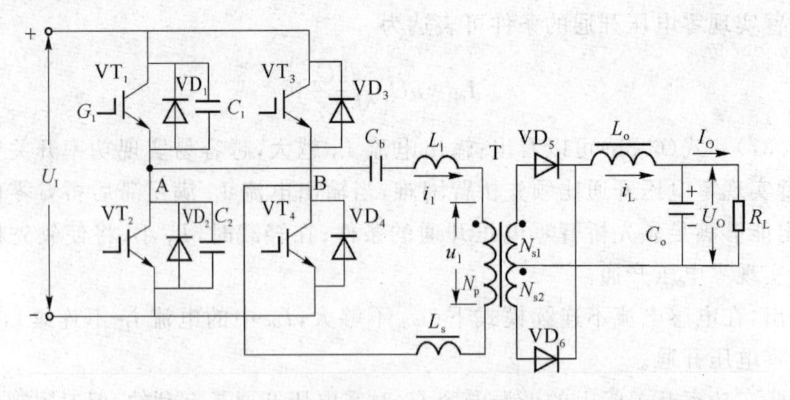

图 6.56 串联可饱和电感的移相 FB-ZVZCS-PWM 变换器电路图

① 在变压器初级回路中串联了一个阻断电容 C_b。它除了防止变压器产生单向偏磁外,其主要作用是:在领先桥臂关断后的续流期间(如 VT_1 关断后,C_1、C_2 充放电结束,VD_2 导通),C_b 上的电压迫使漏感电流(即变压器初级电流 i_1)快速下降到零,从而为滞后桥臂(对应如 VT_4)创造了零电流关断的必要条件。

② 领先桥臂的功率开关管（VT_1、VT_2）仍并联谐振电容（$C_1=C_2=C_r$），以实现领先桥臂零电压开通；而滞后桥臂的功率开关管（VT_3、VT_4）不再并联电容，以免滞后桥臂开通时电容放电加大开通损耗。

③ 在变压器初级串联了一个可饱和电感 L_s。电流大时，可饱和电感中磁通饱和，其动态电感 $L_s=d\Psi/dt\approx 0$（Ψ 是可饱和电感中的磁链）；电流很小接近零时，可饱和电感中磁通退出饱和，动态电感 $L_s=d\Psi/dt$ 大，可以阻止电流向反方向增大，从而在所需的一小段时间内把电流钳在零值，故能实现滞后桥臂零电流开关。

2. 工作过程

假设电路处于电感电流（i_L）连续模式，可饱和电感的特性是理想的，阻断电容 C_b 足够大，并忽略电子器件的导通压降及电路中的损耗，则电路工作波形如图 6.57 所示。由驱动电压波形可知，VT_1 和 VT_2 为领先桥臂，VT_3 和 VT_4 为滞后桥臂。

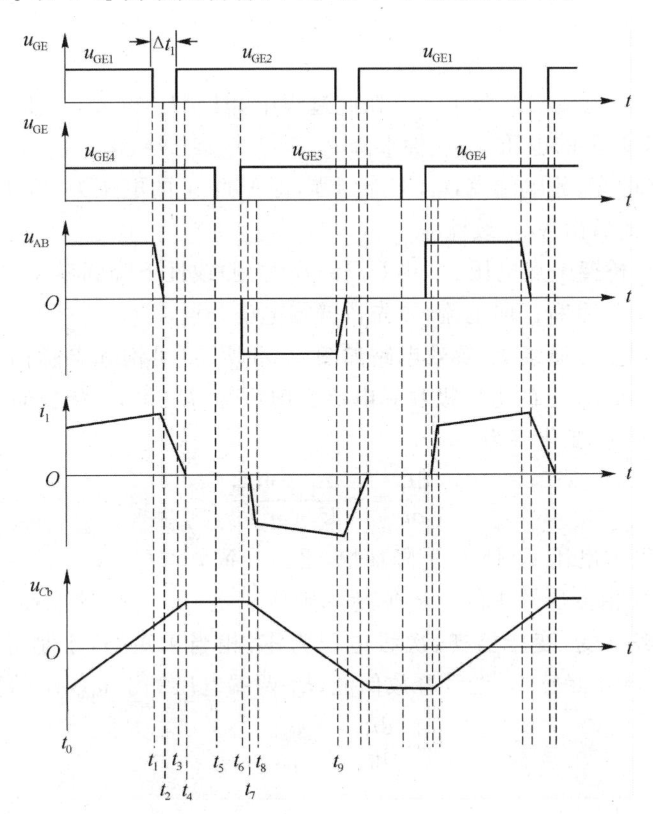

图 6.57 串联可饱和电感的移相 FB-ZVZCS-PWM 变换器波形图

(1) $t_0\sim t_1$——传输功率

t_0 为电路稳定工作后的起始观察点。$t_0\sim t_1$ 期间，VT_1 和 VT_4 导通，变压器传输功率。

变压器初级电流 $i_1\approx I_O/n$，其回路为：$U_{I(+)}\rightarrow VT_1\rightarrow C_b\rightarrow L_1\rightarrow N_p\rightarrow L_s\rightarrow VT_4\rightarrow U_{I(-)}$。此时可饱和电感正向饱和，其动态电感 $L_s\approx 0$；i_1 平缓上升，L_1 储能；C_1 上的电压 u_{C1}、C_2 上的电压 u_{C2} 分别为

$$u_{C1}=0 \qquad u_{C2}=U_I$$

桥臂中点电压为

$$u_{AB}=U_I$$

由于 $i_1 \approx I_O/n$ 近似不变，因此阻断电容 C_b 上的电压 u_{Cb} 线性上升，即

$$u_{Cb}=U_{Cb}(t_0)+\frac{I_O(t-t_0)}{nC_b}$$

式中，$U_{Cb}(t_0)$ 为 C_b 在 t_0 时刻的电压初始值；I_O 为变换器输出直流电流；n 为变压器的变比，$n=N_p/N_s$。

u_{Cb} 的极性，由右端正左端负，变为左端正右端负(左端正右端负为正方向)。

变压器初级电压 u_1 的极性是上端正下端负，变压器次级电压的极性由同名端决定，亦上端正下端负，整流二极管 VD_5 导通而 VD_6 截止，输出滤波电感(即储能电感) L_o 储能。

(2) $t_1 \sim t_2$——为领先桥臂创造零电压开通条件

领先桥臂 VT_1 于 t_1 时刻关断，C_1、C_2 和 $L_1+n^2L_o$ 以及 C_b 构成谐振回路。C_1 充电而 C_2 放电，电流回路——C_1 充电：$U_{I(+)} \to C_1 \to C_b \to L_1 \to N_p \to L_s \to VT_4 \to U_{I(-)}$；$C_2$ 放电：$C_{2(+)} \to C_b \to L_1 \to N_p \to L_s \to VT_4 \to C_{2(-)}$。

C_1、C_2 的充、放电电流之和等于 i_1。在此过程中，因 n^2L_o 很大，i_1 几乎不变，故 C_1 上的电压 u_{C1} 线性上升，C_2 上的电压 u_{C2} 线性下降。

t_2 时刻 C_1、C_2 的充、放电结束，u_{C2} 下降到零，即 VT_2 上的电压为零，从而为 VT_2 零电压开通创造了条件。此后由 VD_2 续流。

在 $t_1 \sim t_2$ 期间，桥臂中点电压 u_{AB} 由 U_I 值(t_1 时刻)线性下降到零(t_2 时刻)。

(3) $t_2 \sim t_4$——C_b 阻断正向电流，领先桥臂零电压开通

从 t_2 时刻起 VD_2 导通续流，等效电路如图6.58所示(可饱和电感仍正向饱和，动态电感 $L_s \approx 0$)。由 $L_1+n^2L_o$ 上的电压极性和电流方向可知，L_1 和 L_o 释放储能，变压器初级电流 i_1 在下降，此时 i_1 的变化率为

$$\frac{di_1}{dt}=-\frac{u_{Cb}+nU_O}{L_1+n^2L_o}$$

阻断电容 C_b 上的电压 u_{Cb} 使 i_1 下降加快，迅速导致 $i_1<I_O/n$。

当 $i_1<I_O/n$ 时，由变压器中的磁势平衡原则所决定，L_o 释放储能使 VD_6 和 VD_5 同时导通，变压器中磁势不变，变压器初、次级电压为零，相当于短路，于是等效电路变为如图6.59所示。这时变压器漏感 L_1 继续释放储能，L_1 两端电压等于 u_{Cb}，i_1 的变化率为

$$\frac{di_1}{dt}=-\frac{u_{Cb}}{L_1}$$

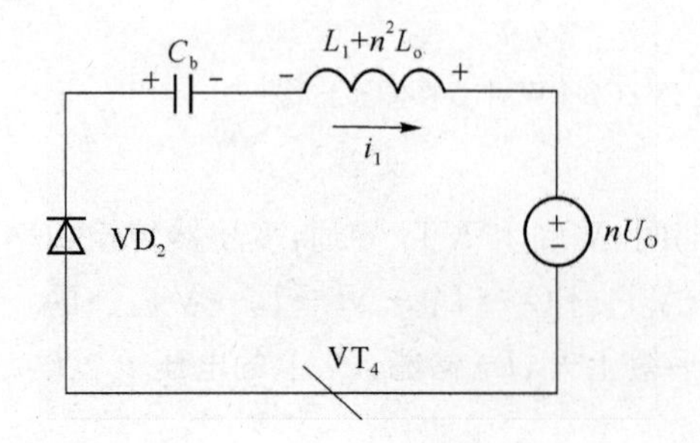

图6.58 t_2 时刻等效电路

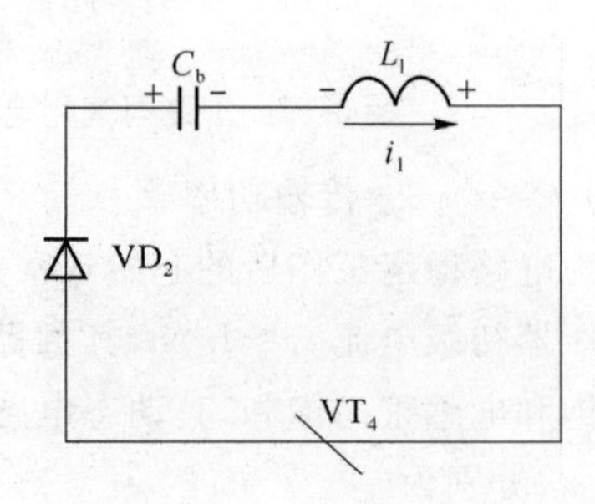

图6.59 t_2 时刻后当 $0<i_1<I_O/n$ 时的等效电路

由于 L_1 很小，因此在 u_{Cb} 的作用下变压器初级电流 i_1 急剧下降。到 t_4 时刻，i_1 下降为零；与此同时，u_{Cb} 上升到峰值电压 U_{Cb}。

$$U_{Cb} \approx \frac{I_O t_{on}}{2nC_b} = \frac{I_O D_O T}{4nC_b}$$

式中，D_O 为占空比，$D_O = 2\,t_{on}/T$（t_{on} 为导通时间，此处即 VT_1 与 VT_4 同时导通的时间，约经这段时间 u_{Cb} 从 $-U_{Cb}$ 升到 U_{Cb}）；T 为功率开关管的开关周期。

由此可见，在 VD_2 导通后，靠阻断电容 C_b 上的电压来迫使 i_1 快速下降到零，这时 C_b 起着阻断正向电流的作用。

t_3 时刻，领先桥臂 VT_2 加上驱动脉冲，在零电压下开通。

（4）$t_4 \sim t_6$——可饱和电感正向退磁，滞后桥臂零电流开关

从 i_1 下降到零的 t_4 时刻开始，阻断电容上的电压 $u_{Cb} = U_{Cb}$（左端正右端负）经过 VT_2 和 VD_4 几乎全部加在可饱和电感上（变压器相当于短路），其磁链的瞬时值为

$$\Psi(t) = \Psi_s - U_{Cb}(t - t_4)$$

式中，Ψ_s 为饱和磁链，$\Psi_s = N\Phi_s$（Φ_s 为饱和磁通）。这时在 U_{Cb} 的作用下，磁芯的正向磁链减少，可饱和电感退出正向饱和，动态电感 L_s 大，从而阻止反向电流增大，使变压器初级电流 i_1 接近为零。

t_5 时刻，滞后桥臂 VT_4 驱动脉冲结束，在零电流下关断。

t_6 时刻，滞后桥臂 VT_3 加上驱动脉冲，在零电流下开通。

桥臂中点电压 u_{AB} 在 $t_2 \sim t_6$ 期间均为零，从 t_6 时刻起：

$$u_{AB} = -U_I$$

（5）$t_6 \sim t_8$——可饱和电感反向充磁至反向饱和，占空比丢失

VT_3 在 t_6 时刻开通后，$U_I + u_{Cb}$ 经 VT_3 和 VT_2 几乎全部加在可饱和电感 L_s 上，使 L_s 在 t_7 时刻反向饱和。这时变压器初级电流 i_1 反向，其回路为：$U_{I(+)} \rightarrow VT_3 \rightarrow L_s \rightarrow N_p \rightarrow L_1 \rightarrow C_b \rightarrow VT_2 \rightarrow U_{I(-)}$。$L_s$ 反向饱和后，$L_s \approx 0$，于是 $U_I + u_{Cb}$ 全部加在变压器漏感 L_1 上，i_1 的变化率为

$$\frac{di_1}{dt} = -\frac{U_I + u_{Cb}}{L_1}$$

反向的 i_1 急剧上升，在 t_8 时刻 i_1 的绝对值上升到 I_O/n 值。

$t_6 \sim t_8$ 时段，VT_3 和 VT_2 已同时导通但变压器上的电压仍为零，故为占空比丢失时间。

在 $t_4 \sim t_7$ 期间，$i_1 \approx 0$（可饱和电感正向退磁、反向充磁），阻断电容 C_b 既不充电也不放电，因此 $u_{Cb} = U_{Cb}$ 基本保持不变，呈现平顶波形。

（6）$t_8 \sim t_9$——传输功率

在 $t_2 < t < t_8$ 期间，变压器初级电流 $i_1 < I_O/n$ 或 $|i_1| < I_O/n$，L_o 释放储能使 VD_5 和 VD_6 同时导通，变压器初、次级都相当于短路。到 t_8 时刻 $i_1 \approx -I_O/n$，变压器初、次级相当于短路的状态被消除，初、次级电压的极性为下端正上端负，次级回路 VD_6 导通而 VD_5 截止。从 t_8 到 VT_2 关断的时刻 t_9，变压器传输功率，L_o 储能；桥臂中点电压保持 $u_{AB} = -U_I$；阻断电容 C_b 先放电接着反向充电，u_{Cb} 的极性由左端正右端负变为右端正左端负。

后面的工作过程，读者可自行分析。

从以上分析可以看出，在移相全桥 ZVZCS-PWM 变换器中，领先桥臂是零电压开关

(ZVS),即零电压开通,并近似为零电压关断;滞后桥臂是零电流开关(ZCS),即零电流关断,并且零电流开通。

6.5.4 移相全桥软开关PWM变换器的集成控制器举例

美国UNITRODE公司制造的UC1875、UC2875和UC3875芯片,是用于移相全桥ZVS-PWM变换器和移相全桥ZVZCS-PWM变换器的集成控制器。这3种产品的内部结构和功能完全一样,使用环境条件分别为:$-55\sim+125$ ℃、$-25\sim+85$ ℃和$0\sim+70$ ℃。

该系列芯片的内部结构框图如图6.60所示,图中的引脚号码为20脚封装的引脚编号。芯片内部包括基准电压源、振荡器、斜坡产生与斜率补偿电路(简称斜坡发生器)、误差放大器、PWM比较器、PWM锁存器、触发器、"异或"门及"异或非"门、各路输出延时电路(即产生并调节死区时间的电路)、输出驱动电路、欠压封锁电路、过流保护和软启动电路等。

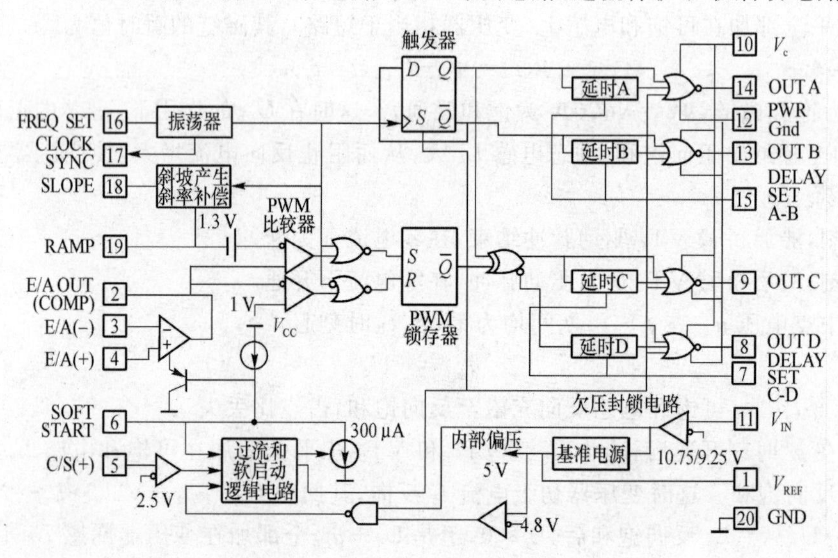

图6.60 UC1875系列PWM集成控制器内部结构框图

1. 产品特点

① 有频率恒定脉冲宽度也恒定的两组驱动脉冲输出:一组是A与B,彼此相差180°,用于驱动两个滞后桥臂;另一组是C与D,彼此相差180°,用于驱动两个领先桥臂。4路输出每路都在输出脉冲前有死区时间,A与B之间的死区时间和C与D之间的死区时间可以分别设定。A路比D路以及B路比C路脉冲滞后的角度(即移相角)可以调节,通过改变移相角实现脉宽调制。被驱动的对角线功率开关管同时导通的最大占空比接近0.5。

② 既可采用电压型控制,也可采用电流型控制;芯片中还有独立的过流保护电路。

③ 振荡器的振荡频率可达2 MHz,故功率开关管的开关频率可达1 MHz。振荡器既可自身振荡,也可与外部频率更高的时钟信号同步。

④ 具有欠压封锁功能。芯片的电源电压V_{IN}一般在12~20 V范围内。欠压封锁的关闭阈值为9.25 V,开启阈值为10.75 V,回差电压1.5 V。当V_{IN}下降到9.25 V时进行欠压封锁,使所有输出端均为低电平,芯片无驱动脉冲输出;当V_{IN}上升到10.75 V时,芯片才正常工作。

2. 引脚功能

该系列芯片有 20 脚封装、28 脚封装等多种封装形式。最常用的是 20 脚 DIP 封装(双列直插式封装),其引脚功能如下。

① 20 脚(GND)信号地:所有电压都以该脚的电位为基准点。接在 16(频率设定)脚的定时电容器、接在 1(基准电压)脚的旁路电容器、接在 11(输入电源电压)脚的旁路电容器和接在 19(斜坡)脚的斜坡电容器,都应直接接到靠近该信号接地脚的地线上。

② 12 脚(PWR GND)功率地:输出级电源(V_c)10 脚应接一只等效串联电阻(ESR)和等效串联电感(ESL)都很小的陶瓷旁路电容器,该电容器的另一端应接到与 12 脚相连的功率地线上。采用独立的功率接地脚,能够减少大功率驱动脉冲输出所产生的噪声对芯片内模拟电路的干扰。为了抑制噪声和降低直流压降,信号地线和功率地线可在某一点连接在一起。

③ 10 脚(V_c)输出级电源电压:V_c 超过 3 V,输出级就能工作;V_c 高于 12 V,可获得最佳性能。

④ 11 脚(V_{IN})芯片的电源电压:正常工作时应高于 12 V。最大电源电压为 20 V。应当指出,在出现欠压封锁后,当该脚电压升至 10.75 V 时,电源的电流 I_{IN} 将从 100 μA 跳变到 20 mA,如果该脚没有接高质量的旁路电容器,电源电压将会下降,可能再次转入欠压封锁状态。

⑤ 1 脚(V_{REF})基准电压:在芯片电源电压 V_{IN} 正常时,该脚输出 5 V 基准电压,可给外部电路提供 60 mA 电流,并具有短路限流保护。当 V_{REF} 低于 4.8 V 时,芯片各输出端均为低电平,无驱动脉冲输出。为了获得良好的基准电压,在 1 脚与地之间应接入等效串联电阻和电感都很小的 0.1 μF 电容器。

⑥ 16 脚(FREQ SET)振荡频率设定:振荡器的振荡频率 f 由接在该脚与信号地之间的电容 C_T 和电阻 R_T 来决定,即

$$f=\frac{4}{C_T R_T}$$

R_T 的取值范围为 3.5～100 kΩ。

⑦ 17 脚(CLOCK SYNC)时钟脉冲同步:作输出端用时,该脚输出时钟信号;作输入端用时,该脚提供同步点。多个芯片应用时,将所有芯片的 17 脚连在一起,它们就都与振荡频率最高的芯片同步。应当说明,为了减小时钟脉冲宽度,该脚应接一个电阻负载。

⑧ 18 脚(SLOPE)设定斜坡的斜率及斜率补偿:接在该脚和 V_{IN} 脚(或 V_{REF} 脚)之间的电阻 R_{SL},确定产生斜坡电压的电流。该电阻若接到变换器的输入直流电压端,则可提供电压前馈。

⑨ 19 脚(RAMP)斜坡电压:该脚与信号地之间应接入一只电容器 C_R,用它产生斜坡电压。时钟脉冲后芯片内的斜坡产生及斜率补偿电路对 C_R 充电,充电电流为 R_{SL} 的镜像电流(充电电流并非流过 R_{SL} 的电流,但数值与它相等),C_R 两端电压按线性规律上升;在时钟脉宽区间,C_R 对芯片内的斜坡产生及斜率补偿电路迅速放电,C_R 两端电压快速下降。因此 19 脚斜坡电压的波形为锯齿波。斜坡电压的上升斜率为

$$\frac{\mathrm{d}u}{\mathrm{d}t}=\frac{U}{R_{SL}C_R}$$

式中,U 为 18 脚所接电阻 R_{SL} 另一端的对地电压。若 R_{SL} 接在 18 脚与 11 脚之间,则 $U=V_{IN}$;若 R_{SL} 接在 18 脚与 1 脚之间,则 $U=V_{REF}=5$ V。

⑩ 2 脚(E/A OUT)误差放大器输出:该脚与误差放大器的反相输入端(3 脚)之间应接补偿网络。误差放大器的输出在芯片内接到 PWM 比较器的同相输入端,还接到在同相输入端加有 1 V 电压的比较器的反相输入端。当误差放大器输出端(即 2 脚)的电压低于 1 V 时,该比较器输出高电平,将使被芯片控制的变换器对角线功率开关管驱动脉冲相移达 180°而没有同时导通的时间,导通占空比为零,变换器无输出。

⑪ 3 脚(E/A－)误差放大器反相输入端:该脚接入变换器输出直流电压的取样电压。

⑫ 4 脚(E/A＋)误差放大器同相输入端:该脚接基准电压,接入 3 脚的取样电压同它比较。基准电压应十分稳定并略高于取样电压。

⑬ 6 脚(SOFT-START)软启动:该脚应外接软启动电容。在欠压封锁时,该脚保持地电位。当 V_{IN} 超过欠压封锁开启阈值(10.75 V)时,通过内部 9 μA 电流源对软启动电容充电,6 脚电压将升高到 4.8 V 左右,使芯片投入正常运行。发生过流故障时(5 脚电流检测电压高于 2.5 V),6 脚电压将下降到地电位,然后再逐渐升高到 4.8 V。如果故障发生在软启动过程中,各输出端立即变为低电平。

⑭ 5 脚(C/S＋)电流检测:该脚为过流比较器的同相输入端。当加到该脚的过流检测信号电压超过 2.5 V 时,过流比较器输出高电平,使过流锁存器置位,所有输出端关闭(输出低电平),并且软启动过程开始。如果超过 2.5 V 的恒定电压加在该脚,那么所有输出端将维持在低电平,直到该脚电压低于 2.5 V 为止。

⑮ 14、13、9、8 脚(OUT A～OUT D)输出 A～输出 D:分别输出驱动脉冲 A、B、C、D。芯片内输出功放为推拉式电路,各输出端能提供直流为 500 mA、峰值为 2 A(极限 3 A)的拉、灌电流。4 个输出端分为滞后相(A、B)和导前相(C、D)两组,交替输出脉冲信号。

⑯ 15 脚和 7 脚(DELAY SET A-B、DELAY SET C-D)输出延时控制:这里说的延时控制,就是死区时间控制。15 脚和 7 脚与地之间应分别接电阻 R_d,这两个引脚上均有芯片内部提供的 2.5 V 电压。芯片内有 5 pF 电容的充放电电路,电容放电时间为死区时间,而放电的快慢由 R_d 决定。也就是说,死区时间 t_d 由 R_d 的电阻值决定,即

$$t_d=\frac{62.5\times10^{-12}}{2.5}R_d$$

死区时间的调整范围为 50～200 ns。15 脚的 R_d 值控制输出脉冲 A、B 间的死区时间,7 脚的 R_d 值控制输出脉冲 C、D 间的死区时间,因此两个死区时间可以分别控制。

3. 基本原理

UC1875 系列芯片的工作波形如图 6.61 所示。下面将图 6.60 和图 6.61 联系起来讨论。

(1) 滞后相驱动脉冲

14 脚的输出脉冲 A 和 13 脚的输出脉冲 B 为滞后相驱动脉冲,它们与时钟脉冲同步。其形成过程是:振荡器产生的时钟脉冲经触发器分频,输出占空比为 0.5 的两相矩形波脉冲(Q 与 $\overline{Q}$ 相差 180°),矩形波的前沿(此处为下降沿)经“延时 A”和“延时 B”产生死区,死区时间后相应的“或非”门功率级输出驱动脉冲(“全低出高”)。A 和 B 相位差 180°,占空比略小于 0.5。

（2）导前相驱动脉冲

9 脚的输出脉冲 C 和 8 脚的输出脉冲 D 为导前相驱动脉冲。它们的形成过程与滞后相不同。

19 脚的斜坡电压（u_R）在芯片内加 1.3 V 后接到 PWM 比较器的反相输入端，与接到该比较器同相输入端的误差放大器输出电压（U_K）进行比较，比较器输出 PWM 脉冲：当 $u_R + 1.3\ V < U_K$ 时，PWM 比较器输出高电平；当 $u_R + 1.3\ V \geq U_K$ 时，PWM 比较器输出低电平。上升的斜坡电压加 1.3 V 等于 U_K 的时刻为该 PWM 脉冲的下降沿，此时“或非”门输出高电平，它加到 PWM 锁存器的置位端 S，使锁存器置位，其反码输出端 $\overline{Q}$ 输出低电平（此前出现时钟脉冲时锁存器复位，使 $\overline{Q}$ 端为高电平）。

“异或”门和“异或非”门输入触发器 Q 端和 PWM 锁存器 $\overline{Q}$ 端的信号，它们起分相作用。“异或”门的逻辑关系是“输入不同输出高电平，输入相同输出低电平”；“异或非”门又称“同或”门，其逻辑关系是“输入相同输出高电平，输入不同输出低电平”。在 A 路输出脉冲期间（触发器 Q 端为低电平），从上升的斜坡电压加 1.3 V 等于 U_K 的时刻起，“异或”门输出低电平，经“延时 C”产生 C 路脉冲前的死区，死区时间后输出脉冲 C。在 B 路输出脉冲期间（触发器 Q 端为高电平），从上升的斜坡电压加 1.3V 等于 U_K 的时刻起，“异或非”门输出低电平，经“延时 D”产生 D 路脉冲前的死区，死区时间后输出脉冲 D。在“异或非”门开始输出低电平的同时，“异或”门变为输出高电平，使 C 路脉冲结束。驱动脉冲 C 与 D 亦相位差 180°，占空比略小于 0.5。

如上所述，可知 19 脚上的斜坡电压上升到 $u_R + 1.3\ V = U_K$ 的时刻，就是输出端 C 或 D 死区时间开始的时刻，死区时间结束便立即输出相应的驱动脉冲。

从图 6.61 看出，输出驱动脉冲的先后顺序为 D、A、C、B，依此循环。脉冲 A 比 D 滞后、B 比 C 滞后，移相角为 φ。误差放大器的输出电压 U_K 越大，即它与上升的斜坡电压交点越迟，则移相角越小，脉冲 D、A 驱动的对角线功率开关管以及脉冲 C、B 驱动的对角线功率开关管同时导通的占空比就越大，变换器的输出电压也就越大。反之，U_K 越小，则移相角越大（趋向 180°），变换器的输出就越小。

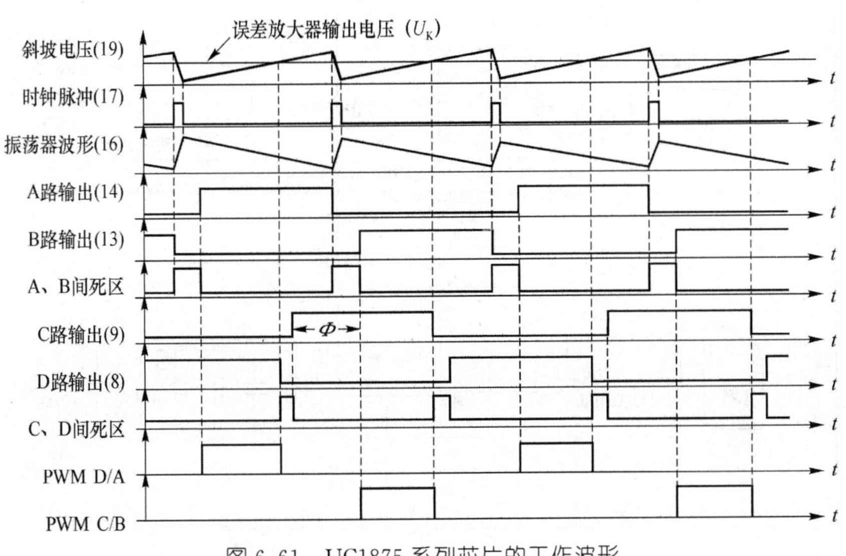

图 6.61　UC1875 系列芯片的工作波形

假如用这种芯片来驱动图 6.54 所示电路的功率开关管并呈现图 6.55 所示工作波形，那么芯片的输出经过隔离变压器后，对应关系为：D 驱动领先桥臂 VT_1，C 驱动领先桥臂 VT_2，A 驱动滞后桥臂 VT_4，B 驱动滞后桥臂 VT_3。

综上所述，这种芯片实现脉宽调制的控制方法是移动 C 和 D 的相位，从而改变脉冲 D、A 以及 C、B 驱动的对角线功率开关管同时导通的占空比。

4. 控制模式

(1) 电压型控制

采用电压型控制时，19 脚(RAMP)的斜坡电压是由芯片的斜坡发生器产生的锯齿波电压。其电路连接为：19 脚对地接电容 C_R，18 脚(SLOPE)对 1 脚(V_{REF})或对 11 脚(V_{IN})接电阻 R_{SL}。假如 18 脚对 1 脚接 R_{SL}，则 19 脚的斜坡电压上升率为

$$\frac{du}{dt}=\frac{V_{REF}}{R_{SL}C_R}$$

电压型控制的应用电路如图 6.62 所示。图中 C_5 即为 C_R，R_1 即为 R_{SL}。芯片的输出脉冲经隔离变压器(脉冲变压器)T_2 和 T_3 去驱动移相全桥软开关 PWM 变换器。R_{11} 和 R_{12}(均为 10 Ω)是输出脉冲的限流电阻。肖特基二极管 $VD_1 \sim VD_8$ 用于保护 UC3875，防止变压器 T_2 和 T_3 的漏感造成过电压而损坏芯片。这些二极管能把两个隔离变压器初级绕组的正、反向尖峰电压都钳制在基本不超过芯片的电源电压值。光耦用于变换器输出电压取样。电流互感器 T_1、整流桥及 R_{13}、R_6、C_6 进行过流取样，产生过流检测信号电压接至 5 脚(C/S+)，T_1 的初级绕组可串入移相全桥主电路中变压器初级侧。当变换器产生过流故障时，5 脚电压超过 2.5 V，使芯片所有输出端都为低电平，对变换器进行关闭保护。

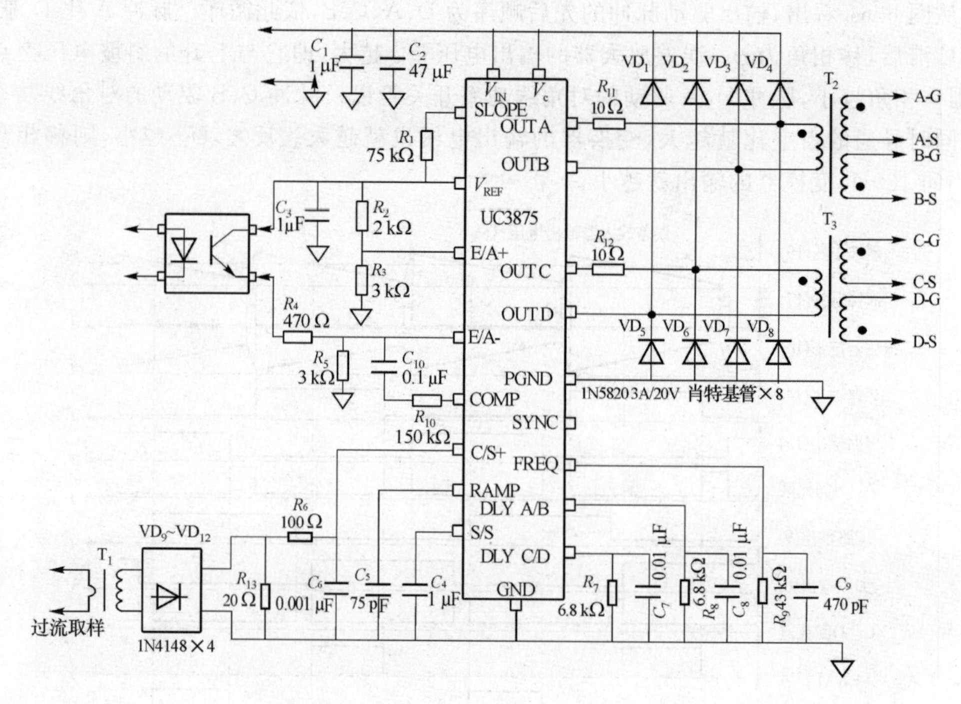

图 6.62 UC3875 构成的电压型控制电路

（2）电流型控制

采用电流型控制（峰值电流模式控制）时，19 脚（RAMP）的斜坡电压（u_R）不是由芯片的斜坡发生器产生的锯齿波电压，而是从主电路引来的逐脉冲电流取样斜坡信号电压（u_{Rs}），即 $u_R = u_{Rs} = i_s R_s$，其中 i_s 等于主电路变压器初级电流 i_p，或与 i_p 成正比（用电流互感器取样时），R_s 为低阻值的取样电阻。这时 18 脚（SLOPE）通过电阻 R_{SL} 接地，斜坡发生器不工作。

（3）带斜率补偿的电流型控制

带斜率补偿的电流型控制接法如图 6.63 所示，这时 19 脚（RAMP）的斜坡电压（u_R）为逐脉冲电流取样斜坡信号（$u_{Rs} = i_s R_s$）和斜坡发生器产生的斜率补偿信号的叠加值。注意 R_s 要足够小，以保证 C_R 能够通过斜坡电路放完电。

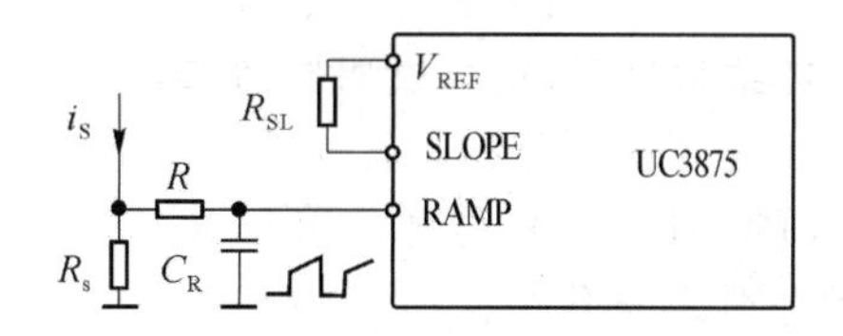

图 6.63　带斜率补偿的电流型控制电路

思考与练习

1. 快速功率二极管有哪几种？

2. 画出 N 沟道增强型 VMOSFET 的图形符号，标出电极名称及电压极性、电流方向。

3. 简述 VMOSFET 各参数的含义。

4. 使用 VMOSFET 有哪些注意事项？

5. VMOSFET 有哪几种栅极驱动电路？简要说明各种电路的工作原理。

6. 画出 IGBT 的电路符号，标出电极名称及电压、电流方向。IGBT 有什么特点？

7. 画出降压变换器的电路图和电感电流连续模式 $D=0.5$ 的波形图，简要说明电路工作过程。设 $U_I=100$ V，则 U_O 为多少？

（本题以及下面要求画出电路图和波形图的各题，电路图中均应标出各元器件的符号、输入、输出电压及其极性和电流方向；波形图中均应标出量值关系（不标具体数值），各波形必须对应准确。）

8. 画出升压变换器的电路图和电感电流连续模式 $D=0.4$ 的波形图，简要说明电路工作过程。设 $U_I=100$ V，这时 U_O 为多少？

9. 画出反相变换器的电路图和电感电流连续模式 $D=0.4$ 的波形图，简要说明电路工作过程。设 $U_I=100$ V，这时 U_O 为多少？功率开关管截止时 U_{DS} 为多少？

10. 画出单端反激变换器的电路图、磁化电流连续模式 $D=0.4$ 的波形图，简要说明电路工作过程。设 $U_I=260$ V±30%，要求 $U_O=20$ V，试选定变比 n 并求出占空比 D 的变化范围。

11. 画出双晶体管单端正激变换器的电路图、电感电流连续模式 $D=0.4$ 的波形图，简要说明电路工作过程。设 $U_I=400$ V，要求 $U_O=57$ V，试选定变比 n 并求出占空比 D。

12. 画出推挽变换器的电路图和电感电流连续模式 $D=0.4$ 的波形图，简要说明电路工作过程,写出输出电压 U_O 的计算公式。

13. 画出全桥变换器的电路图和电感电流模式 $D=0.4$ 的波形图,简要说明电路工作过程。设 $U_I=400$ V,要求 $U_O=57$ V,试选定变比 n 并求出占空比 D。

14. 画出半桥变换器的电路图和电感电流模式 $D=0.4$ 的波形图,简要说明电路工作过程。设 $U_I=400$ V,要求 $U_O=57$ V,试选定变比 n 并求出占空比 D。

15. 对 PWM 控制电路有什么要求? PWM 集成控制器有哪两种类型? 它们各有什么特点?

16. 根据 SG3525 的内部结构框图,简要说明它的工作原理,画出波形图。

17. 画图说明峰值电流模式控制的电流型 PWM 控制器基本原理。

18. 根据 UC3842 的内部结构框图,简要说明它的工作原理,画出波形图。

19. 根据 UC3846 的内部结构框图,简要说明它的工作原理,画出波形图。

20. 硬开关变换器存在什么问题? 什么是软开关?

21. 画出移相全桥 ZVS-PWM 变换器的电路图和波形图,简述电路工作过程。领先桥臂和滞后桥臂零电压开通的条件各是什么?

22. 画出移相全桥 ZVZCS-PWM 变换器的电路图和波形图,简述电路工作过程。

23. 根据 UC3875 的内部结构框图,简述其基本工作原理,画出工作波形图。芯片采用电压型控制、电流型控制以及带斜率补偿的电流型控制,应分别怎样连接?

本章附录

表 6.1 常见开关电源电路的临界电感量 L_c 和所需输出滤波电容量 C_o

电路名称	L_c/H	C_o/F
降压变换器	$L_c=\frac{U_O T}{2I_O}\left(1-\frac{U_O}{U_I}\right)$	$C_o\geqslant\frac{U_O T^2}{8L\Delta U_O}\left(1-\frac{U_O}{U_I}\right)$
升压变换器	$L_c=\frac{U_I^2(U_O-U_I)T}{2U_O^2 I_O}$	$C_o\geqslant\frac{I_O T}{\Delta U_O}\left(\frac{U_O-U_I}{U_O}\right)$
反相变换器	$L_c=\frac{U_O T}{2I_O}\left(\frac{U_I}{U_I+U_O}\right)^2$	$C_o\geqslant\frac{I_O T}{\Delta U_O}\left(\frac{U_O}{U_I+U_O}\right)$
单端反激变换器	$L_{pc}=\frac{n^2 U_O T}{2I_O}\left(\frac{U_I}{U_I+nU_O}\right)^2$	$C_o\geqslant\frac{I_O T}{\Delta U_O}\left(\frac{nU_O}{U_I+nU_O}\right)$
单端正激变换器	$L_c=\frac{U_O T}{2I_O}\left(1-\frac{nU_O}{U_I}\right)$	$C_o\geqslant\frac{U_O T^2}{8L\Delta U_O}\left(1-\frac{nU_O}{U_I}\right)$
推挽变换器	$L_c=\frac{U_O T}{4I_O}\left(1-\frac{nU_O}{U_I}\right)$	$C_o\geqslant\frac{U_O T^2}{32L\Delta U_O}\left(1-\frac{nU_O}{U_I}\right)$
全桥变换器	$L_c=\frac{U_O T}{4I_O}\left(1-\frac{nU_O}{U_I}\right)$	$C_o\geqslant\frac{U_O T^2}{32L\Delta U_O}\left(1-\frac{nU_O}{U_I}\right)$
半桥变换器	$L_c=\frac{U_O T}{4I_O}\left(1-\frac{2nU_O}{U_I}\right)$	$C_o\geqslant\frac{U_O T^2}{32L\Delta U_O}\left(1-\frac{2nU_O}{U_I}\right)$

第7章 通信用智能高频开关电源系统

7.1 高频开关电源系统的组成

通信用高频开关电源系统由交流配电部分、整流器、直流配电部分和监控器（又称监控模块、监控单元或控制器）组成，方框图如图7.1所示。

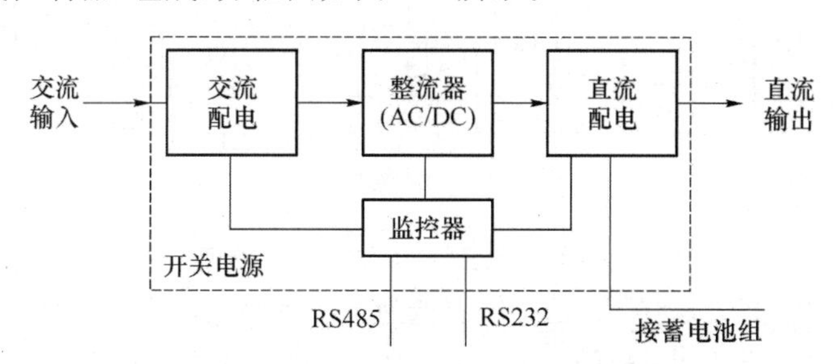

图7.1 高频开关电源系统组成框图

在大容量的高频开关电源系统中，有独立的交流配电屏、整流器机柜（插入整流模块）和独立的直流配电屏，监控器装设在直流配电屏或整流器机柜上。

在组合式高频开关电源设备中，包含交流配电单元、整流模块、直流配电单元和监控器。根据开关电源容量大小和使用要求的不同，其结构形态有机柜式、壁挂式和嵌入式，嵌入式开关电源可以嵌入19英寸机架。

7.2 交流配电部分

开关电源系统中的交流配电部分，输入220/380 V低压交流电，将其分配给各整流模块以及其他负荷，同时对低压交流供电进行通断控制、检测、告警和保护，并装设浪涌保护器(SPD)进行防雷保护。

交流配电部分除了主电路外，还有交流检测单元，用于检测输入交流三相电压、线电流（该项选用）、防雷器状态等，检测结果传送到开关电源系统中的监控器。

交流电源一般为TN-S系统，也可为TT系统。在这些供电制式中，零线与保护地线必须严格分开。机柜内零线汇集排应与机架绝缘,机架及机壳则应通过保护接地线可靠接地。

通常开关电源设备输入三相交流电,如果设备中配置的是单相供电的整流模块,在安装开通设备时,应注意尽可能使三相负荷平衡,设备的总零线电流应小于相线电流的 30%。

7.2.1 输入两路电源手动转换的交流配电主电路举例

输入两路交流电源、手动转换的交流配电主电路,举例如图 7.2 所示。接通交流输入 1 的断路器 Q_1 和接通交流输入 2 的断路器 Q_2 机械互锁,任何时刻只有一个断路器能够合闸。接入的交流电源经各输出分路的断路器为整流模块(DZY_1～DZY_n)供给单相交流电,并经相关断路器为其他负载供给三相或单相交流电。三相负载应尽量配置平衡。

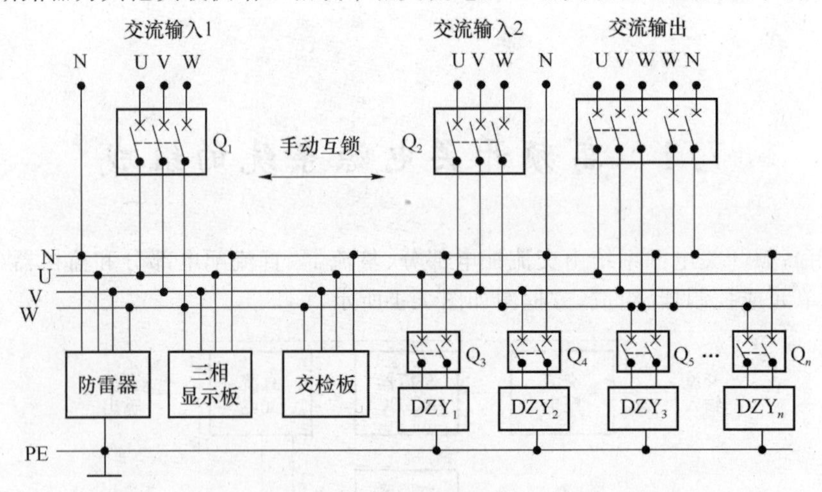

图 7.2 输入两路交流电源手动转换的交流配电主电路举例

断路器(自动空气开关)既起开关作用,又起过流与短路保护作用:当负载电流过大或短路时,断路器自动跳闸,切断供电;故障排除后,需人工合闸。此外,对其他负载的供电也可经熔断器输出,熔断器起过流与短路保护作用:当负载电流过大或短路时,熔芯熔断,切断供电;故障排除后,换上同规格的熔芯恢复供电。交流熔断器的额定电流值应不大于最大负载电流的 2 倍。

设置在开关电源系统交流配电部分输入端的防雷器为 C 级防雷,举例如图 7.3 所示,图中 SPD 的连接采用"3+1"保护模式,在 SPD 的引接线上串联了保护空开。

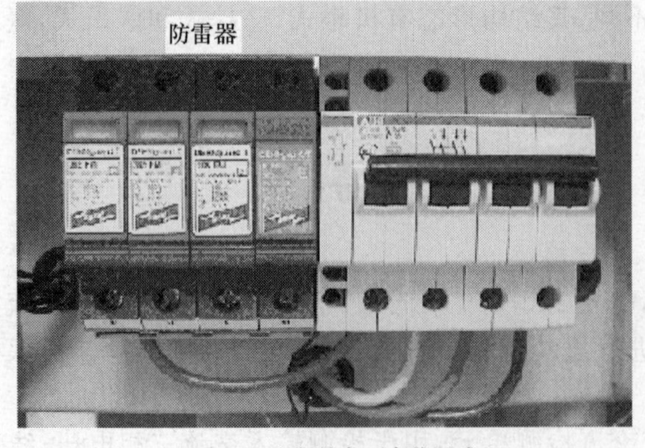

(a) SPD与保护空开实物图片

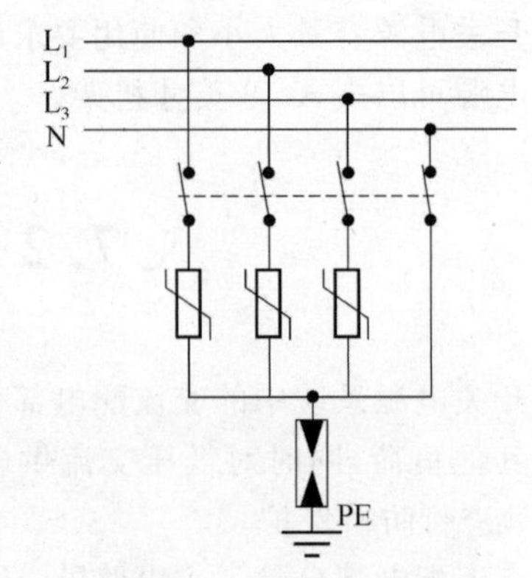

(b) 电路原理图(告警接点省略未画)

图 7.3 C 级防雷 SPD 及其保护空开举例("3+1"保护模式)

7.2.2　输入两路电源自动转换的交流配电主电路举例

输入两路交流电源、自动转换的交流配电主电路，举例如图 7.4 所示。该图是 DUM-48/50C 型开关电源系统由继电器控制的交流输入Ⅰ/交流输入Ⅱ自动转换、交流输入Ⅰ优先供电的电路图。

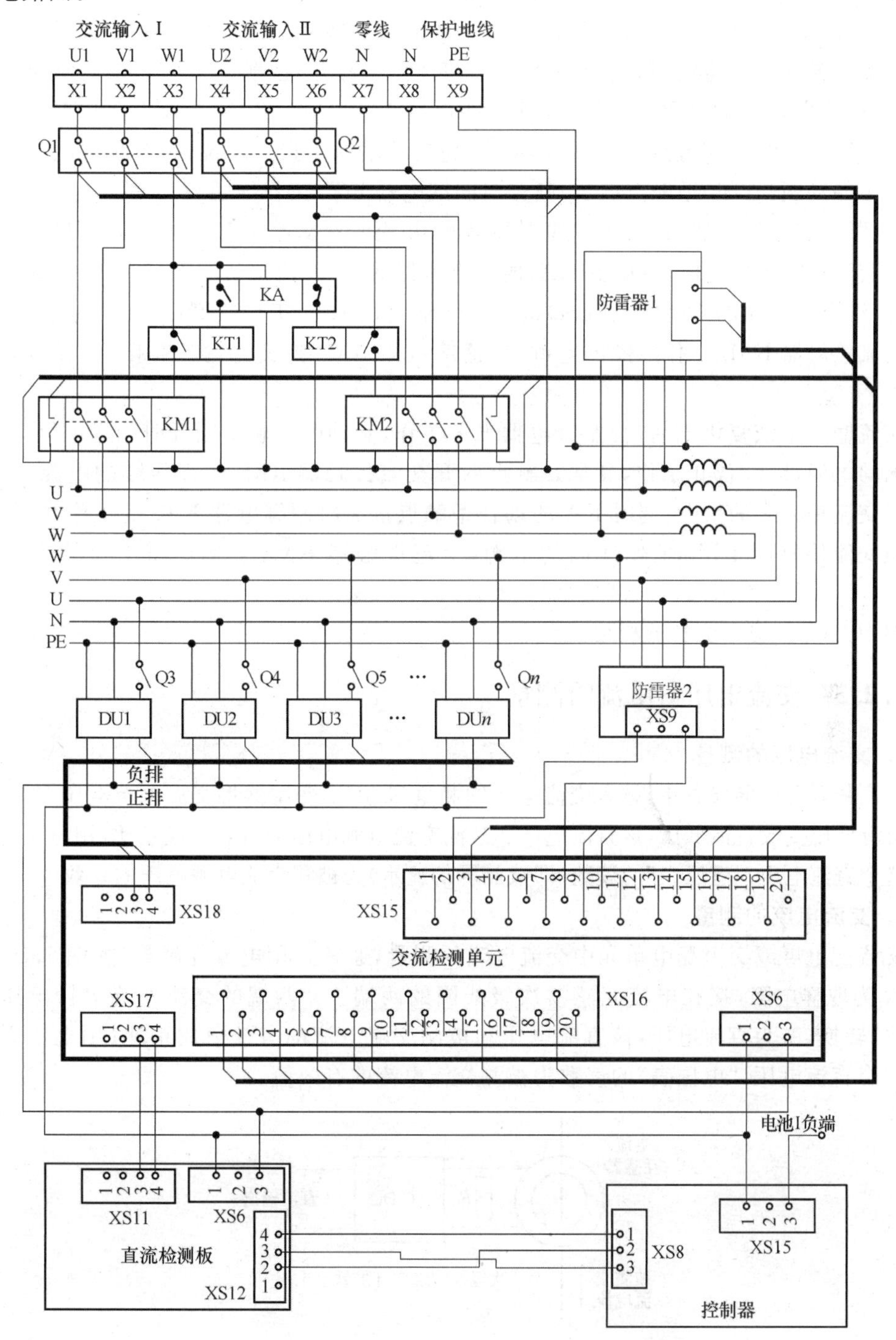

图 7.4　输入两路交流电源自动转换供电方式电路举例

图中 Q_1、Q_2 分别为交流输入Ⅰ、交流输入Ⅱ的输入断路器，正常情况下均闭合。

KM_1、KM_2 为交流接触器，其工作状态由交流检测单元检测。

KT_1、KT_2 为延时吸合的时间继电器，分别控制交流接触器 KM_1、KM_2 的工作。产品出厂时延时时间设置为 3～5 s，用户可根据需要设置。

继电器 KA 为控制继电器，通过其动合(常开)、动断(常闭)型触点控制时间继电器 KT_1、KT_2 的工作，以实现交流输入Ⅰ/交流输入Ⅱ自动转换、交流输入Ⅰ优先的供电方式。

当交流输入Ⅰ有电时，继电器 KA 动作，其动合(常开)型触点(11、9)接通时间继电器 KT_1 工作线圈(7、2)的电源，延时后其延时动合触点(1、3)将 220 V 交流电压送至交流接触器 KM_1 的工作线圈，交流接触器 KM_1 动作，将交流输入Ⅰ接入系统，为系统供电；此时，继电器 KA 的动断(常闭)型触点(1、4)断开时间继电器 KT_2 工作线圈(7、2)的供电，其常开触点(1、3)断开交流接触器 KM_2 工作线圈的电源，从而断开交流输入Ⅱ与系统的联系。

当交流输入Ⅰ停电时，继电器 KA、时间继电器 KT_1、交流接触器 KM_1 的工作线圈上均无电源；继电器 KA 的常闭触点(1、4)接通时间继电器 KT_2 工作线圈(7、2)的电源，延时后接通交流接触器 KM_2 工作线圈的电源，交流接触器 KM_2 将交流输入Ⅱ接入系统，为系统供电。

交流输入Ⅰ恢复供电后，控制继电器 KA 工作，其动断型触点断开时间继电器 KT_2 工作线圈的电源，KT_2 停止工作，其常开触点断开交流接触器 KM_2 工作线圈的电源，从而强行切断交流输入Ⅱ的供电；同时 KA 的动合型触点接通时间继电器 KT_1 的工作线圈，延时后接通交流接触器 KM_1 工作线圈的电源，交流接触器 KM_1 工作后将交流输入Ⅰ接入系统。

图中 DU_1～DU_n 为整流模块。

7.2.3 交流电压与电流的测量

1. 交流电压的测量

在高频开关电源设备中，输入交流电压的测量，是用小变压器将交流电源电压变为低压，再把交流低压变成直流低压，该直流电压和被测交流电源电压的有效值成正比，用电压表电路检测这个直流电压，"电压表"的读数(即液晶屏的显示)为被测交流电源电压的有效值。

2. 交流电流的测量

交流配电屏或交流配电单元中交流电流的测量，通常采用电流互感器，如图 7.5 所示。图中 R 为取样电阻，接在电流互感器次级线圈的两端。R 两端的交流电流取样电压经过 AC/DC 转换，变为直流电压，该直流电压和被测交流电流的有效值成正比，用电压表电路检测这个直流电压，"电压表"的读数为被测交流电流的有效值。

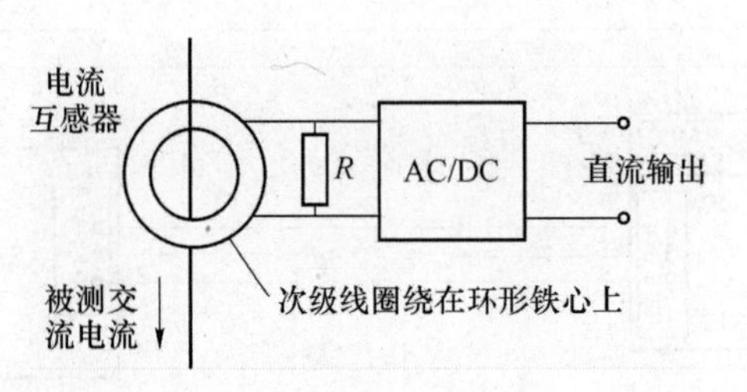

图 7.5 用电流互感器测量交流电流

必须注意，电流互感器的次级绝不能开路。运行中的电流互感器次级开路是十分危险的——由于缺失了次级电流对磁通的抵消作用，铁心磁通大大增加，导致次级线圈电压很高，既带来电击的危险，又可能击穿绝缘；此时铁心将发出嗡嗡声；同时铁心发热，可能烧毁互感器。

7.2.4　交流输入电源线的选用与接入

电源线接入设备，应采用铜鼻子连接牢固。导线及连接头的温度，不应超过 65 ℃。

若铝线与铜材料相连接，则必须使用铜铝过渡接头，以免铜、铝接触处由于电腐蚀作用产生较大的接触电阻，导致通电时连接处发热，甚至产生火灾。

交流电源线的截面积，一般按安全载流量（即发热条件）来选择。绝缘导线的线芯截面积（A）应满足

$$A \geqslant \frac{I}{j} \tag{7.1}$$

式中，I 为通过导线的电流有效值，j 为导线的允许电流密度。

铜芯绝缘导线的允许电流密度可按 2～5 A/mm^2 来选取：当通过导线的电流不大于 40 A 时，取电流密度为 5～4 A/mm^2；当导线电流为 41～100 A 时，取电流密度为 3～2 A/mm^2；当导线电流大于 100 A 时，取电流密度为 2 A/mm^2（这时宜查产品手册来确定线芯截面积）。

绝缘导线的线芯标称截面积系列为：1、1.5、2.5、4、6、10、16、25、35、50、70、95、120、150、185、240 mm^2 等。如果计算结果电源线所需线芯截面积在 6 mm^2 以下，宜从机械强度考虑，选用线芯截面积为 6 mm^2。

为了恰当选取交流电源线的线芯截面积，必须弄清导线所要通过的电流有效值 I。对单相负载供电时，导线电流有效值为

$$I = \frac{S}{U} \tag{7.2}$$

对三相负载供电时，导线电流有效值为

$$I = \frac{S}{3U} = \frac{S}{\sqrt{3}U_l} \tag{7.3}$$

式(7.2)和式(7.3)中，U 为相电压有效值，U_l 为线电压有效值，它们均应取电网电压的下限值；S 为视在功率，单位为 VA（伏安）。

视在功率用下式计算：

$$S = \sqrt{P^2 + Q^2} \tag{7.4}$$

式中，P 为有功功率，单位为 W（瓦），当有多个负载时，$P = P_1 + P_2 + P_3 + \cdots + P_n$；$Q$ 为无功功率，单位为 var（乏），当有多个负载时，$Q = Q_1 + Q_2 + Q_3 + \cdots + Q_n$。

如果已知有功功率 P 和功率因数 λ，则视在功率为

$$S = \frac{P}{\lambda} \tag{7.5}$$

需要注意的是，功率因数不同的负载，视在功率不能直接相加，必须把每个负载的视在功率都分解出其有功功率和无功功率，然后所有有功功率相加得出总的有功功率 P，所有无功功率的代数和为总的无功功率 Q，再用式(7.4)求出总的视在功率 S。

开关电源中的交流配电部分主要为整流模块供电，每个整流模块需要供给的有功功率为

$$P_Z=\frac{P_{O\max}}{\eta} \tag{7.6}$$

每个整流模块需要供给的视在功率为

$$S_Z=\frac{P_Z}{\lambda} \tag{7.7}$$

式(7.6)和式(7.7)中，$P_{O\max}$为每个整流模块的最大直流输出功率，等于整流模块的输出电压上限值乘以输出电流限流值(额定电流的105%～110%)；η为整流模块的效率；λ为整流模块的功率因数。

全部整流模块需要供给的总视在功率为

$$S=nS_Z \tag{7.8}$$

式中，n为开关电源系统中整流模块的总个数，宜按满配情况取值。对于输入三相交流电而整流模块为单相供电的开关电源，n值应取3的倍数(整数)，例如8个单相整流模块应取$n=9$，以免有的相线实际电流大于按式(7.3)计算的I值，使得选取的导线截面积偏小。

我国通信行业标准YD/T 5040—2005《通信电源设备安装设计规范》中规定：通信用交流中性线应采用与相线相等截面的导线；机房内的导线应采用非延燃电缆(阻燃电缆)。

通信电源用阻燃软电缆有ZA-RV和ZA-RVV等类型，前者为铜芯阻燃聚氯乙烯绝缘软电缆，后者是铜芯阻燃聚氯乙烯绝缘聚氯乙烯护套软电缆。

7.3 高频开关整流器

7.3.1 高频开关整流器的组成

开关型整流器的英文名称是Switching Mode Rectifier，缩写为SMR。通信用高频开关整流器一般为模块化结构，若干整流模块并联运行(输出端并联)，自动均流。整流器(整流模块)的电路组成方框图通常如图7.6所示。

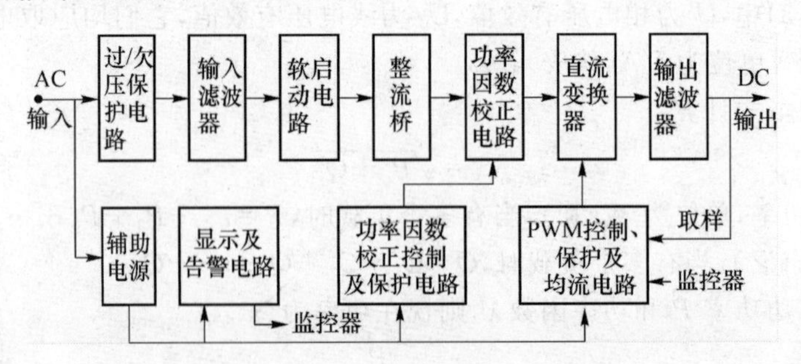

图7.6 通信用高频开关整流器电路组成框图

1. 输入过/欠压保护电路

当交流输入电压高于允许输入电压范围的上限时，过压保护电路切断主电路的交流输

入；当交流输入电压低于允许输入电压范围的下限时，欠压保护电路使有源功率因数校正电路和直流变换器都关闭。当电网电压正常时，整流器应能自动恢复工作。

我国通信行业标准 YD/T 731—2008《通信用高频开关整流器》规定，过压保护电压的设定应不小于额定值的 115%（单相电压不小于 253 V、三相线电压不小于 437 V），欠压保护电压的设定应不大于额定值的 80%（单相电压不大于 176 V、三相线电压不大于 304 V）。

实际上国内生产通信用高频开关电源设备的各主要厂家所提供的组合式开关电源，允许交流输入电压变化范围大多达额定值的±30%，即允许交流输入电压范围的上限为线电压 494 V、相电压 286 V，下限为线电压 266 V、相电压 154 V。有的允许输入下限电压更低，相电压可低至 100 V 左右，不过此时整流模块的输出电流通常只能达到额定值的 50%以下。

整流模块还应在交流电源输入处接限压型浪涌保护器进行防雷保护（D 级防雷）。

2. 输入滤波器

输入滤波器用于滤除来自电网的电磁干扰，抗浪涌冲击，并抑制高频开关整流器对交流电网的反灌传导骚扰。通常采用具有共模电感的抗干扰滤波器。

3. 软启动电路

软启动电路又称缓启动电路，用以降低开机时的冲击电流，使高频开关整流器由于启动引起的输入冲击电流峰值不大于额定输入电压条件下最大稳态输入电流峰值的 150%。软启动时间一般为 3～10 s。

软启动电路通常是在整流器输入回路中串联一只阻值适当、额定功率较大的电阻，启动时用它限流，启动完成后用继电器触点将它旁路。软启动电阻在整流器正常工作时不消耗功率。

4. 整流桥

一般采用无工频变压器单相或三相桥式整流电路，把输入交流电压变成单方向脉动直流电压。

5. 功率因数校正电路

功率因数校正电路用于减小高频开关整流器输入电流中的谐波成分，使整流器的输入电流波形接近正弦波并与输入电压同相，功率因数接近 1；同时输出波形比较平滑的直流电压供给直流变换器。

输入单相交流电的整流模块，通常采用有源功率因数校正电路。其主电路一般为非隔离型升压式直流变换器，它受专用 PWM 集成控制器或数字信号处理器（DSP）控制，可使整流器的功率因数达 0.99 以上，并且起预稳压作用。它的输入电压为单相交流电压整流后的正弦波绝对值，输出约 400 V 波形平滑的直流电压。

输入三相交流电的整流模块，目前大多采用无源功率因数校正电路，使整流器的功率因数达到 0.92～0.94。此时不需要功率因数校正控制电路。

6. 直流(DC/DC)变换器

直流（DC/DC）变换器输入功率因数校正电路输出的直流电压（如 400 V），输出高频开关整流器的负载所需的稳定且波形十分平滑的直流电压。一般采用 PWM 方式控制。为使高频开关整流器的输出侧与电网隔离，必须采用隔离型直流变换器，以用软开关电路为好。

直流（DC/DC）变换器必须具有输出限流性能。

7. 输出滤波器

输出滤波器用于滤除高频开关整流器输出侧的尖峰和杂波等噪声电压,使整流器的输出电压能够满足各项杂音指标要求,对负载不产生电磁骚扰。

8. PWM 控制、保护及均流电路

由 PWM 集成控制器或 DSP 芯片及驱动电路输出驱动脉冲去控制直流变换器。高频开关整流器的输出电压值,除了本身可以控制外,主要由开关电源系统中的监控器来控制。YD/T 731—2008 中规定,整流器直流输出电压可调节范围为:−43.2～−57.6 V(−48 V 电源系统),21.6～28.8 V(24 V 电源系统)。

根据机内检测的整流模块直流输出电压、电流和机内温度,在情况异常时由保护电路控制 PWM 控制器,实施输出过压、欠压和机内温度过高关机保护,以及输出限流与短路保护。

整流器直流输出过压关机保护在故障排除后,应能人工恢复工作;直流输出欠压和机内温度过高关机保护在故障排除后,应能自动恢复工作;限流范围应能达到额定输出电流的 105%～110%;直流输出短路保护在故障排除后,应能自动恢复工作。

并联运行的整流模块通过均流电路使彼此间输出电流自动均衡,偏差应不超过额定输出电流的±5%。

常用的均流方法有平均电流法和最大电流法(即民主均流法)两种。采用这样的方法,开关电源系统中各整流模块依靠自身的性能来完成均流任务,整流模块之间只需连接一根均流总线,此外不需要其他任何外部控制。

9. 辅助电源

辅助电源提供高频开关整流器中控制电路等部分的直流电源电压,通常采用单端反激变换器。

10. 显示及告警电路

整流模块可用数码管显示其输出电流、电压。

当各种保护电路动作时,整流模块用发光二极管等器件显示各种告警信号,同时将告警信号传送到开关电源系统中的监控器。

此外,采用风冷的整流模块,通常机内设有温控调速电路,使风扇在适宜的转速下工作,可以延长风扇的使用寿命。风扇应能安全方便地从模块中取出,便于维护。

7.3.2 具有共模电感的抗干扰滤波器

抗干扰(EMI)滤波器由电感、电容组成,用于滤除噪声电压。噪声电压即干扰电压,包括尖峰电压、谐波电压和杂波电压,其频率较高。抗干扰滤波器在起抗干扰滤波作用的同时,必须能够顺利流过主电路的工作电流,工作电流在抗干扰滤波器上应不产生压降。

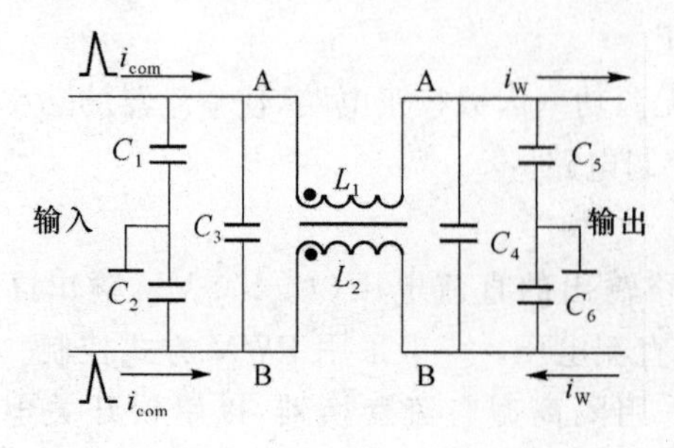

图 7.7 具有共模电感的抗干扰滤波器

线路上两线之间的噪声电压称为差模噪声电压,两线共有的对地噪声电压称为共模噪声电压。电路中实际的噪声电压常是两者的合成。

在通信用高频开关整流器中,常用具有共模电感的抗干扰滤波器来做输入滤波器以及接在直流变换器后面的输出滤波器,其电路原理图如图 7.7 所示。

1. 工作原理

(1) 输入侧向输出侧传递的共模噪声抑制

以A线为例，L_1 与 C_5 组成 LC 低通滤波器，使A线上输入侧的共模噪声电压 U_{in} 传递到输出侧时被显著地衰减为 U_{out}。低通滤波器对噪声(noise)的滤波系数为

$$q_n=\frac{U_{in}}{U_{out}}=\frac{\omega_n L-1/\omega_n C}{1/\omega_n C}=\omega_n^2 LC-1 \tag{7.9}$$

式中，ω_n 为噪声电压的角频率，$\omega_n=2\pi f_n$（f_n 为噪声频率）。滤波系数 q_n 越大，表明抑制噪声电压的效果越好。

同理，L_2 与 C_6 组成的低通滤波器能抑制B线上输入侧传递到输出侧的共模噪声电压。

(2) 输出侧向输入侧传递的反灌共模噪声抑制

L_1 与 C_1 能抑制A线上从输出侧反灌到输入侧的共模噪声电压；

L_2 与 C_2 能抑制B线上从输出侧反灌到输入侧的共模噪声电压。

(3) 接机壳电容的电容量限制

共模滤波电容 C_1、C_2 之间和 C_5、C_6 之间接机壳，机壳应接地。万一机壳未接地，为了保证人体触摸机壳时通过人体的入地电流不超过数毫安的安全值，$C_1=C_2$ 及 $C_5=C_6$ 的电容量应较小，一般为 2 200 pF～0.033 μF。为了得到较大的滤波系数 q_n，L_1 和 L_2 应采用较大的电感量，例如 1～50 mH，共模电感的结构不难满足这个要求。

(4) 对差模噪声的抑制

具有共模电感的抗干扰滤波器不仅能够抑制共模噪声电压，也可以抑制差模噪声电压。C_3 和 C_4 为差模滤波电容。它们分别同 L_1 和 L_2 的漏感（如电感值为 $0.05\,L_1$）组成低通滤波器。L_1 和 L_2 的漏感与 C_4 能抑制从输入侧传递到输出侧的差模噪声电压；L_1 和 L_2 的漏感与 C_3 可抑制从输出侧传递到输入侧的反灌差模噪声电压。由于漏感较小，为了得到较大的滤波系数 q_n，可将 C_3 和 C_4 取为较大值，如 0.1～2 μF。

对于输入滤波器，还可根据需要另加串联电感或加差模滤波级来加强对反灌差模噪声电压的抑制。

2. 共模电感

共模电感为对称的两线圈电感，两线圈的绕法及对应端如图7.8所示。通常磁芯采用有较高导磁率的环形铁氧体，线圈匝数少，两线圈之间有足够的绝缘强度。

工作回路的电流 i_w 通过两线圈产生的两个磁动势 i_wN 大小相等、方向相反，合成磁势为零，因此不产生沿着磁芯闭合的工作磁通，仅通过周围空间有少量漏磁通，磁路中可不设气隙。可见对工作电流而言，每个线圈的电感都为零。

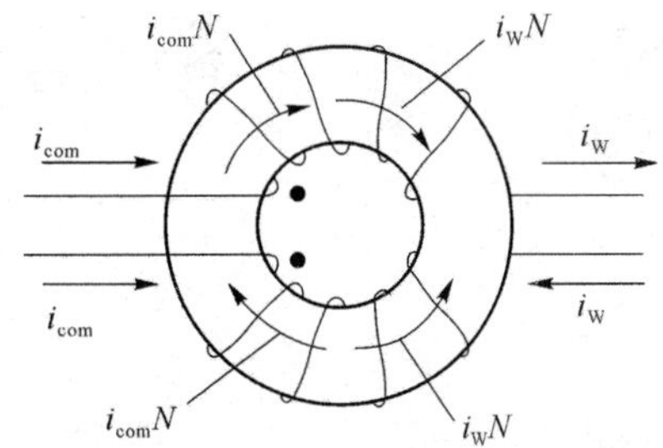

图7.8　共模电感

共模噪声电流 i_{com} 分别通过两线圈（例如都从同名端流入）所产生的磁动势相加，总磁势为 $2Ni_{com}$，共同产生沿磁芯闭合的磁通，在忽略漏感时能产生两倍磁通。因此对共模噪声而言，两线圈的互感与自感使等效电感 L_1 和 L_2 都增大为自感的2倍。

7.3.3 功率因数校正电路

1. 功率因数的定义

功率因数(Power Factor,PF)的定义为有功功率与视在功率之比。整流器的功率因数为

$$\lambda=\frac{P}{S}=\frac{U_L I_1 \cos\varphi}{U_L I_R}=\gamma\cos\varphi \tag{7.10}$$

式中,P 为输入有功功率;S 为输入视在功率;U_L 为电网电压有效值;I_R 为输入电流有效值(输入电流可能不是正弦波形);I_1 为输入电流中的基波电流有效值;$\gamma=I_1/I_R$,为输入电流基波因数,又称畸变因数或失真功率因数;$\cos\varphi$ 为相移因数,即正弦基波电流与电网电压相位差的余弦,又称相移功率因数。

由式(7.10)可知,整流器的功率因数又可定义为基波因数与相移因数的乘积。

电流偏离正弦波的畸变程度,除了用基波因数衡量外,还常用总谐波畸变率(Total Harmonic Distortion,THD)来衡量。电流总谐波畸变率 THD_i 的定义为

$$THD_i=\frac{I_h}{I_1}=\frac{\sqrt{I_2^2+I_3^2+\cdots+I_n^2}}{I_1}\times 100\% \tag{7.11}$$

式中,I_h 为各次谐波电流分量总的有效值;I_1 为基波电流有效值。

输入电流基波因数(失真功率因数)与总谐波畸变率的关系为

$$\gamma=\frac{I_1}{I_R}=\frac{I_1}{\sqrt{I_1^2+I_h^2}}=\frac{1}{\sqrt{1+THD_i^2}} \tag{7.12}$$

由式(7.12)可知,若 $THD_i=5\%$,则 $\gamma=0.998\,8$;如果 $\cos\varphi=1$,那么此时 $\lambda\approx 0.999$。

2. 功率因数校正的必要性

输入单相交流电的整流器在没有功率因数校正环节时,由交流输入电压直接整流大电容滤波来得到开关电源的直流输入电压,其电路图和波形图如图 7.9 所示。

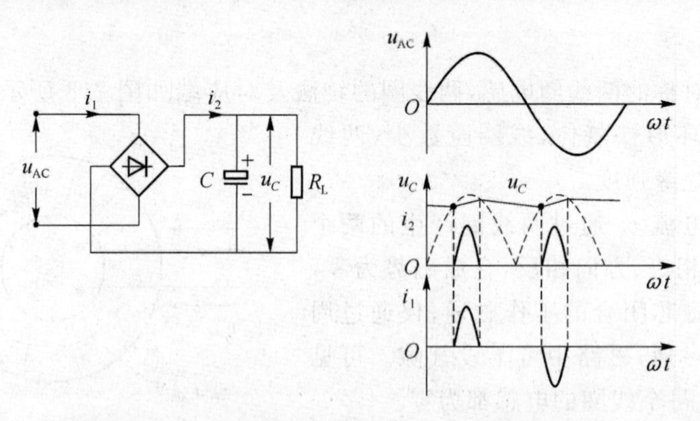

图 7.9 单相桥式整流电容滤波的电路图与波形图

当 $|u_{AC}|>u_C$ 时,整流元件才导通,i_2 持续时间短、峰值大,于是产生下列问题。

① i_2 的有效值与平均值之比大,要求整流元件的额定容量大。

② 相应地 i_1 持续时间短、峰值大,i_1 分解得出的正弦基波分量较小,且同 u_{AC} 有相位差,故功率因数 λ 较小,为 0.6~0.7;同时谐波分量大,对电网造成干扰。

③ 三次谐波电流在电网中性线上叠加，可能使零线电流比相线电流大，零线可能发热损坏。

为解决上述问题，通信用高频开关整流器必须采用功率因数校正(Power Factor Correction，PFC)电路，使整流器的输入功率因数和输入谐波电流符合我国通信行业标准的相关要求。

按照YD/T 731—2008的规定，在交流输入电压为额定值、直流输出电压为出厂整定值的条件下，整流器的输入功率因数应满足表7.1的要求，输入电流总谐波畸变率①(3～39次谐波)应满足表7.2的要求。

表7.1 通信用整流器的输入功率因数指标

	Ⅰ类	Ⅱ类
输入功率因数(100%负载)	≥0.99	≥0.92
输入功率因数(50%负载)	≥0.98	≥0.90

表7.2 通信用整流器的输入电流总谐波畸变率(3～39次谐波)指标

	Ⅰ类	Ⅱ类
输入电流总谐波畸变率(100%负载)	≤5%	≤25%
输入电流总谐波畸变率(50%负载)	≤10%	≤28%

3. 无源功率因数校正电路

输入三相交流电的整流器目前大多采用无源功率因数校正电路，如图7.10所示。它实际上就是三相桥式整流电路连接由L_4、C组成的电感输入式平滑滤波器(整流电路的负载为电感性负载)，并在电路的交流侧串接用于限制谐波电流的低频电感L_1、L_2和L_3。这样能以较小的电感总质量得到较好的无源功率因数校正效果，整流器的输入功率因数可达0.94。

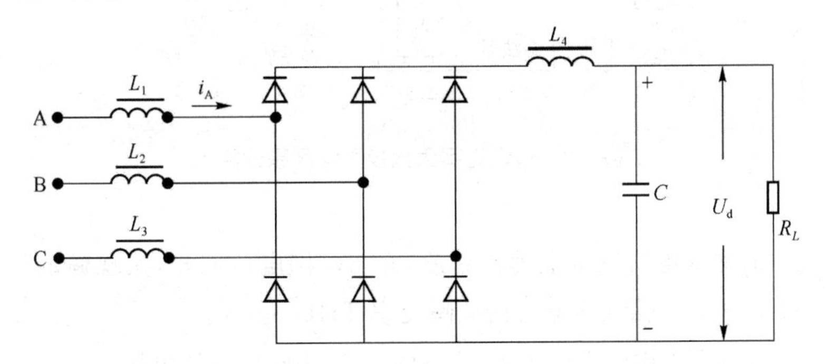

图7.10 三相输入无源功率因数校正电路

交流侧的电流波形如图7.11所示，图中i_A表示A相电流。若滤波电感L_4的电感量很大(这时不接L_1～L_3)，则每相电流近似为交变的矩形波，如图中虚线所示，整流器的功率因数理论上可达0.955；实际上为了避免设备的体积、质量过大，L_4以及L_1～L_3的电感量都较小，因此每相电流如图中实线所示，此时λ<0.955。L_1～L_4 4个电感的

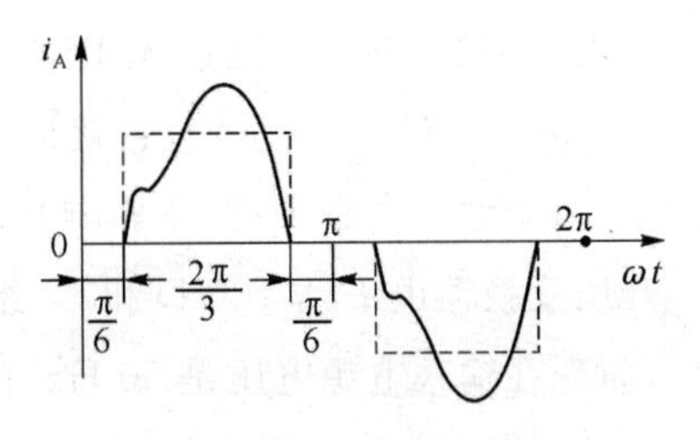

图7.11 A相电流波形

① 输入电流总谐波畸变率又称为输入电流总谐波失真度。

设计要兼顾电感的质量大小和功率因数,电感量的选择应以整流器的 $\lambda \geqslant 0.92$ 为原则。

图 7.10 所示电路输出直流电压 $U_d = 1.35U_1$(U_1 为交流线电压有效值),当 U_1 为 380 V 时,U_d 约为 510 V;当电网电压升高 20%时,U_d 达 600 V 以上。为了减少后级直流变换器的输入电压,可用两个电容量相等的电容串联代替 C,这时每只滤波电容上的直流电压为 $U_d/2$,分别给两个串联的直流变换器作输入电压,这两个直流变换器在高频变压器次级直流输出侧再并联输出。

4. 有源功率因数校正电路基本原理

有源功率因数校正(Active Power Factor Correction,APFC)电路,目前多采用平均电流模式控制的 PWM 升压变换器,控制芯片有 UC3854、UC3854A/B 等(数字化控制则采用 DSP 芯片及隔离驱动电路来进行控制)。电路原理简图如图 7.12 所示。

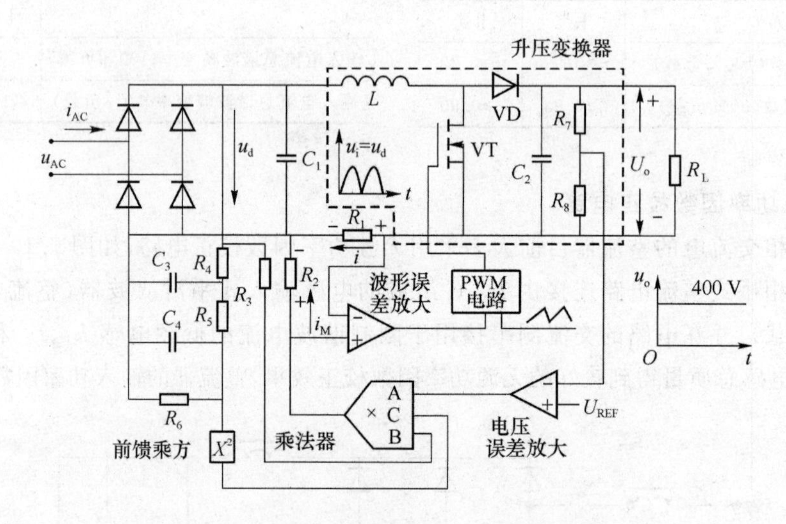

图 7.12　有源功率因数校正电路原理简图

(1) 电路的功能

① 使整流器的输入电流基本上为正弦波,并与电网电压同相,实现额定负载时整流器的输入功率因数 $\lambda \geqslant 0.99$、输入电流总谐波畸变率 $THD_i \leqslant 5\%$。

② 实现预稳压,即输出波形平滑且比较稳定的约 400 V 直流电压。

(2) 主电路

输入单相交流电压,通过无工频变压器桥式整流电路,变为正弦波绝对值的整流电压 u_d($u_d = |u_{AC}| = U_m|\sin \omega t|$),它就是 PWM 升压变换器的输入电压 u_i($u_i = u_d$)。C_1 的电容量较小,用于滤除高频干扰,不影响整流电路输出正弦波绝对值波形。

升压变换器由 L、VT、VD 和 C_2 组成。一般升压变换器的输入电源电压为平滑的直流电压,而现在输入电源电压是 50 Hz 正弦波电压的绝对值。功率开关管 VT 的开关频率至少为 20 kHz(相应的开关周期为 50 μs),这就是说 VT 在交流电源每半个周期(10 ms)内至少开关 200 次。为使功率因数校正电路的输出电压 u_o 波形平滑并较稳定,驱动脉冲的占空比 D 必须有规律地变化:当 u_i 的瞬时值较小时,D 较大;当 u_i 的瞬时值较大时,D 较小。输

出电压 $U_O>U_m$（U_m 是交流电源电压的振幅值，有效值为 220 V 时 U_m 为 311 V；U_O 是瞬时输出电压 u_o 的平均值，约为 400 V）。u_i、u_o 和 D 的变化规律如图 7.13 所示。

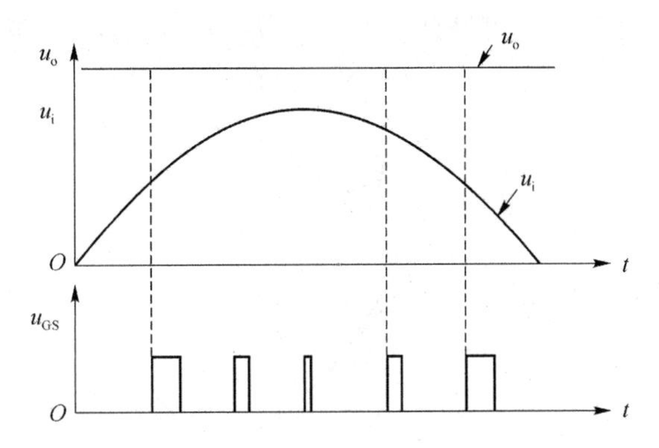

图 7.13　APFC 电路 u_o 与 u_i 的关系及占空比的变化规律

用 $u_i=U_m|\sin\omega t|$ 代替式(6.21)中的 U_I，可求得这时 D 的具体变化规律为

$$D=1-\frac{U_m|\sin\omega t|}{U_O} \tag{7.13}$$

(3) 控制原理

系统采用双环控制，即由稳压控制环路和输入电流波形控制环路来控制。每个环路都有基准、采样、误差放大等环节。两个控制环路通过乘法器联系在一起，由电流波形误差放大器去控制脉宽调制电路，使功率开关管有适当的导通占空比，从而实现电路的功能。

① 输入电流波形控制环路（电流内环）

为了控制电流波形，需要波形基准。整流桥输出电压 u_d 为正弦波的绝对值，流经 R_3 的电流与 u_d 成正比，其电流波形与 u_d 波形相似，加到乘法器的 B 输入端，其输入量用 B 表示。乘法器的输出电流为

$$i_M=AB/C$$

式中，A、B、C 分别为乘法器对应端子的输入量。

当 A 和 C 为常数时，i_M 的波形与 B 相似，即与 u_d 相似。i_M 在 R_2 上的电压降为

$$u_{R2}=i_MR_2=u_{Wref}$$

u_{Wref} 即波形（Waveform）控制环路的基准电压，在自动控制理论中称为“给定”，其波形也是正弦波的绝对值。

输入电流 i 的取样电路是小阻值电阻（或分流器）R_1，电流取样电压为

$$u_{is}=iR_1$$

取样电压与基准电压相比较得到的误差电压为

$$u_E=u_{Wref}-u_{is}=i_MR_2-iR_1$$

在波形误差放大器增益足够大的条件下，可利用集成运放线性运用时的重要结论 $U_{I+}\approx U_{I-}$，得知 $u_E\approx 0$，即

$$i\approx i_MR_2/R_1$$

由此可见，输入电流 i 的波形与乘法器输出电流 i_M 的波形相似，i 与 i_M 之比等于 R_2 与 R_1 之比。

输入电流 i 的波形正比于 i_M,也就正比于输入电压 u_i,这说明该电路的等效负载是一个线性纯电阻,理论上 $\lambda=1$。输入电流 i 的实际波形如图 7.14 中所示,在每一开关周期中,t_{on} 期间 i 上升,t_{off} 期间 i 下降,其高频脉动电流的平均值为正弦波绝对值。

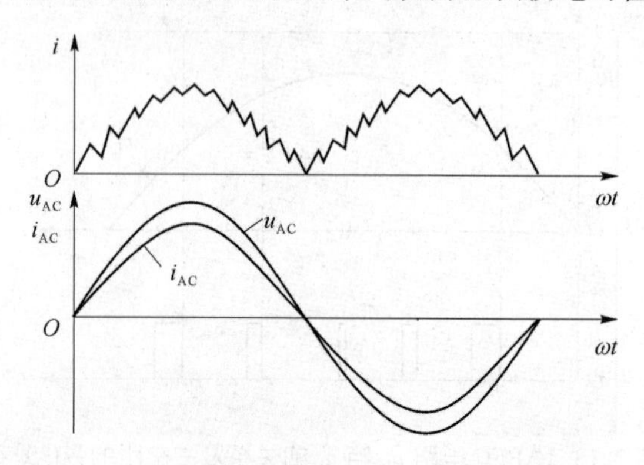

图 7.14 平均电流控制型 APFC 电路的输入电流

经过电网侧输入滤波器将高频电流成分滤除,交流输入电流 i_{AC} 是与输入电压 u_{AC} 同相的正弦波,如图 7.14 中所示。

② 输出稳压控制环路(电压外环)

稳压控制环路的基准电压为 U_{REF},取样电压由取样分压电路 R_7、R_8 获取,电压误差放大器放大它们的差值。电流环使输入电流为正弦波,而电压环是使输出电压 U_O 稳定。

在本电路中,稳压环的调节作用必须以不影响输入电流波形控制环路的波形为原则,所以设置了乘法器。电压误差放大器输出的控制电压,输入到乘法器的 A 端。如前所述,乘法器的输出量为 $i_M=AB/C$,B 是时间函数,波形为正弦波的绝对值,A 和 C 在一个开关周期内可视为常数,故 i_M 也是正弦波绝对值的时间函数。当 A 和 C 的数值缓慢变化时,不影响 i_M 的波形。因此,稳压环的输出控制电压只是去控制波形环的基准电压($i_M R_2$)大小,而不影响其波形。这样本稳压环路既能起到稳压作用,又不影响输入电流为正弦波。

③ 前馈乘方(即 X^2)功能

为了更好地改善输出稳压性能和稳压动态响应,加设了电压前馈乘方功能。

由于波形基准的电流波形来源于整流桥输出电压(u_d),如不采取措施,当交流输入电压(u_{AC})的有效值 U 变化时,波形基准电压的有效值随着变化,输入电流有效值 I 也随之变化,于是输入功率(平均值)

$$P=UI\propto U^2$$

即输入功率随输入电压有效值的 2 次方变化,相应地输出功率也随之变化,导致输出电压的源效应变坏(源效应是指负载电阻一定时,电源电压变化引起的输出电压变化)。即使稳压环路起到一定的稳压调整作用,但稳压指标及动态特性都会变坏。

在图 7.12 中,u_d 经 R_4、C_3、R_5、C_4、R_6 滤除交流成分并分压后,得到正比于整流桥输出电压有效值(U)的直流电压 U_{ms},经乘方电路(X^2),加至乘法器的 C 输入端。输入量 C 正比于 U^2,即 $C\propto U^2$,而输入量 $B\propto U$,所以乘法器的输出电流为

$$i_M=\frac{AB}{C}\propto\frac{AU}{U^2}=\frac{A}{U}$$

i_M 以及 i 的有效值将随输入电压有效值的增大而减小,故输入功率(平均值)为

$$P=UI\propto U\frac{1}{U}=\text{常数}$$

可见这时是恒功率输入(在负载不变的前提下),输入功率不随输入电压有效值的变化而变化,改善了源效应。由于前馈的调节速度快,可使动态响应改善。

5. 用UC3854控制的升压式有源功率因数校正电路

平均电流模式控制的有源功率因数校正PWM集成控制器UC3854(美国UNITRODE公司制造)及其典型应用实例,如图7.15所示。图中主电路为升压变换器,下部框内为16脚UC3854芯片的结构框图。

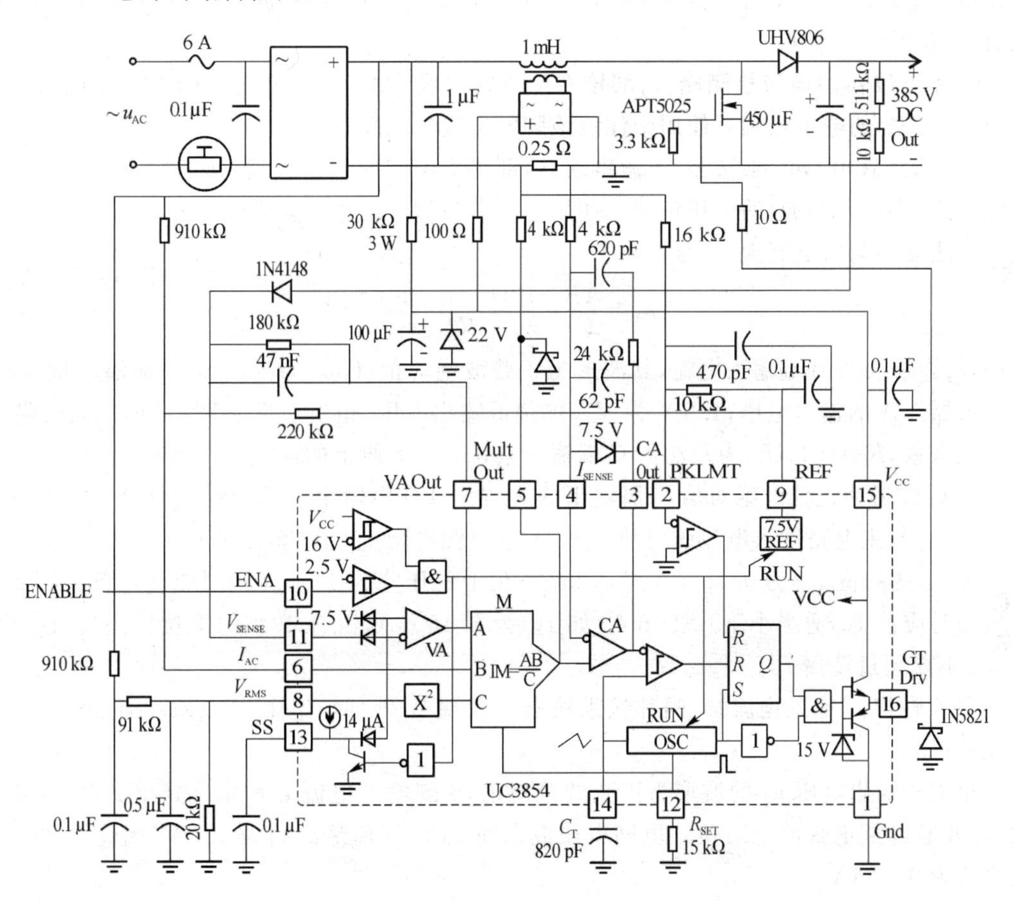

图7.15　用UC3854控制的升压式APFC电路

UC1854/2854/3854使用环境条件分别为−55～+125 ℃、−40～+85 ℃、0～+70 ℃,它们的结构和功能相同。内部包括:电压放大器VA(即电压误差放大器),前馈乘方电路X^2,乘法器M,电流放大器CA(即波形误差放大器),锯齿波振荡器OSC,PWM比较器,*RS*触发器,"与"门和输出级,7.5 V基准电压,以及软启动、芯片电源欠压锁定(开启阈值/关闭阈值为16 V/10 V)、峰值电流限制比较器等。

(1) UC3854引脚功能及相关原理

① **1脚(Gnd)接地端**:所有电压的测量以它为准。在图7.15中是接浮地端。

② **2脚(PKLMT)峰值限制端**:阈值电压为0 V,当主电路电流峰值达到限值时芯片的驱动脉冲结束。其工作原理以图7.15为例来看:该脚经1.6 kΩ电阻接至电流检测(即电流

取样)电阻(0.25 Ω)的电压负端,又经 10 kΩ 电阻接至 9 脚(REF),9 脚的 7.5 V 基准电压经 10 kΩ 和 1.6 kΩ 电阻分压得 1 V,当主电路峰值电流使 0.25 Ω 电阻上的压降略超过 1 V 时,该脚电压就略低于 0 V,使峰值电流限制比较器输出高电平,将触发器复位,从而使芯片输出端(16 脚)为低电平。该电路电流峰值约限制为 4 A。

③ **3 脚(CA Out)电流放大器 CA 输出端:**内部接至 PWM 比较器的反相输入端;外部应与 CA 的反相输入端(4 脚)之间接补偿网络。

CA 的输出电压与振荡器产生的接至 PWM 比较器同相输入端的锯齿波电压相比较,当锯齿波电压小于 CA 的输出电压时,比较器输出低电平;当锯齿波电压大于 CA 的输出电压时,比较器输出高电平。

④ **4 脚(I_{SENSE})电流检测端:**内部接 CA 的反相输入端,外部经电阻(4 kΩ)接电流检测电阻(0.25 Ω)的电压正端。使用中注意该脚电位应确保高于−0.5 V。

⑤ **5 脚(Mult Out)乘法器 M 输出端:**内部接 CA 的同相输入端,外部经电阻(4 kΩ)接电流检测电阻(0.25 Ω)的电压负端。使用中注意该脚电位也不能低于−0.5 V。

乘法器的输出电流为

$$i_M=\frac{AB}{C}=\frac{i_{ac}(U_{VAO}-1.5)}{KU_{ms}^2}$$

式中,i_{ac}为乘法器 B 端输入电流,其波形为正弦波绝对值;U_{VAO}为乘法器 A 端输入量,即电压放大器 VA 的输出电压;1.5 V 为 VA 的最低输出电压,相当于两个 PN 结的正向压降;K 为比例系数,$K=-1$;U_{ms}^2为乘法器 C 端输入量,U_{ms}为 8 脚上的前馈电压。

i_M 的波形为正弦波绝对值,5 脚输出的 i_M 在 4 kΩ 电阻上的压降就是电流波形基准电压 u_{Wref},它与主电路输入电流瞬时值在 0.25 Ω 检测电阻上的压降之差,由 CA 放大。

当 i_M 的峰值 I_{MP}为 0.25 mA 时,4 kΩ 电阻上的压降为 1 V,达到限流电压值。因此设计电路时应使 I_{MP}适当小于 0.25 mA(如 I_{MP}为 0.15 mA,留有 40%的干扰区间)。还要注意,i_M 不能超过 2 倍 i_{ac}。

⑥ **6 脚(I_{AC})输入电流端:**内部接乘法器输入端 B,外部经电阻(910 kΩ)接整流桥输出电压的正端。

整流桥输出电压 u_d 的波形为正弦波绝对值,6 脚输入电流 $i_{ac}\approx u_d/910$ kΩ,与 u_d 成正比,其波形也是正弦波绝对值。电网电压波动使 u_d 的峰值最高约为 380 V,因此 i_{ac}的峰值最高约为 0.4 mA。

由于乘法器 B 端的非线性,在小电流输入时灵敏度很低,因此将 220 kΩ 电阻接在 6 脚与 9 脚之间,9 脚的 7.5 V 基准电压经 220 kΩ 电阻给 B 输入端一个小的偏置电流,使乘法器工作在较为线性的区域。

⑦ **7 脚(VA Out)电压放大器 VA 输出端:**内部接至乘法器输入端 A。外部应与 VA 的反相输入端(11 脚)之间接负反馈网络。为防止输出过冲,VA 的输出内部限定在 5.8 V 以内。

⑧ **8 脚(V_{RMS})有效值电源电压端:**内部接至乘方电路 X^2,外部接电阻电容——整流桥输出电压 u_d 经 910 kΩ、91 kΩ 和 20 kΩ 电阻分压及有关电容滤除交流分量后,在 8 脚得到直流电压 U_{ms},它与输入电源电压的有效值成正比。U_{ms}是反映输入电压变化的前馈电压,数值范围为 1.5~4.6 V。

⑨ **9 脚(REF)基准电压端:**输出 7.5 V 基准电压,输出电流可达 10 mA。当 V_{CC}(15 脚)

电压低于欠压锁定范围或 ENA(10 脚)电压低于 2.5 V 时，基准电压将为 0 V，芯片不工作。该脚用不小于 0.1 μF 的陶瓷电容器作旁路电容接地，可得到良好的稳定性。

⑩ **10 脚(ENA)“使能”端**：此系逻辑输入端口，可以控制基准电压、振荡器和软启动电路。当该端处于高电平(2.5 V 以上)时，基准电压和 PWM 输出才能建立。若该端电压低于 2.5 V，则芯片被关闭。该脚可用于某种故障状态下关闭电路，也可用作开机时提供附加延迟。不使用该脚时，应将它接到 +5 V 电压上，或用 22 kΩ 电阻接到 V_{CC}(15 脚)。

⑪ **11 脚(V_{SENSE})输出电压检测端**：内部接 VA 的反相输入端，外部接输出电压的取样电压。

⑫ **12 脚(R_{SET})振荡器充电电流和乘法器极限设定端**：外接电阻 R_{SET} 到地，控制振荡器的充电电流，并使乘法器最大输出电流不超过 3.75 V/R_{SET}。

⑬ **13 脚(SS)软启动端**：外接软启动电容。当芯片电源电压 V_{CC} 过低或 10 脚为低电平使芯片不工作时，该脚将保持低电位。当 V_{CC} 大于 16 V、芯片可以工作时，由芯片内一个 14 μA 的电流源对软启动电容充电，使该脚电压逐渐被提升到 8 V 以上。正常工作时 VA 的同相输入端为 7.5V 基准电压，当 13 脚电压低于 7.5 V 时，该脚电压将作为 VA 的基准电压，在其逐渐上升的过程中，使芯片输出脉冲的占空比逐渐由小变大。在故障情况下，软启动电容迅速放电，促使芯片无 PWM 脉冲输出。

⑭ **14 脚(C_T)振荡器定时电容端**：外接定时电容 C_T 到地。锯齿波振荡器 OSC 的振荡频率为

$$f=\frac{1.25}{C_T R_{SET}}$$

C_T 值应根据乘法器最大输出电流限制所确定的 R_{SET} 值和振荡频率来确定。

开关频率等于锯齿波振荡频率，开关频率的选择，要考虑功率开关管的开关损耗。这种 APFC 电路是硬开关电路，为使开关损耗较小、电路效率较高，开关频率不宜过高。

⑮ **15 脚(V_{CC})芯片电源电压端**：接入直流电源电压，现采用 22 V，不应低于 17 V 或超过 35 V。电源电压欠压锁定/恢复值为 10 V/16 V。该脚应采用 0.1 μF 或容量更大的陶瓷电容器旁路接地。

⑯ **16 脚(GT Drv)栅极驱动端**：输出驱动脉冲。脉冲电压由内部钳位为 15 V，输出最大电流持续值为 500 mA、占空比 0.5 时为 1.5 A，在 16 脚与 VMOSFET 栅极之间应串联至少 5 Ω 电阻限流(图 7.15 所示电路驱动限流电阻为 10 Ω)。

输出级(推拉式电路)由“与”门控制。每个开关周期 OSC 在 C_T 放电期间输出时钟脉冲(窄脉冲)，它使触发器置位，其 Q 端为高电平，待时钟脉冲结束，“与”门输出高电平，于是输出级上晶体管导通、下晶体管截止，16 脚开始输出高电平；当锯齿波电压大于 CA 的输出电压时，PWM 比较器输出高电平，使触发器复位，其 Q 端变为低电平，于是输出级上晶体管截止、下晶体管导通，16 脚变为低电平。由此可见，每个开关周期输出脉冲之前有死区，死区时间等于时钟脉宽；输出脉冲的前沿为时钟脉冲的后沿，输出脉冲的后沿为锯齿波电压略大于 CA 输出电压的时刻。也可以说，输出脉宽等于触发器 Q 端呈高电平的脉宽减去时钟脉宽。在每个工频半周期(10 ms)内，各开关周期的输出脉宽由 CA 的输出电压来控制，以达到有源功率因数校正的目的。

(2) 有关说明

① 图 7.15 所示电路输出功率 250 W，实际上输出功率为 50～5 000 W 的有源功率因数

校正电路,控制电路都差不多,只是电流检测电阻等主电路中的元件选用有差别。图示电路在满载情况下,输入交流电压在80～260 V范围,$\lambda \geqslant 0.99$。图中1 mH储能电感用环形磁芯制造,原边55匝,副边13匝。芯片电源电压也可以不用图中所示方式供给,而改由辅助电源供给,电源电压值可改用18 V。

② UC3854A/B是UC3854的改进产品,增加了基准电压检测,当基准电压达到7.1 V以上时电路开始运行,电流放大器的带宽更宽(达5 MHz),对乘法器等有改进,可使有源功率因数校正电路输入电流的THD_i从小于5%下降到小于3%。引脚与UC3854兼容。UC3854A与UC3854B的差别在于欠压锁定的开启阈值不同,前者为16 V,后者为10.5 V(关闭阈值都为10 V)。

③ 安全注意:图7.15所示电路由于采用无工频变压器桥式整流,因此对地有高电位。观察波形的示波器等仪器的外壳不应接地,为此其电源线的三芯插头的接地端子不要接地,或用隔离变压器将仪器电源与电网隔离。注意示波器的外壳带电危险,严防人体接触。

6. 软开关有源功率因数校正电路

软开关有源功率因数校正电路比上述硬开关电路具有更高的效率。其主电路通常采用零电压转换脉宽调制升压式直流变换器,简称ZVT-PWM升压变换器,控制电路可采用平均电流模式控制的UC3855A/B等专用集成控制器,也可采用DSP。

(1) ZVT-PWM升压变换器工作原理

ZVT-PWM升压变换器的电路图和波形图如图7.16所示。该电路在升压变换器的基础上增设了一个辅助网络来实现主电路功率开关管VT_1零电压开通、续流二极管VD_1零电流关断。辅助网络的储能供给负载。辅助网络由谐振电容C_r、谐振电感L_r、辅助开关管VT_2和二极管VD_2组成。其中C_r包括了功率开关管VT_1的输出电容。在主开关管VT_1开通前,先开通辅助开关管VT_2使C_r、L_r谐振放电,待C_r上的电压(即主开关管的电压)放至零,才开通主开关管。

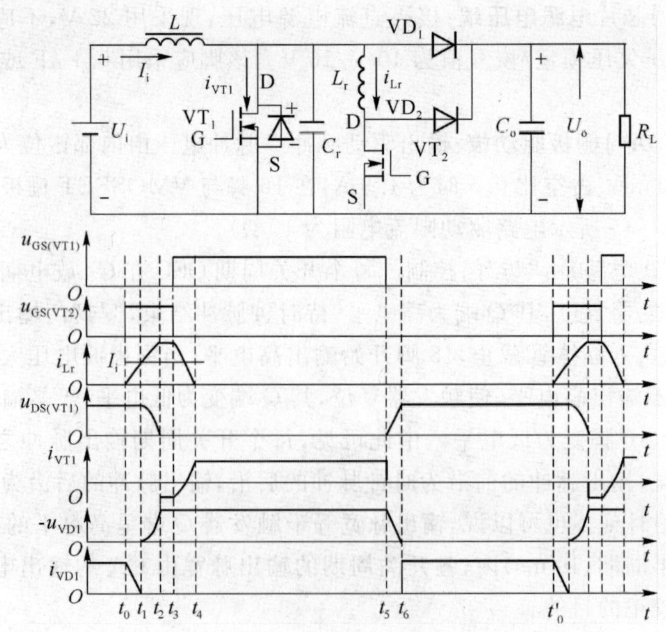

图7.16 ZVT-PWM升压变换器的电路图和波形图

下面分析电路在一个开关周期内各时段的工作情形，各时段的等效电路如图7.17所示。储能电感L中的电流虽然在VT_1导通期间上升、VT_1截止期间下降，但当L值足够大时在一个开关周期内变化幅度不大，因此将它近似为恒定电流，用恒流源I_i来代表。

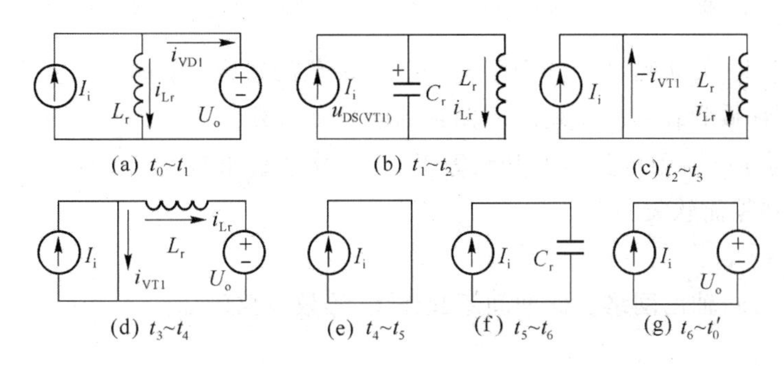

图7.17　ZVT-PWM升压变换器分时等效电路

① $t_0 \sim t_1$

t_0时刻之前，主开关管VT_1关断，L释放储能，VD_1导通，其电流$i_{VD1}=I_i$，C_r两端电压即$u_{DS(VT1)}=U_O$，等效电路如图7.17(g)所示。

t_0时刻驱动辅助开关管VT_2开通，使L_r两端电压为U_O，$t_0 \sim t_1$期间L_r中的电流i_{Lr}从零线性增长，于是VD_1的电流($i_{VD1}=I_i-i_{Lr}$)线性减小，等效电路如图7.17(a)所示。在此期间L_r储能。

到t_1时刻，i_{Lr}达到I_i值，VD_1电流减小到零而实现软关断。$t_0 \sim t_1$的时间间隔为

$$T_{01}=\frac{I_i}{di_{Lr}/dt}=\frac{I_i}{U_O/L_r}=\frac{I_iL_r}{U_O}$$

② $t_1 \sim t_2$

t_1时刻VD_1软关断，VD_2正承受反压而截止，故从此刻起C_r对L_r谐振放电，C_r两端电压(即$u_{DS(VT1)}$)由U_O值按余弦规律下降，L_r中的电流i_{Lr}则在I_i的基础上按正弦规律上升，$t_1 \sim t_2$期间的等效电路如图7.17(b)所示。在此期间L_r继续储能，C_r中的储能向L_r中转移。C_r开始放电后，$u_{DS(VT1)}<U_O$，VD_1承受反压，其阴极-阳极间的电压$-u_{VD1}$从零上升。

到t_2时刻，C_r放电到电压为零，即$u_{DS(VT1)}=0$，i_{Lr}升到最大值，C_r中的储能全部转移到了L_r中；$-u_{VD1}$升高到等于U_O。

$t_1 \sim t_2$这段谐振时间为辅助电路谐振周期的1/4，即

$$T_{12}=\frac{\pi}{2}\sqrt{L_rC_r}$$

③ $t_2 \sim t_3$

t_2时刻后VT_1的反并联二极管导通，i_{VT1}为负值，$u_{DS(VT1)}$近似为零。$t_2 \sim t_3$期间的等效电路如图7.17(c)所示。由于L_r两端电压不变(近似为0 V)，因此L_r中的电流i_{Lr}保持最大值不变。在此期间L_r既不增加储能，也不释放储能。

t_3时刻给主开关管VT_1加上驱动脉冲，VT_1零电压开通，与此同时辅助开关管VT_2的驱动脉冲结束。

VT_2 与 VT_1 驱动脉冲前沿之间的时间间隔(延时)T_D 应满足

$$T_D \geqslant T_{01}+T_{12}=\frac{I_i L_r}{U_O}+\frac{\pi\sqrt{L_r C_r}}{2}$$

④ $t_3 \sim t_4$

从 t_3 时刻 VT_2 关断起,L_r 中产生下端正、上端负的感应电势抗拒 i_{Lr}下降,使 VD_2 正向偏置而导通,L_r 释放它在 $t_0 \sim t_2$ 期间所储存的能量供负载利用。$t_3 \sim t_4$ 期间 i_{Lr}由最大值按线性规律下降到零,i_{VT1}则从负值上升到等于 I_i,等效电路如图 7.17(d)所示。VD_2 在 t_4 时刻由于 i_{Lr}下降到零而软关断。

⑤ $t_4 \sim t_5$

VT_1 继续导通,辅助网络在此期间不起作用,等效电路图如图 7.17(e)所示。L 在 VT_1 导通期间储能。

⑥ $t_5 \sim t_6$

t_5 时刻 VT_1 驱动脉冲结束而关断,C_r 开始由 I_i 线性充电并储能,到 t_6 时刻充电到 $u_{DS(VT1)}=U_O$。$t_5 \sim t_6$ 期间等效电路如图 7.17(f)所示。

⑦ $t_6 \sim t'_0$

VT_1 继续关断,L 释放储能,VD_1 导通,I_i 对输出端供电。此期间等效电路如图 7.17(g)所示。

t'_0 时刻 VT_2 再次开通,开始另一个开关周期。

这种电路开关损耗比硬开关 PWM 升压变换器小,因而效率更高;不足之处是辅助开关管为硬开关,其关断损耗较大。

(2) 用 UC3855A/B 控制的 ZVT-PWM 升压式有源功率因数校正电路

用 UC3855A/B 控制的 ZVT-PWM 升压式有源功率因数校正电路举例如图 7.18 所示。

主电路中主开关管 VT_1 采用 IGBT,由 UC3855A/B 的 10 脚(GT OUT)提供驱动脉冲(允许拉、灌峰值电流±1.5 A);辅助开关管 VT_2 由 UC3855A/B 的 12 脚(ZVT OUT)提供驱动脉冲(允许拉、灌峰值电流±0.75 A);二极管 VD_6 用以防止 VT_2 反向通过电流;电流互感器 CT 用于电流取样。交流输入侧 10 Ω、50 W 电阻用于开机时限制输入冲击电流,实现软启动,启动完成后开通双向晶闸管 VT_3,将它旁路。

UC3855A/B 有 20 个引脚,工作原理与 UC3854 相同或相似之处不再重复,下面对不同之处加以说明。

① 乘法器

原理与 UC3854 相同,但端口代号不同,UC3855A/B 的乘法器关系式为 $D=C(A-1.5)/B$,其中 $D=i_M$,$C=i_{ac}$,$A=U_{VAO}$,$B=U_{ms}^2$。

② 锯齿波振荡器

14 脚(C_T)对锯齿波振荡电容的充电电流是不可调的恒定电流。振荡频率为

$$f=\frac{1}{11\,200C_T}$$

式中,C_T 为 14 脚的外接电容,单位为 F。C_T 应采用线性瓷片电容器,电容量不小于 200 pF。振荡频率最高可达 500 kHz。

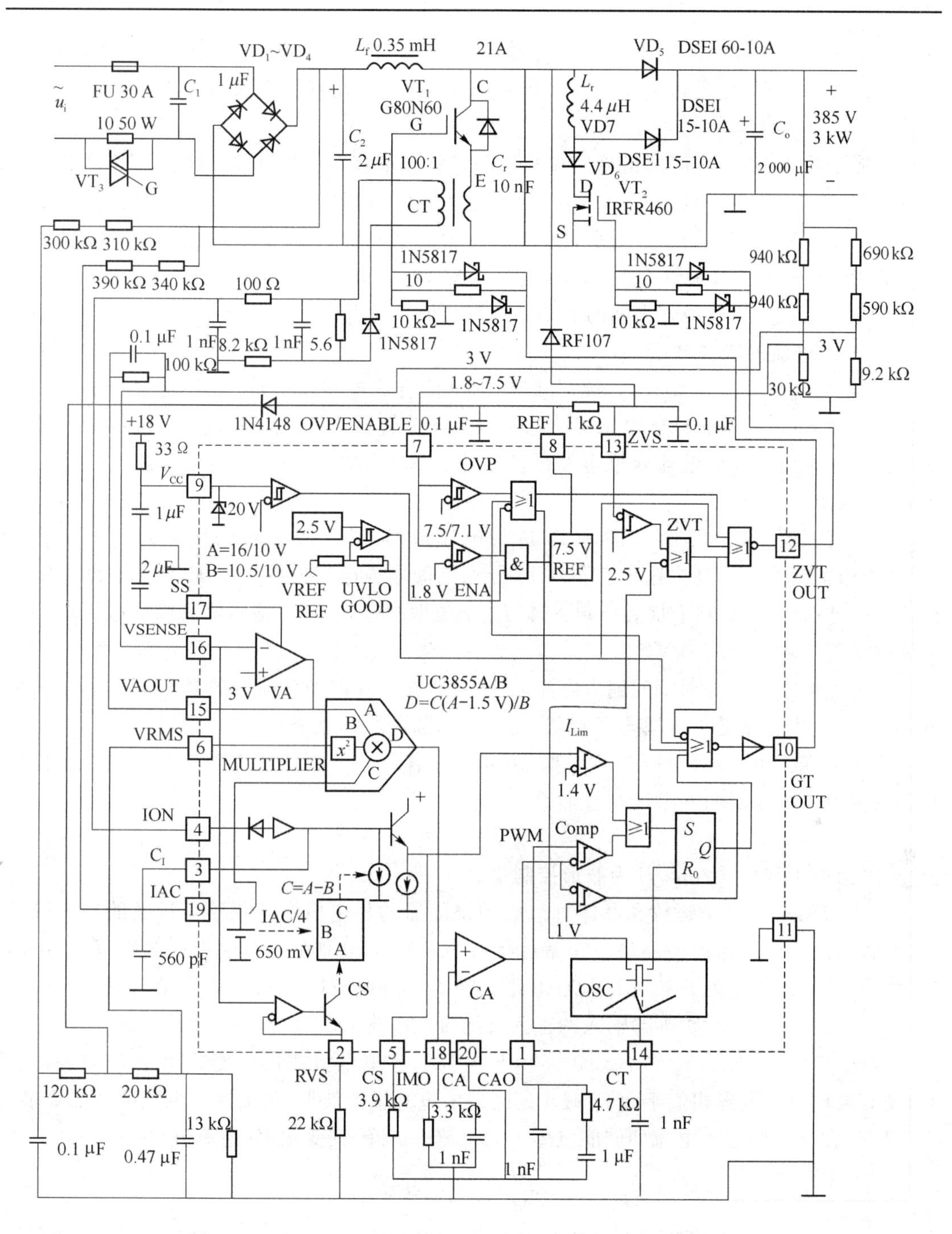

图7.18　用UC3855A/B控制的ZVT-PWM升压式APFC电路

③ 7脚(OVP)

具有1.8 V"使能"(ENABLE)和7.5 V"过电压保护"(OVP)双重功能，所以正常运行时7脚电压必须在1.8～7.5 V范围内。在图7.18所示电路中该脚用于输出电压过压与欠压保护。

④ 驱动脉冲的配合

对应于图7.16中t_0瞬时的确定:振荡器OSC产生的时钟脉冲(在接14脚的C_T快速放电时产生)经"ZVT"逻辑电路,使12脚输出高电平,驱动辅助开关管VT_2开通,此即t_0时刻。

对应于图7.16中t_3瞬时的确定:13脚ZVS检测端接高压快恢复二极管RF107到主开关管VT_1的集电极,C_r放电时VT_1集-射极电压降低,到RF107的阳极电位被拉低到小于2.5 V时,2.5 V比较器输出高电平,使12脚变为低电平而10脚变为高电平,于是辅助开关管VT_2关断,同时主开关管VT_1开通,此即t_3时刻。

由此可见,主、辅开关管之间的驱动脉冲配合能自动符合主电路的要求。

⑤ 输入电流的取样电压

UC3855A/B设有由加法器等部分组成的电流合成电路,取样环节只需检测主开关管导通时的输入电流(等于储能电感中的电流),主开关管截止期间流经储能电感的输入电流的取样电压则由芯片的电流合成电路模拟生成。这样可以提高输入电流检测电路的信噪比,减少检测损耗。

电流互感器CT对主开关管VT_1进行电流取样,其次级绕组电压经肖特基二极管1N5817整流后在5.6 Ω电阻上获得VT_1导通期间输入电流的取样电压,用100 Ω电阻及两只1 nF电容滤除高频干扰后接到4脚(I_{ON}电流取样输入端)。该脚最大峰值电压应小于限流电压值1.4 V(如0.9 V)。

4脚得到的VT_1导通期间输入电流取样电压,在芯片内经缓冲器送至3脚(C_I),使该脚外接的560 pF电容充电,3脚电压跟随4脚电压,随着取样电流的上升而上升。

当VT_1截止时,4脚电压为零,3脚560 pF电容对芯片内的受控恒流源放电。受控恒流源的电流由加法器的输出量C控制。

$$C=A-B$$

式中,A为电流常数设置量,B为波形控制量。

加法器输入量A由运放和晶体管组成的跟随器的集电极电流供给。运放的输入端接至16脚(V_{SENSE}输出电压检测端),正常运行时为3 V,因此跟随器的输出即2脚(R_{VS})电压也为3 V,2脚外接电阻R_{VS}为22 kΩ,由此决定了2脚电流即加法器输入量$A=3\ V/R_{VS}$。加法器输入量B为19脚(I_{AC})输入的正弦波绝对值电流i_{ac}的1/4,即$B=i_{ac}/4$。

因此,$C=3\ V/R_{VS}-i_{ac}/4$。3脚560 pF电容的放电电流按加法器输出量C的规律变化,使其放电电压波形相似于VT_1截止期间储能电感电流波形,从而满足电流取样的要求。

VT_1截止期间输入电流即储能电感中的电流i下降,其变化率(绝对值)为

$$\frac{\Delta i}{\Delta t}=\frac{U_O-u_i}{L}$$

上式表明,VT_1截止期间输入电流的变化率同直流电压与正弦波绝对值电压之差成正比。

将3脚外接的560 pF电容记为C_3,它在放电期间电压下降,其电压变化率(绝对值)为

$$\frac{\Delta u_{C3}}{\Delta t}=\frac{I_{C3}}{C_3}=\frac{3/R_{VS}-i_{ac}/4}{C_3}$$

可见C_3放电的电压变化率也是同直流量与正弦波绝对值之差成正比。由此可以证明,3脚560 pF电容放电电压波形与VT_1截止期间储能电感电流波形相似。

综上所述,3脚电压(即560 pF电容上的电压)为输入电流取样电压,它在VT_1导通期

间由输入电流检测电路经 4 脚提供，在 VT_1 截止期间则由芯片模拟形成。该电压经芯片内的晶体管射极输出器接到 5 脚(CS)，再经 5 脚外接的 3.9 kΩ 电阻接到 20 脚(CA^-)，送至电流放大器 CA 的反相输入端。

5 脚在芯片内还接到峰值限流比较器的同相输入端，当 5 脚电压大于 1.4 V 时该比较器输出高电平，使 10 脚的驱动脉冲关闭。

乘法器 D 端的输出电流 i_M 流过 18 脚(I_{MO})外接 3.3 kΩ 电阻，在该脚形成电流波形基准电压 u_{Wref}，从芯片内接至电流放大器 CA 的同相输入端。20 脚的输入电流取样电压与 18 脚的波形基准电压差值由 CA 放大，然后与锯齿波电压进行比较。

⑥ 输入电压下限的电流控制

当交流输入电压过低时，将使 6 脚(V_{RMS})电压(U_{ms})过低，导致乘法器输出量 D 过大，造成 APFC 电路输入电流过大。解决办法是用二极管 1N4148 从 8 脚(REF)引来 7.5 V 基准电压，设置 20 kΩ 电阻与 13 kΩ 电阻分压，得到约 2.7 V 电压。这样就防止了 6 脚电压过低，从而避免了 APFC 电路输入电流过大。

实践证明，用 UC3855A/B 控制的软开关 APFC 电路，比硬开关 APFC 电路具有更高的功率因数(更接近 1)、更高的效率和更低的电磁骚扰。

7.3.4　高频开关整流器主电路举例

图 7.19 所示为输入单相交流电的通信用高频开关整流器主电路举例，同时画出了控制电路的方框。对该图简要说明如下。

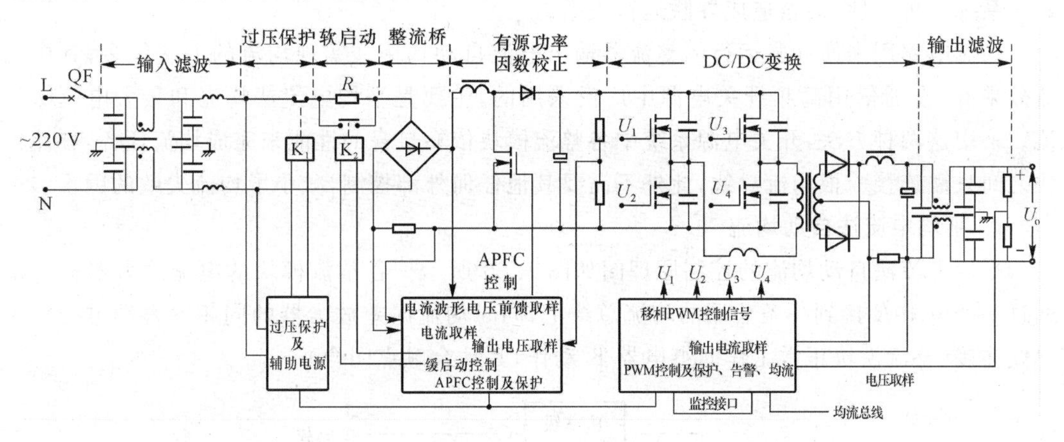

图 7.19　单相输入的通信用高频开关整流器主电路举例

① 图中 QF 为断路器(空气开关)，用它控制整流器交流电源的通断，当输入交流电流过流时能自动断开，起过流和短路保护作用。

② 输入滤波器除了采用具有共模电感的抗干扰滤波器外，还在两条输入线上各串联了一个高频电感，以便更好地滤除有源功率因数校正电路产生的反灌高频电流分量。

③ 输入过压保护由继电器 K_1 执行。平时 K_1 不动作，其动断触点接通；当交流输入电压高于允许输入电压范围的上限时，K_1 动作，使动断触点断开，切断整流器主电路的交流输入。

④ 开机时用电阻 R 限制输入冲击电流，实现软启动。启动完成后，K_2 继电器动作，其动合触点闭合，将 R 旁路。

⑤ 有源功率因数校正电路为PWM升压式电路。

⑥ DC/DC变换器为移相全桥ZVS-PWM变换器。

⑦ 输出滤波器采用了具有共模电感的抗干扰滤波器。

⑧ 输出侧的电压取样用于整流器自动稳压控制和输出过、欠压保护。

⑨ 输出侧的电流取样用于整流器输出限流保护以及均流控制。整流器的输出就是DC/DC变换器的输出,DC/DC变换器是一个负反馈自动调整系统,其输出大小由PWM集成控制器来控制,在电源电压变化或负载变化时能自动保持输出稳定。当PWM集成控制器中电压误差放大器输入的取样电压是反映整流器输出电压的变化时,自动调整稳定的对象为输出电压;如果取样电压是反映整流器输出电流的变化,那么自动调整稳定的对象就成为输出电流。整流器正常工作时,输出电流取样电压小于输出电压的取样电压而不起作用,整流器运行于自动稳压状态;当整流器负载过重,输出电流上升到限流点时,输出电流取样电压大于输出电压的取样电压而取代它,于是整流器运行于自动稳流状态,从而限制输出电流的上升。

整流器的限流点应能在额定输出电流的20%～110%之间调整。

7.3.5 均流电路

以自动稳压方式并联运行的整流器必须有均流措施,使其输出电流均衡。否则,由于各整流器的输出电压和等效内阻实际上不可能完全一致,其中有些整流器将会负载过重,从而影响系统的可靠性,甚至造成并联运行失败。

均流电路用来使并联运行的整流器输出电流自动均衡。实现均流的方法较多,其中均流效果好、在通信用高频开关电源中广泛采用的,主要是平均电流法均流和最大电流法均流。采用这两种方法,开关电源系统中各整流模块依靠自身的性能来完成均流任务,整流模块之间只需连接一根均流总线,此外不需要其他任何外部控制,减小了均流失败的因素。

1. 平均电流法自动均流

平均电流法自动均流的控制原理图如图7.20所示。各整流模块的电流放大器输出端通过一个电阻R接到一条公用的均流总线上,同时均流误差放大器的同相输入端也与均流总线连接(整流模块正常工作时继电器K动作,其动合触点闭合)。

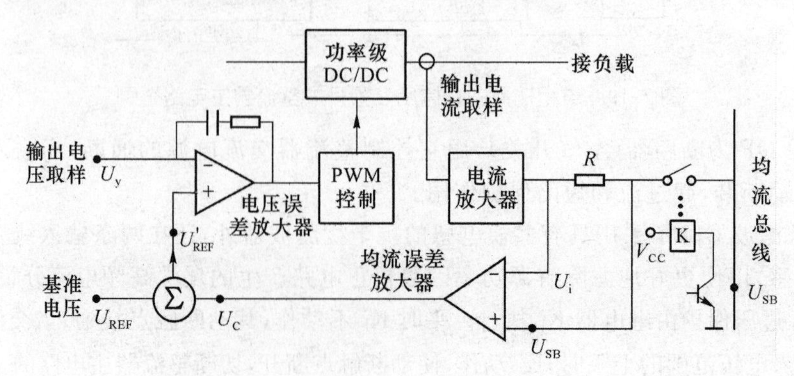

图7.20 平均电流法均流控制原理图

n个整流模块与均流总线连接如图7.21所示。利用该图来求均流总线上的电压U_{SB}。根据基尔霍夫电流定律,可得

$$\frac{U_{i1}-U_{SB}}{R}+\frac{U_{i2}-U_{SB}}{R}+\cdots+\frac{U_{in}-U_{SB}}{R}=0$$

因此,均流总线的电压为

$$U_{SB}=\frac{U_{i1}+U_{i2}+\cdots+U_{in}}{n} \tag{7.14}$$

式中,n为整流模块的个数;$U_{i1},U_{i2},\cdots,U_{in}$为各整流模块电流放大器的输出电压(即反映各整流模块输出电流大小的信号电压)。

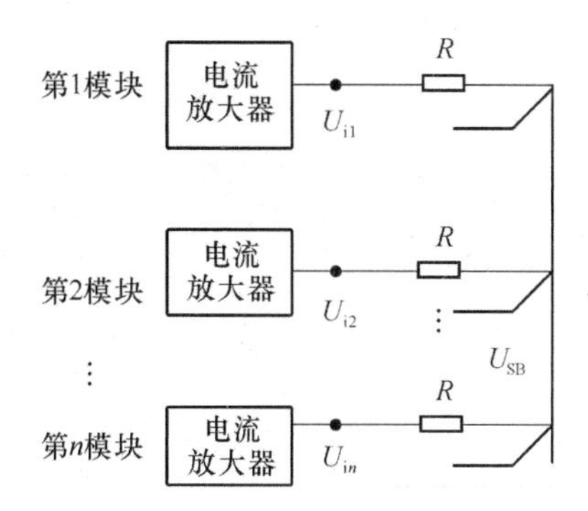

图7.21　n个模块接均流总线

由式(7.14)得知,平均电流法均流总线上的电压为各整流模块电流放大器输出电压的平均值。

对每个整流模块而言,若均流总线上的电压U_{SB}大于本模块电流放大器的输出电压U_i,则表明本模块的输出电流偏小,应调大;反之,若$U_{SB}<U_i$,则表明本模块的输出电流偏大,应调小。

各整流模块均流误差放大器的同相输入端接均流总线电压U_{SB},反相输入端接本模块电流放大器输出电压U_i,其输出电压用U_C表示。电压误差放大器的实际基准电压$U'_{REF}=U_{REF}\pm U_C$。均流调节过程是:当$U_{SB}>U_i$时,均流误差放大器输出正电压,使电压误差放大器的实际基准电压U'_{REF}升高,于是模块输出电压升高,使其输出电流增大;当$U_{SB}<U_i$时,均流误差放大器输出负电压,使电压误差放大器的实际基准电压U'_{REF}降低,于是模块输出电压降低,使其输出电流减小。当$U_{SB}=U_i$(即R两端电压为零)时,表明已实现了均流,这时均流误差放大器的输出电压$U_C=0$,电压误差放大器的实际基准电压$U'_{REF}=U_{REF}$。

这种均流电路的均流精度比较高。但是,当某个整流模块出现故障无输出时,将使均流总线上的电压U_{SB}降低,于是各整流模块输出电压下调,甚至达其下限,结果造成系统故障。为了解决这个问题,在均流电路中接入继电器K。当整流模块正常工作时,控制晶体管导通使K动作,其动合触点闭合,接通均流总线;当整流模块不工作或故障停机时,晶体管截止,K释放,其动合触点断开,使该模块脱离均流系统。

2. 最大电流法自动均流

最大电流法自动均流的控制原理图如图7.22所示。各整流模块的电流放大器输出端通过一个隔离二极管VD接到均流总线上,均流误差放大器的同相输入端也与均流总线连接。该图与图7.20的区别是用二极管VD代替了电阻R,同时不必接继电器K。

这是一种自动设定主模块和从模块的方法,输出电流最大的整流模块自动成为主模块,其他模块则为从模块。在n个并联的模块中,事先没有人为设定哪一个为主模块,所以这种均流方法也称为“民主均流”法。

由于二极管的单向导电性,n个整流模块并联运行时,只有电流放大器输出电压最大的那个模块中的二极管才导通,因此均流总线上的电压U_{SB}近似等于主模块电流放大器的输出电压,其他从模块电流放大器的二极管均反偏截止。

从模块$U_i<U_{SB}$,均流误差放大器同相输入端的电压高于反相输入端的电压而输出正

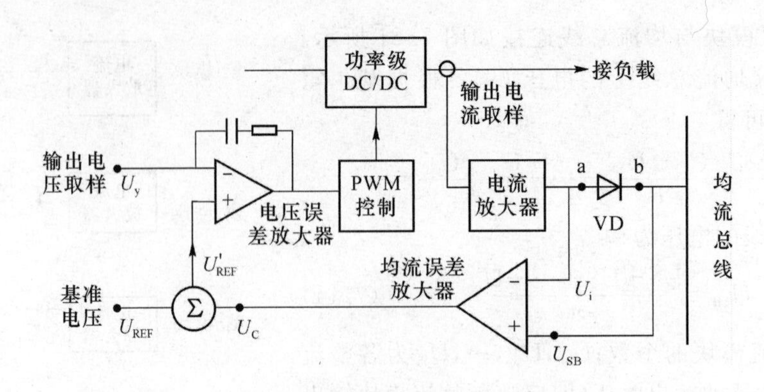

图7.22 最大电流法均流控制原理图

电压($+U_C$),使电压误差放大器的实际基准电压U'_{REF}升高,于是模块的输出电压升高,使其输出电流增大,向主模块靠拢;从模块与主模块的电流差值越大,则$+U_C$越大,该从模块输出电压、电流的增加也就越大。这样就实现了自动均流。

由于二极管总有正向压降,因此均流会有误差,主模块比从模块输出电流大,从模块之间则均流较好。

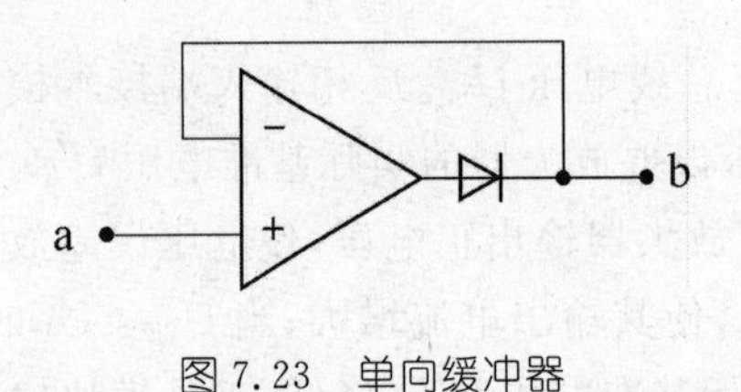

图7.23 单向缓冲器

为了减少主模块的均流误差,通常采用既有隔离作用又没有正向压降的单向缓冲器来代替二极管,即在图7.22的a、b两点间,接入如图7.23所示电路来替换二极管VD。

最大电流法自动均流可靠性高,当某一个模块出现故障无输出时,不影响系统的正常运行。

需要指出,均流电路只能对整流模块的输出电压进行微调。要使并联运行的整流模块均流状况好,应在并联运行前先把每个整流模块的单机输出电压调整成一致(调内基准、外基准)。

7.3.6 高频开关整流器的若干技术指标及其测量

1. 效率

整流器的效率是直流输出功率与交流输入有功功率之比的百分数。

YD/T 731—2008规定,在交流输入电压为额定值、直流输出电压为出厂整定值的条件下,整流器的效率应满足表7.3的要求。

表7.3 通信用整流器的效率指标

整流模块额定输出功率/W	≥1 500(−48 V)	<1 500(−48 V)	≥1 500(24 V)	<1 500(24 V)
效率(100%负载)	≥90%	≥86%	≥88%	≥85%
效率(50%负载)	≥89%	≥85%	≥87%	≥84%

效率的测量方法:按规定值整定好整流器的交流输入电压、直流输出电压和输出电流;直流输出功率为直流输出电压与输出电流的乘积,交流输入有功功率可用电力谐波分析仪F41B或功率计测量,计算两者之比得到实测效率。测量仪表的精度应不低于1.5级。

此外,输入功率因数、输入电流总谐波畸变率、输入电压总谐波畸变率等,也可以用电力谐波分析仪F41B(或电能质量分析仪)测量。

2. 负载效应(负载调整率)

负载效应是指交流输入电压为额定值，直流输出电流在额定值的 5%～100%范围内变化，直流输出电压偏离整定值的变化率(直流输出电压在输出电流为额定值的 50%时整定)。

YD/T 731—2008 规定，整流器的负载效应应不超过直流输出电压整定值的±0.5%。

3. 源效应(电网调整率)

源效应是指直流输出电流为额定值，交流输入电压在额定值的 85%～110%范围内变化，直流输出电压偏离整定值的变化率(直流输出电压在交流输入电压为额定值时整定)。

YD/T 731—2008 规定，整流器的源效应应不超过直流输出电压整定值的±0.1%。

4. 稳压精度

稳压精度是指交流输入电压在额定值的 85%～110%之间变化，负载电流在额定值的 5%～100%范围内变化，直流输出电压偏离整定值的变化率。稳压精度(δ_V)的计算式为

$$\delta_V=\frac{U-U_O}{U_O}\times 100\% \tag{7.15}$$

式中，U 为所测直流输出电压偏离整定值出现的最大值及最小值；U_O 为直流输出电压整定值，在输入额定电压、输出 50%额定电流时整定。

YD/T 731—2008 规定，整流器的 δ_V 应不超过直流输出电压整定值的±0.6%。

整流器稳压精度测试接线图如图 7.24 所示，图中 V_1、A_1 为交流电压表、电流表，V_2、A_2 为直流电压表、电流表；交流调压器在现场维护中可用油机发电机组代替。

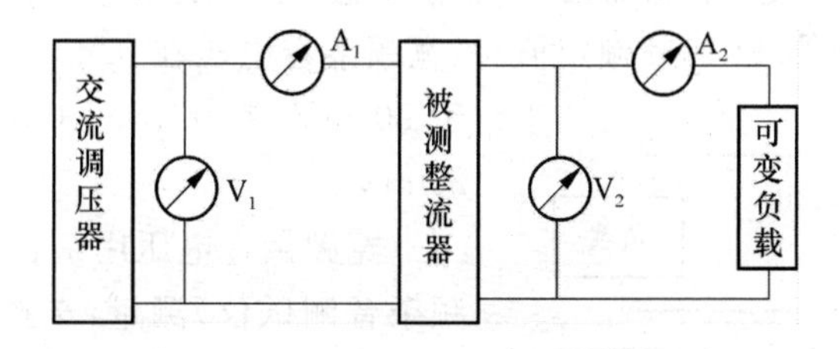

图 7.24　整流器稳压精度测试接线图

测试整流器稳压精度时，应填写稳压精度测量记录表，如表 7.4 所示。将有关读数代入式(7.15)，就能得出被测整流器的稳压精度 δ_V。

表 7.4　整流器稳压精度测量记录表

输出电压	交流输入电压	直流输出电压测量值/V		
		5% I_O	50% I_O	I_O
稳压工作上限值	U_i(220 V/380 V)	—	整定 U_O	—
	85%U_i(187 V/323 V)		—	
	110% U_i(242 V/418 V)		—	
稳压工作下限值	U_i(220 V/380 V)	—	整定 U_O	—
	85%U_i(187 V/323 V)		—	
	110 %U_i(242 V/418 V)		—	

注：U_i 为交流输入电压额定值(V)；I_O 为直流输出电流额定值(A)。

5. 均分负载(均流)性能

多台同型号的整流器应能并机工作。YD/T 731—2008 规定,交流输入电压为额定值,在单机 50%~100%额定输出电流范围内,整流器均分负载的不平衡值应不超过直流输出电流额定值的±5%。

各台整流器的均分负载不平衡度按下列公式计算:

$$\delta_1=(K_1-K)\times100\%$$
$$\delta_2=(K_2-K)\times100\%$$
$$\vdots$$
$$\delta_n=(K_n-K)\times100\%$$

式中,$K_1=\frac{I_1}{I_H}$,$K_2=\frac{I_2}{I_H}$,…,$K_n=\frac{I_n}{I_H}$,$K=\frac{\sum I}{nI_H}$;I_1、I_2、…、I_n为各台被测整流器的输出电流;I_H 为各台被测整流器的额定输出电流;$\sum I$ 为 n 台被测整流器的输出电流总和;nI_H 为 n 台被测整流器的额定输出电流总和。

6. 宽频杂音电压

宽频杂音电压是指整流器直流输出电压中一定频宽内交流分量的方均根值(一定频宽内交流分量总的有效值)。即

$$U_{宽}=\sqrt{U_1^2+U_2^2+\cdots+U_n^2} \tag{7.16}$$

YD/T 731—2008 规定,整流器的交流输入电压为额定值、直流输出电压为出厂整定值、负载电流分别为 100%和 50%额定值时,宽频杂音电压在 3.4~150 kHz 频带内应不大于 50 mV,在 0.15~30 MHz 频带内应不大于 20 mV。

宽频杂音电压用杂音计(如 QZY-11 型高低频杂音测试仪)测量,选择 75 Ω 输入阻抗,并选择适当量程,读取最大测量值;测试回路应串入不小于 10 μF 的隔直电容器。在电磁干扰严重的环境下测试时,测试线两端应并联 0.1 μF 的无极性电容器。测试接线图如图 7.25 所示。

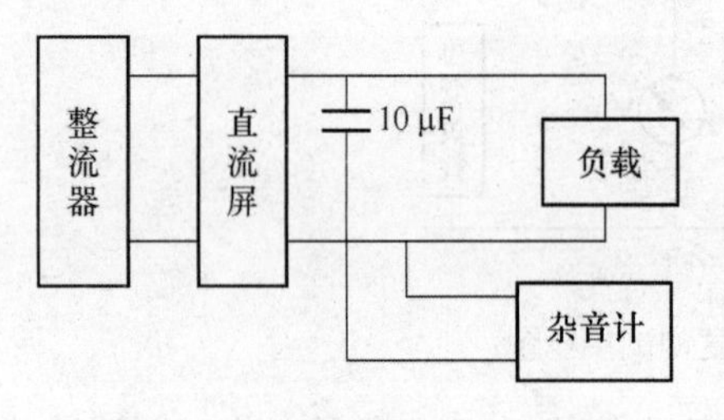

图 7.25 杂音电压测试接线图

7. 电话衡重杂音电压

电话衡重杂音电压是指整流器直流输出电压中的交流分量通过国际电信联盟(ITU)规定的电话衡重网络(A)后测得的杂音电压值。即模拟人耳接收情况、等效为 800 Hz 的杂音电压,它等于各交流分量衡重杂音电压的方均根值。

$$U_{衡}=\sqrt{(C_1U_1)^2+(C_2U_2)^2+\cdots+(C_nU_n)^2} \tag{7.17}$$

式中,C_1、C_2、…、C_n 为各交流分量的衡重系数;U_1、U_2、…、U_n 为各交流分量的有效值。

YD/T 731—2008 规定,整流器的交流输入电压为额定值、直流输出电压为出厂整定值、负载电流分别为 100%和 50%额定值时,电话衡重杂音电压应不大于 2 mV。

电话衡重杂音电压用杂音计(如 QZY-11 型高低频杂音测试仪)在电话衡重加权模式测量,选择 600 Ω 输入阻抗,并选择适当量程,读取最大测量值;测试回路应串入不小于 10 μF 的隔直电容器。测试接线图如图 7.25 所示。

8. 峰-峰值杂音电压

峰-峰值杂音电压是指整流器直流输出电压中在0～20 MHz频带内交流分量的峰-峰间电压值。

YD/T 731—2008规定，整流器的交流输入电压为额定值、直流输出电压为出厂整定值、负载电流分别为100%和50%额定值时，峰-峰值杂音电压应不大于200 mV。

峰-峰值杂音电压用示波器(20 MHz)测量。测试接线图如图7.26所示，在直流配电屏输出端并联一只0.1 μF无极性电容器，电容器两端用绞线平衡接入示波器探头，示波器应与市电隔离，其机壳应悬浮，适当选择示波器的水平扫描速度，使被测杂音电压波形清晰稳定，读取示波器所显示的最大峰-峰值电压。

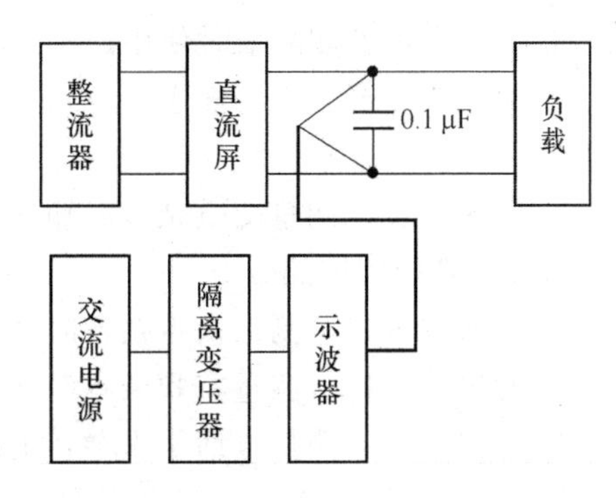

图7.26　峰-峰值杂音电压测试接线图

9. 离散频率杂音电压

离散频率杂音电压是指整流器直流输出电压中在规定频带内单个频率的杂音电压。

YD/T 731—2008规定，整流器的交流输入电压为额定值、直流输出电压为出厂整定值、负载电流分别为100%和50%额定值时，离散频率杂音电压在3.4～150 kHz频带内应不大于5 mV，在150～200 kHz频带内应不大于3 mV，在200～500 kHz频带内应不大于2mV，在0.5～30 MHz频带内应不大于1 mV。

离散频率杂音电压采用30 MHz选频表或频谱分析仪测量，读取各频段最大测量值；测试回路应串联一只0.1 μF/100 V无极性电容器阻隔直流。

上述几项杂音电压，每项都要分别在负载电流为100%额定值和50%额定值时测量，两次测得的结果必须都符合要求。

7.3.7　QZY-11型高低频杂音测试仪的使用方法

1. QZY-11型杂音测试仪的面板说明

QZY-11型杂音测试仪面板布局如图7.27所示，主要有量程转换开关、平衡/不平衡调节开关、时间常数选择开关、阻抗选择开关、频段选择开关、表头及输入接口等。

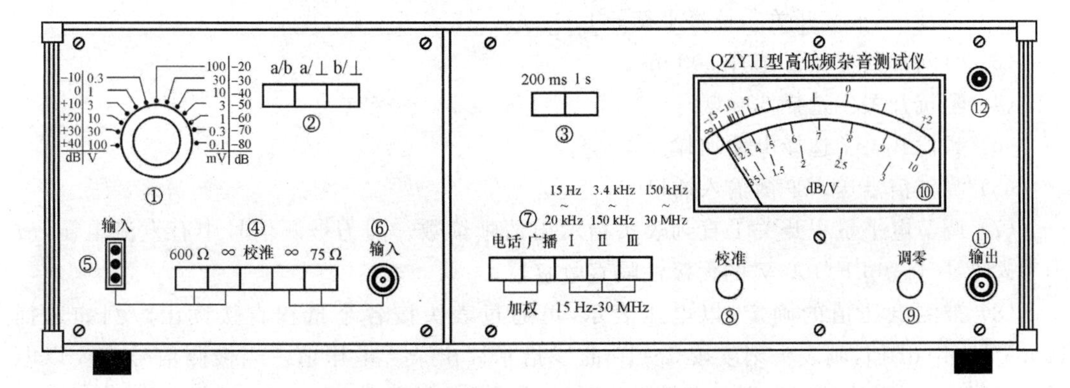

图7.27　QZY-11型杂音测试仪面板布局图

面板各部分的功能如下：

① 量程转换开关。调节测量电平(电压)的量程。

② 平衡/不平衡输入调节。测量衡重杂音电压和宽频杂音电压时选择平衡输入(a/b)，a/⊥和b/⊥在不平衡测量时使用。

③ 时间常数开关。一般置200 ms，当出现表头指针因干扰电压强烈而波动时可转至1 s位置。

④ 阻抗开关。测量衡重杂音时输入阻抗选择600 Ω挡，测量宽频杂音时选择75 Ω挡，仪表校准时选择校准挡。

⑤ 平衡输入口。测量衡重杂音时从该输入口输入被测信号。

⑥ 同轴输入口。测量宽频杂音时从该输入口输入被测信号。

⑦ 频段开关。测量电话衡重杂音电压时选择电话加权；测量宽频杂音电压时要求分别测量频段Ⅱ(3.4～150 kHz)和频段Ⅲ(0.15～30 MHz)两挡的杂音电压。

⑧ 校准电位器。在校准挡位时，调节校准电位器使表针指示0 dB。

⑨ 调零电位器。在无输入信号条件下，调节调零电位器使表针指示仪表左侧的零电压。

⑩ 表头。结合量程转换开关，从表头上读出被测杂音电压。

⑪ 输出插口。可接入耳机监听或接入示波器进行杂波分析。

⑫ 电源指示灯。电源开关位于背面。

2. QZY-11型杂音测试仪的调零和自校准

QZY-11型杂音测试仪在测量之前需要对仪表进行调零和自校准，步骤如下。

(1) 接通电源，预热约20分钟。

(2) 仪表调零：电平转换开关①调至+40 dB(尽量减少外界输入的信号干扰)，频段开关⑦选择Ⅱ频段(3.4～150 kHz)挡，阻抗开关④选择75 Ω挡，调节调零电位器⑨，使表针指示最左边的零电压。

(3) 仪表自校准：阻抗开关④选择校准挡，调节校准电位器⑧，使表头指示0 dB。

注意：每改变一次测试项目或测试频段，都必须在测量前重复以上自校准步骤，以减少测量误差。

3. 电话衡重杂音电压的测量步骤

(1) 电平量程开关①调至+40 dB(防止打表针)。

(2) 平衡/不平衡开关②选择平衡a/b。

(3) 时间常数开关③选择200 ms。

(4) 阻抗开关④选择600 Ω。

(5) 频段开关⑦选择电话加权。

(6) 测试信号送入平衡输入插口⑤。

(7) 调节电平量程开关①直到表头指示出清晰读数。因为被测信号中有直流电压，故须串入不小于10 μF/100 V的无极性隔直电容器。

(8) 被测电压值的确定：以电压表示，可通过表头按各个量程直接读出。例如选择10 mV/-40 dB挡，则表头刻度按0～10曲线指示读出杂音电压值。当被测信号需要以电平表示时，其电平值等于电平量程开关①的读数与表头读数的和。

4. 宽频杂音电压的测量步骤

(1) 电平量程开关①调至+10 dB(3 V)。

(2) 平衡/不平衡开关②选择平衡 a/b。

(3) 时间常数开关③选择 200 ms。

(4) 阻抗开关④选择 75 Ω。

(5) 频段开关⑦分别选择Ⅱ频段(3.4～150 kHz)和Ⅲ频段(0.15～30 MHz)。

(6) 测试信号送入同轴输入插座⑤,将同轴线的线芯接入被测电源的非接地端,外圈屏蔽线接入被测电源的直流工作接地端。因为被测信号中有直流电压,故须串入不小于 10 μF/100 V的无极性隔直电容器。

(7) 调节电平量程开关①直到表头指示出清晰读数。

测试结束后关闭仪器:调回电平量程开关①至+40 dB,拆线,关闭电源。

7.4　直流配电部分

开关电源系统中的直流配电部分连接整流器的输出端、蓄电池组和负载,构成整流器与蓄电池组并联向负载(通信设备等)供电的浮充供电系统,并对直流供电进行分配、控制、检测、告警和保护。

直流配电部分应具有能接入 2 组蓄电池的装置;各输出分路经单极空开或熔断器为负载供电。直流电路常用的单极空开、熔断器的规格及容量系列为——1～63 A/1P、80～100 A/1P 断路器:1、3、6、10、16、20、25、32、40、50、63、80、100 A;1～160 A(NT00 系列)熔断器:4、6、10、16、20、25、32、35、40、50、63、80、100、125、160 A;125～400 A(NT2)熔断器:125、160、200、224、250、300、315、355、400 A;315～630 A(NT3)熔断器:315、355、400、425、500、630 A。各输出分路的直流熔断器额定电流值,应不大于最大负载电流的 2 倍。

直流配电部分除了主电路外,还有直流检测单元,用于检测输出直流电压、负载电流、蓄电池组电流、蓄电池支路熔断器状态、各输出分路熔断器或断路器状态(是否熔断或跳闸)等,检测结果传送到开关电源系统中的监控器。

7.4.1　直流配电主电路举例

以具有二次下电功能(又称低电压二级切断功能)的直流配电为例,直流配电部分的主电路如图 7.28 所示。

在交流停电时间较长的地方,为了既防止蓄电池过放电而受到损害,又使重要负载获得较长的蓄电池供电时间,可以把直流负载按其重要性分成重要和相对次要两类,在直流配电输出回路中分别用两个直流接触器的主触点来控制其通断。平时两个直流接触器的主触点都闭合(接通)。在蓄电池组放电过程中,当蓄电池组端电压下降到第一次下电的电压值时,第一次下电的直流接触器主触点断开,切断相对次要的负载(如移动通信基站中的 BTS 等)。从这时起,蓄电池组只对重要负载(如移动通信基站中的传输设备等)供电,放电电流减小,故放电时间可以延长。当蓄电池组端电压下降到放电终止电压时,第二次下电的直流接触器主触点断开,重要负载也被切断。

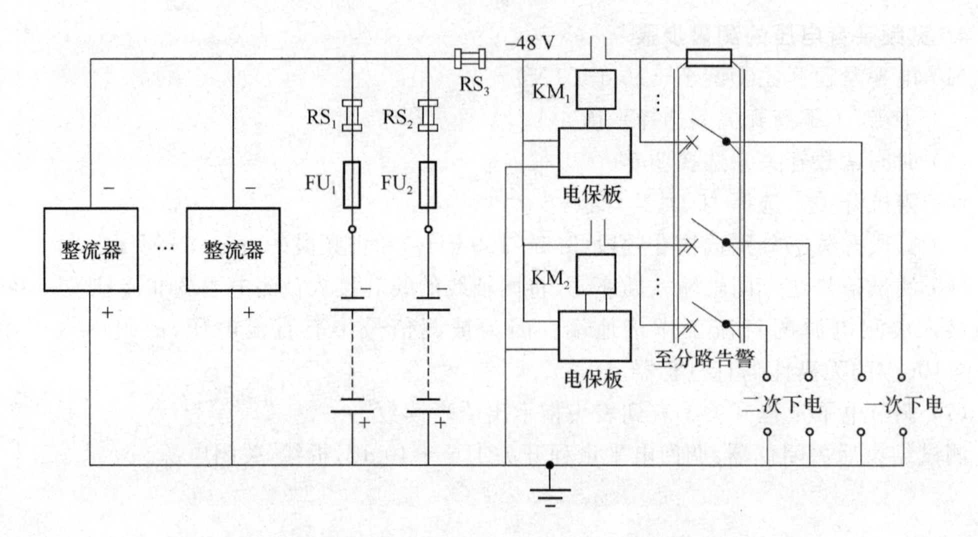

图 7.28 具有二次下电功能的直流配电原理图

在图 7.28 中,RS_1、RS_2 为蓄电池支路的分流器,用以检测对应蓄电池组的充、放电电流;FU_1、FU_2 为蓄电池支路的熔断器,用于对应蓄电池组的短路保护;RS_3 为测量总负载电流的分流器。

直流接触器 KM_1 和 KM_2 采用动合型主触点:直流电源电压正常时,接触器线圈通电而动作,使主触点闭合;当直流电源电压低至下电电压值时,接触器线圈断电,主触点断开。

两次下电的两个直流接触器由两个电池保护电路板分别控制,第一次下电和第二次下电的电压值均可调整,其整定参考值见表 7.5。由于蓄电池组在显著减少负载电流或停止放电后端电压会有所回升,为避免这种时候直流接触器主触点又闭合,而接通负载后蓄电池组端电压下降,直流接触器主触点又断开,造成直流接触器在下电电压值附近来回动作而抖动,因此电池保护板上的控制电路应有适当的回差电压,如表 7.5 中所示。

表 7.5 一、二次下电及回差电压参考值

系统电压/V	第一次下电电压/V	第二次下电电压/V	回差电压/V
−48	−46	−43.2	约 6
+24	+23	+21.6	约 3

交流电源恢复后,整流器投入工作,直流电源电压逐渐达正常范围,两个直流接触器的主触点先后闭合,从而恢复对负载供电。以图 7.28 所示电路和表 7.5 中的数据为例,当直流电源电压的绝对值升至 49.2 V 时,KM_2 通电动作,其主触点闭合,恢复对重要负载的供电;当直流电源电压的绝对值升至 52 V 时,KM_1 通电动作,其主触点闭合,对负载的供电全部恢复。

在具有二次下电功能的直流配电电路中,也可采用动断型直流接触器及其相应的电池保护电路板。其工作原理是:直流电源电压正常时接触器线圈不加电,主触点闭合;当直流电源电压低至下电电压值时,接触器线圈通电而动作,使主触点断开。

采用动断型直流接触器的优点是直流电源电压正常时(大多数时间),接触器不耗电;缺点是蓄电池组在放电至下电电压后,仍要为接触器线圈供电(每个直流接触器耗电为 0.2～

0.4 A)，对防止蓄电池过放电不利。

需要指出，干线及重要局(站)不应采用低电压电池切断保护功能。因此这类局(站)不应使用具有二次下电功能的直流配电装置，即在图 7.28 所示电路中应去掉直流接触器，RS_3 的右端用汇流排直接连通各输出分路的熔断器和空开。此类局(站)必须配置备用发电机组，在市电停电后能够保证交流供电 。

7.4.2　分流器与霍尔器件

直流配电屏或直流配电单元中直流电流的测量，采用分流器或霍尔器件。

1. 分流器

分流器通常为四端钮结构，其电路符号如图 7.29(a)所示，利用分流器测量电流的接线方法如图 7.29(b)所示。电流端 A、B 与被测电路串联，电位端 A′、B′与电压表(在开关电源中为数字电压表电路)并联，R_f 为分流器电阻，R_o 为电压表内阻，$R_f \ll R_o$。

当在 A、B 两端通入被测电流 I 时，A、B 两端的电压 $U_{AB}=IR_{AB}\approx IR_f$。分流器是大功率的精密电阻，即 R_f 为常数，U_{AB}正比于 I 的变化，因此通过测量分流器上的电压就可换算出被测电流的大小，这时电压表的读数(即液晶屏的显示)为被测电流值。

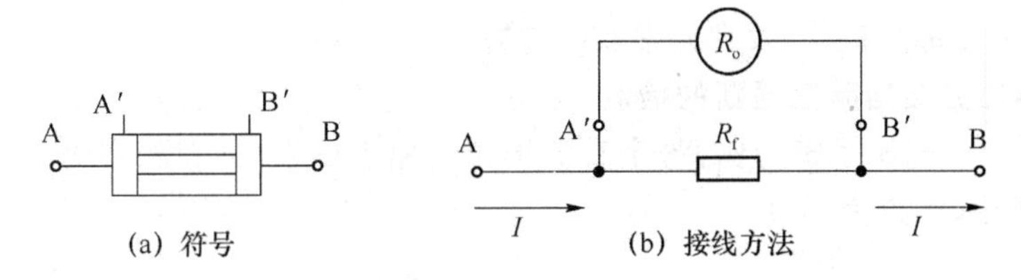

图 7.29　分流器

开关电源设备中使用的分流器，有额定电流 1 000 A、750 A、500 A、300 A、150 A 等规格，通过额定电流时压降为 75 mV。

分流器电位端(A′、B′)的接线螺丝应拧紧，以免接触电阻大造成电流指示偏小。

2. 霍尔器件

霍尔器件(又称为霍尔电流传感器)是利用霍尔效应制成的器件。它是一种磁电转换器，可以产生从直流到几百千赫兹的各种波形的电流检测信号，误差很小。

霍尔器件的基本原理如图 7.30 所示，当半导体矩形薄片(霍尔元件)处于磁感应强度为 B 的磁场中时，若 1、3 端供给一定的控制电流 I，则与电流方向垂直的两侧(即 2、4 端)有霍尔电压 U_h 输出，这种物理效应称为霍尔效应。U_h 与 B 有很好的线性关系，当霍尔元件处于被测电流形成的磁场中时，即可对该电流进行测量。由于霍尔效应输出电压 U_h 为毫伏级，因此霍尔器件内部设有运算放大器，霍尔电压经放大后输出，额定值一般为 4 V。

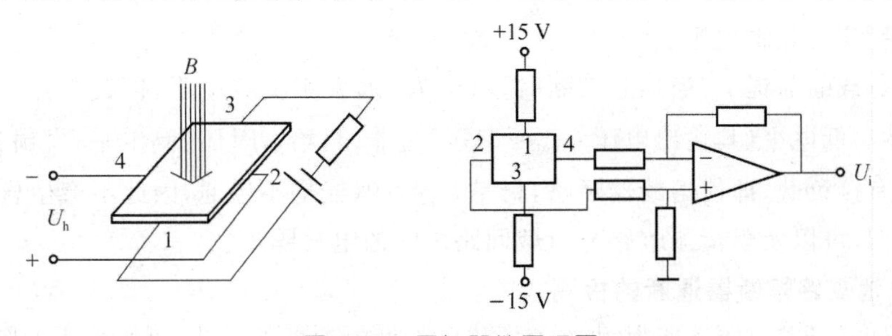

图 7.30　霍尔器件原理图

用霍尔器件检测直流电流如图7.31所示(通过霍尔元件的控制电流图中省略未画)。环形铁心由软磁性材料构成,气隙中安装霍尔元件,流过被测电流的导线穿过铁心。当导线中通过电流时,电流在导线周围产生的磁场被环形铁心收集,若被测电流上升,则B增大,使U_h增大,运算放大器输出电压U_i增大,于是电流指示上升。霍尔器件的引脚举例如图7.32所示(3、4脚之间即为反映被测电流大小的信号电压U_i)。

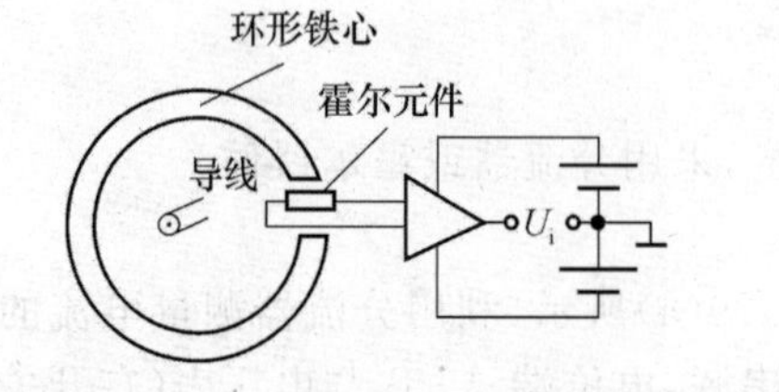

图7.31 用霍尔器件检测直流电流

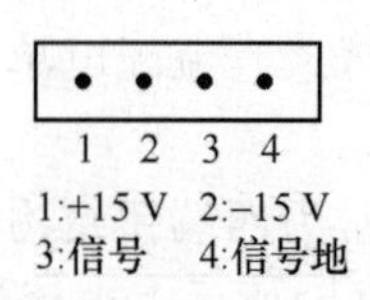

图7.32 霍尔器件引脚图举例

7.4.3 熔断器通断的检测

开关电源的监测系统要对直流输出分路的熔断器、单极空开以及蓄电池支路的熔断器通断情况等开关量进行检测,发现异常及时告警。

1. 直流输出分路熔断器通断的检测

以+24 V开关电源系统为例,每个直流输出分路熔断器(或单极空开)的通断检测,举例如图7.33所示,测点为A、B。

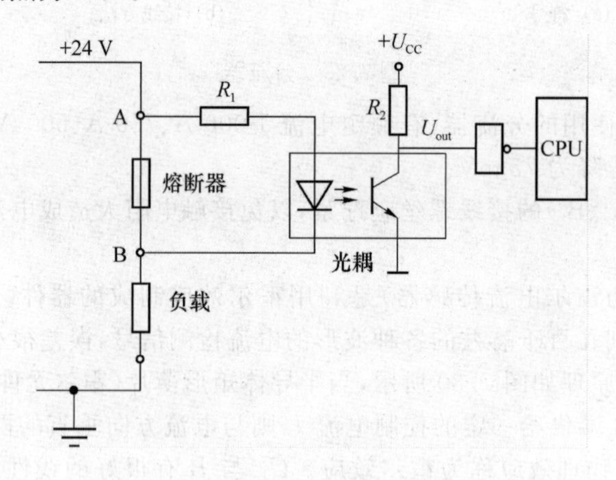

图7.33 直流输出分路熔断器通断的检测

熔芯未断时,A、B之间的电压$U_{AB}=0$,光耦不导通,输出高电平(其输出电压$U_{out}\approx+U_{CC}$),经过非门,给CPU送低电平。

在接有负载的前提下,当熔芯熔断时,由于R_1远大于负载电阻,因此$U_{AB}\approx24$ V,于是光耦导通,输出低电平(其输出电压$U_{out}\approx0$),经过非门,给CPU送高电平,发出告警信号。

如果没有接负载,即使熔断器断路,仍是$U_{AB}=0$,光耦不导通,因此不产生告警信号。

采用光耦,可以实现检测电路与负载回路之间的电气隔离。

2. 蓄电池支路熔断器通断的检测

仍以+24 V开关电源系统为例,每组蓄电池熔断器通断的检测,可以采用如图7.34所示电路，测点为 A、B。

蓄电池支路的熔芯未断时，蓄电池组两端电压 U_2 与直流配电单元正、负母排之间的电压 U_1 相等，故 $U_{AB}=U_1-U_2=0$。

在接有蓄电池组的前提下，如果蓄电池支路的熔芯熔断，则 $U_{AB}\neq 0$。分为如下两种情况：

① 若蓄电池组正在充电（浮充或均充）时熔芯熔断，则必然是 $U_1>U_2$（U_1 等于整流器输出的浮充电压或均充电压，U_2 在熔芯断开后等于蓄电池组的电动势），故 $U_{AB}>0$；

② 若蓄电池组正在放电时熔芯熔断，则必然是 $U_1<U_2$（这时如有另一组蓄电池在放电，则 U_1 等于该电池组的放电电压，小于电池组的电动势，假如没有其他蓄电池组，就会是 $U_1=0$），故 $U_{AB}<0$。

根据上述情况，作如下定义：当 $|U_{AB}|>200$ mV 时，认为蓄电池支路的熔芯已断。

图 7.34 中 N_1 是差动放大器，N_2 是单限比较器，它们和相关元件组成了一个绝对值比较电路。基本工作原理如下：

- 蓄电池支路熔断器正常时，N_2 的同相输入端比反相输入端电位高，N_2 输出高电平；
- 当 $U_{AB}>200$ mV 时，N_1 输出端电位升高，通过 VD_1、VD_W 和 VD_4，使 N_2 反相输入端电位升高，N_2 翻转为输出低电平；
- 当 $U_{AB}<-200$ mV 时，N_1 输出端电位降低，通过 VD_2、VD_W 和 VD_3，使 N_2 同相输入端电位降低，N_2 同样翻转为输出低电平。

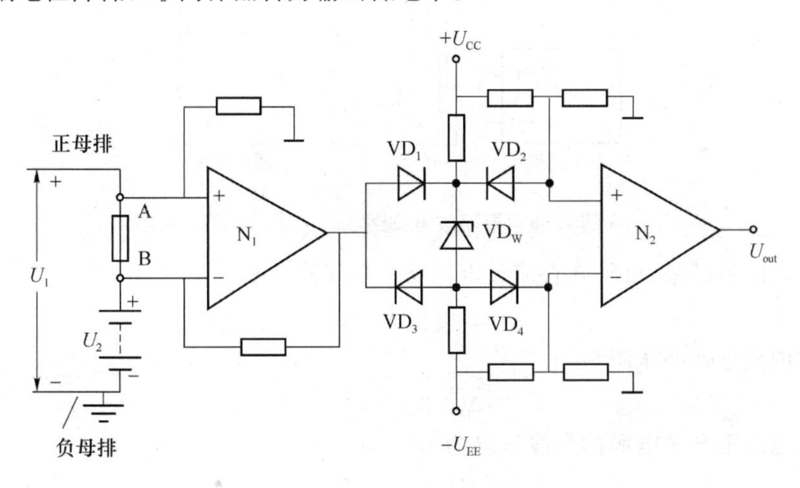

图 7.34　蓄电池支路熔断器通断的检测

7.4.4　直流馈线截面积的计算

直流馈电线的截面积一般按允许电压降来选择。根据欧姆定律，可按下式计算：

$$A=\frac{IL}{\Delta U\gamma} \tag{7.18}$$

式中，A 为导体截面积（mm^2）；I 为流过导线的最大电流（A）；L 为导线长度（m）；ΔU 为导线上的允许压降（V）；γ 为导体的电导率（$m/\Omega\cdot mm^2$），铜为 57，铝为 34，是电阻率的倒数。

我国通信行业标准 YD/T 5040—2005《通信电源设备安装工程设计规范》规定，直流放电回路（即从蓄电池组两端到通信设备受电两端）的全程压降，48 V 电源应不大于 3.2 V（一般取不大于3 V),24 V电源应不大于2.6 V;YD/T 1058—2007《通信用高频开关电源系统》等标准规定,直流配电屏内放电回路(即开关电源系统内从连接蓄电池组的两端到各直流输出分路两端)电压降应不大于500 mV(环境温度为20 ℃时)。因此,应先将允许全程压降减去0.5 V,再适当分配蓄电池组至开关电源的导线允许压降(以不超过0.5 V为宜)和开关电源输出端至通信设备受电端的导线允许压降,然后计算相应直流导线的截面积。

直流电源母线的颜色,应正极为棕色(或红色),负极为蓝色。

7.4.5 直流放电回路压降的测试方法

如图7.35所示,在整流器停止工作、由蓄电池组放电对负载供电的条件下,当蓄电池组放电电压平稳时,用同一个数字万用表选取适当量程的直流电压挡进行以下测量,同时做好记录:

① 在蓄电池组上测量蓄电池组正、负极两端的电压U_1;

② 在直流配电屏或直流配电单元上测量蓄电池组接入端的电压U_2;

③ 在直流配电屏或直流配电单元上测量输出端(负载端)的电压U_3;

④ 在用电设备上测量直流电源输入端的电压U_4。

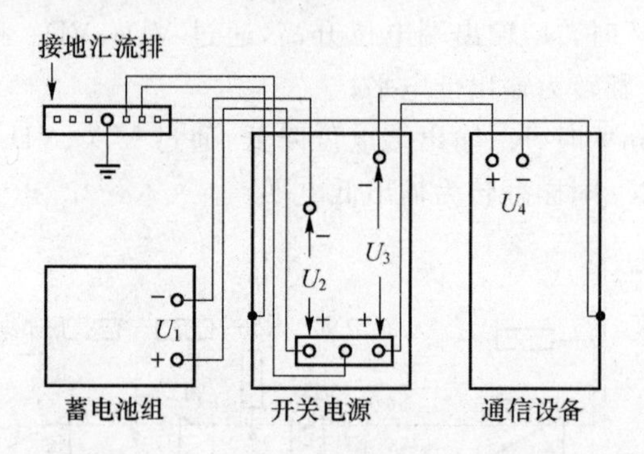

图7.35 直流放电回路压降测试示意图

根据以上测量结果,可得知直流放电回路全程压降为

$$\Delta U_Q = U_1 - U_4$$

直流配电屏内放电回路压降为

$$\Delta U_P = U_2 - U_3$$

放电时蓄电池组至开关电源的导线压降为

$$\Delta U_1 = U_1 - U_2$$

开关电源输出端至通信设备受电端的导线压降为

$$\Delta U_2 = U_3 - U_4$$

7.5 监 控 器

开关电源系统中的监控器又称监控模块、监控单元或控制器,其核心是单片微型计算机。监控器与开关电源系统中的交流检测单元、直流检测单元和转接单元等组成本机监控系统,对开关电源系统及蓄电池组进行实时检测、控制管理和故障告警;并使开关电源能够

远程监控，实现少人或无人值守。正是有了这种监控器，才使开关电源设备成为智能电源。

国产开关电源系统中的监控器，屏幕通常采用汉字显示方式，人机界面友好，操作方便。不同厂家生产的开关电源，其监控器的功能基本相同，但监控器的具体操作方法会有所不同，通常开关电源设备的使用说明书或用户手册上有监控器操作方法的说明，操作方法不难掌握。

7.5.1　监控器的主要功能

1. 状态显示与查询

监控器可检测显示系统状态（浮充或均充等）、交流输入电压、直流输出电压、整流器输出电流、蓄电池电流、负载电流、系统告警及故障内容等，检测并查询整流器状态、蓄电池状态、输出分路状态、历史故障记录等。

2. 常规控制

①系统：开机/关机；②均充：开/关；③整流器：开机/关机；④电池放电试验：开/关。

3. 常规参数设置

① 电源参数：均充电压、浮充电压、直流电压上限、直流电压下限、交流电压上限、交流电压下限、时钟等。

② 电池管理参数：充电限流值、转换电流值、均充保持时间、均充时间（均充保护时间）、均充周期、电池容量、试验电压（电池组放电试验的放电终止电压）、电池保护一次下电电压、二次下电电压、温度补偿开关和补偿系数等。

③ 通信参数：设备编号、通信方式、通信速率、电话号码等。

按照 YD/T 1058—2007 的规定，监控器应有设置参数的掉电存储功能。

4. 对整流模块的休眠节能控制

通信用开关电源系统中整流模块的配置，应能满足最大负载电流（通信设备工作电流）和蓄电池组充电电流（按充电限流值考虑）的需要，并有适当裕量；然而开关电源大多数时间处于浮充状态，这时蓄电池组的充电电流很小而使各整流模块处于轻载状态。整流器轻载时效率较低。为了提高整流器的运行效率以实现节能降耗，从 2008 年起，国产通信用开关电源设备大多增设了让整流模块轮流休眠的自动控制功能，其要点如下。

① 根据开关电源总输出电流（通信设备工作电流与蓄电池组充电电流之和）的变化，自动控制整流模块逐个地软关断（关闭 APFC 电路和 DC/DC 电路的驱动脉冲）或开启，使工作模块处于比较高的效率区（输出电流不低于额定值的 40%，即带载率不低于 40%）；休眠模块处于热备份待机状态，需要投入工作时（如工作模块带载率已达 90%以上）可立即开启，确保直流电源系统供电安全可靠。

② 控制整流模块周期性的自动轮换工作，其轮休周期作为参数可设置（如预置 N 天，N 为 1～30 可调）；轮换原则为先开后关，以确保供电可靠；自动轮换时，开启连续休眠时间最长的模块，软关断连续工作时间最长的模块，使模块工作时间均衡。

③ 开关电源初始开机、交流电源停电或系统出现异常情况时，设备运行默认为普通（“非节能”）工作模式；检测到蓄电池组连续充电或浮充 24 小时且直流供电系统情况正常时，则自动进入休眠节能（“节能”）工作模式。节能状态及相关参数，可在监控器上显示和设置。

5. 其他功能

通过通信接口 RS232、RS485（或 RS422）与集中监控系统连接，实现“三遥”：遥信、遥测、遥控(或"四遥":遥信、遥测、遥控和遥调)。

① RS232:本身的传输距离为15 m(9 600波特率),通过调制解调器(Modem)或集中监控系统中的现场监控单元,可进行点对点的通信。

② RS485(或RS422):监控距离为1 200 m以内(9 600波特率),可进行点对多点的通信。

通过干接点告警输出接口,可将开关电源系统的故障告警信号输出至故障监视器。

7.5.2 开关电源系统的参数设置

高频开关电源系统的各项参数在监控器上设置。不同厂家、不同型号的设备,参数项目不尽相同,举例如表7.6所示,供参考。

表7.6 开关电源系统参数设置明细表(举例)

参数名称	建议设置	备注
系统均、浮充开关	浮充	需手动均充时可设置为均充
系统开机关机	开机	勿轻易进行系统关机操作
电池试验	关	电池试验时打开
电池温度	关	有电池温度检测信号输入时打开
声音报警	开	维护操作时可关闭,维护操作后注意打开
交流输入过压	264 V	此系告警值
交流输入欠压	176 V	此系告警值
直流输出过压	57.0 V	大于均充电压,并应使通信设备受电端电压不超过57 V(绝对值)
直流输出欠压	43.5 V	根据配置的电池参数设置
直流起始电压	46.0 V	欠压值<起始电压<浮充电压
浮充电压	53.5 V	根据配置的电池设置
均充电压	56.4 V	根据配置的电池设置,浮充电压≤均充电压<过压值
均充时间	12小时	最长为24小时
均充周期	90天	当电池"无须均充"时,设置为999天(或设置为关闭)
充电限流值	$0.1C_{10}$(A)	根据配置的电池设置,应不大于$0.2C_{10}$(A)
转换电流	$0.01C_{10}$	均充自动转浮充的充电电流值,宜为电池额定容量的1%(或0.5%)
参考温度	25 ℃	电池的标准温度,此值请勿再设置
温度系数	72 mV/℃	有电池温度检测信号输入时起作用
均充保持时间	10分钟	1~180分钟
电池①安时		电池1的容量
电池②安时		电池2的容量
电池试验安时		放电试验时设置的放电量
一次下电电压	46.0 V	
二次下电电压	43.2 V	
回差电压	4~6 V	
轮休周期	10天	整流模块休眠节能的轮休周期,1~30天
休眠启动点	带载率50%	10%~(休眠停止点-10%)
休眠停止点	带载率80%	(休眠启动点+10%)~90%
设备编号	01	根据监控系统要求编号
波特率		1 200、2 400、4 800、9 600,根据监控系统要求设置
电话号码	1~11位	监控中心电话号码
拨号方式	音频	根据监控系统要求设置

7.6　高频开关电源系统的配置

1. 计算所需开关电源总输出电流 I_{OUT}

方法一：

$$I_{OUT}=I_L+0.2C_{10}(A) \tag{7.19}$$

式中，I_L 为所需最大负载电流(A)；C_{10} 为蓄电池额定容量(Ah)。

方法二：

$$I_{OUT}=(I_L+0.1C_{10})/(0.7\sim0.8) \tag{7.20}$$

式中，0.7～0.8 为考虑系统安全运行的裕量系数。

单个－48 V 开关电源系统通常 $I_{OUT}<3\ 000$ A。

2. 选择整流器规格并计算所需整流模块数量 n

YD/T 731—2008 规定，整流模块的额定输出电流系列为：10、15、20、25、30、40、50、60、75、100、200 A。整流模块数量计算式如下：

$$n\geqslant I_{OUT}/I_Z \tag{7.21}$$

式中，I_Z 为整流模块的额定输出电流(A)；n 取整数。

3. 按 $n+1$ 原则配置整流模块数量

当按式(7.21)求得 $n\leqslant10$ 时，配置整流模块数为 $n+1$；当按式(7.21)求得 $n>10$ 时，每 10 个模块加配 1 个。

7.7　高频开关电源设备的维护

7.7.1　维护基本要求

1. 巡视项目与要求

巡视开关电源系统时应经常检查下列项目，如发现问题应及时处理。

① 系统的工作状态指示应正常。

② 系统内部元器件的外观应无异常。

③ 整流器及配电部分各种引线及端子应接触良好、无锈蚀，馈电母线、电缆及软连接头等应连接可靠，导线应无老化、破损等现象，布线应整齐。

2. 维护工作基本要求

① 高频开关电源设备宜放置在有空调的机房，机房温度宜在 10～30 ℃、相对湿度宜在 30%～85%范围内。

② 设备应保持清洁，定期清洁设备的表面、进出风口、风扇及过滤网或通风栅格等。

③ 输入电压的变化范围应在开关电源允许变动范围之内；工作电流不应超过额定值；各种自动、告警和保护功能均应正常。

④ 定期检查系统的接地，应牢固可靠；定期检查防雷器指示，防雷器开关或保险应在接

通状态。

⑤ 整流器风扇应工作正常、通风顺畅、无杂音,输出处应无明显的高温,进出风口及过滤网或通风栅格应无堵塞。

⑥ 定期检查均充、浮充工作时的参数设置,设定值应正确并应与实际值相符;定期检查面板仪表的显示值与实际值的误差,应不超过5%(电压的显示值可用4位半数字万用表校核,电流的显示值可用精度为±2%的数字钳形电流表校核);定期测量整流器的均分负载性能,应优于5%。

⑦ 整流模块数量应适当,以保证开关电源的工作性能及效率。整流模块不宜长期在20%额定负载以下的状态工作,如系统配置冗余较大,可轮流关掉部分整流模块。作为冷备份的模块宜放置在机架下方。

⑧ 定期检查直流熔断器的压降或温升,检查放电回路的压降,应无异常变化。

⑨ 定期检查监控性能,应熟悉所用开关电源设备监控器的操作。

⑩ 备用电路板、备用模块应每年定期试验一次,保持性能良好。

7.7.2 维护周期表

根据我国通信行业标准 YD/T 1970.3—2010《通信局(站)电源系统维护技术要求 第3部分:直流系统》的规定,开关电源的维护周期表如表7.7所示。

表 7.7 开关电源维护周期表

周 期	维 护 项 目
月	1. 清洁设备、风扇、过滤网等,确保无积尘、散热性能良好。 2. 检查各整流器风扇运转是否正常。 3. 测量直流熔断器的压降或温升有无异常。 4. 测量输入、输出的电压、电流等参数。 5. 检查整流器显示功能是否正常、翻看告警记录。 6. 检查整流器、监控模块的工作状态。 7. 测量整流器的负载均分性能。
季	1. 检查整流器各告警点等参数设置是否正确,有无变更,检查各种手动或自动连续可调功能是否正常,测试必要的保护与告警功能(如系统直流输出限流等)。 2. 检查蓄电池管理功能:检查系统自动均、浮充转换功能,检查均、浮充电压、均充限流值、均充周期及持续时间、温度补偿系数等各项参数,校对均、浮充电压设定值、电池保护电压、均浮充转换电流等。 3. 检查各开关、继电器、熔断器以及各接触元器件是否正常工作,容量是否匹配(包括交、直流配电部分),接线端子的接触是否良好。 4. 测量直流配电部分放电回路电压降和供电回路全程电压降。 5. 测量主要部件的温升。 6. 检查防雷设备是否正常。 7. 检查通信接口、通信状况是否良好,遥控遥信功能是否正常。
年	1. 测量系统的输入电流总谐波畸变率、输入功率因数、输出杂音电压、输出分路电流等参数。 2. 检查两路交流电源输入的电气或机械联锁装置是否正常。 3. 检查各机架保护接地是否牢固可靠。 4. 检查对蓄电池的周期性均充功能是否正常。 5. 检查熔断器(断路器)告警。 6. 校正仪表。 7. 测试备份整流器。

7.7.3 开关电源故障处理概述

平时应按照维护规程的要求完成维护作业计划，做好设备维护工作。

在查找和处理故障时，要做到心中有数，不慌，不乱。心中有数就是对电源系统各部分的位置、作用和基本原理清楚明了，并且熟悉监控器的操作。不慌就是面对故障现象时，能冷静地由表及里，检查、分析故障可能所在部位，逐步缩小查找范围，找出故障点，予以排除。不乱就是按程序，一步一步地检查、拆装、处理，拆下的部件码放有序；绝不要在弄清问题之前乱调乱动，以免扩大故障、增加维修难度。

应当注意，开关电源设备的现场维修往往是带电操作，即使交流电源被切断，也有蓄电池接通，要特别注意人身和设备的安全。在处理故障的过程中，要尽一切可能不中断对通信设备供电。

查找故障一般有以下6种方法。

(1) 直观检查

直观检查就是直接观察开关电源及相关设备的状况，从而确定故障现象，发现故障部位或原因。这是维修人员凭借视觉、听觉、嗅觉和触觉，对故障电源设备仔细观察，与正常情况对比，从而逐步缩小故障查找范围，直接发现故障位置、原因的检查方法。

① 观察系统有无告警指示或告警信息，查看电源设备的输入、输出电压与电流值以及监控器的显示是否正常，根据告警信息查找有关部位。

② 观察电源设备有无插头、接线端子松动脱落现象，有无器件烧焦、断腿、相碰、锈蚀等现象，有无其他人动过设备的现象。

③ 观察、感觉有无过热的器件、烧焦的糊味，甚至打火、冒烟等现象；有无异常响声。

④ 观察环境情况，如是否温度过高、湿度过大，有无积水、漏雨及虫叮鼠咬，了解供电电源及接地等情况。

⑤ 观察蓄电池组的外观是否异常，连接端子是否有松动、锈蚀等情况。

⑥ 观察电源设备的参数设置是否正确。参数设置主要在监控器上，有的设备在电池保护板上有一次下电、二次下电电压值的设置。

⑦ 观察是否有机械结构故障。由于运输等原因，在安装和开通时，可能遇到机械结构方面的问题，要通过直接观察的办法仔细查找。

直观检查能发现很多问题，如相线或零线虚接，浪涌保护器损坏，接线插头的引线及空开接线脱落等。直观检查很重要，它是维修工作的第一步，而且贯穿于整个维修过程中。

(2) 用万用表检查

在直观检查不能确定问题所在时，可用万用表检查相关部位电压是否正常，电路是否接通等(注意不能在有电时使用电阻挡)。

① 用万用表测交流输入电压是否正常，三相输入是否缺相、虚接，零线是否虚接，零地电压是否符合要求(零线与地线之间的交流电压一般应在5 V以下)。

假如接入开关电源系统的相线正常而零线虚接呈断路状态(在开关电源输入端子处或机房配电箱处虚接)，当系统内三相负载不平衡时，各相负载(如单相供电的整流模块)的电源电压将会严重不平衡，不但系统不能正常工作，而且可能损坏系统中的一些元器件。

② 用万用表测输出电压是否正常。

③ 检查元、部件工作电压是否正常。

④ 通过测电压来判断通断。例如,应接通的直流接触器触点之间电压应为零,否则说明触点未接通或接触不良。

⑤ 在断电条件下,用万用表电阻挡测插接件和连线的通断。

(3) 替代法

替代法是用好的部件或元件置换怀疑有故障的部件或元件,从而确定故障部位的检查方法。

例如,怀疑某整流模块有故障,将此模块取下,换一个好模块,若设备工作正常了,则说明此模块确已损坏;若把此模块与机柜上另一个好模块的位置对调,此模块正常了,而原来的好模块到此位置却工作不正常,则说明不是模块的故障,而是机柜上有问题,很可能是插座上有故障。

(4) 比较法

比较法是把故障电源设备与正常电源设备相比较,从而找出故障点的检查方法。

采用比较法,必须熟悉电源设备工作正常时各部分的状况。

(5) 排查法

排查法是通过逐一试验,排查故障整流模块的方法。

例如,所有整流模块输出过电压关机保护,往往是其中一个模块输出过电压造成的,应迅速找出这个故障模块。这时应关掉所有整流模块,然后逐个开启;当开启某一整流模块再次发生过压保护时,就可判明该模块为故障模块;关掉该模块,并重新关掉所有模块,再逐一开启除故障模块外的其他模块,开关电源系统就能正常供电。故障模块应从机柜中取下送修。

(6) 经验检查法

经验检查法即运用工作经验来查找和处理故障。

经验检查法需要较为丰富的实践经验。要善于总结、运用自己和他人的实践经验来指导维修工作。在维修工作中宜作好笔记。

在查找和处理故障的实际工作中,应根据具体情况,灵活地综合运用上述方法解决问题。

7.8 通信高压直流供电系统简介

7.8.1 概述

互联网数据中心(IDC)机房内安装了大量的服务器等数据设备。这些设备目前均设计成由交流电源供电,对供电质量要求高,而且必须供电不间断,因此采用UPS供电。同直流供电系统相比,UPS效率较低故能耗较高,系统较复杂,可靠性也较低。IDC机房耗电量大,传统的UPS供电模式在供电可靠性、经济性方面凸显的问题比较多。为了提高供电的可靠性和节能降耗,国内外对通信高压直流(HVDC)供电系统进行了一系列研究和试验。

国外试验的通信高压直流供电系统有270 V、350 V、380 V等系统。

国内对通信高压直流供电系统的试验，是将IDC机房中原来由交流供电的服务器的输入电源直接改为由高压直流电源供电（服务器内无工频变压器、接入高压直流电源后整流桥单边工作），直流电源电压标称值为240 V（系统中配置20只12 V蓄电池或120只2 V蓄电池），或者336 V（系统中配置28只12 V蓄电池或168只2 V蓄电池）。试验效果较好。

我国通信行业标准YD/T2378—2011《通信用240 V直流供电系统》，对240 V高压直流供电系统进行了规范。其开关电源系统是在一个或多个机架中，由交流配电部分、高频开关整流器模块、直流配电部分、监控单元和绝缘监察装置组成的直流电源系统。开关电源可连接2～4组蓄电池（宜选用铅酸蓄电池）浮充供电，每组蓄电池串联120只2 V电池、或40只6 V电池、或20只12 V电池。

7.8.2　对通信用240 V直流供电系统的若干要求

根据YD/T2378—2011，通信用240 V直流供电系统应符合以下要求。

(1) 采用悬浮方式供电

① 系统交流输入应与直流输出电气隔离；

② 系统输出应与地、机架、外壳电气隔离；

③ 使用时，正、负极均不得接地；

④ 系统应有明显标识标明该系统输出不能接地；

⑤ 系统应具备绝缘监察功能，对直流输出总母排及各分路的绝缘状况进行在线监测，当绝缘性能劣化时发出告警。

在满足上述要求的前提下，采用240 V的HVDC供电系统对原输入交流220 V的IT服务器类设备供电时，一般应直流输出“正”极接设备输入电源端口的“N”端，直流输出“负”极接设备输入电源端口的“L”端，设备输入电源端口的“PE”端应可靠地保护接地。

(2) 直流电压指标

① 系统输出电压的标称值为240 V，输出电压范围为204～288 V，受电端子电压范围为192～288 V，全程允许最大压降为12 V。系统的稳压精度应优于±1%。

② 直流配电屏内电压降应不超过1.0 V。

③ 蓄电池单体连接条压降应不超过10 mV（电流按蓄电池1小时放电率计）。

(3)整流模块的主要技术指标

① 输入功率因数：当输入额定电压、输出满载与半载时，输入功率因数应Ⅰ类不小于0.99与0.98，Ⅱ类不小于0.92与0.90。

② 输入电流谐波成分：当输入额定电压、输出满载与半载时，输入电流谐波应Ⅰ类不大于5%与10%，Ⅱ类不大于25%与28%。

③ 效率(η)：输入额定电压，当整流模块额定输出电流在20 A以上时，应满载$\eta \geq 92\%$、半载$\eta \geq 91\%$；当整流模块额定输出电流小于20 A时，应满载$\eta \geq 91\%$、半载$\eta \geq 90\%$。

④ 稳压精度：整流模块的稳压精度应优于±0.6%。

⑤ 峰-峰值杂音电压：整流模块直流输出端在0～20 MHz频带内的峰-峰值电压应不大于输出电压标称值的0.5%。

⑥ 直流输出电流的限流范围：输出限流值应能在额定输出电流的20%～110%之间调整。

思考与练习

1. 画出通信用高频开关电源系统组成框图。

2. 画出一个开关电源系统中的交流配电主电路图(有条件时,依据实际设备寻迹画图)。

3. 某开关电源设备输入三相交流电,电源电压变化范围为额定值的±20%,配置了8个单相输入的48 V/50 A整流模块,其效率为90%,功率因数为0.99,没有其他交流负荷,请通过计算来选择接入开关电源的交流电源线规格。

4. 画出通信用高频开关整流器组成方框图,简要说明各部分的作用。

5. 画出具有共模电感的抗干扰滤波器电路图,简要说明抑制共模噪声电压和差模噪声电压的原理。

6. 写出整流器功率因数的定义式和电流总谐波畸变率的定义式,简要说明功率因数校正的必要性。通信行业对高频开关整流器的功率因数和输入电流总谐波畸变率有什么要求?

7. 简要说明有源功率因数校正电路的作用和基本原理。

8. 画出ZVT-PWM升压变换器的电路图和波形图,简要说明电路工作过程。

9. 画出用单向缓冲器代替隔离二极管的最大电流法均流控制电路原理图,简要说明自动均流原理。

10. 说出通信用高频开关整流器的效率、负载效应、源效应、稳压精度、宽频杂音电压、电话衡重杂音电压、峰-峰值杂音电压、离散频率杂音电压等技术指标的含义,说明通信行业对这些指标的要求及其测试方法。

11. 画出开关电源系统中具有二次下电功能的直流配电主电路图(有条件时,依据实际设备寻迹画图)。

12. 直流馈电线的截面积应怎样计算?

13. 通信直流供电系统中的直流放电回路全程压降和直流配电屏内放电回路压降分别是什么含义?对其量值有什么要求?应怎样进行测试?

14. 开关电源系统中的监控器有哪些主要功能?

15. 开关电源系统应怎样配置?

16. 开关电源系统的维护要做哪些工作?

第8章 交流不间断电源设备

通信计费系统服务器及终端、网管监控服务器及终端、数据通信机房服务器及终端、卫星通信地球站的通信设备等，采用交流电源并要求交流电源不间断，为此应采用交流不间断电源系统(Uninterruptible Power System,UPS)对其供电。交流不间断电源系统又称为交流不间断电源设备。

8.1 UPS的基本组成及分类与选用

8.1.1 UPS的基本组成

UPS的输入和输出均为交流电，其基本组成方框图如图8.1所示。各部分的主要功能如下。

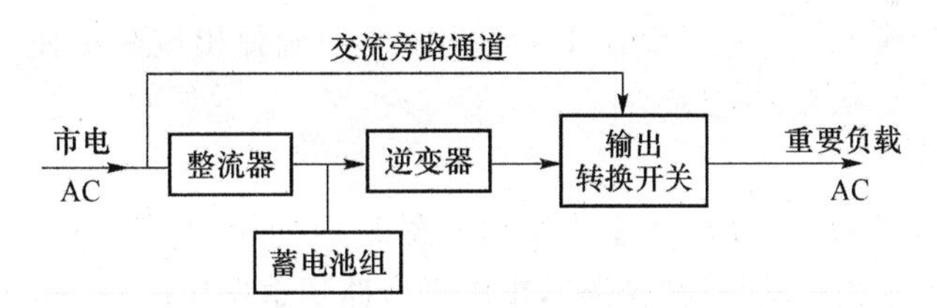

图8.1 UPS的基本组成方框图

整流器：将输入交流电变成直流电。

逆变器：将直流电变成50 Hz交流电(正弦波或方波)供给负载。

蓄电池组：市电正常时处于浮充状态，由整流器(充电器)给它补充充电，使之储存的电量充足；当市电异常(停电或超出允许变化范围)时，蓄电池组向逆变器供电；市电恢复正常后整流器(充电器)对它进行恒压限流充电，然后自动转为正常浮充状态。蓄电池组用以保证市电异常后UPS不间断地向负载供电至需要的备用时间。

输出转换开关：进行由逆变器向负载供电或由市电经旁路通道向负载供电的自动转换。其结构有带触点的开关(如继电器或接触器)和无触点的开关(一般采用晶闸管即可控硅)两类。后者没有机械动作，因此通常称为静态开关。

8.1.2 UPS的分类

根据电路结构的不同,按照国际电工委员会标准 IEC 62040-3:1999,UPS 分为三种类型,即双变换 UPS、互动 UPS 和冷备用 UPS,如图 8.2 所示。

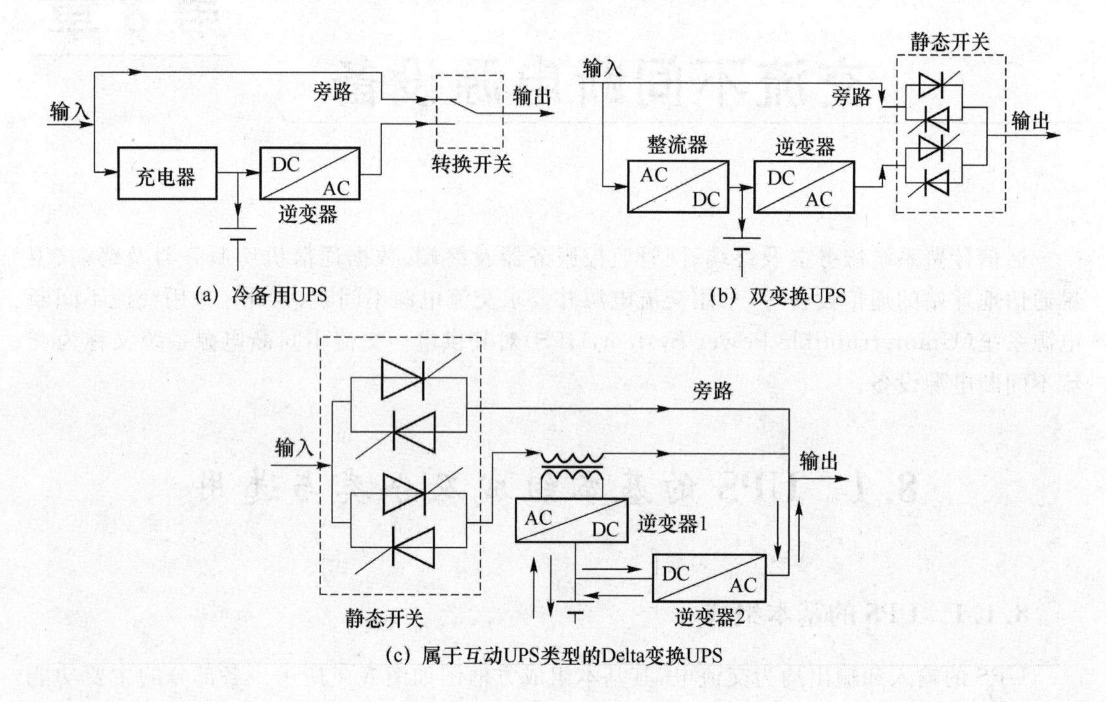

图 8.2 UPS 的分类

过去常用的"在线"UPS 这一术语,IEC 62040-3 明确提出应避免使用。这是为了避免某些互动 UPS 与双变换 UPS 混淆。

1. 冷备用 UPS

冷备用 UPS(即后备式 UPS)的基本结构如图 8.2(a)所示,其基本工作原理是:输入交流市电正常时,转换开关自动接通"旁路",市电经旁路通道向用电设备供电(冷备用 UPS 的旁路通道中通常加装对市电进行简单稳压处理的装置);充电器对蓄电池充电;此时逆变器停机(冷备用)。当市电异常时,蓄电池对逆变器供电,逆变器迅速开机,转换开关自动接通逆变器,由逆变器输出交流电压向用电设备供电。电路有以下特点:

① 转换开关靠电磁铁吸动,由机械电触点动作接通或断开电路,转换过程中输出电压有 10 ms 左右的中断,要求用电设备允许这种短时间中断。通常计算机内部电源的电解电容器电容量足够大,可以维持这段时间的运行。

② 逆变器结构简单,输出方波或正弦波;通常额定输出功率较小。

③ 这种 UPS 大多数是逆变器只能短时间运行(10 分钟左右)的产品,逆变器和蓄电池容量都小,价格低廉,供电约为 10 分钟,主要作计算机停电前保存数据之用;也有逆变器运行时间稍长的产品。

2. 双变换 UPS

双变换 UPS 的基本结构如图 8.2(b)所示,其基本工作原理是:无论市电是否正常,均由逆变器经相应的静态开关向负载供电。市电正常时，整流器向逆变器供给直流电，并由整流器或另设的充电器对蓄电池组充电；当市电异常时，蓄电池组放电向逆变器供给直流电。

由整流器/逆变器组合向负载供电，称为正常运行方式；由蓄电池/逆变器组合向负载供电，称为储能供电运行方式。在这两种运行方式的转换过程中，逆变器的输入直流电压不间断，因此 UPS 的输出电压保持连续，不会中断。

所谓双变换，是指这种 UPS 正常工作时，电能经过了 AC/DC、DC/AC 两次变换供给负载。电路有以下特点：

① 在市电质量较好、频率较稳定时，逆变器的输出频率跟踪市电频率，一旦逆变器过载或出现故障，机内的检测控制电路使静态开关迅速切换为由市电旁路供电；逆变器恢复正常后，静态开关又切换为由逆变器供电。由于逆变器与市电锁相同步，因此二者能实现安全、平滑的快速切换（切换时间不大于 4 ms，甚至不大于 1 ms）。静态开关是由晶闸管组成的交流开关，开关速度很快。

② 逆变器输出标准正弦波，输出电压、频率稳定（若市电频率不稳，则逆变器不跟踪市电频率而保持输出频率稳定），可以彻底消除市电电压波动、频率波动、波形畸变以及来自电网的电磁骚扰对负载的不利影响，供电质量高。

③ 输出功率经整流器和逆变器两级变换产生（串级运行），设备的体积较大，效率较低（为两级效率相乘）。

双变换 UPS 有带输出隔离变压器和不带输出隔离变压器之分。带输出隔离变压器的机型在逆变器的输出侧接有隔离变压器，其可靠性较好，能做到零线对地线电压小于 1 V（数据机房通常要求零线对地线电压控制在 1 V 以内）；但体积较大，质量较重，效率稍低。不带输出隔离变压器的机型在逆变器的输出侧没有隔离变压器，其体积较小，质量较轻，效率稍高；但可靠性不如前者，同时不易获得很低的零线对地线电压。

3. 互动 UPS

互动 UPS 又称线路交互 UPS 或市电交互 UPS，过去常称为在线互动式 UPS，有多种型式的电路，图 8.2(c)所示 Delta 变换 UPS 是属于这种类型的比较新型的产品。其中的逆变器是双向变换器，既能将输入交流电整流为直流电给蓄电池充电，又能将蓄电池的直流电逆变为交流电给负载供电，这两种工作状态在一定条件下自动转换。

Delta 变换 UPS 的基本工作原理及电路特点如下：

① 在市电正常时，UPS 的输出频率为市电频率，输出功率以市电为主，双向变换器对交流电起补偿调节作用；同时双向变换器能工作在整流状态对蓄电池组充电。双向变换器的补偿调节作用使 UPS 具有稳压和正弦波波形输出的性能：

串联补偿——逆变器 1(Delta 双向变换器)是可变电流源，其输出电压补偿输入市电电压的变化，使输出电压稳定，并使输入电流波形为正弦波，所需补偿功率小；

并联补偿——逆变器 2(主双向变换器)是电压源，它使输出电压为正弦波，并提供输出电流的谐波和无功电流，这时所需补偿功率小，可同时对蓄电池组充电，一个变换器具有整流和逆变两种用途。

当逆变器发生故障时，静态开关迅速切换为由市电旁路供电。

② 市电异常时，由逆变器 2 提供输出的全部功率；交流输入侧的静态开关切断电源，防止逆变器反向馈电。

逆变器 2 的额定容量为负载容量的 100%，而逆变器 1 的额定容量约为负载容量的 30%。

③ 具有效率高、整流和逆变合二为一以减小体积、质量的优点，但负载没有与来自市电的干扰真正隔离。

在市电没有超出允许变化范围时，互动 UPS 的输出频率等于市电频率，若市电频率不稳，则 UPS 的输出频率不稳；而双变换 UPS 的输出频率等于逆变器的输出频率，能够始终保持稳定。这就是两者的根本区别。

8.1.3 UPS 的性能分类代码

国际电工委员会标准 IEC 62040-3：1999 基于 UPS 输出电压和输出频率与 UPS 输入电源参数的关系，提出了 UPS 性能分类代码。国际上符合该标准的 UPS 产品，由厂家按规定进行性能分类代码标示。我国国家标准 GB/T 7260.3—2003《不间断电源设备(UPS)第 3 部分：确定性能的方法和试验要求》已修改采用 IEC 62040-3：1999，因此国产 UPS 也应标示 UPS 性能分类代码。在进行 UPS 选型时，应注意选用已标示 UPS 性能分类代码的产品。

典型的 UPS 性能分类代码如表 8.1 所示(写性能分类代码时，各分类项之间加短划线，如 VFI-SS-111)。

表 8.1 典型的 UPS 性能分类代码

电源质量	输出电压波形	输出动态性能
VFI	SS	111
VI	SX	222
VFD	SY	333

1. 电源质量的分类项

VFI：表示这种 UPS 的输出与市电电源的电压和频率变化无关。

VI：表示这种 UPS 的输出频率取决于市电电源的频率变化，输出电压与市电电压无关。

VFD：表示这种 UPS 的输出取决于市电电源的电压和频率变化。

可见双变换 UPS 属于 VFI 类，互动 UPS 属于 VI 类，冷备用 UPS 属于 VFD 类。

2. 输出电压波形的分类项

第一个字母表示在正常和旁路方式下的输出电压波形，通常为 S。

第二个字母表示在储能供电(蓄电池供电)方式下的输出电压波形，可以为 S、X、Y。

S：表示在所有线性和基准非线性负载[①]条件下，输出电压波形均为正弦波，其总畸变因数(各次谐波分量的方均根值与总有效值之比)$D<0.08$；

---

① 基准非线性负载是电阻 R_S 和单相桥式整流容性负载电路相串联，其功率因数为 0.7；与滤波电容 C 并联的负载电阻 R_1 消耗的有功功率为总视在功率的 66%，R_S 消耗的有功功率为总视在功率的 4%，$C=7.5/fR_1$(f 为 UPS 的输出频率)。

X：表示在线性负载条件下，输出电压波形为正弦波（与 S 相同），在非线性负载条件下其总畸变因数 $D>0.08$；

Y：表示输出电压波形是非正弦波。

3. 输出动态性能（瞬态电压性能）的分类项

第一个数字表示改变运行方式时的输出电压瞬态性能，可以为 1、2、3。

第二个数字表示在正常/储能供电方式下，带线性阶跃负载时的输出电压瞬态性能，可以为 1、2、3。

第三个数字表示在正常/储能供电方式下，带基准非线性阶跃负载时的输出电压瞬态性能（最不利的情况），可以为 1、2、3。

1：表示无中断或无零电压出现；

2：表示输出电压为零持续达 1 ms；

3：表示输出电压为零持续达 10 ms。

UPS 性能分类代码反映了 UPS 的性能档次，VFI-SS-111 档次最高，VFD-SY-333 档次最低。但要注意，表 8.1 中所列输出电压波形和输出动态性能代码仅仅是典型的情况，不能误以为所有双变换 UPS 的性能分类代码都是 VFI-SS-111，也不能误以为所有互动 UPS 的性能分类代码都是 VI-SX-222。

8.1.4 UPS 的选用

通信用 UPS 宜采用双变换 UPS，也可采用互动 UPS，不宜采用冷备用 UPS。

双变换 UPS 的输入和输出，有单相输入单相输出、三相输入单相输出、三相输入三相输出 3 种类型，应根据需要来选用。

当通信局（站）需要 UPS 供电的设备较多、总负荷量较大时，为了供电可靠并节约能源，不宜多台 UPS 单机分散供电，而以采用较大容量的 UPS 系统相对集中供电为好，此时应选用能够并联运行的 UPS 并联供电，配置相应的输出交流屏，并在各专业机房配置专用交流配电箱。

UPS 的额定容量用输出视在功率（kVA）表示。所需 UPS 的额定容量应根据负荷确定，宜适当留有余量。为确保 UPS 能长期安全可靠运行，其最大负荷应不超过额定容量的 80%。

此外，高海拔地区空气稀薄，当海拔超过 1 000 m 时，随着海拔升高，设备的散热性能下降，密封的元器件内外压力差变大而较易损坏，因此 UPS 应降额使用。根据GB/T 7260.3—2003，降额系数如表 8.2 所示。

表 8.2　UPS 在海拔 1 000 m 以上使用时的降额系数

海拔/m	降额系数	海拔/m	降额系数
1 000	1.0	3 500	0.78
1 500	0.95	4 000	0.74
2 000	0.91	4 500	0.70
2 500	0.86	5 000	0.67
3 000	0.82		

8.2 正弦脉宽调制技术

UPS中的核心部件是逆变器。对输出电压波形为正弦波的UPS而言，逆变器的任务是把直流电逆变成频率稳定、输出电压稳定、波形失真小的50 Hz正弦波交流电供给负载。逆变器应可靠性高，变换效率高，动态特性好，对负载适应性强。

目前在输出正弦波的UPS中广泛采用正弦脉宽调制(SPWM)逆变器。脉冲频率约10～20 kHz，脉冲宽度则按50 Hz正弦规律变化，这样易于滤除电压中的谐波分量而获得纯净的50 Hz正弦波输出电压；逆变器可以做到体积小、质量轻、效率高；逆变器中的功率开关管大多采用IGBT。

8.2.1 正弦脉宽调制基本原理

正弦脉宽调制器的电路方框图及波形图如图8.3所示。高频方波发生器的输出电压经三角波形成器(积分电路)后，变为高频等腰三角波电压 u_s，它加到比较器的反相输入端；50 Hz正弦波发生器输出的正弦波电压 u_c 加到比较器的同相输入端。当正弦波电压瞬时值 u_c 大于三角波电压瞬时值 u_s 时，比较器输出高电平；当正弦波电压瞬时值 u_c 小于三角波电压瞬时值 u_s 时，比较器输出零电平。因此，比较器输出脉冲的宽度等于50 Hz正弦波电压大于三角波电压的时间，输出脉冲的重复周期等于三角波的周期 $T_s=1/f_s$。由于三角波电压的幅值和周期均固定不变，因此比较器输出脉冲的宽度按正弦规律变化，例如在50 Hz正弦波 $\omega t=90°$ 时，脉宽最宽；$\omega t=270°$ 时，脉宽最窄。由上所述，可知50 Hz正弦波电压 u_c 是用来调制脉宽的，或者说用来调制脉冲的占空比。

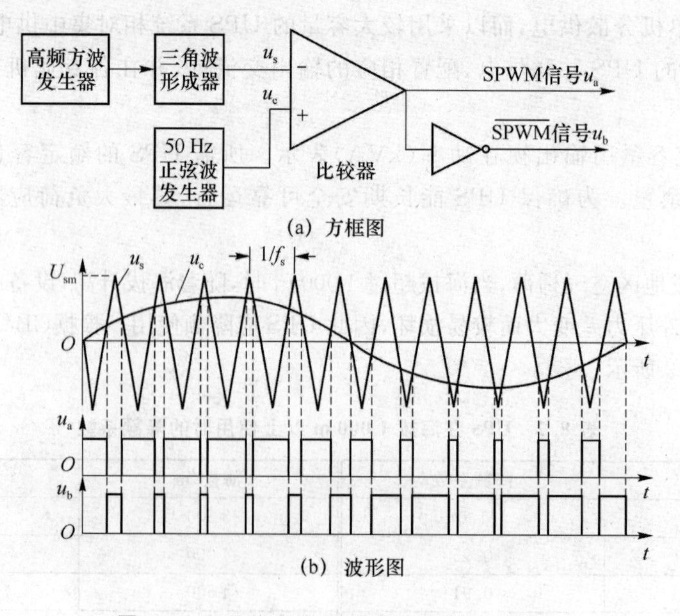

图8.3 正弦脉宽调制器的方框图与波形图

比较器输出正弦脉宽调制(SPWM)信号 u_a;SPWM 信号经过"非"门,输出与其相位相反的信号 u_b。于是脉宽调制器在 $u_c > u_s$ 时,输出 u_a 矩形脉冲列;而当 $u_c < u_s$ 时,输出 u_b 矩形脉冲列。u_a 和 u_b 通过驱动电路分别去驱动逆变器中应轮流导通的功率开关管(IGBT),功率开关管的开关频率等于三角波频率 f_s。为了防止轮流导通的功率开关管出现共同导通现象,在实际电路中应使 u_a 与 u_b 的每一相邻脉冲之间都有一个死区时间,即 u_a 和 u_b 都为零的短暂时间。

加到比较器上的高频等腰三角波 u_s 称为载波,其频率 f_s 称为载波频率,应保持稳定;其振幅 U_{sm}应保持不变。加到比较器上的正弦波 u_c 称为调制波,其频率称为调制频率,用 f_1 表示,调制频率必须与要求逆变器输出的频率相同,故 $f_1 = 50$ Hz;其振幅 U_{cm}的大小可以调节。在讨论 SPWM 逆变器工作原理时,会用到幅度调制比 m_a 和频率调制比 m_f 等参数,它们的定义如下。

幅度调制比 m_a 定义为

$$m_a = \frac{U_{cm}}{U_{sm}} \tag{8.1}$$

m_a 的变化范围通常为 0~1。

频率调制比 m_f 定义为

$$m_f = \frac{f_s}{f_1} \tag{8.2}$$

m_f 通常是整数。

由于 SPWM 是用高频等腰三角波与 50 Hz 正弦波的交点来确定逆变器中功率开关管的开关转换时刻,因此 SPWM 法又称为三角波法。

SPWM 信号可由单片机来产生,还可由数字信号处理器(DSP)作为主控单元,通过其外设库中独特的事件管理器模块来产生。采用全数字控制,能避免模拟控制所固有的硬件参数漂移等缺陷。

8.2.2　SPWM 单相全桥逆变器

单相全桥逆变器的主电路如图 8.4 所示。特性一致的功率开关管 VT_1、VT_2、VT_3、VT_4(图中均为 IGBT)组成桥的四臂,输出变压器 T 的初级绕组接在它们中间。$VD_1 \sim VD_4$ 为续流二极管。为了简化分析,将功率开关管的导通压降等忽略不计,T 初级绕组的脉冲电压(u_{AO})幅值等于输入直流电源电压 U_I。

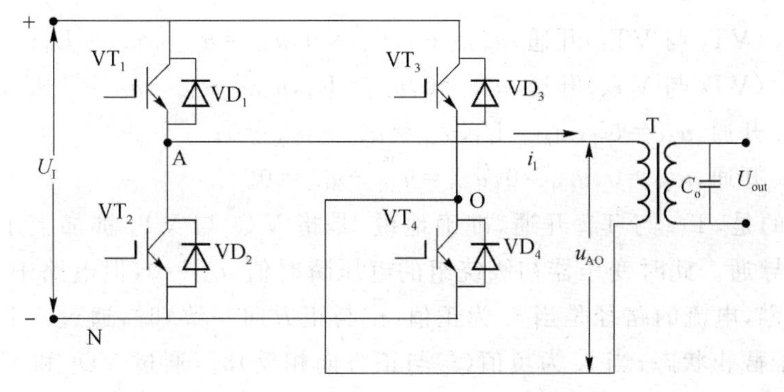

图 8.4　单相全桥逆变器主电路

单极性电压开关 SPWM 单相全桥逆变器的工作波形如图 8.5 所示。为便于叙述,将 VT_1 和 VT_2 称为 A 臂,VT_1 称为开关 T_{A+},VT_2 称为开关 T_{A-};将 VT_3 和 VT_4 称为 B 臂,VT_3 称为开关 T_{B+},VT_4 称为开关 T_{B-};输入直流电源的负端用 N 表示,用它作参考电位。A 臂和 B 臂分别由 50 Hz 正弦调制波 u_c、$-u_c$ 与高频等腰三角形载波 u_s 比较的结果来控制。

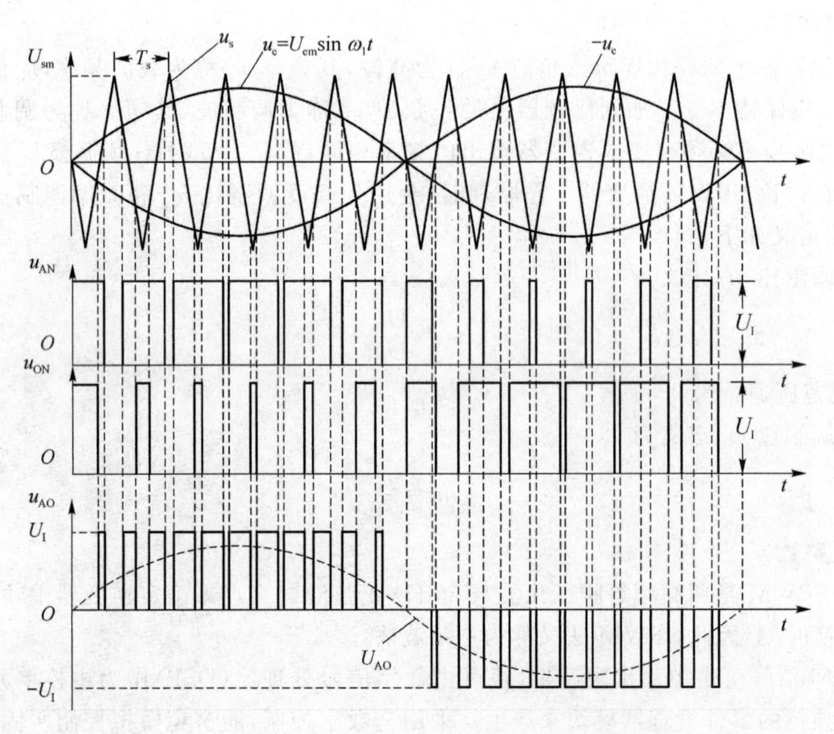

图 8.5 单极性电压开关 SPWM 单相全桥逆变器波形图

u_c 与 u_s 比较的结果,形成控制 A 臂开关的脉冲信号。当 $u_c > u_s$ 时,T_{A+} 开通,$u_{AN}=U_I$;当 $u_c < u_s$ 时,T_{A-} 开通,$u_{AN}=0$。

$-u_c$ 与 u_s 比较的结果,则形成控制 B 臂开关的脉冲信号。当 $-u_c > u_s$ 时,T_{B+} 开通,$u_{ON}=U_I$;当 $-u_c < u_s$ 时,T_{B-} 开通,$u_{ON}=0$。

任一时刻都有两个功率开关管被加上驱动脉冲,开关的接通状态有四种组合方式,相应的电压为:

T_{A+} 与 T_{B-}(VT_1 与 VT_4)开通,$u_{AN}=U_I$,$u_{ON}=0$,$u_{AO}=u_{AN}-u_{ON}=U_I$;

T_{A-} 与 T_{B+}(VT_2 与 VT_3)开通,$u_{AN}=0$,$u_{ON}=U_I$,$u_{AO}=u_{AN}-u_{ON}=-U_I$;

T_{A+} 与 T_{B+} 开通,$u_{AN}=U_I$,$u_{ON}=U_I$,$u_{AO}=u_{AN}-u_{ON}=0$;

T_{A-} 与 T_{B-} 开通,$u_{AN}=0$,$u_{ON}=0$,$u_{AO}=u_{AN}-u_{ON}=0$。

需要说明的是,T_{A+} 与 T_{B+} 开通,准确地说,是指 VT_1 与 VT_3 都加上了驱动脉冲,而不是这两管都导通。此时变压器初级绕组的电压瞬时值 $u_{AO}=0$,但电路中存在电感而电流不能突变为零,电流的路径是当 i_1 为正值(i_1 与正方向一致)时,通过 VT_1 和 VD_3 形成回路,VT_3 处于截止状态;当 i_1 为负值(i_1 与正方向相反)时,通过 VD_1 和 VT_3 形成回路,VT_1 处于截止状态。同理,T_{A-} 与 T_{B-} 开通,是指 VT_2 和 VT_4 都加上了驱动脉冲,并非这两管都导通。此时 $u_{AO}=0$，而电流则是当 i_1 为正值时，通过 VT_4 和 VD_2 形成回路，VT_2 截止；当 i_1 为负值时，通过 VT_2 和 VD_4 形成回路，VT_4 截止。在这些期间，输入电流为零。

功率开关管的驱动顺序及其相对应的 u_{AO} 值如下：

在 50 Hz 正弦调制波的前半周期，顺序为：①驱动 VT_1 与 VT_3，$u_{AO}=0$；②VT_1 与 VT_4 导通，$u_{AO}=U_I$；③驱动 VT_2 与 VT_4，$u_{AO}=0$；④VT_1 与 VT_4 导通，$u_{AO}=U_I$；依此循环。在此 10 ms 范围内，i_1 为正值。

在 50 Hz 正弦调制波的后半周期，顺序为：①驱动 VT_1 与 VT_3，$u_{AO}=0$；②VT_2 与 VT_3 导通，$u_{AO}=-U_1$；③驱动 VT_2 与 VT_4，$u_{AO}=0$；④VT_2 与 VT_3 导通，$u_{AO}=-U_I$；依此循环。在此 10 ms 范围内，i_1 为负值。

由此可见，变压器初级绕组的电压瞬时值 u_{AO}，在 50 Hz 正弦调制波的前半周期，是幅度为 U_I 的正脉冲列，而没有负脉冲；在调制波的后半周期，是幅度为 $-U_I$ 的负脉冲列，而没有正脉冲。脉冲宽度按正弦规律变化。功率开关管的开关频率等于载波频率 f_s；然而 u_{AO} 脉冲频率是开关频率的 2 倍，即载波频率的 2 倍。

这种 SPWM 全桥逆变器在一个开关周期中 u_{AO} 没有电压极性的交替，因此被称为单极性电压开关 SPWM 全桥逆变器。另有一种全桥逆变器，由于功率开关管的驱动方式不同，u_{AO} 在每个开关周期都有电压极性的交替（既有幅度为 U_I 的正脉冲，又有幅度为 $-U_I$ 的负脉冲），则称为双极性电压开关 SPWM 全桥逆变器。单极性电压开关全桥逆变器的性能优于双极性电压开关全桥逆变器。

图 8.6 中的 u_{AO} 波形与图 8.5 中的 u_{AO} 波形完全一样。若载波频率远高于调制频率，则图 8.6 所示波形的细节如图 8.7 所示，下面用该图来求 u_{AO} 的平均值 U_{AO}。

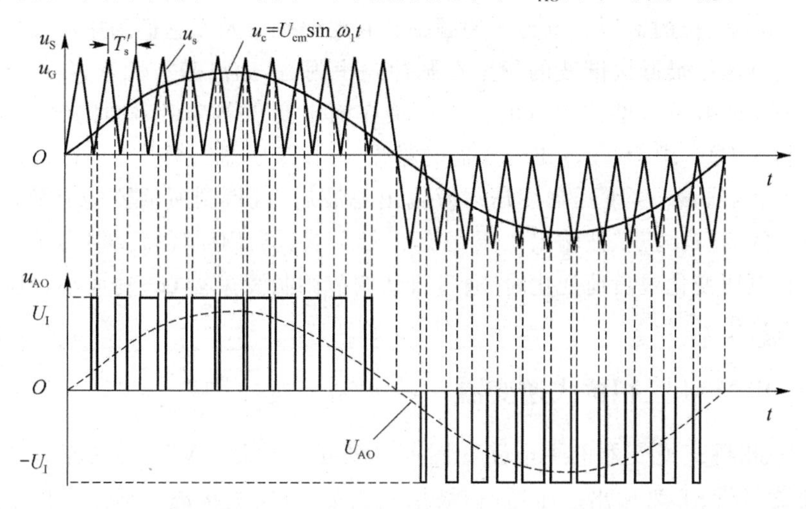

图 8.6　与图 8.5 等效的 SPWM 波形

由于载波周期远小于调制波周期，因此在载波的一个周期内正弦调制波的瞬时值 u_c 可近似认为不变。在此前提下，图 8.7 中△DBE 的 $BE=t_1/2$，△DBE 和△ABC 是相似三角形。由于

$$BE=t_1/2 \quad BC=T_s'/2 \quad DE=u_c \quad AC=U_{sm}$$

而

$$\frac{BE}{BC}=\frac{DE}{AC}$$

故

$$\frac{t_1}{T'_s}=\frac{u_c}{U_{sm}}$$

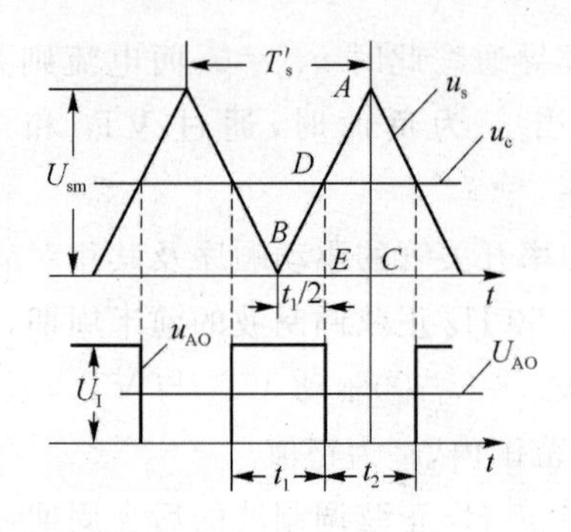

图 8.7 单极性电压开关 SPWM 波形的细节

u_{AO}的平均值为

$$U_{AO}=\frac{t_1}{t_1+t_2}U_I=\frac{t_1}{T'_s}U_I=\frac{u_c}{U_{sm}}U_I$$

根据

$$u_c=U_{cm}\sin\omega_1 t \quad (\omega_1=2\pi f_1, f_1=50\ \text{Hz})$$

$$m_a=U_{cm}/U_{sm}$$

得

$$U_{AO}=m_a U_I \sin\omega_1 t \quad (m_a\leqslant 1) \tag{8.3}$$

U_{AO}的振幅为

$$U_{AOm}=m_a U_I \tag{8.4}$$

由式(8.3)、式(8.4)可知,SPWM 单相全桥逆变器输出变压器初级绕组上的高频脉冲电压平均值U_{AO}为正弦波电压,其频率等于调制频率 $f_1=50$ Hz,其振幅U_{AOm}在U_I一定时与幅度调制比 m_a 成线性关系($m_a\leqslant 1$)。通常载波振幅U_{sm}不变,改变调制波振幅U_{cm}的大小,就可以改变幅度调制比 m_a,从而改变逆变器输出的 50 Hz 正弦波电压的大小。U_{AO}就是逆变器产生的基波电压。

输出变压器次级绕组上的电压,波形与初级绕组相同,其大小取决于匝数比。由傅氏级数分析得知,输出电压的谐波分量为脉冲频率和它的倍频数及以它们为中心形成的边带,因此逆变器输出电压中最低次谐波的频率在脉冲频率附近,远离基波频率 f_1。谐波频率高,因而输出滤波比较容易。谐波分量的滤除由接在输出变压器次级后面的输出滤波器来完成。在中小功率 UPS 中,利用输出变压器的漏感,再在变压器次级并联一个滤波电容,就可以构成输出滤波器。u_{AO}经变压器变压以及输出滤波后,就得到所需要的有效值为 220 V、波形失真很小的 50 Hz 正弦波输出电压U_{out},供给负载。运用闭环负反馈自动控制技术,当输入直流电源电压变化或负荷变化时,通过自动调节调制波振幅U_{cm}的大小,可使逆变器的输出电压保持稳定。

8.2.3 SPWM 三相桥式逆变器

SPWM 三相桥式逆变器的主电路如图 8.8 所示。$VT_1 \sim VT_6$ 为功率开关管;$VD_1 \sim VD_6$ 为续流二极管;T 为输出变压器,初级接成三角形,次级接成星形。为便于分析,将元器件理想化,功率开关管的导通压降和二极管的正向压降均忽略不计。

电路波形图如图 8.9 所示。三相 50 Hz 正弦调制波彼此相差 120°,它们与高频等腰三角形载波 u_s 比较的结果,分别形成控制 A 臂(VT_1 与 VT_4)、B 臂(VT_3 与 VT_6)和 C 臂(VT_5 与 VT_2)开关的正弦脉宽调制驱动电压:u_{G1}与u_{G4},u_{G3}与u_{G6},u_{G5}与u_{G2},电路工作过程如下。

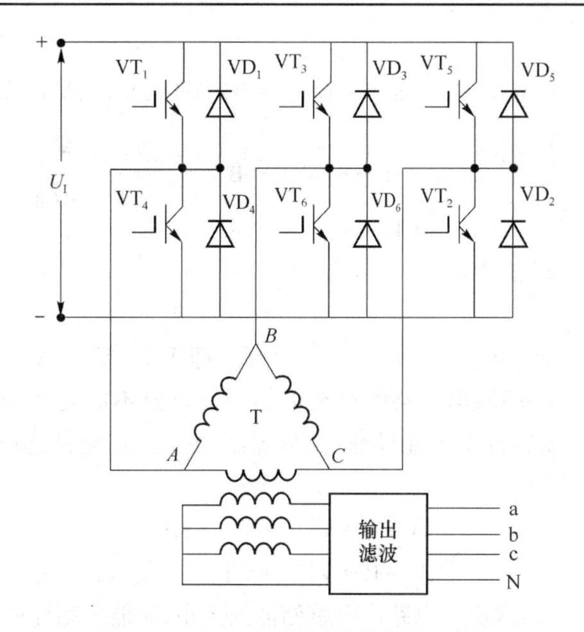

图 8.8　SPWM 三相桥式逆变器主电路

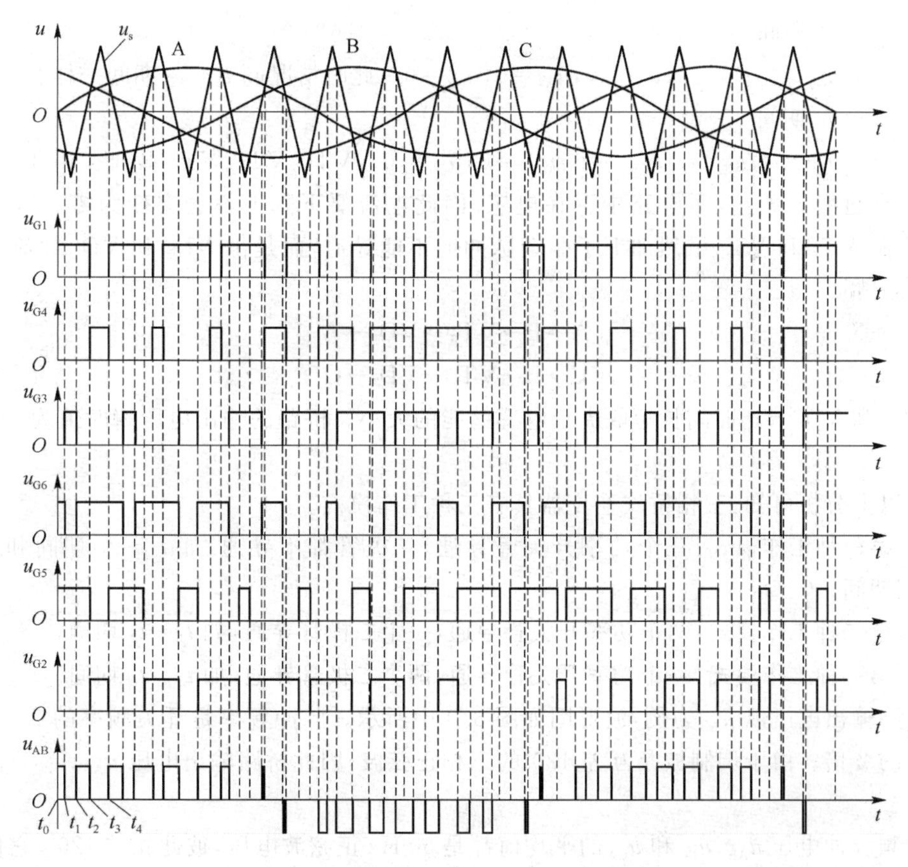

图 8.9　SPWM 三相桥式逆变器波形图

(1) $t_0 \sim t_1$ 期间

$u_{G1}>0, u_{G6}>0, u_{G5}>0; u_{G4}=0, u_{G3}=0, u_{G2}=0$。$VT_1$、$VT_6$、$VT_5$ 导通,VT_4、VT_3、VT_2 截止。电流回路为:

$$U_I(+) \longrightarrow \begin{cases} VT_1 \longrightarrow A \longrightarrow B \\ VT_5 \longrightarrow C \longrightarrow B \end{cases} \longrightarrow VT_6 \longrightarrow U_I(-)$$

桥路的输出电压瞬时值为:$u_{AB}=U_I, u_{BC}=-U_I$(即 $u_{CB}=U_I$),$u_{CA}=0$。

(2) $t_1 \sim t_2$ 期间

$u_{G1}>0, u_{G3}>0, u_{G5}>0; u_{G4}=0, u_{G6}=0, u_{G2}=0$。即 VT_4、VT_6、VT_2 截止。由于 VT_6 由导通变为截止,因此电流下降,但回路中存在电感而使电流不能突变为零。这时 VT_1、VT_5 导通,VT_3 虽加上了驱动脉冲但不能导通,而是 VD_3 在电感产生的感应电动势作用下导通,起续流作用。电流回路为:

$$A \rightarrow B \rightarrow VD_3 \rightarrow VT_1 \rightarrow A$$
$$C \rightarrow B \rightarrow VD_3 \rightarrow VT_5 \rightarrow C$$

VD_3 导通时间的长短,取决于电路中电感储能的大小,储能大则导通时间长,否则时间短。

桥路的输出电压瞬时值为:$u_{AB}=0, u_{BC}=0, u_{CA}=0$。

(3) $t_2 \sim t_3$ 期间

$u_{G1}>0, u_{G6}>0, u_{G5}>0; u_{G4}=0, u_{G3}=0, u_{G2}=0$。此时情况同 $t_0 \sim t_1$ 期间一样。

(4) $t_3 \sim t_4$ 期间

$u_{G4}>0, u_{G6}>0, u_{G2}>0; u_{G1}=0, u_{G3}=0, u_{G5}=0$。$VT_1$、$VT_3$、$VT_5$ 截止。由于 VT_1 和 VT_5 由导通变为截止,而电路中存在电感,因此电流要下降但不会突变为零。这时仅有 VT_6 导通,VT_4 和 VT_2 虽然加上了驱动脉冲但不能导通,而是由 VD_4 和 VD_2 续流。电流回路为:

$$A \rightarrow B \rightarrow VT_6 \rightarrow VD_4 \rightarrow A$$
$$C \rightarrow B \rightarrow VT_6 \rightarrow VD_2 \rightarrow C$$

VD_4 和 VD_2 导通时间长短取决于电感储能的大小。桥路的输出电压瞬时值为:$u_{AB}=0$,$u_{BC}=0, u_{CA}=0$。

由以上分析可知,三相桥式逆变器具有三种工作模式。

- 第一种工作模式:三个功率开关管导通,二极管都不导通,如 $t_0 \sim t_1$ 期间和 $t_2 \sim t_3$ 期间;
- 第二种工作模式:两个功率开关管导通,一个二极管导通,如 $t_1 \sim t_2$ 期间;
- 第三种工作模式:一个功率开关管导通,两个二极管导通,如 $t_3 \sim t_4$ 期间。

桥路输出电压以 u_{AB} 为例,波形图如图 8.9 中所示。脉冲频率是开关频率的 2 倍,即载波频率的 2 倍。由于调制波是互差 120°的三相正弦波,因此桥路输出电压 u_{AB}、u_{BC}、u_{CA} 也互差 120°。

高频脉冲电压 u_{AB}、u_{BC} 和 u_{CA} 的平均值都是 50 Hz 正弦波电压,彼此相差 120°,它们就是三相桥式逆变器产生的基波电压。

u_{AB}、u_{BC} 和 u_{CA} 经 T 变压和输出滤波,就得到线电压为 380 V、相电压为 220 V 的三相 50 Hz正弦波交流电压,给负载供电。

8.3　锁相同步基本原理

双变换 UPS 当逆变器过载或发生故障时，在市电质量较好的条件下，应能平滑地切换为由市电旁路供电，并应避免切换时在静态开关中产生较大的环流。为此在市电频率比较稳定时，逆变器输出的正弦波电压应与输入市电同频率并且基本同相位，即逆变器应与市电锁相同步。

用来使一个交流电源与另一个交流电源保持频率相同、相位差小且相位差恒定的闭环控制电路，称为锁相环。在正弦脉宽调制逆变器中，设置锁相环来使调制正弦波和三角波的频率分别锁定在电网频率和电网频率的高倍率上。

8.3.1　锁相环的组成

锁相环的基本结构如图 8.10 所示。它由鉴相器(PD)、环路低通滤波器(LPF)、压控振荡器(VCO)三个主要部件组成。

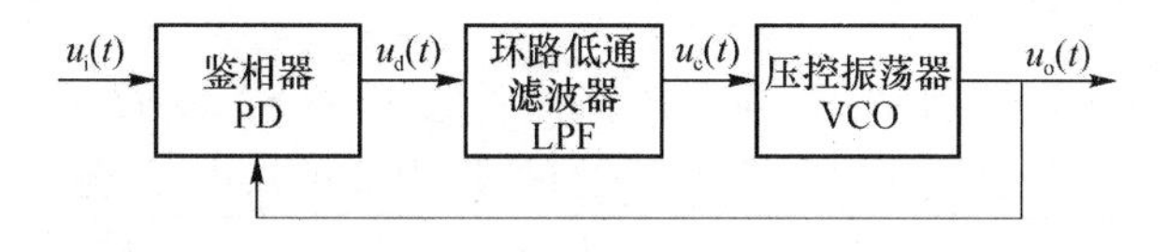

图 8.10　锁相环的基本结构

鉴相器用于比较输入信号 $u_i(t)$(如电网电压检测信号)和从压控振荡器反馈回来的输出信号 $u_o(t)$的相位，其输出为正比于两个信号间相位差的误差电压 $u_d(t)$，所以鉴相器又称为相位比较器。

环路低通滤波器用于衰减 $u_d(t)$中的高频分量和噪声，提高抗干扰能力，输出控制电压 $u_c(t)$。

压控振荡器是振荡角频率受控制电压控制的振荡器，当输入控制电压 $u_c(t)=0$ 时，其振荡角频率 ω_o 固定不变；当 $u_c(t)\neq 0$ 时，振荡角频率 ω_o 随控制电压 $u_c(t)$而变化。

8.3.2　锁相环的基本工作原理

在锁相环路中，如果压控振荡器的角频率 ω_o 与输入信号的角频率 ω_i 相差在一定范围内，则由鉴相器输出一定的误差电压，经过环路低通滤波器，去控制压控振荡器的角频率 ω_o，使其向 ω_i 值靠拢，这称为频率牵引或频率跟踪。当两个频率完全一致而且两个信号间的相位差达到恒定时，环路便进入了锁定状态。处于锁定状态的锁相环，输入信号 $u_i(t)$和输出信号 $u_o(t)$之间只存在很小的相位差，而无频率差。

一个已经稳定工作的锁相环，如果输入信号的频率发生了变化(如电网频率变化)，由于相位是频率对时间的积分，因此 $u_i(t)$和 $u_o(t)$的相位差发生变化，鉴相器输出相应的误差电压，经环路低通滤波器，使压控振荡器的频率重新调整到和输入信号频率一致，于是环路进入一个新的稳定状态。

当压控振荡器的角频率 ω_o 和输入信号的角频率 ω_i 相差很大时，环路无法使压控振荡器的角频率 ω_o 向 ω_i 值靠拢，这种现象称为“失锁”。一旦电网频率与额定频率偏离过大而造成失锁，UPS 输出电压的频率应能稳定在 50 Hz，这时不允许进行逆变器供电与市电旁路供电的自动切换。

8.4 静态开关

8.4.1 静态开关主电路原理

大多数UPS采用两个反向并联的晶闸管组成一个静态开关,如图8.11所示。

当输入端为正弦波电压正半周时,晶闸管VS_1的门极触发脉冲使VS_1导通,电源经VS_1向负载供电;VS_1在交流过零点时关断。当输入端电压为负半周时,晶闸管VS_2承受正向阳极电压,VS_2的门极触发脉冲使VS_2导通,电源经VS_2向负载供电。

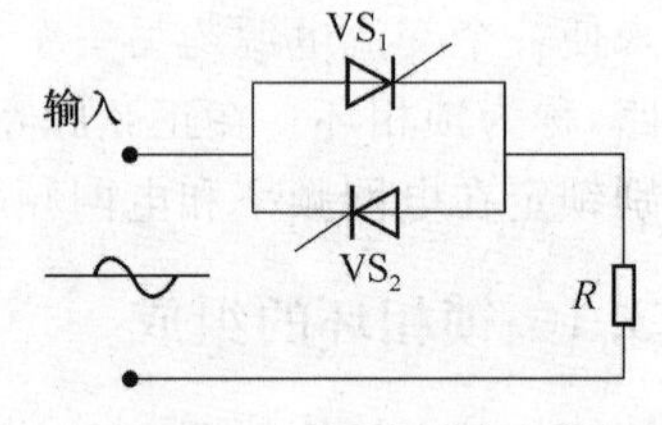

图8.11 晶闸管静态开关

8.4.2 静态开关的应用

UPS中逆变器输出静态开关S_1与市电旁路静态开关S_2的连接方式如图8.12所示。逆变器正常工作时,S_1导通,S_2关断,逆变器通过S_1为负载供电;当逆变器因故障退出供电时,S_1关断,S_2导通,由市电旁路继续为负载供电。静态开关与其检测控制电路配套使用,可使大中型UPS的逆变-旁路切换时间达到1 ms甚至更短。

一般大中型UPS为了在主机检修时不中断对负载的供电而设置了检修旁路开关。UPS中逆变器输出静态开关、自动旁路静态开关和检修旁路开关的连接方式如图8.13所示。UPS正常工作时,开关S闭合,逆变器的输出静态开关S_1导通,逆变器为负载供电。检修时,先将供电方式切换为自动旁路供电,此时市电通过静态开关S_2为负载供电;然后将检修旁路开关S_3闭合,S_3与S_2并联为负载供电,由于S_3与S_2接同一市电,其输出必然同频率、同相位;而后将自动旁路开关S_2断开,仅由检修旁路开关S_3供电;最后切断开关S,并切断除检修旁路开关回路之外的输入交流电源,于是UPS主机完全脱离市电,可以安全地进行维护检修(注意这时机内还加有蓄电池组电压,可通过相应的开关来切断)。上述操作过程,能保证安全平滑地进行切换,不中断对负载的供电。检修完毕,接通UPS的相关输入电源,按与上面相反的顺序操作,即先闭合S;再闭合S_2,断开S_3;然后切断S_2,闭合S_1。

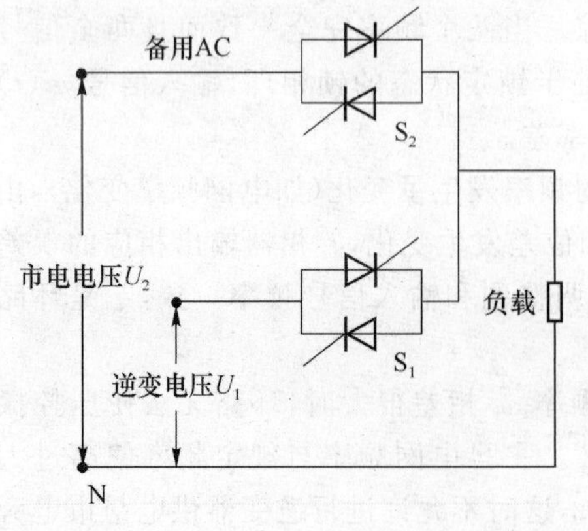

图8.12 逆变器输出与市电旁路静态开关的连接

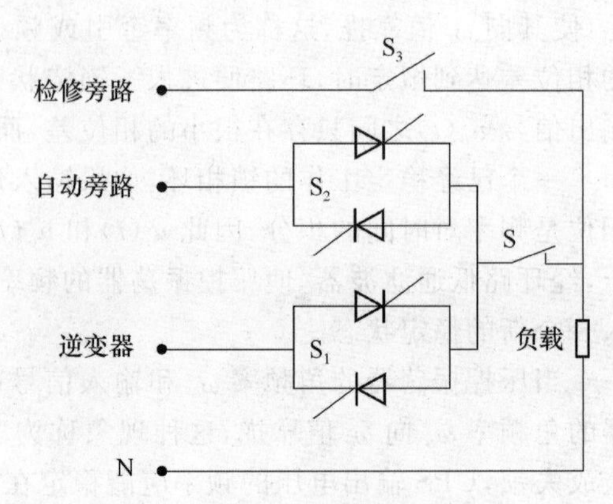

图8.13 UPS中设置检修旁路开关

8.5　UPS 系统中蓄电池容量的选择

UPS 按其备用时间，有标机和长延时机之分。

“备用时间”的定义是：从交流输入电源中断切换到电池供电时起，在额定输出负载情况下，不间断电源保持向信息技术设备连续供电的时间。

标机的蓄电池置于机内，其电池容量较小，充电器能提供的充电电流也较小，备用时间短，在市电停电后 UPS 维持供电的时间为 5 分钟至 10 余分钟，不同机型有别。标机一般不能外加蓄电池。

长延时机通常蓄电池组（一般采用阀控式密封铅酸蓄电池）置于机外，机内的充电器可以为蓄电池组提供较大的充电电流，蓄电池组的额定电压由 UPS 厂家确定，备用时间较长，例如 30 分钟至几小时，备用时间的长短取决于蓄电池的容量。所需蓄电池额定容量可按下式计算：

$$C_e \geqslant \frac{\lambda ST}{U\eta_n\eta[1+\alpha(t-25)]} \tag{8.5}$$

式中：C_e——蓄电池的额定容量(Ah)。

λ——负载功率因数，一般取 0.8。

S——UPS 的额定输出视在功率(VA)。

T——所需备用时间(h)。

U——蓄电池组放电时的端电压，可按单体电池电压 1.85 V 取值（依据YD/T 5040—2005），即采用 12 V 电池时：$U=(1.85\times6)N$，采用 2 V 电池时：$U=1.85N$，N 为蓄电池组中串联的电池只数，等于蓄电池组的额定电压除以每只电池的标称电压（2 V 或 12 V）。

η_n——UPS 中逆变器的效率，取 0.9，最好按 UPS 说明书取值。

η——蓄电池的放电容量系数，取决于备用时间，按蓄电池说明书取值；如没有电池说明书，固定型（2 V）阀控式密封铅酸蓄电池可按表 4.1 取值，12 V 阀控式密封铅酸蓄电池可参考表 8.3 取值。

α——电池温度系数(1/℃)：$T\geqslant10$ h，$\alpha=0.006$；10 h$>T\geqslant1$ h，$\alpha=0.008$；$T<1$ h，$\alpha=0.01$。

t——蓄电池组所处的最低环境温度(℃)。

表 8.3　国内某品牌 12 V 阀控式密封铅酸蓄电池的容量系数

型号	额定电压/V	容量系数($\eta=C/C_{20}$)[①]				
		20 Hr 10.5 V	10 Hr 10.5 V	5 Hr 10.2 V	3 Hr 9.6 V	1 Hr 9.6 V
6-FM-26	12	1	0.93	0.85	0.77	0.6
6-FM-40	12	1	0.93	0.85	0.77	0.6
6-FM-65	12	1	0.93	0.85	0.77	0.6
6-FM-100	12	1	0.92	0.83	0.65	0.6

① 容量系数栏中的电压值是电池厂家确定的相应放电小时率下的放电终止电压。

选取蓄电池额定容量更为精确的方法是:先求出每只电池需具备的放电功率 P,即

$$P=\frac{\lambda S}{\eta_n N} \tag{8.6}$$

然后根据所需备用时间,查阅蓄电池厂家的“恒功率放电表”来确定蓄电池的额定容量。

UPS的备用时间应适当选择,并非越长越好。备用时间长,则需蓄电池额定容量大,除了考虑投资等因素外,还要考查UPS中是否有足够大容量的充电器来满足对蓄电池充电的要求。蓄电池放电后,充电器应以恒压限流方式对蓄电池组充电,在24小时内将电量充足。如果UPS的充电器不能提供足够大的充电电流(不小于 $0.05C_e$),蓄电池放电后将需要很长时间才能充足电量,假如充电不足时市电又停电,则备用时间达不到预期值。

获得同样的功率,电压高则电流小,而电流小则线路损耗功率小。为了提高效率,大、中功率的UPS通常蓄电池组的额定电压较高(如192 V、360 V、384 V、396 V、420 V、480 V、576 V等),因此大多采用12 V电池来构成蓄电池组。但12 V电池额定容量较小,如果所需蓄电池容量大,仍应采用2 V电池来构成蓄电池组,以免需要并联的蓄电池组数过多。

通常每台UPS配置1组蓄电池;当需要蓄电池组并联时,我国通信行业标准YD/T 1051—2010《通信局(站)电源系统总技术要求》中规定,并联组数不能超过4组,每组蓄电池应有独立的熔断器保护。

8.6 UPS的串并联使用

双变换UPS与互动UPS虽有较高的供电质量和可靠性,但毕竟是由大量电子元件、功率器件、散热风机和其他一些电气装置组成的功率电子设备,当采用单台UPS供电时,由于其平均失效间隔时间(MTBF)是个有限值,一般为几万小时(YD/T 1051—2010中规定,在使用寿命期间内,通信用UPS的MTBF应不小于 2×10^4 h),所以还可能发生由于UPS本身的故障而中断供电的现象。采用冗余UPS系统,可使供电的可靠性得到很大提高。

8.6.1 双机串联热备份工作方式

UPS双机供电有串联和并联两种方式。图8.14所示为UPS双机串联热备份工作方式,将热备份的UPS输出电压连接到主机UPS的旁路输入端。UPS主机正常工作时承担全部负载功率,当UPS主机发生故障时自动切换到旁路状态,UPS备机通过UPS主机的旁路通道继续为负载供电。市电异常时,UPS处于电池放电的工作状态,由于UPS主机承担全部负载功率,所以其蓄电池先放电到终止电压;然后自动切换到旁路工作状态,由备用UPS继续为负载供电,直到备机的蓄电池放电终了。UPS主机与备机、备机与市电应锁相同步。UPS中的静态开关是影响供电系统可靠性的重要部件,静态开关一旦发生故障,则主、备用UPS均无法为负载供电。

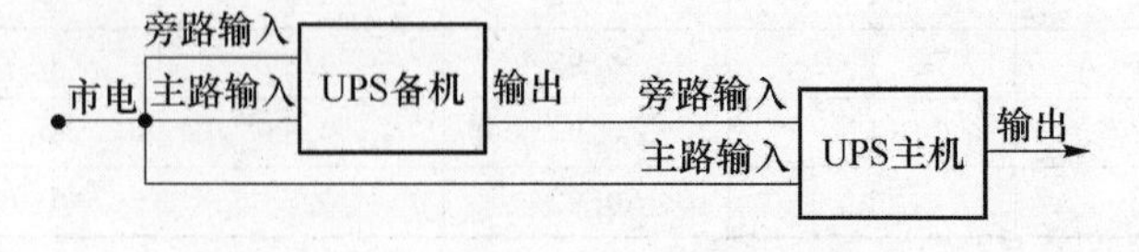

图8.14 UPS双机串联热备份工作方式

8.6.2　并联冗余供电工作方式

图 8.15 所示为 UPS 双机并联冗余供电工作方式。用于双机并联的 UPS 必须具有并机功能，两台 UPS 中的并机控制电路通过并机信号线连接起来，使两台 UPS 输出电压的频率、相位和幅度保持一致，输出电流均衡。这种并联主要是为了提高 UPS 供电系统的可靠性，而不是用于供电系统扩容，所以负载的总容量不应超过其中一台 UPS 的额定输出容量。当其中一台 UPS 发生故障时，可由另一台 UPS 来承担全部负载电流。这种两台并联冗余供电的 UPS，由于其输出容量低于额定容量的 50%，所以它们经常在较低的效率下运行。

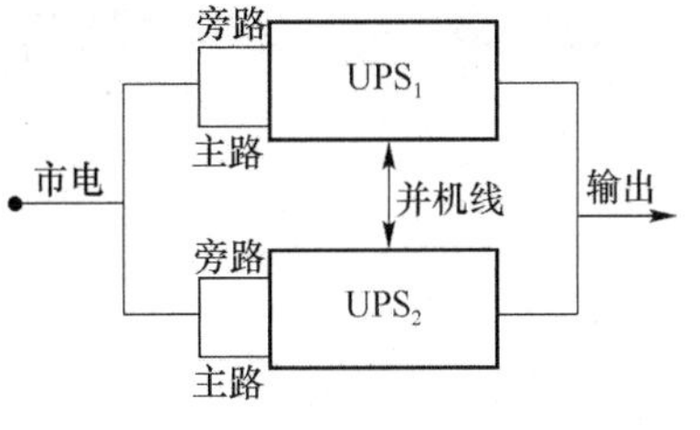

图 8.15　UPS 双机并联冗余供电

具有并机功能的 UPS，可允许 4～8 台同型号的 UPS 并联运用（不同机型可以并联的台数有区别）。多台 UPS 并联的“N+1”供电系统，其能量转换效率和设备利用率都高于两台 UPS 并联供电系统。例如，对一个 240 kVA 的负载系统，可采用每台额定容量为 100 kVA的 4 台 UPS 并联供电。此时具有“3+1”的冗余度，即 3 台 UPS 可满足全部用电需要并有适当余量，4 台 UPS 中如有 1 台发生故障，不会影响对负载的正常供电；供电系统正常运行时，每台 UPS 承担 60 kVA 的负荷，设备利用率为 60%。这种“3+1”并联冗余度与“1+1”并联冗余度的供电系统相比，显然具有较高的运行经济性。在实际应用中，由于“N+1”并联冗余系统当 N 值较大时故障率较高，因此并联的 UPS 单机台数不宜过多，一般以不超过 4 台（即 $N\leqslant 3$）为宜。

在并联冗余 UPS 系统中，当某个单机发生故障时，该单机的静态开关自动将该机退出系统，系统中并联的其余单机继续给负载供电；当出现系统过载时，负载通过集中的静态开关或各单机分散的静态开关被转换为由市电旁路供电。

8.6.3　双母线供电系统

在实际运行中，不仅要保证 UPS 输出端的电源可靠性，更重要的是保证负载输入端的电源可靠性。基于这种考虑，出现了分布冗余 UPS，即双母线 UPS 供电系统（又称双总线 UPS 供电系统），其目的是将电源系统的冗余扩展到每一个负载设备。

双母线 UPS 供电系统如图 8.16 所示。UPS$_1$、UPS$_2$ 是两个独立的 UPS 系统，每个系统既可以采用并联冗余 UPS 系统，也可以采用单机 UPS 系统。负载母线同步电路（又称负载同步控制器）LBS 用来使两个独立的 UPS 系统在任何时间都保持同步。两个独立的 UPS 系统（两个负载母线）都能为全部负载供电：正常时，分别承担一半负载电流；当其中一个 UPS 系统出现故障时，另一个 UPS 系统自动承担起全部负载电流。因此，故障 UPS 可以脱离负载进行维修。

UPS$_1$ 和 UPS$_2$ 经各自的输出配电屏为双电源负载和单电源负载供电。双电源负载设备有两路电源输入端，任何一路输入电源正常，负载设备就能正常工作。单电源负载设备则通过静态转换开关 STS 和分配电屏来保证输入电源不间断：每个分配电屏在正常情况下由一个 UPS 系统供电，当这个 UPS 系统出现故障或需要维修时，STS 将该分配电屏平滑地切换为由另一个 UPS 系统供电。

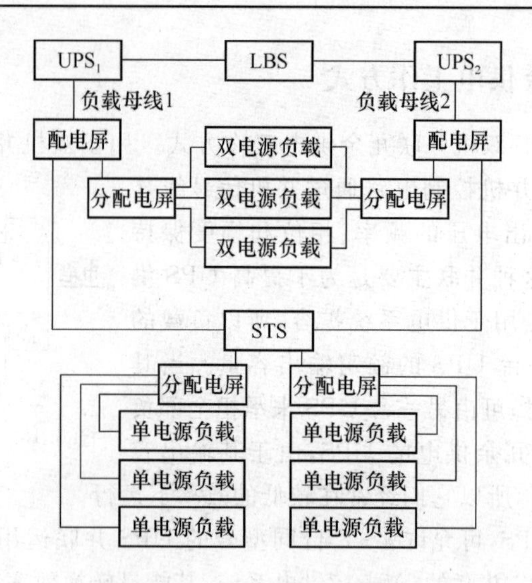

图 8.16 双母线 UPS 供电系统

8.7 UPS 的电气性能指标

8.7.1 通信用双变换 UPS 的电气性能指标

我国通信行业标准 YD/T 1095—2008《通信用不间断电源——UPS》对通信用双变换 UPS 的电气性能要求,如表 8.4 所示。

表 8.4 通信用双变换 UPS 电气性能

序号	指标项目	技术要求			备 注
		Ⅰ	Ⅱ	Ⅲ	
1	输入电压可变范围	165～275 V	176～264 V	187～242 V	相电压
		285～475 V	304～456 V	323～418 V	线电压
2	输入功率因数	≥0.95	≥0.90		
3	输入电流谐波成分	<5%	<15%	—	2～39 次谐波
4	输入频率变化范围	50 Hz±4%			
5	频率跟踪范围	50 Hz±4%可调			
6	频率跟踪速率	(0.5～2) Hz/s			
7	输出电压稳压精度	±1%	±2%	±3%	
8	输出频率	(50±0.5) Hz			电池逆变方式
9	输出波形失真度	≤2%	≤3%	≤5%	电阻性负载
		≤4%	≤6%	≤8%	非线性负载
10	输出电压不平衡度	≤5%			
11	动态电压瞬变范围	±5%			

续表

序号	指标项目	技术要求			备　注
		Ⅰ	Ⅱ	Ⅲ	
12	电压瞬变恢复时间	≤20 ms	≤40 ms	≤60 ms	
13	输出电压相位偏差	≤2°			平衡额定电阻性负载
14	市电与电池转换时间	0 ms			
15	旁路逆变转换时间	<1 ms	<2 ms	<4 ms	>3kVA
		<1 ms	<4 ms	<8 ms	≤3 kVA
16	效率	≤10 kVA　≥82%	>10 kVA　≥90%		额定输出功率
		≥60 kVA　≥88%			50%额定输出功率
17	输出有功功率	≥额定容量(kVA)×0.7(kW/kVA)			
18	输出电流峰值系数	≥3			
19	过载能力(125%)	≥10 min	≥1 min	≥30 s	
20	音频噪声	<55 dB(A)	<65 dB(A)	<70 dB(A)	400 kVA 及以上除外
21	并机负载电流不均衡度	≤5%			对有并机功能的 UPS

除了表 8.4 中的要求外，通信用 UPS 还应具有输出短路保护、输出过载保护、机内过温保护、电池电压低保护、输出过/欠压保护和抗雷击浪涌等保护功能，并能声光告警；具备 RS232 或 RS485/422、IP、USB 标准通信接口，具有遥测、遥信和对蓄电池组的智能管理功能。YD/T 1095—2008 对上述功能以及绝缘电阻、绝缘强度和对地漏电流等，都有明确的具体要求。UPS 的金属外壳应可靠地保护接地。UPS 的电磁兼容性，应符合我国国家标准 GB 7260.2—2009《不间断电源设备(UPS)第 2 部分：电磁兼容性(EMC)要求》的规定。

8.7.2　若干指标的含义

(1) 输出电压稳压精度

输出电压稳压精度，是指 UPS 的输入交流电压在下限值和上限值之间变化，负载在额定电阻性负载和空载之间变化，输出电压偏离额定值的变化率。

(2) 输出电压不平衡度

输出电压不平衡度是指 UPS 输出的三相电压不平衡度。

在三相交流供电系统中，三相电压不平衡的程度用三相电压不平衡度 ε_u 来衡量，ε_u 是电压负序分量与正序分量的有效值百分比。

对于任何一个不对称的三相电压 $\dot{A}$、$\dot{B}$、$\dot{C}$，都可以分解为三组对称分量。其中 $\dot{A}_1$、$\dot{B}_1$、$\dot{C}_1$ 按顺时针排列，彼此相差 120°，幅值相等，称为正序分量；$\dot{A}_2$、$\dot{B}_2$、$\dot{C}_2$ 按逆时针排列，彼此相差 120°，幅值相等，称为负序分量；$\dot{A}_0$、$\dot{B}_0$、$\dot{C}_0$ 方向相同，幅值相等，称为零序分量。

三相电压不平衡度不便于直接测量，可用万用表或交流电压表(精度不低于 1.5 级)分别测试三个线电压，按图 8.17 所示的画法来计算。

图中 AB、BC、CA 分别为所测三个线电压，以 CA 为公共边分别作两个等边三角形 $\triangle OAC$ 和 $\triangle PAC$，连接 OB 和 PB，用几何法求得 OB 和 PB 的长度。则三相电压不平衡度

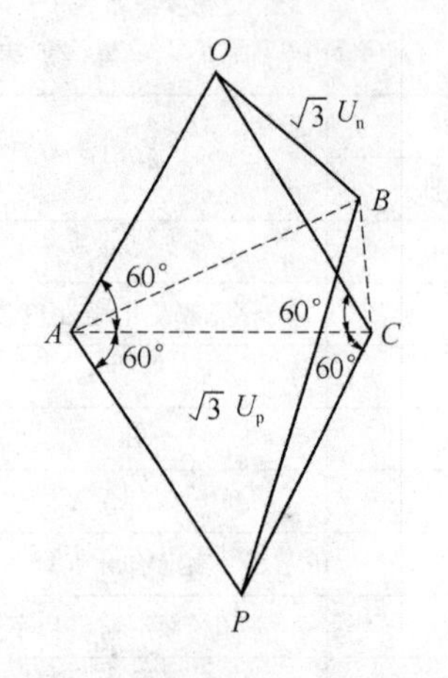

图8.17 三相电压不平衡度计算图

按下式计算：

$$\varepsilon_u=\frac{OB}{PB}=\frac{U_n}{U_p}\times 100\% \qquad (8.7)$$

式中，U_n 为电压的负序分量，U_p 为电压的正序分量。

(3) 动态电压瞬变范围

动态电压瞬变范围是指UPS的交流输入电压不变，输出接电阻性负载，用断路器或接触器使输出电流由零突加至额定值、再由额定值突减至零时，以及输出为额定电阻性负载不变，正常工作方式与电池逆变方式相互转换时，输出电压瞬变值与输出电压额定值之比的百分数。

输出电压瞬变值用存储示波器测量。

(4) 电压瞬变恢复时间

电压瞬变恢复时间是指UPS接电阻性负载，分别在电流突加和突减时、正常工作方式与电池逆变方式相互转换时，输出电压从阶跃变化恢复到220 V±3%范围内所需要的时间。

电压瞬变恢复时间用存储示波器测量。

(5) 市电与电池转换时间

市电与电池转换时间，是指UPS由市电供电切换到蓄电池供电，或由蓄电池供电切换到市电供电时，UPS输出电压中断的时间。

对双变换UPS而言，只要逆变器及其输出静态开关没有过载或发生故障，总是由逆变器向负载供电，而逆变器的输入电压是不间断直流电压，因此市电与电池转换时间为0 ms。

(6) 旁路逆变转换时间

旁路逆变转换时间是指UPS由正常工作方式转旁路工作，或由旁路工作转正常工作方式时，UPS输出电压中断的时间。

YD/T 1095—2008规定，旁路逆变转换时间在UPS输出接电阻性负载、输出功率为50%额定功率时，用存储示波器测量。

(7) 效率

效率是指UPS在额定负载、蓄电池没有明显的能量输入和输出条件下，输出有功功率与输入有功功率之比的百分数。

(8) 输出有功功率

UPS的输出有功功率指标与其输出功率因数紧密关联。UPS的输出功率因数是指在假定理想正弦电压下，输出达到额定容量(kVA)，负载的有功功率与视在功率之比。

计算机等非线性负载(内部有整流、电容滤波电路)，需要交流电源不仅向其供给有功功率，还要提供无功功率。为满足使用要求，通信用UPS的逆变器应具有较强的带非线性负载的能力，即UPS应允许负载的功率因数比较低。因此对于UPS的输出功率因数，不是要求具有较大值，而是一般要求不大于0.8。

另一方面，UPS应能输出足够大的有功功率，输出有功功率应能达到额定容量的70%

以上。

(9) 输出电流峰值系数

输出电流峰值系数是指 UPS 所允许的非正弦波负载电流的峰值与有效值之比。峰值系数又称峰值因数。

正弦波电流峰值与有效值之比为$\sqrt{2}$,而单相桥式整流电容滤波等非线性电路因整流元件导通时间短、峰值电流大,其电流峰值与有效值之比可达 3 以上。这项指标从一个侧面反映了 UPS 的逆变器带非线性负载的能力。

8.8 UPS 的安装与维护

8.8.1 UPS 安装注意事项

(1) 按 UPS 说明书及相关规范的要求进行安装

安装前应仔细阅读 UPS 的使用说明书或安装与操作手册,按其要求及相关规范来进行安装。

UPS 周围应有适当空间,使之通风良好,便于操作和维修。通信用 UPS 背面及侧面与墙之间的维护走道净宽不应小于 0.8 m;正面与墙之间的主要走道净宽不应小于 1.5 m,与其他设备的正面或背面之间的主要走道净宽不应小于 2 m。

(2) 适当选取电缆截面积

UPS 的输入、输出和电池电缆都应采用铜芯绝缘电缆(机房内应采用阻燃型电缆)。

交流输入电缆的线芯截面积,可按电缆允许温升来确定,即选取铜芯导线的电流密度为 2～5 A/mm^2。

交流输出电缆和旁路输入电缆的线芯截面积,应按输出额定电流时导线压降不大于额定输出电压的 3%来确定;主机与蓄电池组连接电缆的线芯截面积,应按最大放电电流时导线压降不大于蓄电池组电压的 1%来确定。它们都可用式(7.18)计算,式中的 ΔU 值,按上述原则分别求出;式中的 I 值,在计算交流输出和旁路输入相线截面积时用 UPS 的额定输出电流代入,在计算电池电缆线芯截面积时用下式的计算结果代入:

$$I=\frac{\lambda S}{\eta_n U} \tag{8.8}$$

式中,I 为蓄电池组最大放电电流;λ 为负载功率因数,一般取 0.8;S 为 UPS 的额定输出视在功率(VA);η_n 为 UPS 中逆变器的效率;U 为蓄电池组放电终止电压(V)。

对于三相输出的通信用 UPS,由于非线性负载的 3 次谐波电流在中性线(零线)上叠加,为使导线压降符合要求并减小零地电压,UPS 的输出中性线和旁路输入中性线截面积,宜为输出相线截面积的 1.5 倍左右。

对于流过大电流的电缆,可以考虑采用多根较细的电缆并联,以方便安装。

(3) 蓄电池组的安装

通信用 UPS 的蓄电池组,宜采用开放式电池架进行安装,以利于蓄电池的散热及维护。蓄电池和电池架之间应加装绝缘胶垫进行防护处理。高压蓄电池组的维护通道上应铺设绝缘胶垫。

(4) 第一次开机前的检查

① 检查 UPS 金属外壳的保护接地，应连接牢靠。

② 检查 UPS 的输入相序和相线、零线位置，应无误；测量 UPS 的输入交流电压，应正常。

③ 检查 UPS 的输入直流连接，应无误。

④ 对于串联或并联系统，检查系统中各台 UPS 间的对应关系，应连接正确(如输入侧 UPS_1 的 L_1、L_2、L_3 应分别对应 UPS_2 的 L_1、L_2、L_3 等)。

⑤ 检查负载侧，应无短路。

(5) 第一次开机

按照 UPS 的使用说明书操作。第一次开机至少检测 UPS 以下功能，均应正常：

① 开机启动、正常运行功能；

② 市电/电池切换功能；

③ 与市电同步及自动旁路输出功能；

④ 带载功能；

⑤ 充电功能；

⑥ 告警和保护功能；

⑦ 关机功能。

8.8.2 UPS 维护的一般要求

① UPS 主机现场应放置操作指南，以便指导现场操作。

② UPS 的各项参数设置信息应全面记录、妥善保存并及时更新。

③ 各种自动、告警和保护功能均应正常。

④ 定期进行 UPS 各项功能测试，检查正常运行方式与储能供电运行方式的切换、逆变器供电与市电旁路供电的切换是否正常。

⑤ 定期检查主机、蓄电池及配电部分引线和端子的接触情况，检查馈电母线、电缆及软连接头等各连接部位的连接是否可靠，并测量压降和温升。

⑥ 经常检查设备的工作和故障指示是否正常。

⑦ 定期查看 UPS 内部的元器件外观，发现异常及时处理。

⑧ 保持机器清洁，定期清洁散热风口、风扇及滤网，风道应无阻塞；定期检查 UPS 各主要模块和风扇电机的运行温度有无异常。

⑨ 定期进行 UPS 电池组带载测试。

⑩ 根据当地市电频率的变化情况，选择合适的跟踪速率。当输入频率波动频繁且波动超出 UPS 跟踪范围时，严禁进行逆变/旁路切换操作。在油机供电时，尤其要注意避免发生 UPS 由逆变器供电转旁路供电的情况。

UPS 的维护周期表应按各通信企业的维护规程执行。

思考与练习

1. 画出 UPS 的基本组成方框图,说明各部分的作用。

2. 简述双变换 UPS 的基本工作原理。

3. SPWM 电路如何控制输出正弦交流电压的幅度?

4. 锁相环在 UPS 中起什么作用?

5. 画图说明 UPS 中静态开关与检修旁路开关配合的工作原理。

6. 一台 20 kVA 的 UPS 需备用 3 小时,电池组额定电压 192 V,试选取蓄电池的额定容量和蓄电池只数。要求 UPS 中的充电器能够输出多大电流?

7. 画图说明 UPS 双机串联热备份工作方式。

8. 画图说明 UPS 双机并联冗余供电工作方式。

9. 通信用 UPS 主要电气指标中,市电与电池转换时间是什么含义?

10. 通信用 UPS 主要电气指标中,旁路逆变转换时间是什么含义?

11. 通信用 UPS 主要电气指标中,输出电流峰值系数是什么含义? 应为多大?

12. UPS 维护的一般要求是什么?

第9章 油机发电机组

油机发电机组用做通信局(站)的备用交流电源,是通信电源系统的重要组成部分。油机是将燃油(柴油或汽油)在气缸中燃烧的热能转变为机械能的内燃机,它带动交流同步发电机旋转将机械能转变为电能。油机发电机组有柴油发电机组和汽油发电机组两大类,在通信局(站)中主要采用柴油发电机组。

9.1 油机发电机组的基础知识

9.1.1 油机发电机组分类

油机发电机组是指将内燃机(柴油发动机或汽油发动机)、交流同步发电机及其控制装置(控制屏)组装在一个公共底座上形成的机组,如图 9.1 所示。

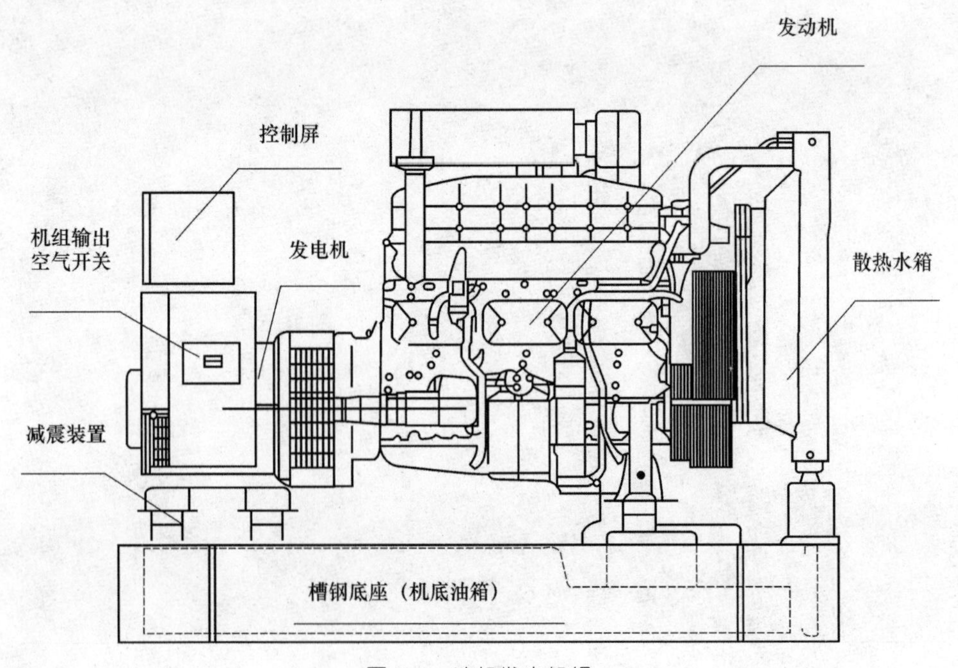

图 9.1　油机发电机组

油机发电机组可以按不同的方式分类。

1. 按安装方式分类

(1) 固定式发电机组

将机组固定安装在室内或安装在集装箱内(集装箱置于室外),称为固定式发电机组。室内安装要有单独的油机房,油机发电机组及其附属设备都安装在油机房中,机组的进、出风通畅,机组的降噪处理容易解决,维护方便。因此这种安装方式适用于绝大多数通信局(站)。在没有专用机房的情况下,采用室外集装箱安装方式,机组装在集装箱内,通风散热较困难,因此机组的容量一般不大;由于受机组使用环境的限制,在寒冷地区不宜采用。

(2) 移动式发电机组

移动式发电机组主要分为便携式、拖车式和车载式 3 种。便携式是指人力可搬运的机组,容量较小,大多数为汽油发电机组,适用于小容量的无人值守站应急供电。拖车式是将机组固定在拖车上,需其他车辆拖动,调度方便,但不够美观,省会级城市不宜选用。车载式是将机组固定在专用的汽车台架上,采用集装箱式,汽车的改装可根据用户的具体要求定做,但必须符合安全行驶要求。车载式机组对环境的污染小,便于运输,是常用的移动式发电机组。

2. 按结构形式、控制方式和保护功能等分类

(1) 基本型机组

这种机组是为了完成最基本的发电功能,将内燃机、发电机、电压调节装置、控制箱(屏)等全部安装在底座上组成的机组,机组具有电压和转速自动调节功能。

(2) 自启动机组

这种机组是在基本型机组的基础上增加了自动控制系统,具有自启动功能。当市电停电时,机组能自动启动、自动运行、自动送电;市电恢复后能自动卸载停机;当机组故障时,能自动停机保护并发出声光告警信号;当机组超速时,能自动紧急停机进行保护。

(3) 自动化机组

这种机组的自动控制系统更加完善,其自动控制屏采用可编程自动控制器(PLC)或油机专用微处理控制器控制。除了具有自启动、自切换、自运行、自投入和自停机等功能外,还配有各种故障报警和自动保护装置,提供标准的通信协议,可以无人值守,满足远程监控的技术要求,具有遥测、遥信和遥控功能,能实时远距离监控机组的运行参数、运行状态,当机组出现异常情况时能向监控中心自动报警,并能远程控制机组。

(4) 静音型机组

静音型机组是在基本型机组的基础上加装具有良好降噪效果、良好通风系统及防止热辐射措施的机箱组合而成的机组。机组安装采用高效减震措施,确保机组平稳运行。消音外壳设有专门的观察窗和紧急停机按钮,方便用户使用操作和观察机组的运行状态。根据用户要求,可制造成超级静音型机组或移动式静音型机组。超级静音型机组用于用户对噪声有特殊要求的场合,降噪效果可达到 70～75 dB(A)。移动式静音型机组适宜于野外作业,具有良好的机动性,并可预装电缆架,使用方便。

3. 按使用的燃油分类

机组中的内燃机根据所用燃油的不同分为汽油机和柴油机。以汽油为燃料,利用电火花点燃可燃混合气的油机叫做汽油机,便携式发电机组一般采用汽油机。以柴油为燃料,压燃可燃混合气的油机叫做柴油机,固定式发电机组多采用柴油机。

对柴油发电机组而言,其分类方法较多。按柴油机的转速可分为高速机组(3 000 r/min)、中速机组(1 500 r/min)和低速机组(1 000 r/min 以下);按柴油机的冷却方式可分为水冷机组和风冷机组;按柴油机的调速方式可分为机械调速、电子调速、液压调速和电子喷油管理控制系统调速(简称电喷或 ECU);按机组使用的连续性可分为长用机组和备用机组;按机组的启动方式可分为电启动和手启动等。

9.1.2 柴油发电机组的组成及应用要求

1. 组成

柴油发电机组由柴油机、交流同步发电机和控制系统等组成。

柴油机主要由两大机构和四大系统组成,它们是:曲轴连杆机构、配气机构;燃油供给系统、润滑系统、冷却系统和启动系统。

交流同步发电机由定子、转子和励磁系统组成。有单相和三相之分,小型油机发电机组常采用单相发电机,大中型油机发电机组多采用三相发电机。

控制系统包括自动检测、控制和保护装置。

2. 应用及要求

在通信领域,油机发电机组通常作为备用交流电源使用,当市电停电时,启动油机发电,为通信局(站)提供交流电源。

通信局(站)一般采用中速水冷柴油发电机组;高山、高寒和缺水地区的小型通信局(站)可采用中速风冷柴油发电机组。随着通信技术的不断发展,现代通信设备对电源质量提出了更高的要求,油机发电机组应能随时迅速启动,及时供电,运行安全稳定,可以连续工作,供电电压和频率满足通信设备的要求。

9.2 内燃机的构造和工作原理

9.2.1 内燃机常用术语

内燃机是通过在气缸内连续进行进气、压缩、作功和排气4个过程来完成能量转换的。常用名词如下。

(1) 上、下止点

活塞在气缸中移动到离曲轴中心线最远的距离称为上止点,活塞在气缸中移动到离曲轴中心线最近的距离称为下止点。

(2) 活塞冲程

上、下止点间的距离称为活塞冲程(或行程),一般用 S 表示。对应一个活塞冲程,曲轴旋转180°。

(3) 气缸容积

活塞位于上止点时,其顶部与气缸盖之间的容积称为燃烧室容积,用 V_c 表示;活塞从一个止点运动到另一个止点所扫过的容积,称为气缸工作容积,用 V_h 表示。活塞位于下止点时，其顶部与气缸盖之间的容积称为总容积，用 V_a 表示，$V_a = V_c + V_h$。

多缸发动机各气缸工作容积的总和，称为发动机排量，用 V_L 表示。

(4) 压缩比

压缩比是指气缸总容积与燃烧室容积之比，用 ε 表示，即 $\varepsilon = V_a / V_c$。压缩比表明了气体的压缩程度，通常汽油机的压缩比为 6～10，柴油机的压缩比为 16～22。

(5) 工作循环

活塞在气缸内上下移动，完成进气、压缩、作功、排气 4 个过程，称为一个工作循环。

9.2.2　内燃机的基本工作原理

1. 四冲程柴油机的工作原理

柴油机是以柴油为燃料的内燃机。要持续地输出动力，将热能转化为机械能，柴油机必须完成进气、压缩、作功、排气 4 个过程。这些过程通常采用 4 个冲程来实现，其工作循环如图 9.2 所示。

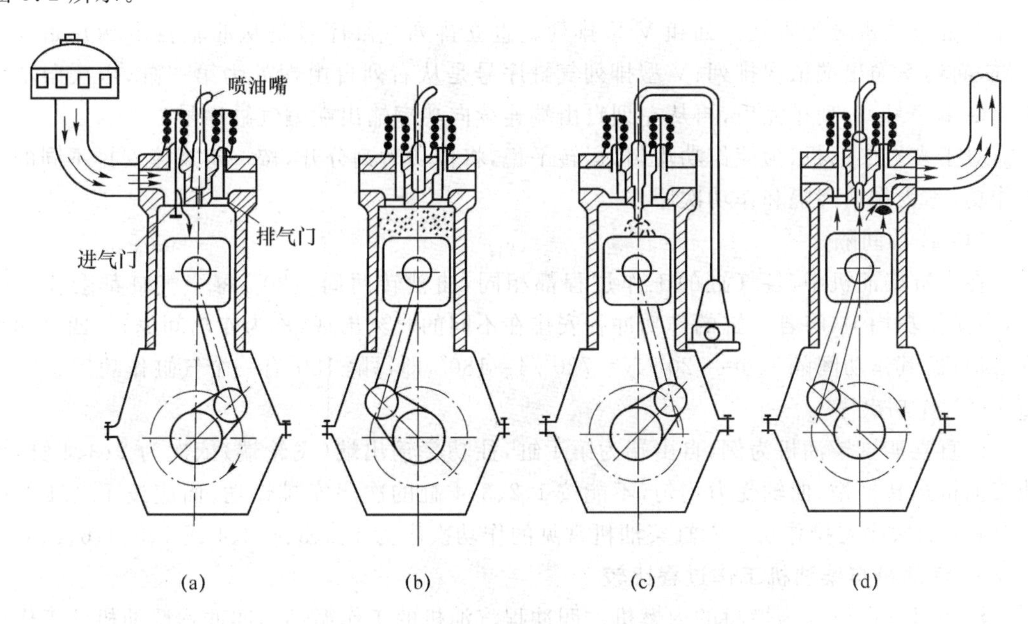

图 9.2　四冲程柴油机的工作循环

(1) 进气冲程

进气冲程时进气门打开，排气门关闭，曲轴带动活塞由上止点往下止点移动，气缸吸入空气，如图 9.2(a)所示。由于空气经过滤清器(空滤)、进气管、进气门等要遇到阻力，因此活塞到达下止点时，进到气缸内的空气压强只有 0.75～0.9 kg/cm^2，温度为 30～50 ℃。

(2) 压缩冲程

压缩冲程时进、排气门均关闭，曲轴带动活塞由下止点往上止点移动，压缩气缸中的空气，如图 9.2(b)所示，压缩冲程完毕，气缸内的空气压强可达 30～50 kg/cm^2，温度可达 500～700 ℃。

(3) 作功冲程

压缩冲程完毕时进气门、排气门仍然关闭着，当活塞快到上止点时，气缸顶部的喷油器开始向气缸内喷射雾状柴油，并被高温高压空气点燃。燃烧的混合气压力和温度迅速上升，在气缸内膨胀作功,推动转过上止点的活塞迅速移向下止点,活塞通过连杆转动曲轴,由曲轴输出动力,如图 9.2(c)所示。燃烧时,最高压强达 60～120 kg/cm²,温度为 1 500～2 000 ℃。

(4) 排气冲程

排气时排气门打开,进气门关闭,曲轴带动活塞由下止点往上止点移动,排出燃烧后的废气,如图 9.2(d)所示。

当活塞再重复向下移动时,又开始第二个工作循环的进气冲程,如此周而复始,使柴油机不断地转动,产生动力。

总结单缸四冲程柴油机的工作原理不难发现,完成一个工作循环,曲轴旋转两周,活塞上下运行两个来回,只有作功冲程是活塞推动曲轴而作功的,其他 3 个冲程要由曲轴带动活塞运动,消耗动能。因此,柴油机工作时,曲轴转速不均匀。解决办法是安装飞轮和采用多气缸结构。对于单缸机,在曲轴的功率端装上一个沉重的飞轮,利用飞轮的惯性带动活塞完成作功之外的其余 3 个冲程;对于功率较大的柴油机,在安装飞轮的基础上还采用多气缸结构。

2. 多缸柴油机的工作特点

多缸柴油机分为直立排列和 V 型排列。直立排列气缸序号是从曲轴自由端开始为第一缸,向功率输出端依次排列;V 型排列气缸序号是从右列自由端处为第一缸,依次向功率输出端编序号,右列排完后,再从左列自由端连续向功率输出端编气缸序号。

对于多缸柴油机,为使作功均匀,运转平稳,将作功时刻分开,按一定规律安排不同的气缸作功,称为作功间隔和作功次序。

(1) 作功间隔

在多缸柴油机中,各气缸的工作过程都相同,曲轴转两周(720°)每个气缸都会作功一次,为使作功均匀,将各气缸的作功冲程安排在不同的时刻出现,称为作功间隔,如四缸四冲程柴油机,其作功间隔为 $\Phi=720°/N=720°/4=180°$,即每隔 180°有一个气缸作功。

(2) 作功次序

以直立四缸柴油机为例,自由端为第 1 缸,往功率输出端(飞轮端)依次为 2、3、4 缸,为使柴油机运转平稳、曲轴受力均匀,不能按 1、2、3、4 缸的次序安排作功,而应按 1、2、4、3 或 1、3、4、2 的次序安排作功。六缸柴油机常见的作功次序为 1、5、3、6、2、4 或 1、5、4、6、2、3。

3. 汽油机与柴油机工作过程比较

汽油机是以汽油为燃料的内燃机。四冲程汽油机的工作循环与四冲程柴油机的工作循环基本相同,也是通过进气、压缩、作功和排气 4 个冲程完成一个循环。只是由于所用燃料的性质不同,其工作方式与柴油机有所不同,不同点如下:

① 汽油机进气过程中,被吸进的是汽油和空气的混合物,而不是纯净的空气;

② 汽油机的压缩比低,压缩终了时,可燃混合气的压强只有 5～10 kg/cm²,温度只有 250～400 ℃,需用火花塞(安装在气缸盖上)产生的电火花点燃。

9.2.3 柴油机的总体构造

下面分述组成柴油机的两大机构和四大系统。

1. 曲轴连杆机构

(1) 组成

曲轴连杆机构主要由气缸、活塞、连杆和曲轴等部件组成。

① 气缸：气缸是燃料燃烧的地方，柴油机的功率不同，气缸的直径和数目也不相同。对于多缸机，采用多个气缸铸成一个整体。工作过程中，活塞在气缸内上下往返运动，为了减小气缸与活塞之间的摩擦，气缸的内壁（简称气缸壁）必须非常光滑，通常加工成镜面做成缸套，嵌入气缸体中。

燃料在气缸中燃烧时，温度可高达1 500～2 000 ℃，必须散热。水冷机组采用冷却水散热，为此气缸壁都做成中空的夹层，两层之间的空间称为水套。风冷机组是在气缸体与气缸盖外表面安置散热片，利用空气流动带走散热片的热量。

② 活塞：柴油机工作时，活塞既承受很高的温度，又承受很大的压力，而且运动速度极快，惯性很大。因此，活塞必须具有良好的机械强度和导热性能，常用质量较轻的铝合金铸造，以减小惯性。为使活塞与气缸之间紧密接触，保持良好的密封性能，活塞的上部装有活塞环。活塞环有气环和油环两种，气环的作用是防止气缸漏气，油环的作用是防止机油窜入燃烧室并分布油膜。

③ 连杆与曲轴：连杆将活塞与曲轴连接起来，从而将活塞承受的压力传给曲轴，通过连杆把活塞的往返直线运动变为曲轴的圆周运动。

（2）功用

曲轴连杆机构是柴油机的主要组成部分，它的作用是将燃料燃烧时产生的热能转变为机械能，并将活塞在气缸内的上下往返直线运动变为曲轴的圆周运动，以带动其他机械作功。

（3）工作条件

柴油机工作时，曲轴连杆机构直接与高温高压气体接触，受可燃混合气和燃烧废气的腐蚀，同时活塞的直线运动要变为曲轴的旋转运动，受力复杂，且润滑困难。因此曲轴连杆机构的一些部件不能随意更换或调换，必须配对使用。

（4）使用维护要点

① 要做好整机的清洁。保持整机的清洁和工作环境的清洁，可减少故障的产生，也便于发现漏水、漏油等现象。

② 柴油机工作一段时间后，会造成机件磨损，需要定期检测活塞环间隙、轴瓦间隙。

③ 新安装的柴油机或更换气缸套、活塞环后的柴油机，使用时要注意零、部件的磨合，磨合期不能输出最大功率。

④ 倾听机器在运行时内部有无不正常敲击声，以便检查零、部件有无松动、断裂和脱落。

2. 配气机构

（1）组成

四冲程柴油机一般采用气门式配气机构，它由气门组件（进气门、排气门）、气门传动组件（凸轮轴、推杆、挺杆、摇臂）、空气滤清器、消声器等部件组成。根据气门组件的安装位置，分为顶置式和侧置式配气机构。当油机发电机组安装在室内时，还需要考虑进、排风管道，有时把它们和配气机构统称为配气系统。

（2）功用

配气机构的作用是根据柴油机作功次序、转速和输出功率的要求，适时地轮流打开和关闭进、排气门，使之进气充分，排气彻底。

(3) 充气效率

可燃混合气充满气缸的程度,用充气效率表示。充气效率越高,表明进入气缸的新气越多,可燃混合气燃烧时可放出的热量就越大,发动机的功率也就越大。在进气管道中安装涡轮增压器即可提高充气效率。

(4) 使用维护要点

① 要注意进、排气系统的清洁。进气管的任何地方如果堵塞都会影响进气量,使柴油机燃烧情况恶化。排气管在工作中也可能被没有燃烧完的油料和窜出的机油积炭堵塞,使废气不能顺畅排除,影响柴油机性能的正常发挥,导致功率不足,油耗增加。因此,应在柴油机工作100小时后清洗进、排气系统。

② 定期清洗空气滤清器。干式纸质滤芯应根据使用地区空气中的灰尘多少,在柴油机工作500～1 500小时后,用吹风从里往外吹洗或用毛刷轻刷。滤芯有破损的应更换,金属滤网滤芯可用汽油清洗并吹干。有的空气滤清器不用清洗,当清洁指示器出现红色标示时,应更换空气滤清器。

③ 观察排气管排烟颜色。正常时排烟为浅灰色或无色,不正常时排烟变成深灰色,超负荷时排烟为黑色,有机油窜入燃烧室时排烟为蓝色。

3. 燃油供给系统

(1) 组成

柴油机的燃油供给是和调速系统相关联的,一般由油箱、低压油管、输油泵、柴油滤清器、高压油泵、高压油管、喷油器及调速器等组成。

柴油机工作时,输油泵从油箱内吸取柴油,经燃油滤清器滤清后进入高压油泵,高压油泵将燃油加压送入喷油器,喷油器将高压柴油呈雾状喷入燃烧室,多余的柴油经回油管返回到油箱中。

(2) 功用

燃油供给系统的作用是将清洁的柴油以高压雾状方式,适时地喷入气缸,与气缸中的高温空气混合后,着火燃烧,同时根据负载的轻重自动调节供油量和喷油时间。

(3) 要求

对燃油供给系统的基本要求是:良好的雾化、正确的喷油时间及便捷的油量调节。

① 良好的雾化。这是实现柴油良好燃烧的基础,主要靠高压油泵和喷油器配合来保证。对高压油泵的要求是,在整个喷油期间保持喷油压力在一定的范围之内。对喷油器的要求,一是雾化均匀;二是具有一定的喷射压力和射程、合适的喷注锥角;三是断油迅速、无滴漏现象。

② 正确的喷油定时。这是保证柴油高效燃烧的前提,一般是在活塞移动到上止点前就将柴油喷入气缸。喷入点与上止点之间的曲柄转角,称为"喷油提前角",喷油提前角的大小对柴油机工作影响很大:喷油提前角过大,将导致发动机工作粗暴;喷油提前角过小,则燃油压力和热效率下降,输出功率减小,排气管冒白烟。喷油提前角由工厂试验确定,当燃油品质发生变化时需要重新调整。

③ 供油量调节。供油量的大小决定着柴油机输出功率的大小,对于发电用的柴油机组而言,若外界负荷(用电量)减少而喷油量不变,则柴油机的输出功率大于外负荷,会使转速升高,机组的输出电压和频率升高,反之则降低。为使机组输出稳定,必须根据负载的变化

自动调节供油量。通常是将高压油泵的油门控制与调速器结合起来，通过检测油机转速从而改变高压油泵的供油量。

（4）调速器

调速器根据负荷变化，迅速、自动地调整供油量，使柴油机输出功率与负荷保持平衡，保持稳定的转速，限制最高转速，防止飞车事故。柴油机常用的调速器有机械式调速器、液压调速器和电子调速器。

① 机械式调速器的基本原理是利用机械结构将飞锤产生的离心力变为推力，去推动喷油泵油门调节齿杆，从而改变柴油机的转速。

② 液压调速器是通过液压伺服器将飞锤产生的离心力加以放大，用放大后的动力去推动油门调节机构。

③ 电子调速器是将转速和负荷的变化通过传感器转变为电信号，送到控制器进行比较，控制器输出电信号给执行机构，执行机构动作推动齿杆而改变供油量。

（5）电控喷射系统

电控喷射系统按控制方式分为两类，一类是在原调速器-喷油泵的基础上，改进更新机构功能，用线位移和角位移的电磁液压执行机构，来实现喷油量和喷油正时的电控；另一类是时间控制，即共轨电喷系统。共轨电喷系统由高压油泵、压力传感器、电子控制装置(ECU)、喷油器组成。高压油泵将高压燃油输送到公共供油管，通过闭环系统对公共供油管内的油压实现精确控制，使油压大小与发动机的转速无关。通过共轨将高压燃油分送到每个喷油器，喷油器上集成有高速电磁阀，电磁阀的开启时刻和开通时间由电子控制装置控制，喷油器喷油量的大小取决于共轨中的油压和电磁阀开启时间的长短。采用转速、温度、压力等传感器，将实时检测的参数同步输入计算机，与已储存的参数值进行比较，实现随运行工况对喷油量、喷油定时的实时控制，从而保证柴油机达到最佳的燃烧比和良好的雾化，以及最佳的发火时间、足够的能量和最少的污染排放。

（6）使用维护要点

① 正确选用柴油的牌号。国产柴油分重柴油和轻柴油，重柴油适用于 1 000 r/min 以下的低速柴油机，1 000 r/min 以上的柴油机选用轻柴油。国产轻柴油根据凝点不同来编号，如 RC-Z10、RC-0、RC-10、RC-20，其凝点温度分别为＋10 ℃、0 ℃、－10 ℃、－20 ℃。一般夏季选用 RC-0 号，冬季选用 RC-10 号。

② 确保燃油清洁。柴油机的喷油器和高压油泵是极其精密的零件，稍有杂质混入，便会发生阻塞故障。因此在加柴油时，事先应将柴油经过 24 小时的沉淀，加油时用专门加油的器皿，严格过滤，才能加进油箱，防止水和杂质混入。

③ 定期清洗柴油滤清器，每隔 100 小时打开放油塞排除燃油内的水分和杂质沉淀物，或每隔一年更换柴油滤清器。清洗或更换柴油滤清器后要及时排除油路中的空气。

④ 注意油箱内的油量不要用尽，以免空气进入燃油系统，造成运行中断。

4. 润滑系统

油机工作时，各部分机件在运动中将产生摩擦，为了减轻机件磨损，延长使用寿命，必须对运动零件进行润滑。

（1）润滑方式

由于发动机各运动零件的工作条件不同，对润滑强度的要求也就不同，因此要相应地采取不同的润滑方式,常用的润滑方式有以下3种。

① 压力循环润滑。利用机油泵,将具有一定压力的机油源源不断地送往摩擦表面的润滑方式称为压力循环润滑。例如,曲轴主轴承、连杆轴承及凸轮轴轴承等处,承受的载荷及相对运动速度较大,需要以一定压力将机油输送到摩擦面的间隙中,方能形成油膜以保证润滑。

② 飞溅润滑。利用连杆、曲轴等零件在旋转时拍打油底壳中的机油的飞溅作用,把油滴或油雾甩至摩擦表面的润滑方式称为飞溅润滑。这种润滑方式可使气缸壁、活塞销以及配气机构的凸轮表面、挺柱等得到润滑。

③ 注油润滑。发动机辅助系统中有些零件无法实现压力循环润滑,只能定期用注油器加注润滑脂(黄油)进行润滑,例如水泵及发电机轴承就是采用这种方式润滑。近年来也采用含有耐磨润滑材料(如尼龙、二硫化钼等)的轴承来代替需加注润滑脂的轴承。

(2) 压力循环润滑的组成

压力循环润滑是柴油机的主要润滑方式,通常由油底壳、机油泵、机油滤清器(粗滤和细滤)、机油冷却器、油管、油道、油尺和机油压力表等组成。

① 机油泵。机油泵通常装在油底壳内,其作用是提高机油压力,从而将机油源源不断地送到需要润滑的机件上。

② 机油滤清器。机油滤清器的作用是滤除机油中的杂质,以减轻机件磨损并延长机油的使用期限。一般润滑系统中装有几个不同滤清能力的滤清器:与主油道串联的滤清器称为全流式滤清器,一般为粗滤器;与主油道并联的滤清器称为分流式滤清器,一般为细滤器,过油量为10%～30%。

③ 油尺和机油压力表。油尺是用来检查油底壳内油量和油面高低的一片金属杆,下端制成扁平,并有刻线。机油油面必须处于油尺上下刻线之间。机油压力表用以指示发动机工作时机油压力的大小,一般采用电热式机油压力表,它由油压表和传感器组成,中间用导线连接。传感器装在粗滤器或主油道上,把感受到的机油压力传给油压表,显示机油压力的大小。

(3) 功用

① 润滑作用:润滑运动零件表面,减小摩擦和磨损;

② 清洗作用:机油在润滑系统内不断循环,清洗摩擦表面,带走磨屑和其他异物;

③ 冷却作用:通过润滑油带走摩擦产生的热量;

④ 密封作用:在运动零件之间形成油膜,提高它们的密封性,有利于防止漏气或漏油;

⑤ 防锈蚀作用:在零件表面形成油膜,防止零件表面腐蚀生锈;

⑥ 减震缓冲作用:在运动零件表面形成油膜,吸收冲击并减小振动。

(4) 使用维护要点

① 机油牌号的选用。机油颜色为浅黄和绿棕色,一般北方的冬季选HC-8号,南方的冬季和北方的夏季选HC-11号,南方的夏季选HC-14号,或选用美孚1330。

② 机油的清洁。加机油时,应把合格的机油用60#筛网(每平方厘米有232孔)过滤后加入。机油使用时间过长、杂质过多、氧化变质,将失去润滑作用,加速机器磨损。因此,柴油机工作100小时后,必须清洗或更换机油滤清器,更换时先向滤清器中加注新机油,再上到滤清器座上;新机器运行50小时后须更换机油,以后每运行250小时更换一次机油。

③ 机组启动前应检查机油液面高度和机油是否变质。若机油液面偏低，应检查是否漏油，机油可能从润滑系统各接头处漏失。当机组停机后，如果发现机组下面有漏油现象，即使是少量的漏油也不可忽视，必须进行检查，找出原因，如果不能纠正，开机后机油损失会增多，有断油的危险。若机油液面偏高，并且机油内含有水珠，即表示冷却系统有水漏入油底壳内，其原因可能是气缸垫损坏，此时排气管出口处能看到水雾喷出；也可能是缸套下端橡皮水封圈损坏，这时在排气中便看不到有水雾喷出现象。机油变质时颜色变黑、变浑浊。更换机油时应先热机，放掉变质机油后用汽油清洗油底壳。

④ 保持正常的机油压力和温度。启动时机油压力应为 1.5～3.0 kg/cm^2，待油温升高到 45 ℃后，逐步加载。油机正常工作状况下，机油压力应为 1.5～4.0 kg/cm^2，压力过高、过低都不行。油机工作平稳后，机油温度应保持在 70～90 ℃，油温过高，会使机油黏度变小，油膜不易形成，从而造成润滑不良；油温过低，会使机油黏度变大，从而增加摩擦阻力，传热慢，启动困难。

⑤ 各人工加油润滑点应按规定时间加注润滑油。

5. 冷却系统

(1) 功用

柴油机工作时，气缸温度很高(燃烧时最高温度可达 2 000 ℃)，这样将使机件膨胀变形，摩擦力增大。同时，机油也可能因温度过高而变稀，从而降低润滑效果。为了避免温度过高，须对机组进行冷却，把零件吸收的热量及时散发出去，以保证机体在适宜的温度(80～90 ℃)下正常工作。

(2) 分类

冷却系统按照冷却介质的不同分为风冷系统和水冷系统。通过空气的流动把高温零件的热量直接散入大气而进行冷却的装置，称为风冷系统。风冷机组体积小、质量轻、低温启动性好、暖机时间短，适用于高山、高寒和缺水地区工作，但不太适合高温地区。把热量先传给冷却水，然后再散入大气而进行冷却的装置称为水冷系统。水冷机组受热均匀、磨损低、使用寿命长、运行成本低，但体积大，适宜固定式机组使用，高寒地区应加装水套加热器或低温预热装置。

(3) 水冷系统的组成

水冷系统包括水套、水管、水泵、节温器、散热水箱及风扇等。冷却水通过水泵加压后在冷却系统中循环。循环途径一般为：水箱→大循环水泵进水管→水泵→进水管→机油冷却器→机体进水管→气缸水套→气缸盖出水管→节温器→回水管→水箱。节温器按水温的高低，实现冷却水的大、小循环，柴油机冷机启动时，为迅速提高水温，采用小循环工作(冷却水不流经水箱)，直到水温升高到 80 ℃左右，节温器打开，冷却水流入水箱形成大循环工作。

(4) 风冷系统简介

风冷发动机是在气缸体与气缸盖外表面安置散热片，利用空气流动带走散热片的热量而进行冷却的。风冷发动机的气缸和气缸盖一般采用传热较好的铝合金铸成，为了增大散热面积，各缸一般都分开制造，在气缸和气缸盖表面分布许多均匀排列的散热片。

(5) 使用维护要点

① 柴油机冷却水的出水温度保持在 75～85 ℃之间为最好，进、出水温差不应超过 20 ℃，更不允许有断水现象。如果工作温度过低，则功率损失大；如果工作温度过高，则零

件强度降低,配合部分的正常间隙被破坏,机油黏度降低,磨损加剧。

② 冷却水偏少或无冷却水不得启动油机,冷却水最好是清洁过滤后的软水,不应有泥沙和棉纱纤维等杂物。上述杂物混入冷却水系统,水道将会堵塞,使机器温度升高,机体、缸盖便有开裂的危险。

③ 油机在使用中不可让它骤冷骤热。机器启动后逐步升温,待油机温度达到规定值后再加载。当机组温度过高或水箱中的冷却水沸腾时,切不可开盖加水,以免伤人或引起水箱破裂。此时应当紧急停机,待机器温度降低到40～50 ℃之后,再加水开机。

④ 冬季冷却水应加防冻剂。防冻剂一般由甘油、酒精、乙二醇按比例配置而成。若使用不加防冻剂的冷却水,在室温低至0 ℃时,停机后必须放出冷却水,避免冷却水结冰涨裂冷却水道。

6. 启动系统

使发动机从静止状态过渡到工作状态的全过程,称为发动机的启动。完成启动所需要的装置称为启动系统。根据启动方式的不同,有人工启动、电动机启动、气压启动之分。

(1) 人工启动

人工启动就是用人力转动曲轴启动,分为绳拉、手摇,适用于便携式机组。手摇式启动是将启动手柄端头插入曲轴前端的启动爪内,以人力转动曲轴,达到一定转速后松开减压装置,利用曲轴飞轮的惯性启动油机。

(2) 电动机启动

电动机启动是以电动机作为机械动力,通过离合机构将电动机轴上的齿轮与发动机飞轮周缘的齿圈啮合,使飞轮旋转从而启动油机。电动机采用直流电机,以蓄电池作为电源。通信局(站)所用的油机发电机组通常采用电动机启动,简称电启动。

(3) 电启动系统的组成

电启动系统一般由启动电池(24 V或12 V蓄电池)、启动开关(按钮)、电动机、电动机的离合机构、充电机、导线等组成。启动时,打开电路锁匙→按下启动按钮→电路接通,一方面使电动机转动,另一方面通过离合机构使电动机的齿轮与飞轮的齿圈啮合,飞轮转动。油机启动成功后,应及时松开启动按钮,使其回到断开位置,此时由于电路已切断,离合机构在复位弹簧的作用下复位,电动机的齿轮与飞轮的齿圈脱离,同时电动机断电停机。此外,油机启动成功后通过皮带轮带动充电机转动,对蓄电池充电。

(4) 使用维护要点

① 机组启动前,应先检查确认冷却水位、机油位、柴油位正常,机组无零件松动,机组上无其他工具、物品。

② 机组采用电启动时,每次启动应不超过5～7 s,连续启动不超过3次,两次启动的间隔时间为10～20 s,以免蓄电池过放电。

③ 机组启动成功后,应先低速运转一段时间,然后再逐步调速到额定转速。不允许刚启动就猛加油,使转速突然增高。

④ 机组启动成功后,要注意观察,待水温在50 ℃以上,机油温度在45 ℃以上,机油压力为1.5～3.0 kg/cm^2,电压、频率(转速)达到规定要求后,方可供电。在带负载时,宜逐步加载,除特殊情况外,应尽量避免突然增加或卸去负载,一次性投入负载最好不超过机组额定容量的60%。

⑤ 启动电池应经常处于稳压浮充状态，每月检查一次浮充电压；如采用普通蓄电池，还应同时检查电解液液位。若液位偏低，应添加蒸馏水。

⑥ 电气系统应保持清洁。电启动系统的故障与它的清洁程度有直接关系，如蓄电池电解液混有金属杂质，可能造成蓄电池内部短路；各接触点、接线柱的污垢会使其接触不良，造成启动困难，甚至产生电火花，烧坏接点或引起火灾。

9.3　同步发电机工作原理

9.3.1　同步发电机的基本结构及工作原理

1. 同步发电机的基本结构

同步发电机由两部分构成，一是静止部分称为定子，二是旋转部分称为转子。通常将定子做成产生电动势的电枢，转子做成磁极。在定子铁心中嵌入电枢绕组，工作时电枢绕组输出交流电送往负载。电枢绕组可以是单相的，称为单相交流发电机；也可以是三相的，称为三相交流发电机。转子成为磁极的方法有两种，一种是在转子铁心中嵌入励磁绕组，励磁绕组通以直流电流而形成磁极，称为电励磁发电机；另一种是由永磁材料做磁极，称为永磁发电机。磁极在柴油机的带动下形成旋转磁场，旋转磁场切割定子绕组而发电，称为旋转磁极式发电机。

2. 同步发电机的工作原理

柴油机带动发电机的转子旋转，转子磁极在定子和转子之间的空气隙里形成一个旋转磁场，适当选择磁极形状，使该磁场的磁感应强度沿定子圆周按余弦规律分布；定子的三相绕组被旋转磁场切割而产生 3 个频率相同、幅值相等、相位互差 120°、按正弦规律变化的感应电动势。假设 A 相感应电势的初相角为零，振幅值为 E_m，则 3 个绕组产生的感应电势瞬时值为

$$e_A = E_m \sin \omega t$$
$$e_B = E_m \sin (\omega t - 120°)$$
$$e_C = E_m \sin(\omega t + 120°)$$

旋转磁场的转速与发电机的转速始终是相等的关系，两者保持同步，所以称为同步发电机。

发电机转速 n(r/min)与频率 f 及磁极对数 p 的关系为

$$n = \frac{60f}{p} \tag{9.1}$$

当磁极对数 $p=2$ 时，要获得恒定的 50 Hz 频率，就必须严格要求柴油机的转速稳定在 1 500 r/min 不变。

定子每相绕组感应电势的有效值为

$$E = 4.44KfN\Phi_m \tag{9.2}$$

式中，K 为电枢绕组状况所决定的绕组系数($K<1$)，f 为感应电势的频率，N 为每相的电枢

绕组匝数,Φ_m 为旋转磁场的磁通振幅值。在电励磁发电机中,Φ_m 值由励磁电流决定,改变励磁电流的大小,就可改变 Φ_m 值,从而调节同步发电机产生的感应电势大小。例如,增大转子励磁绕组中的直流电流,则 Φ_m 增大,使 E 增大,故同步发电机的输出电压增大。

9.3.2 同步发电机的励磁

1. 发电机获得励磁电流的方式

作为电励磁发电机,凡是从其他电源获得励磁电流的,称为他励发电机;从发电机本身获得励磁电流的,则称为自励发电机。同步发电机获得励磁电流有以下常见方式。

(1) 直流发电机供电的励磁方式

为同步发电机提供励磁电流的直流发电机称为直流励磁机。励磁机与同步发电机采用同轴式或背包式,由发动机驱动。励磁机发出的直流电通过装在大轴上的滑环及固定电刷,送到同步发电机的转子励磁绕组,从而产生磁极。这是传统的励磁方式,因其励磁调节速度较慢、维护工作量大,在通信用柴油发电机组中已经不采用。

(2) 交流励磁机供电的励磁方式

为同步发电机提供励磁电流的交流发电机称为交流励磁机。交流励磁机制成旋转电枢式,装在发电机大轴上,大轴转动时转子电枢输出交流电供给安装在机组转动部分的旋转整流器(由二极管组成),旋转整流器输出直流电给发电机转子励磁绕组产生磁极。这种励磁方式无须电刷,称为无刷励磁。

(3) 三次谐波励磁方式

这种励磁方式是同步发电机本身兼作交流励磁机,属于自励方式。在定子铁心槽内单独嵌放一组辅助绕组,它与主绕组无电的联系。发动机运转后,利用同步发电机气隙合成磁场中存在的三次谐波,在辅助绕组上感应出三次谐波电势,经整流后变为直流,经电刷、滑环给转子磁极励磁。利用三次谐波励磁的发电机,刚开始发电时需要转子磁极具有剩磁;若机组长久不使用,剩磁消失,则启动前需要充磁。现在通信用柴油发电机组不采用这种励磁方式。

2. 永磁励磁方式

(1) 永磁发电机

用永磁材料制成磁极的发电机,称为永磁发电机。19 世纪 20 年代发明的第一台电机就是永磁电机,由于当时所用的永磁材料是天然磁铁矿石,磁感强度低,制成的电机体积庞大,不久就被电励磁电机所取代。随着稀土钴永磁和钕铁硼永磁等稀土永磁材料的发现,永磁同步发电机得到了广泛应用。

永磁同步发电机不需要励磁绕组和直流励磁电源,更不需要电刷装置(是无刷电机),因而结构紧密,功率质量比高。它的缺点是磁感强度调节困难,使其本身的输出电压难以调节。

(2) 用永磁发电机励磁

我国通信行业标准 YD/T 502—2007《通信用柴油发电机组》规定,发电机应选用无刷励磁同步发电机,宜采用永磁励磁方式。

采用永磁励磁方式的同步发电机示意图如图 9.3 所示。用永磁发电机做副励磁机,它和主发电机及主励磁机同轴。

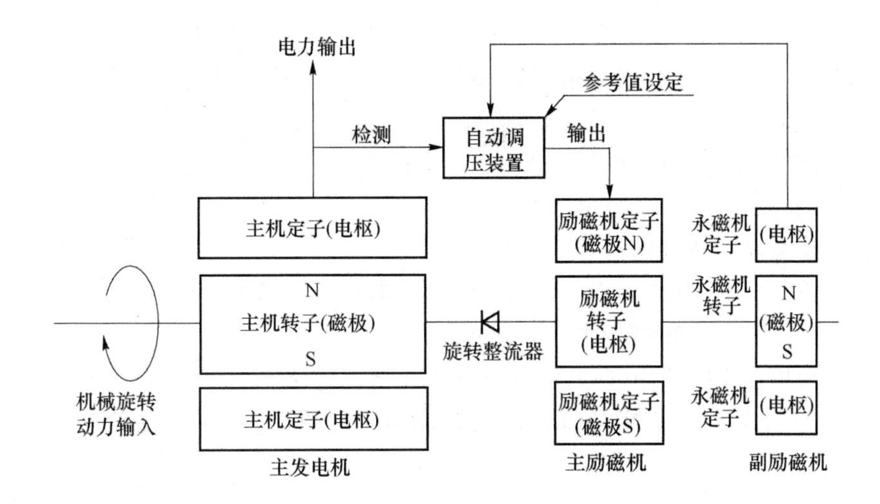

图9.3 永磁励磁方式的同步发电机示意图

主发电机的定子是电枢，转子是磁极，其励磁电流由主励磁机输出的三相交流电经旋转整流器变成直流电供给。主励磁机的转子是电枢，定子是磁极，其励磁电流来源于副励磁机。柴油机带动发电机旋转时，副励磁机的定子电枢绕组被永磁材料制成的转子磁极产生的旋转磁场切割而产生交流电，通过静止的晶闸管整流器变为直流电，为主励磁机的定子磁极供给励磁电流，该励磁电流的大小通过励磁系统中的自动调压装置(晶闸管整流器及其控制电路)进行调节，使主励磁机具有适当输出，从而实现主发电机自动稳压。

9.4 柴油发电机组主要技术要求

9.4.1 电气性能

1. 输出功率

(1) 额定功率

额定功率又称标定功率、12小时功率，是指机组在额定频率和额定功率因数以及海拔高度不超过1 000 m、环境温度为－5～＋40 ℃、空气相对湿度不超过90%(25 ℃)的条件下，能连续运行12 h(其中包括过载10%运行1 h)的输出功率，单位为千瓦(kW)。

在按使用说明书规定进行保养的条件下，当机组超出12 h连续运行时，其输出功率应能达到机组额定功率的90%。

(2) 功率修正

当机组在非规定条件下运行时，需要对机组的功率进行修正。

① 高温环境：不同品牌的柴油发电机组因选用的柴油机、发电机不同，功率定义所参照的标准也不同，因而选型时要参考厂家的功率修正曲线来计算降容后的实际功率。通常可按照环境温度超过40 ℃时每升高5 ℃，输出功率下降3%～4%来进行功率损失的计算。

② 海拔高度：当海拔高度超过1 000 m时，随海拔升高空气密度降低，将影响柴油发动

机和发电机的输出功率。不同品牌的柴油发电机组,要参考厂家的功率修正曲线来计算降容后的实际功率,通常可按照海拔高度超过 1 000 m 时每升高 500 m 输出功率下降 4%~5%来进行功率损失的计算。

③ 环境温度的修正:当海拔高度超过 1 000 m(但不超过 4 000 m)时,环境温度的上限值按海拔高度每增加 100 m 降低 0.5 ℃修正。

(3) 机组额定功率的选择

根据 YD/T 5040—2005《通信电源设备安装工程设计规范》的规定,每台备用发电机组的容量(额定功率)应符合下列要求。

① 一、二类市电供电的局(站),应按各种直流电源的浮充功率、蓄电池组的充电功率、交流供电的通信设备功率、保证空调功率、保证照明功率及其他必须保证的设备功率等确定。

② 三类市电供电的局(站),除按上条各项设备的功率确定外,尚应包括部分生活用电设备的功率;四类市电供电的局(站),还应包括全部生活用电设备的功率。

③ 对于交流不间断电源设备(UPS),当其输入电流谐波含量在 5%~15%时,需要的发电机组保证功率按 UPS 容量的 1.5~2 倍计算。

④ 有异步电动机负载的局(站),备用发电机的单台容量应按不小于异步电动机额定容量的 2 倍校核。

2. 额定功率因数

YD/T 502—2007 中规定:三相机组的额定功率因数为 0.8(滞后),单相机组的额定功率因数为 0.9(滞后)或 1.0。

3. 电压整定范围

YD/T 502—2007 中规定:在额定功率因数、额定频率时,机组从空载到额定负载,发电机输出电压的可调节范围应不小于±5%的额定电压。例如,额定电压为 400 V 的机组,电压可在 380~420 V 之间调整。

4. 电压和频率的运行极限值

YD/T 502—2007 中规定:机组在 95%~100%额定电压时,电压和频率性能应满足下列运行极限值。

(1) 电压

稳态电压偏差:≤±1%;

瞬态电压偏差:≤+20%(突减 100%负载,即从额定负载突减至空载);

≤-15%(突加 100%负载,即从空载突加至额定负载);

电压恢复时间:≤4 s;

电压不平衡度:≤1%。

(2) 频率

频率降:≤2%;

稳态频率带:≤0.5%;

瞬态频率偏差:≤+10%(突减 100%负载);

≤-7%(突加 100%负载);

频率恢复时间:≤3 s。

5. 冷热态电压变化

YD/T 502—2007 中规定：机组在额定工况下从冷态到热态的电压变化应不超过±2%额定电压。

6. 线电压波形正弦畸变率

YD/T 502—2007 中规定：输出额定电压、空载时，机组的线电压波形正弦畸变率应不大于 5%。

7. 相序

YD/T 502—2007 中规定：对于采用输出插头插座的三相机组，其相序应面向插座按顺时针方向排列；对于采用接线端子的三相机组，其相序应面向接线端子自左到右或从上到下排列。

8. 并联运行

YD/T 502—2007 中规定：有要求时，两台型号规格相同的三相机组在 20%～100%总额定功率范围内应能稳定地并联运行，其有功功率和无功功率的分配差度应不大于 10%。

实现并联运行须满足两台机组的端电压相等、频率相等、相位一致、相序一致等条件，同时还要有运行保护装置，能自动合理地分配和调整有功功率和无功功率，使机组间的频率调节特性曲线和电压调节特性曲线趋向接近。

9.4.2　启动性能

YD/T 502—2007 中规定：机组在常温(非增压机组不低于 5 ℃、增压机组不低于 10 ℃)下，经 3 次启动应能成功，两次启动的时间间隔为 20 s，启动成功率应大于 99%。启动成功后应能在 3 分钟内带额定负载运行。

机组的启动电池应配置在线浮充充电整流器。

普通水冷机组在 5 ℃以下、增压水冷机组在 10 ℃以下环境使用时，宜采用电预加热装置。

9.4.3　环境污染限值

① 噪声：YD/T 502—2007 中规定，对于功率不大于 250 kW 的机组，噪声声压级平均值应不大于 102 dB(A)；对于功率大于 250 kW 的机组和使用增压柴油机的机组，噪声声压级由厂家产品规范规定。

噪声的控制措施：柴油发电机组的噪声以排气噪声为主，噪声呈明显的低频性。在噪声源无法降低的情况下，可根据需要对柴油发电机组进行隔声、吸声和消声的综合治理。

② 机组的排烟度和排出的有害物质浓度，均应满足国家环境保护标准。

③ 机组的机械振动值和电磁兼容性，均应符合 YD/T 502—2007 中的具体要求。

④ 机组不得漏油、漏水、漏气、漏电。

9.4.4　耗油量

机组应能使用国产轻柴油为燃料及使用国产机油为润滑油。根据 YD/T 502—2007 的规定，机组在额定工况下的燃油、机油消耗率应不高于表 9.1 和表 9.2 中的值。

表 9.1　机组的燃油消耗率

机组额定功率 P/kW	$P\leqslant 10$	$10<P\leqslant 24$	$24<P\leqslant 40$	$40<P\leqslant 75$	$75<P\leqslant 120$	$120<P\leqslant 250$	$250<P\leqslant 600$	$600<P\leqslant 1\,250$	$1\,250<P\leqslant 2\,000$
燃油消耗率/g·(kW·h)$^{-1}$	320	310	300	290	280	270	260	250	240

表 9.2　机组的机油消耗率

机组额定功率 P/kW	$P\leqslant 10$	$10<P\leqslant 40$	$40<P\leqslant 1\,250$	$P>1\,250$
机油消耗率/g·(kW·h)$^{-1}$	4.0	3.5	3.0	2.8

9.4.5　安全性

根据 YD/T 502—2007 等标准的规定,机组应符合以下要求。

1. 接地

机组应有良好的接地端子并有明显的标志。车载或拖车机组在开机前应可靠接地。

2. 绝缘电阻

机组各独立电气回路对地及回路间的绝缘电阻应不低于表 9.3 的规定。冷态绝缘电阻仅供参考,不作考核。绝缘电阻用 500 V 兆欧表每年检测一次。

表 9.3　机组的绝缘电阻要求

条　件		绝缘电阻要求/MΩ	
		回路额定电压 230 V	回路额定电压 400 V
冷态	环境温度 15～35 ℃,空气相对湿度为 45%～75%	2	2
	环境温度为 25 ℃,空气相对湿度为 95%	0.3	0.4
热态		0.3	0.4

3. 保护功能

① 机组出现下列故障之一时,应自动切断油路停机保护,并声光告警:发电机过压或欠压、机油压力低、超速、水温高(水冷机组)、缸温高(风冷机组)、皮带断裂(风冷机组)。

② 机组通过输出开关来实现过载、短路保护,保护装置应能迅速可靠动作,且机组无损坏。

此外,机组应有手动紧急停机功能,并且便于工作人员操作。

9.4.6　可靠性

YD/T 502—2007 中规定,机组的平均无故障间隔时间(MTBF)不小于 800 h。

9.4.7　对自动化机组的技术要求

根据 YD/T 502—2007 的规定,自动化机组除了满足上述要求外,还应符合以下要求。

1. 监控接口

系统具有 RS232 或 RS485 标准通信接口,通过该接口实现遥测、遥信和遥控功能。接口传送的信息量及协议应满足我国通信行业标准 YD/T 1363.1—2005 和 YD/T 1363.3—2005

(《通信局(站)电源、空调及环境集中监控管理系统》第1部分:系统技术要求和第3部分:前端智能设备协议)的要求。

2. 自动启动和自动加载

机组接到自启动信号(市电停电信号或遥控指令)后,应能自动启动,启动成功率大于99%。1个启动循环包括3次启动,两次启动的时间间隔应为10～30 s。

机组启动成功后应能自动加载。

机组启动第3次失败后,不再启动;如有备用机组,程序控制系统应能自动将启动指令传递给备用机组。

3. 自动卸载停机

机组接到停机信号(市电来电信号或遥控指令),经延时确认后应能自动停机,其停机方式有正常停机和紧急停机两种。

① 正常停机步骤:切断输出回路空载运行5分钟后,切断燃油油路。

② 紧急停机步骤:立即切断输出回路、燃油油路。

4. 自动补给功能

有要求时,机组的燃油箱应具备液位控制的自动补油功能,并具备防溢流措施。

5. 自动控制功能

(1) 主备用方式

主备用方式工作的两台机组,通过设置,任意一台机组均可做主用机组或备用机组,两台机组的输出开关应具备机械和电气连锁。启动主用机组失败时,自动启动备用机组。市电来电信号经延时确认后,自动切断机组输出开关,运行的机组空载运行5分钟后自动停机。

(2) 并联方式

并联方式工作的机组当接到启动信号时,两台机组同时启动,只有在并联成功后方能自动合闸输出开关,给负载供电。当负载小于单台机组额定功率的80%时,自动解列一台机组;当负载超过单台机组额定功率的85%时,自动启动另一台机组并入供电。市电来电信号经延时确认后,自动切断机组输出开关,运行的机组空载运行5分钟后自动停机。

(3) 市电和油机供电的转换

市电和油机供电的转换应采用机械和电气连锁,并具备市电优先功能,宜采用ATS。

9.5 油机发电机组的使用与维护

9.5.1 油机发电机组的使用

1. 开机前的检查

① 机油、冷却水的液位是否符合规定要求。

② 风冷机组的进风、排风风道是否畅通。

③ 日用燃油箱里的燃油量是否充足。

④ 启动电池电压、液位是否正常。

⑤ 机组及其附近是否放有工具、零件及其他物品,开机前应进行清理,以免机组运转时

发生意外危险。

⑥ 机组总开关是否处于分断状态。

⑦ 环境温度低于5℃时,应启动加热器给机组加热。

2. 机组的运行

① 启动成功后,应先低速运转一段时间,然后逐渐调整到额定转速,不允许刚启动就猛加油门使转速突然升高;电压、频率(转速)达到规定值后方可供电。

② 机组不宜长时间低速运行,低转速下运行时柴油雾化不好,排污严重。

③ 机组运行中要密切关注各仪表、信号灯的指示是否正常;检查机油压力、机油温度和水温是否符合要求:机油压力应为1.5～4.0 kg/cm^2,机油温度应为70～90℃,水冷机组进水温度应为55～65℃,出水温度应为75～85℃;观察排烟是否正常。

④ 经常检查冷却水、燃油和润滑油的液面,如发现不符合要求,应立即补充,但禁止在机组运行中手工补充燃料。

⑤ 注意倾听机组在运行中有无激烈振动和异常敲击声,检查机组有无渗漏;发现问题要查明原因,予以排除。

⑥ 记录运行小时数。

3. 机组的停机操作

(1) 正常停机

当市电恢复供电或试机完毕时,应先切断负载,空载运行3～5分钟,再关闭油门停机。不能用打开减压机构或关闭油箱开关的办法来停机。停机后应检查蓄电池是否充足电。严冬季节如无保温措施,停机半小时后,放出冷却水,以免冻裂水管。

(2) 故障停机

当出现油压低、水温高、转速高、电压异常等故障时,应自动或手动停机。

(3) 紧急停机

当出现转速过高(飞车)或其他有发生人身事故或设备危险情况时,应紧急停机,按紧急停机按钮,立即切断油路和气路(进气);在上述操作无效的情况下,可用器具堵住空气滤清器的进口,隔绝空气,达到紧急停机的目的。

故障或紧急停机后应做好检查和记录,在机组未排除故障和恢复正常时,不得重新开机运行。

4. 便携式机组的使用

通常采用便携式机组为移动通信基站应急供电。便携式机组多为单相发电机组,而基站的开关电源设备一般需要三相交流电源(其中的整流模块为单相交流供电),当使用便携式机组发电时,要将单相改为假三相,其改动方法或接入地点可视基站交流供电系统的情况而定。

① 若交流配电箱具有市电、油机电三相转换开关,且配电箱内引入油机电的插孔是三相的,可在与之配套的插头内将3个相线柱复接,零线单接。这样便携式机组的单相交流电就变成了开关电源设备的假三相交流电,可以为开关电源设备中各整流模块供电。

② 若开关电源设备具有两路交流输入,且输入空开具有联锁控制,可将油机电源的空开的3个输入端复接后再接到便携式机组的相线上,如图9.4所示。零线单接。

③ 将开关电源设备中的整流模块更换到有电的相线上工作,虽然没有单相变假三相,

但可使多个整流模块同时工作。注意：倒换到市电供电前要将整流模块复位。

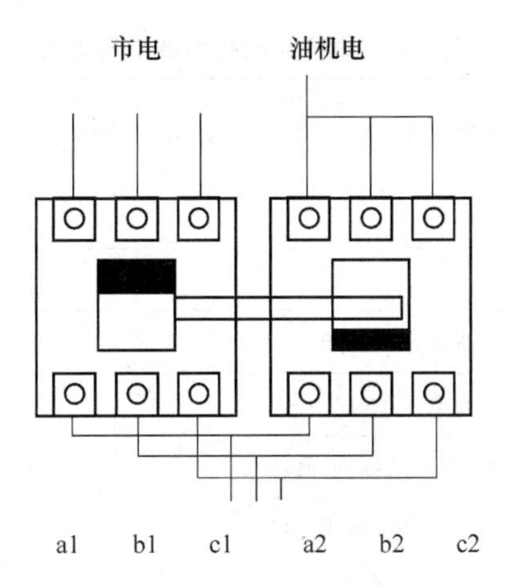

图 9.4　单相变假三相的接线方式

便携式机组的输出功率较小，一般为 5～15 kW。当机组的输出功率不能满足基站全部负荷的要求时，强行发电会出现啸叫、输出电压不稳甚至停机等现象，长期如此还会严重影响机组寿命。此时可采用如下方法去掉部分负荷，保障最重要负荷的用电。

① 去掉基站的空调与其他交流负荷。

② 减小对蓄电池组的充电电流（或不对电池组充电），可调低开关电源设备设置的充电限流值或浮充电压值。注意：倒换到市电工作后应及时将充电限流值或浮充电压值调回原位。

③ 对基站相对次要的通信设备不供电，只对最重要的通信设备（传输设备等）供电。

9.5.2　油机发电机组维护基本要求

① 机组应保持清洁，无漏油、漏水、漏气、漏电（简称“四漏”）现象。机组上的部件应完好无损，接线牢固，仪表齐全、指示准确，无螺丝松动。排烟管隔热包层应无破损或松脱。油机房的进、排风口滤网应定期清洁。

② 根据各地区气候及季节情况的变化，应选用适当标号的燃油和机油。

③ 保持机油、燃油、冷却液及其容器的清洁，按期清洗或更换机油滤清器、燃油滤清器和空气滤清器，定期清洁油箱和水箱的沉底杂质，按期更换机油和冷却液，油机外部运转件要定期补加润滑油。

④ 启动电池应经常处于稳压浮充状态，每月检查一次充电电压。

⑤ 冬季室温低于 0 ℃时，油机的水箱内应添加防冻剂，水套水加热器应接上市电电源。

⑥ 市电停电后应能在 15 分钟内正常启动并供电，需延时启动供电的，应报上级主管部门审批。

⑦ 新装或大修后的机组应先试运行，当性能指标都合格后，才能投入使用。

⑧ 应定期空载试机、加载试机。

9.5.3　油机发电机组维护周期表

根据我国通信行业标准 YD/T 1970.6—2009《通信局（站）电源系统维护技术要求 第 6

部分:发电机组系统》的规定,油机发电机组的维护周期表如表9.4所示。

表9.4　油机发电机组维护周期表

序号	维护项目	周期		
		有人站	无人站	移动机组
1	设备巡视	天	季	半月
2	空载试机 5～10 min	月	季	月
3	检查各种仪表、信号指示是否正常(运行时)	月	季	月
4	检查启动电池,必要时进行充电	月	季	月
5	检查冷却液、润滑油、柴油是否充足(启动前)	月	季	月
6	检查风冷机组的进风、排风风道是否畅通(启动前)	月	季	月
7	检查有无异味、异响和“四漏”现象(运行时)	月	季	月
8	清洁空气过滤器	季	季	季
9	检查传动皮带张力	季	季	季
10	检查消防器材、照明是否正常	季	季	季
11	清洁设备	月	季	月
12	检查启动、冷却、润滑、燃油系统是否正常	月	季	月
13	车载机组行驶试验			月
14	加载试机 15～30 min	半年	半年	半年
15	校正仪表	年	年	年
16	检查机壳接地及绝缘	年	年	现场开机前
17	更换机油、三滤	按说明书		
18	柴油日用燃油箱、储油罐沉淀油污清洗	3年	3年	3年
19	汽车年检			按车管部门要求

思考与练习

1. 油机发电机组是如何分类的?
2. 阐述四冲程柴油机的工作原理。
3. 汽油机与柴油机比较,有什么特点?
4. 柴油机由哪些机构和系统组成?
5. 阐述柴油机燃油供给系统的组成。选择和加注柴油应注意什么问题?
6. 柴油机的润滑系统有什么作用?工作时机油的正常压力和温度是多少?
7. 阐述柴油机水冷却系统的使用维护要点。
8. 油机发电机组有哪些启动方式?阐述电启动系统的组成。

9. 阐述交流同步发电机的工作原理。

10. 油机发电机组连续运行应能达到的输出功率是多少？额定功率应怎样选择？

11. 阐述油机发电机组维护的基本要求。

12. 油机发电机组启动前应做哪些检查？启动后应做哪些检查？

13. 阐述正常停机、故障停机、紧急停机。

第 10 章 通信电源集中监控系统

通信电源集中监控系统又称为动力环境集中监控系统(Power Supply Monitoring System,PSMS),是一个以通信电源监控为主,并集机房空调、机房环境、安全防范、消防等辅助监控功能为一体的通信局(站)综合基础监控系统。

这个监控系统是采用数据采集技术、计算机技术和网络技术来有效提高通信电源维护质量的先进手段。

10.1 通信电源集中监控系统概述

10.1.1 通信电源集中监控系统的作用及其主要功能

通信电源集中监控系统的作用是:对监控范围内的电源系统、空调系统和系统内的各个设备及机房环境等进行遥测、遥信、遥控,实时监视系统和设备运行状态,记录和处理监控数据,及时侦测故障并通知维护人员处理,从而实现通信局(站)的无人或少人值守,以及电源、空调的集中维护和优化管理,提高供电系统的可靠性和通信设备的安全性。

通信电源集中监控系统主要有以下功能。

(1) 实时监视功能

实时监视电源设备和空调等设备的运行状态,并随时监视局房环境等。

(2) 远程控制功能

对被监控的设备(电源设备、空调等)进行远程手动控制或自动控制。

(3) 故障诊断和报警功能

监控系统能根据被监控设备的工作状态和参数变化趋势,及时、准确地定位故障源,产生告警信息并能通过各种手段(如声、光、语音、手机短信等)将故障诊断结果通知维护人员,以便维护人员及时地采取措施。

(4) 数据查询和报表功能

主要通过键盘和显示界面查询被监控对象的实时数据等,且能生成相关报表,便于维护人员分析。

10.1.2 对通信电源集中监控系统的一般要求

1. 可靠性

监控系统的采用,不应影响被监控设备的正常工作;系统局部故障时不应影响整个监控系统的正常工作;监控系统应具有自诊断功能,对数据紊乱、通信干扰等可自动恢复,对通信中断、软硬件故障等应能诊出故障并及时告警;监控系统应具有较强的容错能力,不能因用户误操作等引起程序运行出错;监控系统应具有处理多事件多点同时告警的能力;监控系统硬件的平均失效间隔时间(MTBF)应大于 100 000 h,平均故障修复时间(MTTR)应小于 0.5 h;整个监控系统的平均失效间隔时间应大于 20 000 h。

2. 可扩充性

监控系统的软、硬件应采用模块化结构,便于监控系统的扩充、升级,以适应不同规模监控系统网络和不同数量监控对象的需要。

3. 实时性

组成监控系统的各监控级应能实时监视其监控对象的状态,发现故障及时告警。从告警发生到有人值守监控中心接收到告警信息的时间间隔应不超过 10 s(拨号通信方式除外)。告警准确度的要求为 100%。

4. 安全性

监控系统应具有较完善的安全防范措施,对所有操作人员按级别赋予不同的操作权限,并有完善的密码管理功能,以保证系统及数据的安全。监控系统还应具有在前端监控微机上设置禁止远端遥控的功能。监控系统中的计算机系统应能发现并抵御外来病毒或非法用户的攻击。

5. 测量精度

直流电压的测量精度应优于 0.5%;蓄电池电压测量误差应不大于±5 mV(2 V 电池)、±10 mV(6 V 电池)、±20 mV(12 V 电池);其他电量的测量精度应优于 2%;非电量的测量精度一般应优于 5%。

6. 电源

监控系统应采用不间断电源供电。

7. 接地

监控系统应采用局(站)内的接地系统。

8. 电磁兼容性

监控系统应具有良好的电磁兼容性。被监控的设备处于任何工作状态下,监控系统应能正常工作;同时监控设备本身不应产生影响被监控设备正常工作的电磁骚扰。

9. 硬件

监控系统的硬件设备应采用通用的高可靠性的计算机及配套设备;系统硬件应能适应安装现场温度、湿度、海拔、干扰等要求,应有可靠的抗雷击和过电压保护装置;监测机房环境等使用的烟雾、防盗传感器等应经过公安消防部门认可。

10. 软件

监控系统的软件系统要求采用分层的模块化结构,便于系统的扩充、使用和维护等。计算机系统所采用的操作系统、数据库管理系统、网络通信协议和程序设计语言等应采用通用的系统,且便于纳入本地网管系统,系统软件应有合法使用证明。监控软件应包含以下功能模块:安全管理;配置管理(设备管理、人员管理、监控点管理);通信管理;设备监控;告警管理;性能管理;数据管理;打印;帮助等。

10.2 通信电源集中监控系统的监控对象及监控内容

10.2.1 监控对象

1. 被监控设备

通信电源集中监控系统的监控对象(Supervision Object,SO)包括通信局(站)所有的电源、空调设备以及环境量等。监控对象按用途可分为电源系统和环境系统两大类。电源系统是监控的主要对象,包括高压配电设备、变压器、低压配电设备、备用发电机组、UPS、逆变器、整流配电设备、蓄电池组、直流-直流变换器等。环境系统包括空调、局房环境、安全保卫系统等。

监控对象按被监控设备本身的特性,可分为智能设备和非智能设备。其中智能设备本身能采集和处理数据,并带有智能通信接口(RS232、RS422/RS485),可直接或通过协议转换的方式接入监控系统,如智能高频开关电源系统等,一般每台智能设备作为一个监控模块(SM)。而非智能设备本身不能采集和处理数据,没有智能通信接口,如一般的低压交流配电柜、蓄电池组等,需要通过数据采集控制设备(数据采集器)才能接入监控系统,每个数据采集控制设备作为一个监控模块。

2. 被监控信号

被监控信号可分为电量信号和非电量信号,也可分为模拟信号和数字信号。在监控系统中,对被监控信号的处理一般要经过传感、变送、转换过程,才能转换为计算机内的数字信号。

非智能设备和环境量不能直接接入数据采集器的采集通道进行测量,需要通过传感器/变送器先将这些电量信号或非电量信号变成标准电量信号,方可接入数据采集器。

数据采集器一般可直接测量的模拟量信号范围是:直流电压−4~10 V,直流电流0~20 mA,交流电压0~2.5 V;可直接测量的开关量信号范围是:直流电压0~30 V,交流电压0~20 V。

传感器的作用是将非电量信号变换成标准电量信号。监控现场遇到的非电量信号有:温度、湿度、液位等,监控现场需要测量的开关量有:红外感应、烟感、门碰、漏水等。这些非电量信号和开关量信号,需要通过相应的传感器(如温度传感器、湿度传感器、液位传感器、红外探测器、感烟探测器、门磁开关、水浸探测器等)转换成标准电量信号后,才能被数据采集器采集。

变送器的作用是将非标准的电量信号变换成标准电量信号。监控现场遇到的模拟电量数值较大、范围较宽,如交流电压220 V、380 V,交流电流0~200 A,直流电压24 V、48 V,直流电流0~1 000 A,频率50 Hz等,需要通过变送器将非标准电量信号变换成标准电量信号(如变成直流4~20 mA或0~5 V等),才能被数据采集器采集。常用的变送器有三相电压变送器、三相电流变送器、有功功率变送器、功率因数变送器、频率变送器、直流电压变送器等。不同厂家的变送器外特性有差别,应按照产品说明书来安装使用。

智能电量变送器集成了多个电压、电流隔离变换模块,采用了可编程增益放大器、高精度A/D转换器以及单片机技术,可以实时测量几乎所有的交流电量,取代所有三相变送器,并以远程通信接口输出数字测量信号。目前这种智能电量变送器已较广泛地运用于通信电源监控系统中。

在不特指时,常将传感器和变送器统称为传感器。

10.2.2 监控内容

通信电源集中监控系统的监控内容,是指对以上监控对象设置的监控项目,即监控点

(Supervision Point,SP)。监控项目可按遥测、遥信、遥控来进行划分。

① 遥测:对连续变化的模拟信号(如电压、电流等)进行数据采集;

② 遥信:对离散状态的开关信号(如开关的接通/断开、设备的运行/停机、正常/故障等)进行数据采集;

③ 遥控:由监控系统发出的离散的控制命令(如控制整流器均充/浮充、控制设备的开/关机等)。

此外,必要时还可进行遥调,即由监控系统发出调整运行参数的控制命令。

根据我国通信行业标准 YD/T 1363.1—2005《通信局(站)电源、空调及环境集中监控管理系统第 1 部分:系统技术要求》的规定,通信电源集中监控系统的监控内容见表 10.1。

表 10.1　通信电源集中监控系统的监控内容

<table>
<tr><th>序号</th><th>设备大类</th><th>设备子类</th><th>类　型</th><th>内　容</th></tr>
<tr><td rowspan="7">1</td><td rowspan="7">高压设备</td><td rowspan="2">进线柜</td><td>遥测</td><td>三相电压,三相电流。</td></tr>
<tr><td>遥信</td><td>开关状态,过流跳闸告警,速断跳闸告警,失压跳闸告警,接地跳闸告警(可选)。</td></tr>
<tr><td>出线柜</td><td>遥信</td><td>开关状态,过流跳闸告警,速断跳闸告警,失压跳闸告警(可选),接地跳闸告警(可选),变压器过温告警,瓦斯告警(可选)。</td></tr>
<tr><td>母联柜</td><td>遥信</td><td>开关状态,过流跳闸告警,速断跳闸告警。</td></tr>
<tr><td rowspan="2">直流操作电源柜</td><td>遥测</td><td>贮能电压,控制电压。</td></tr>
<tr><td>遥信</td><td>开关状态,贮能电压高/低,控制电压高/低,操作柜充电机故障告警。</td></tr>
<tr><td>变压器</td><td>遥信</td><td>过温告警。</td></tr>
<tr><td rowspan="7">2</td><td rowspan="7">低压配电设备</td><td rowspan="3">进线柜</td><td>遥测</td><td>三相输入电压,三相输入电流,功率因数,频率。</td></tr>
<tr><td>遥信</td><td>开关状态,缺相、过压、欠压告警。</td></tr>
<tr><td>遥控</td><td>开关分合闸(可选)。</td></tr>
<tr><td rowspan="2">主要配电柜</td><td>遥信</td><td>开关状态。</td></tr>
<tr><td>遥控</td><td>开关分合闸(可选)。</td></tr>
<tr><td rowspan="2">稳压器</td><td>遥测</td><td>三相输入电压,三相输入电流,三相输出电压,三相输出电流。</td></tr>
<tr><td>遥信</td><td>稳压器工作状态(正常/故障,工作/旁路),输入过压,输入欠压,输入缺相,输入过流。</td></tr>
<tr><td rowspan="3">3</td><td rowspan="3" colspan="2">柴油发电机组</td><td>遥测</td><td>三相输出电压,三相输出电流,输出频率/转速,水温(水冷),润滑油油压,润滑油油温,启动电池电压,输出功率,油箱液位。</td></tr>
<tr><td>遥信</td><td>工作状态(运行/停机),工作方式(自动/手动),主、备用机组,自动转换开关(ATS)状态,过压,欠压,过流,频率/转速高,水温高(水冷),皮带断裂(风冷),润滑油油压低,润滑油油温高,启动失败,启动电池电压高/低,过载,紧急停车,市电故障,充电器故障(可选)。</td></tr>
<tr><td>遥控</td><td>开/关机,紧急停车,选择主备用机组。</td></tr>
<tr><td rowspan="2">4</td><td rowspan="2" colspan="2">不间断电源(UPS)</td><td>遥测</td><td>三相输入电压,直流输入电压,三相输出电压,三相输出电流,输出频率,标示蓄电池电压(可选),标示蓄电池温度(可选)。</td></tr>
<tr><td>遥信</td><td>同步/不同步状态,UPS/旁路供电,蓄电池放电电压低,市电故障,整流器故障,逆变器故障,旁路故障。</td></tr>
<tr><td rowspan="2">5</td><td rowspan="2" colspan="2">逆变器</td><td>遥测</td><td>交流输出电压,交流输出电流,输出频率。</td></tr>
<tr><td>遥信</td><td>输出电压过压/欠压,输出过流,输出频率过高/过低。</td></tr>
</table>

续 表

序号	设备大类	设备子类	类 型	内 容
6	整流配电设备	交流屏	遥测	三相输入电压,三相输入电流,输入频率(可选)。
			遥信	三相输入过压/欠压,缺相,三相输出过流,频率过高/过低,熔丝故障、开关状态。
		整流器	遥测	输出电压,每个整流模块输出电流。
			遥信	每个整流模块的工作状态(开/关机、限流/不限流),故障/正常;系统状态(均/浮充/测试),系统故障/正常。
			遥控	开/关机,均/浮充,测试。
		直流屏	遥测	直流输出电压,总负载电流,主要分路电流,蓄电池充/放电电流。
			遥信	直流输出过压/欠压,蓄电池熔丝状态、主要分路熔丝/开关故障。
7	蓄电池组		遥测	蓄电池组总电压,每只蓄电池电压,标示电池温度,每组充/放电电流,每组电池安时量(可选)。
			遥信	蓄电池组总电压高/低,每只蓄电池电压高/低,标示电池温度高,充电电流高。
8	直流-直流变换器		遥测	输出电压,输出电流。
			遥信	输出过压/欠压,输出过流。
9	太阳能供电设备		遥测	方阵输出电压、电流。
			遥信	方阵工作状态(投入/撤出),输出过压、过流。
			遥控	方阵投入/撤出。
10	风力发电设备		遥测	三相输出电压,三相输出电流。
			遥信	风机开/关。
			遥控	风机开/关。
11	分散空调设备		遥测	空调主机工作电压,工作电流,送风温度,回风温度,送风湿度,回风湿度,压缩机吸气压力,压缩机排气压力。
			遥信	开/关机,电压、电流过高/过低,回风温度过高/低,回风湿度过高/低,过滤器正常/堵塞,风机正常/故障,压缩机正常/故障。
			遥控	空调开/关机,温度设定。
12	集中空调设备	冷冻系统	遥测	冷冻水进、出温度,冷却水进、出温度,冷冻机工作电流,冷冻水泵工作电流,冷却水泵工作电流。
			遥信	冷冻机、冷冻水泵、冷却水泵、冷却塔风机工作状态和故障告警,冷却水塔(水池)液位告警。
			遥控	开/关冷冻机,开/关冷冻水泵,开/关冷却水泵,开/关冷却塔风机。
		空调系统	遥测	回风温度,回风湿度,送风温度,送风湿度。
			遥信	风机工作状态,故障告警,过滤器堵塞告警。
			遥控	开/关风机。
		配电柜	遥测	电源电压、电流。
			遥信	电源电压高/低告警,工作电流过高。
13	防雷器件		遥信	故障告警。
14	环境		遥测	温度,湿度。
			遥信	烟感,温感,湿度,水浸,红外,玻璃破碎,门窗告警。
			遥控	门开/关。

10.3　通信电源集中监控系统的结构和组成

10.3.1　通信电源集中监控系统的管理结构

1. 系统结构

按照 YD/T 1363.1—2005 的规定，通信电源集中监控系统采用逐级汇接的结构，一般由监控中心、区域监控中心、监控单元和监控模块组成，如图 10.1 所示。在此基础上根据实际情况和维护管理要求，可以灵活地组织成各种类型的运行系统。

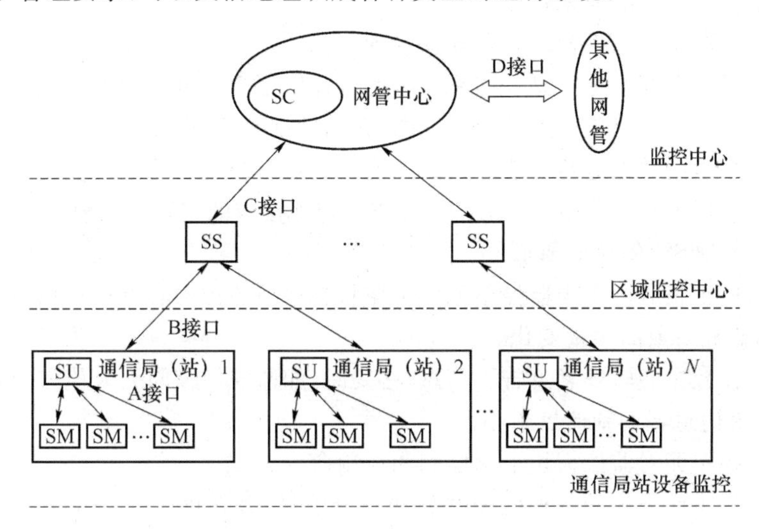

图 10.1　通信局(站)通信电源集中监控系统结构图

① 监控中心(Supervision Center,SC)是为适应集中监控、集中维护和集中管理的要求而设置的，一般为市(州)级的监控管理中心。通信电源集中监控系统的建设可以相对独立，归属网管的一个组成部分。

② 区域监控中心(Supervision Station,SS)又称监控站，是为满足本地县、区级的管理要求而设置的，负责辖区内各监控单元的管理。对于固定电话网，区域监控中心的管辖范围为一个县/区；移动通信网由于其组网方式不同于固话本地网，则相对弱化了这一级。

③ 监控单元(Supervision Unit,SU)为监控系统的最小子系统，一般完成一个独立的通信局站(端局)内所有监控模块的管理工作，个别情况可兼管其他小局(站)的设备。监控单元一般是一台计算机，又称前置机或监控主机。

④ 监控模块(Supervision Module,SM)面向具体的监控对象，完成数据采集和必要的控制功能。不同监控对象有不同的监控模块，在一个监控系统中通常有多个监控模块。

有的通信运营商根据其网络的特点，重新定义了网络结构，使之更加符合自身的维护需求。如移动通信网的动力环境集中监控系统，三级网络结构由 CSC(省级监控中心，相当于 SC)、LSC(市州级监控中心，相当于 SS)和 FSU(现场监控单元，相当于 SU)组成。组网弱化了县/区这一级别的监控中心，各移动通信机房和基站的监控信息直接汇聚到 LSC(市州级区域监控中心)。

2. 对系统中各部分的功能要求

根据我国通信行业标准 YD/T 5027—2005《通信电源集中监控系统工程设计规范》的规定,对通信电源集中监控系统中各部分的功能要求如下。

(1) 对监控模块(SM)的功能要求

① 实时采集被监控设备及机房环境的运行参数和工作状态,收集故障告警信息并送往监控单元。

② 实时接收和执行来自监控单元的监测和控制命令。

(2) 对监控单元(SU)的功能要求

① 随时接收并快速响应来自监控站的监控命令。

② 负责对下层各种监控模块进行监控管理。

③ 在本级具有保存告警信息及监测数据的统计值至少1天的能力。

④ 与上级通信中断时应能连续保存数据,在通信恢复后,应能主动发送保存的数据。

⑤ 具有对采集的数据进行智能分析的功能,避免系统阻塞,缩短系统反应时间。

⑥ 能够接入以 RS232、RS422/RS485 等作为物理接口的多种监控模块。

(3) 对监控站(SS)的功能要求

① 能同时监视辖区内多个监控单元的工作状态并与监控中心保持通信,以动态实时图形及数据显示监控对象的参量变化。

② 实时向监控中心转发紧急告警信息,必要时(如监控站夜间无人值守)可设置成将所收到的全部告警信息转送到监控中心。

③ 通过监控单元对监控模块下达监测和控制命令。

④ 查询监控单元采集的各种监测数据和告警信息,并在屏幕上显示或打印输出;接到监控单元送来的告警信息时,立即发出告警,告警时应有明显提示动作,如声、光、文字显示及打印输出,紧急告警时能自动通过手机短信或电话等方式呼叫维护人员。

⑤ 生成要求的统计报表及曲线,一般情况下应有日、月报表和曲线。

⑥ 保存告警数据、操作数据和监测数据不少于6个月。

⑦ 对监测数据进行智能分析、处理,为维护人员提供参考信息和建议,尽可能使系统和设备处于最佳运行状态,有效地提高系统稳定性,并使能源利用更合理。

(4) 对监控中心(SC)的功能要求

① 具备监控站所有的配置、监控和管理功能。

② 能保存告警数据、操作数据和监测数据至少1年。

③ 应有日、月、年报表和曲线;对监控站进行管理。

④ 具有向本地网/城域网网管中心提供数据的能力,以满足本地网发展的需要。

⑤ 定时下发时钟校准命令。

10.3.2 通信电源集中监控系统的接口

所谓接口,是指两个系统(上下级系统或对等系统)之间具体的通信协议;对于硬件设备,则是指设备的物理端口。

根据实际情况,通信电源集中监控系统可以灵活地组成各种类型的网络结构。为便于互联互通,使集中监控系统的建设更加规范化、标准化,网络结构中不同级别之间进行了接口的定义。

① SM 与 SU 之间的接口定义为“前端智能设备协议”——A 接口。SU 与 SM 的通信方式为主从方式，SU 为上位机，SM 为下位机；SU 呼叫 SM 并下发命令，SM 收到命令后返回响应信息。

② SU 与上级管理单位(SS 或 SC)之间的接口定义为“局数据接入协议”——B 接口。

③ SS 与 SC 之间，或不同监控系统之间互联的接口定义为“系统互联协议”——C 接口。C 接口基于 TCP/IP(Transmission Control Protocol/Internet Protocol)，即传输控制协议/网间协议方式工作；采用客户机/服务器的体系结构，其中 SC 作为客户，SS 提供服务。

④ 监控中心与上级网管之间的接口定义为“告警协议”——D 接口。D 接口采用基于 TCP/IP 的字符流传输方式实现；在 SS 或 SC 上设置服务端，综合网管中心作为客户端，服务端向客户端主动上报告警数据。

以上四类接口中，A、C、D 三种接口都已经制定了详细的标准，相关内容见我国通信行业标准 YD/T 1363—2005《通信局(站)电源、空调及环境集中监控管理系统》(该标准有 4 个部分，第 1 部分：系统技术要求；第 2 部分：互联协议；第 3 部分：前端智能设备协议；第 4 部分：测试方法)；B 接口暂未进行统一规范。

10.3.3 通信电源集中监控系统的传输方式

1. SM 与 SU 之间的连接

SM 与 SU 都处于监控现场，距离较近，一般采用专用数据总线连接。根据 YD/T 1363.1—2005 的建议，其物理接口与传输速率有以下几种。

- V.11/RS422　　1.2～48 kbit/s；
- V.10/RS423　　1.2～48 kbit/s；
- RS485　　1.2～48 kbit/s；
- V.24/V.28/RS-232C　　1.2～19.2 kbit/s；
- G.703　　64 kbit/s　同向口；
- RJ45　　10 BASE-T，10 BASE-5　10 Mbit/s 。

在以上几种物理接口中，RS232 和 RS422/RS485 是应用最为普遍的。

(1) RS232 串行通信接口

RS232 是美国电子工业协会(EIA)制定出来的串行通信标准接口，目前广泛使用的是 RS-232C接口，习惯上常把 RS-232C 简称为 RS232。其机械接口有 DB9、DB25 两种形式，均可分为公头(针)和母头(孔)。常用的 DB9 接口外形及针脚序号如图 10.2 所示。

DB9 和 DB25 两种串行接口的管脚信号定义见表 10.2。

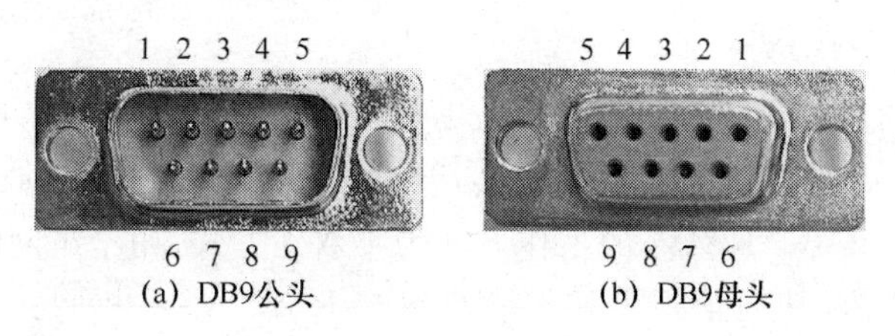

图 10.2　DB9 串行接口的针脚序号

表 10.2 DB9 和 DB25 两种串行接口的管脚信号定义

9 针管脚号	25 针管脚号	管脚名称	简　称	信号流向	功　能
3	2	发送数据	TXD	DTE→DCE	DTE 发送串行数据
2	3	接收数据	RXD	DTE←DCE	DTE 接收串行数据
7	4	请求发送	RTS	DTE→DCE	DTE 请求切换到发送方式
8	5	清除发送	CTS	DTE←DCE	DCE 已切换到准备接收
6	6	数据设备就绪	DSR	DTE←DCE	DCE 准备就绪可以接收
5	7	信号地	GND		公共信号地
1	8	载波检测	DCD	DTE←DCE	DCE 已接收到载波
4	20	数据终端就绪	DTR	DTE→DCE	DTE 准备就绪可以接收
9	22	振铃指示	RI	DTE←DCE	通信线路已接通

注:DTE(Data Terminal Equipment)表示数据终端设备,如计算机、数据采集器等;DCE(Data Circuit Terminating Equipment)表示数据通信设备,如调制解调器(Modem)、数据端接设备 DTU(Data Terminal Unit)等。

RS232 用于组网时,只能实现点到点的通信,传输速率小于 20 kbit/s,传输距离小于 15 m,工作方式为全双工方式。

RS232 电气标准中采用负逻辑,逻辑“1”电平为－3～－15 V,逻辑“0”电平为＋3～＋15 V。可以通过测量 DTE 的 TXD(或 DCE 的 RXD)和 GND 之间的电压了解串口的状态,在空载状态下,它们之间应有－10 V 左右(－5～－15 V)的电压,否则该串口可能已损坏或驱动能力弱。

(2) RS422 串行通信接口

RS422 接口定义比较复杂,一般使用 4 个端子,即数据发送端 TX＋、TX－和数据接收端 RX＋、RX－。工作方式为全双工。用于组网时,能够实现点到多点的通信,即构成总线通信方式,通信距离和速率为:通信距离 12 m,传输速率 10 Mbit/s;通信距离 120 m,传输速率 1 Mbit/s;通信距离 1 200 m,传输速率 100 kbit/s。典型应用如图 10.3 所示。

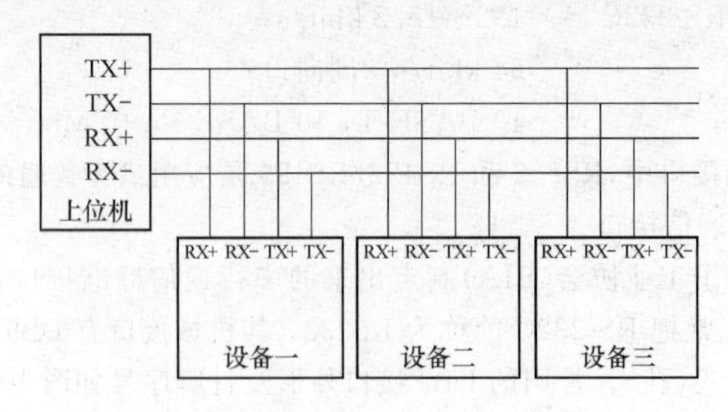

图 10.3 RS422 总线组网示意图

(3) RS485 串行通信接口

RS485 是 RS422 的子集,只需要 DATA＋(D＋)、DATA－(D－)两根线。一般来讲,很多设备的 RS485 接口和 RS422 接口常共用一个物理接口,即 RS485 的 D＋和 D－与 RS422 的 T＋和 T－共用。RS485 的工作方式为半双工方式,用于组网时,能够实现点到多点及多点到多点的通信,其通信距离和传输速率与 RS422 基本相同。典型应用如图 10.4 所示。

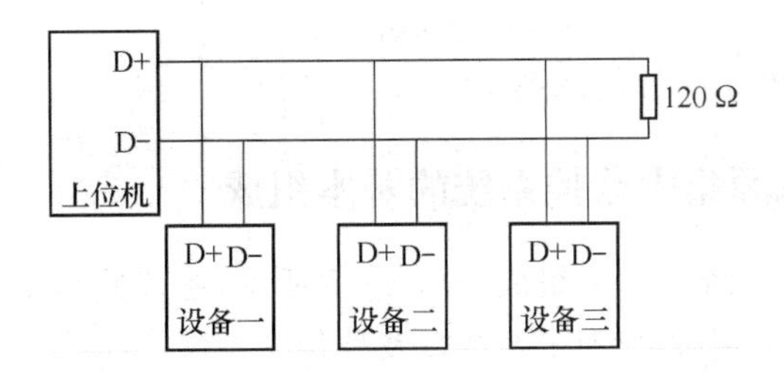

图 10.4　RS485 总线组网示意图

对于图 10.3 和图 10.4，需要说明的是：在这两个图中，都要求各设备有相同的通信协议和相同的接口方式，但各个设备的地址不能相同。在实际应用时，如果设备的通信接口、通信协议不相同，则在设备和通信总线间增加协议转换器进行通信协议和接口的转换。

2. SU 与上级监控中心之间的传输方式

根据 SU 所处通信局（站）规模的不同，可以为监控系统提供的传输资源差别很大。对于大型的通信局，SU 到各级监控中心（SS 或 SC）的传输资源十分丰富；对于基站、模块局等小型站点，传输资源相对有限；而对于光缆中继站，传输资源则相对匮乏。

根据不同的情况，在可能的条件下，SU 与 SS 之间，宜采用两种传输手段，主辅备用，并能自动切换；而 SS 与 SC 之间、SC 与网管中心之间的连接，应以专线为主，计算机网或拨号公用电话网为辅，专线和拨号线之间应能自动切换。

（1）传输手段

根据 YD/T 1363.1—2005 的建议，SU 以上，可用于监控系统的传输手段有以下几种。

- 数字数据网（DDN）；
- 分组交换网（PSDN）；
- 帧中继（Frame Relay）；
- 异步传输模式（ATM）；
- 语音专线（采用 Modem）；
- 拨号电话线（采用 Modem）；
- 数据通信网（DCN）；
- 其他，如 ADSL（采用 ADSL-Modem）。

（2）传输规程

根据 YD/T 1363.1—2005 的建议，传输规程可采用以下几种。

- X.25/X.28；
- IEEE 802.3；
- LABP 等。

（3）物理接口与传输速率

根据 YD/T 1363.1—2005 的建议，物理接口与传输速率可采用以下几种。

- X.21/G.703　　64 kbit/s；
- V.35　　48 kbit/s；
- X.21bis/V.28　　1.2～19.2 kbit/s；

- V. 24/V. 28　　　　　1. 2～19. 2 kbit/s;
- 10/100 BASE-T,10/100 BASE-5。

10. 3. 4 通信电源集中监控系统的基本组成

通信电源集中监控系统的基本组成如图 10. 5 所示,系统的基本组成环节包括数据采集子系统、传输网络子系统、中心管理子系统以及软件子系统。

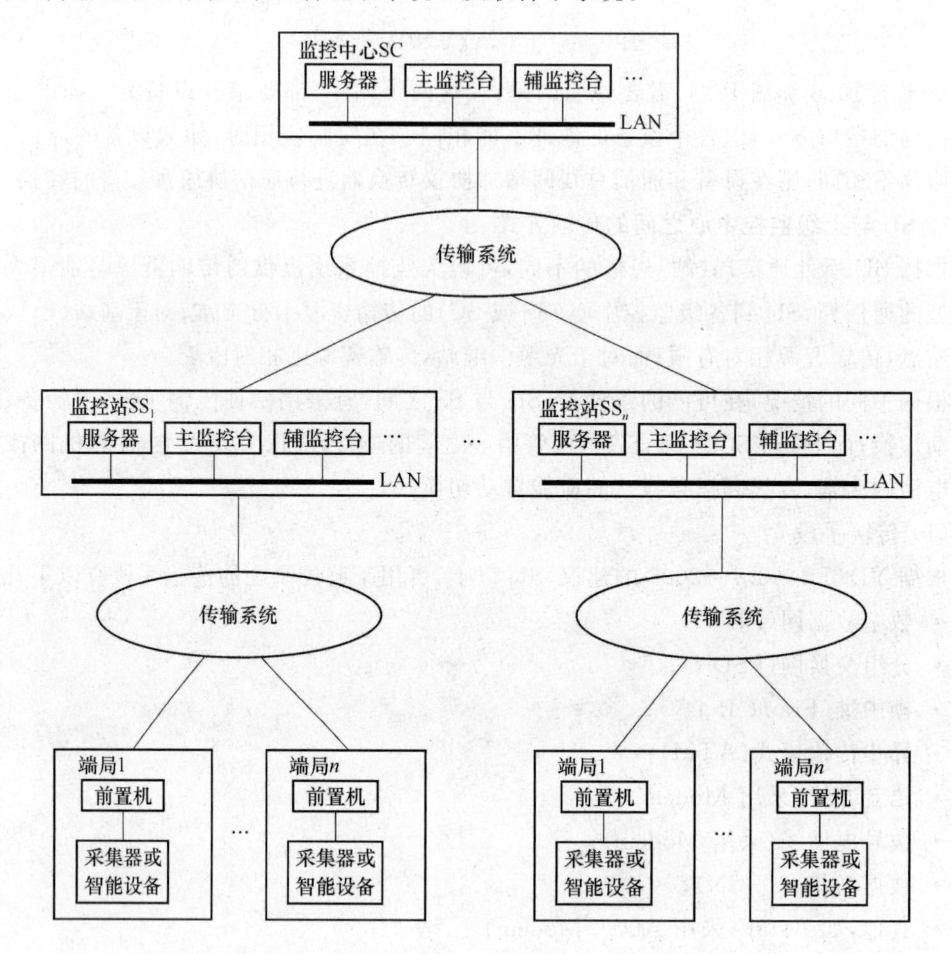

图 10. 5　通信电源集中监控系统的基本组成

1. 数据采集子系统

数据采集子系统包含 SU、SM 两部分。SM 包括智能设备和数据采集器。SU 一般由端局计算机(前置机)承担,负责对 SM 进行监控管理,包括各种监控数据的收集、分析、处理、上报、存储和监控命令的下达等。对被监控设备数据的采集,通常采用串行通信数据采集方案。

一般情况下,在端局设置的前置机(监控主机)通过串口连接各监控模块,采用总线方式或多串口方式进行数据采集。

图 10. 6 所示为总线方式的数据采集方案。图中所用的通信接口一般为 RS422/RS485,要求总线上每一个数据采集器或智能设备的接口方式和通信协议都相同,但地址完

全不同;如果接口方式不同而通信协议相同,可以通过接口转换器接入总线;如果接口方式相同而通信协议不同或接口方式和通信协议都不相同,则可以通过协议转换器接入总线。由于在一条RS422/RS485总线上并接多台数据采集器和智能设备,对总线上每一个数据采集器和智能设备采用轮询方式采集数据,因此,数据采集周期较长,工作速度慢。这种方案适用于局(站)内设备种类较少、测点不多的小局或基站。

图10.7所示为多串口方式的数据采集方案。在该图中所用的通信接口一般为RS232,对各个数据采集器和智能设备的通信协议和地址没有具体要求;端局前置机通过多串口卡分别与各个数据采集器和智能设备通信,可以同时采集数据,因此数据采集周期短,采集速度快。这种结构适用于大而复杂、设备和测点数多的端局,如枢纽局、汇接局等大型通信局站。

当端局小或被监控设备很少时,没有必要在端局放置一台前置机,此时可将前置机移到SS或某一个大的端局,各远端局的SM通过某种传输资源远程连接至该前置机的串口上。由于有多个端局的设备接入,因此该前置机称为多端局前置机。

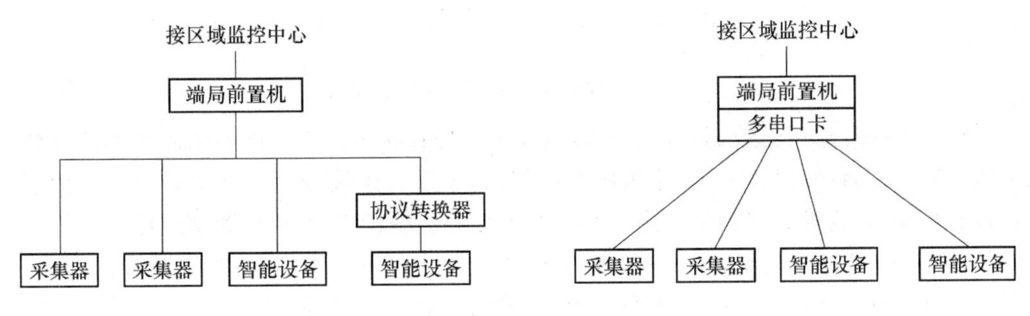

图10.6　总线方式的数据采集方案　　图10.7　多串口方式的数据采集方案

2. 传输网络子系统

在图10.5中,SC和SS内部一般是由多台计算机组成的局域网(LAN);SU以上部分是基于TCP/IP的广域网(WAN)。SU、SS之间和SS、SC之间的部分为传输网络子系统。

(1) 数据传输信道

通信电源集中监控系统可以采用多种数据传输信道传输数据,常用的有如下4种。

① 公用电话网(Public Switched Telephone Network,PSTN)

公用电话网提供的传输资源主要有电话线(有拨号电话线和专用电话线两种信道)和E1中继(即2M中继)。

电话线传输的是模拟信号,当用于数字传输时,需要调制解调器(Modem)进行A/D、D/A转换,电话线提供的通信速率为300 bit/s～56 kbit/s。

E1中继是直接由数字传输设备提供的PDH基群速率数据传输通道,主要用来连接不同地点的交换设备,包括程控交换机、DDN节点机等。E1中继有两种:一种为非信道化E1,只提供2.048 Mbit/s码流;另一种为信道化E1(又称CE1)。一般E1均指CE1。信道化E1定义了帧的概念,按照时分复用的方法,把一个2 048 kbit/s的比特流,分为32个相互独立的64 kbit/s信道,每个信道称为1个时隙(Time Slot),编号为TS_0～TS_{31},其中时隙0用于传送同步信号,时隙16用于传送信令信号,其余30个时隙用来承载其他业务。在公用电话网中,每一个时隙即为一个话路。监控系统可以用从E1中抽取时隙的设备——数据服务单元(Data Service Unit,DSU)/通道服务单元(Channel Service Unit,CSU),将2M中的一个、几个或全部64 k时隙提取出来用于数据传输。

当两个局间的2M线路直接通过传输设备连接时,如图10.8(a)所示,2M线A和B的每一个时隙均是对应的相同时隙,可在两端抽取同一个时隙用于传输监控数据;当2M线路通过交换机连接时,如图10.8(b)所示,2M线Y和Z之间不一定是对应的联系,可通过在交换机上进行数据设置,使Y中的某一个时隙(如TS_1)和Z中的某一个时隙(如TS_{31})连接起来传输数据。这种时隙的连接称为半永久连接。同样地,2M线X中某时隙可以交换到Z中的某一个时隙(如TS_{30})。这样,2M线Z中各时隙通过半永久连接,最多可以与30个端局的2M线中的某一个时隙连接。

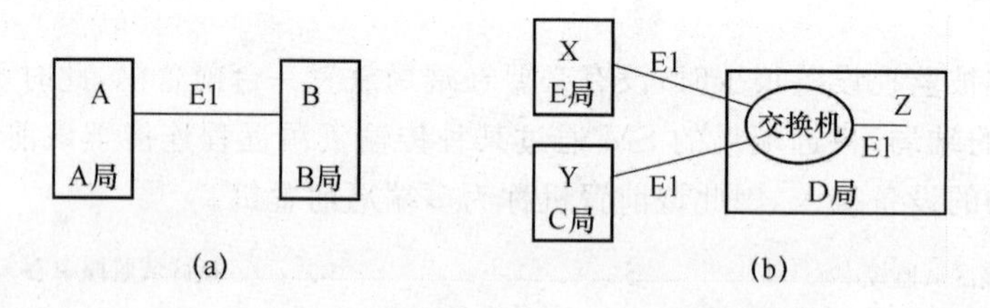

图10.8　2M传输及半永久连接示意图

通过2M抽时隙传输数据,永远在线,避免了拨号连接可能因为网络忙而在关键时刻不能接通的问题。目前在集中监控系统中大量使用,半永久连接较为常见。利用半永久连接进行数据传输时,需要在交换机上进行半永久连接的数据设定,并闭塞相应话路。

2M中继的接口有两种形式,一种是平衡接口,采用2对120 Ω的双绞线对,一对线收(RX),一对线发(TX);另一种是非平衡接口,采用一对75 Ω的同轴电缆,一根收,一根发。任意两台设备之间的2M线连接均是RX与对方的TX相连,TX与对方的RX相连,当设备接口方式不匹配时,需要使用75～120 Ω的阻抗转换器。

② 数字数据网(Digital Data Network,DDN)

DDN是一种数据业务网,可以向用户提供端对端的透明数字串行专线。DDN提供的透明串行专线可以分为同步串行专线和异步串行专线。同步串行专线提供的通信速率从64 kbit/s到n×64 kbit/s,最高可达2.048 Mbit/s;异步串行专线提供的通信速率一般小于64 kbit/s,从2 400 bit/s、9 600 bit/s直到38.4 kbit/s。监控系统中用得较多的是64 kbit/s同步专线传输和19.2 kbit/s异步专线传输。在使用DDN传输时,需要DDN通信设备——数据端接设备(Data Termination Unit,DTU),DTU一般是一对一使用。

③ 数据通信网(Data Communication Network,DCN)

DCN是通信企业内部的一个广域网,是由路由器和各种广域传输链路组成的网状网络。监控系统使用DCN很方便,只需将各级监控中心和监控端局的局域网用网线接入所在局的DCN交换机即可。

由于DCN网容量大、可靠性高、扩展性强,因此YD/T 5027—2005中提出,SU与SS、SS与SC之间宜优先利用DCN网连接。

④ 数字公务信道

数字公务信道一般多用做基站的数据传输信道,它提供标准的RS232接口或V.11接口。V.11接口的接线端子定义为In+、In-、Out+、Out-,这4个端子分别与RS422接口的数据接收端子 RX+、RX-和数据发送端子 TX+、TX-相对应，可直接使用，V.11 接口的用法和 RS422 接口的用法一样。

(2) 传输与组网设备

在通信电源集中监控系统中，两地之间数据的传输是通过传输网络系统完成的，而要组成传输网络，除了需要数据传输信道之外，还需要传输与组网设备。根据传输与组网设备在网络互联中所起作用，可分为以下 3 种类型。

① 接入设备

接入设备用于接入各个终端计算机，如多串口卡、远程访问服务器、数据上网器等。

- 多串口卡：在监控系统中，通信局(站)的所有数据采集器和智能设备都连接到端局计算机的串口上，而计算机提供的串口就一个或两个，远远不能满足要求，因此需要安装多串口卡以扩充计算机的串口。多串口卡对外提供标准的 RS232 或 RS422/RS485 接口。
- 远程访问服务器：它是将多个终端接入网络的设备，能支持一定的网络互联协议。远程访问服务器可以直接和计算机通过串行电缆相连，也可以通过 Modem 等通信设备和远程的计算机相连。远程访问服务器与所连计算机之间的接口为异步串行接口，并同网络上的其他主机用该网络的标准协议(如 TCP/IP)通信。
- 数据上网器：简写为 DCU，用于将多个远端局的监控数据打包接入 TCP/IP 网络，需要与数据通信模块(如 IDA-DCM 模块)配套使用。端局的数据由数据通信模块插入到 E1 线路中的某个时隙，再经过传输和交换机(必须支持半永久连接)，收敛到一条 E1 线上，该 E1 的各时隙中包含了各监控端局的数据。数据上网器接入 E1，从 E1 线路的 30 个时隙(其中 TS_0、TS_{16} 不用)中提取数据，按 TCP/IP 协议进行打包，传输到以太网上，与以太网上的前置机通信。

② 通信设备

通信设备用于承担网络线路上的数据通信功能，如调制解调器(Modem)、数据端接设备(DTU)、数据服务单元/通道服务单元(DSU/CSU)等。

- Modem：在监控系统中，当选用电话线为数据传输信道时，由于电话线上传输的信号是模拟信号，而计算机之间(或计算机与数据采集器、智能设备之间)的通信只能使用数字信号，为实现数字信号在模拟信道——电话线——上传输的目的，需要用 Modem 来进行数字信号和远程传输的模拟信号之间的转换。
- DTU：它是 DDN 的专用设备，其作用是在接入 DDN 时实现信号的转换，使数据信号能在不同传输介质中顺利传送。DTU 提供的串行接口一般有 RS232 和 V.35 两种。
- DSU/CSU：在监控系统中，当选用 E1 作为传输信道时，DSU/CSU 能从 2M 中继提取一个、几个或全部时隙作为监控系统的数据传输信道。

③ 网络交换设备

网络交换设备是用来实现网络互联的设备，用于提供数据交换服务，构建互联网络的主干，如路由器等。

在监控系统中，SS、SC 一般都是多台计算机组成的局域网，路由器的主要作用就是把两个局域网连接起来，为两个局域网提供数据交换服务，从而构成广域网。

3. 中心管理子系统

监控中心和监控站组成相同,都是由服务器、监控台(业务台)等多台计算机组成,它们各自组成一个局域网;在监控中心或监控站还可以包含图像控制台或其他设备。监控中心是系统的管理中枢,而监控站是系统的操作维护中心,两级中心采用相同的应用软件。

4. 软件子系统

通信电源集中监控系统所使用的软件系统包括系统软件和通信电源集中监控应用软件。

- 系统软件:是用来支撑应用软件运行的平台,主要有操作系统、数据库管理系统。常用的操作系统有 Windows 系列、NT Server 操作系统、NT Workstation 操作系统等,常用的数据库管理系统有 Access、Sybase、FoxPro 等。
- 应用软件:不同厂家生产的通信电源集中监控系统中所用的应用软件是有区别的,在这里不进行阐述。

10.4 通信电源集中监控系统的组网原则及组网方案

10.4.1 通信电源集中监控系统的组网原则

通信电源集中监控系统的组网原则如下。

① 地市级及其以上,原则上设置一个 SC。

② 根据各地实际情况,SC 之下设置若干 SS,SS 的设立可以以区或县为单位,也可以以汇接局的模式建立;在 SS 之下设数个 SU。也可以根据各通信营运企业维护体制和减少管理层次的要求,不设监控站,此时监控中心同时具有 SC、SS 的全部功能。

③ 一般情况下,每一个通信局(站)配置一个 SU,大型通信枢纽楼、综合楼可根据被监控设备的情况设置多个 SU,SU 对下层各种 SM 进行监控管理。对于某些小局、基站等,可不设置 SU,其 SM 可通过一定的传输方式连接到上级 SS 的前置机上。

10.4.2 通信电源集中监控系统的组网方案

图 10.9～图 10.12 所示是几种组网方案,供参考。

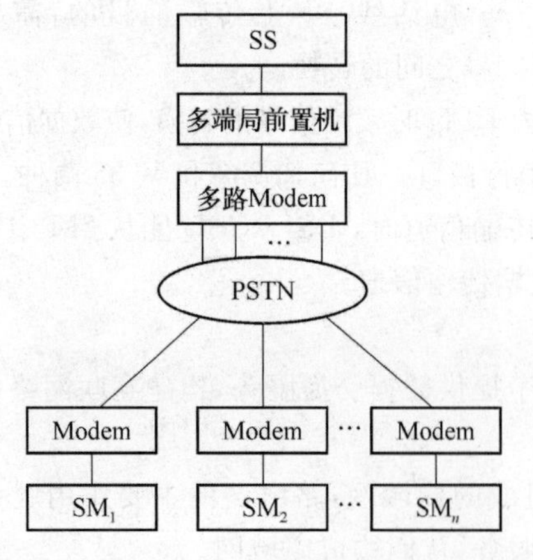

图 10.9 多端局前置机基于电话线的组网方案

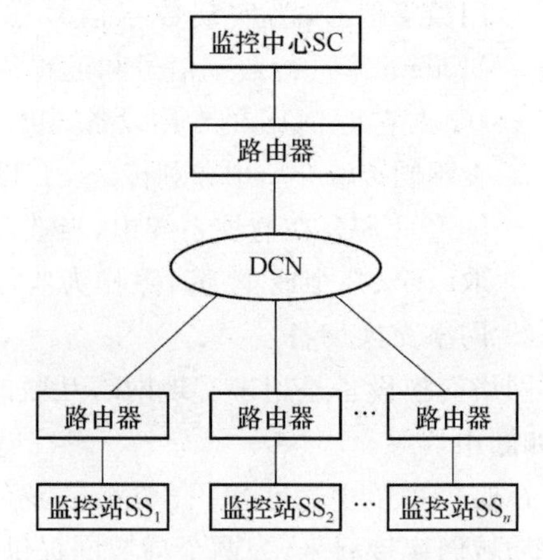

图 10.10 基于 DCN 的组网方案

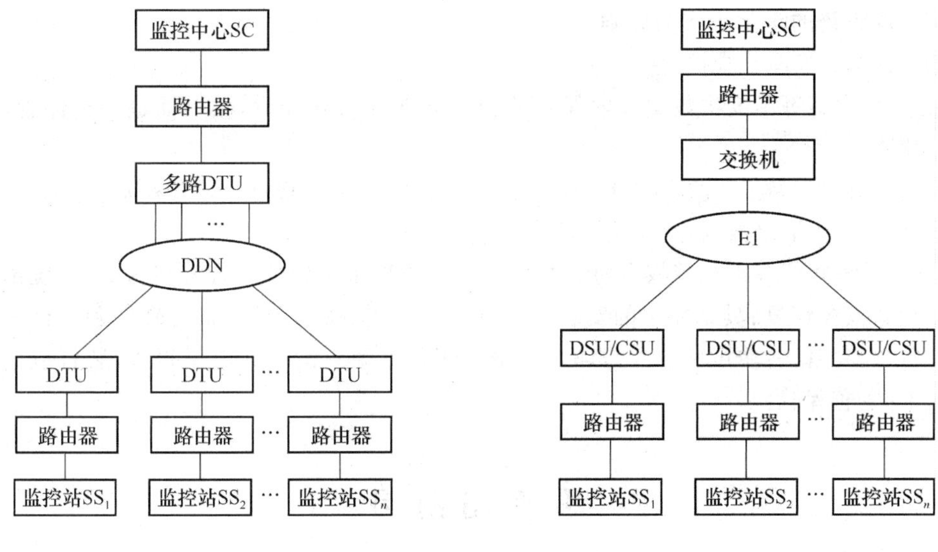

图 10.11　基于 DDN 的组网方案　　　图 10.12　基于 E1 的组网方案

10.5　通信电源集中监控系统的日常维护

通信电源集中监控系统的维护，要求对系统的硬件、软件、组网结构等均有相当程度的了解。在日常工作中，维护人员要保证监控系统的正常运行；当有故障时，能对故障进行分析处理。具体维护项目应按各通信运营企业的维护规程执行，下述维护项目供参考。

(1) 监控系统的设备包括：各级监控中心主机和配套设备，计算机监控网络，监控模块及前端采集设备。

(2) 监控中心主机和配套设备应安装在干燥、通风良好、无腐蚀性气体的房间，室内应有空调，有防静电措施。

(3) 定期检查并确保监控中心主机和配套设备、监控模块及前端采集设备有良好的接地和必要的防雷设施。

(4) 经常保持监控中心主机和配套设备的整齐和清洁。

(5) 监控系统作为通信电源的高级维护手段，其自身应有例行的常规巡检、维护操作和定期对系统功能与性能指标的测试。

(6) 经常检查监控中心内的设备：检查服务器、业务台、打印机、音箱和大型显示设备等运行是否正常；查看系统操作记录、操作系统和数据库日志，是否有违章操作和错误发生。

(7) (每月)对监控系统作好巡检、记录：

① 监控中心局域网和整个传输网络工作是否稳定和正常；

② 前端采集设备的数据采集、处理以及上报数据是否正常、准确；

③ 采集点接线端子检查并紧固；

④ 蓄电池监控夹子紧固；

⑤ 设备标签、线缆连接检查、紧固。

(8) 监控系统的功能和性能指标每季度抽查一次，每半年检测一次，抽查、检测以不影响通信电源系统的正常工作为原则。

(9) 数据的管理与维护：

① 监控中心每季度将数据库内保存的历史数据转入外存后，做上标签妥善保管，三年后才可删除；

② 系统配置参数发生改变时，自身配置的数据要备份，在出现意外时用来恢复系统；

③ 系统操作记录数据，每季度备份一次，以作备查。

(10) 系统软件有正规授权，应用软件有自主版权，系统软件应有安装盘，在系统出现意外时可重新安装恢复；具备完善的安装手册、用户手册与技术手册，整套软件和文档由专人保管。每日、每月、每季度和每年打印出的报表或输出为只读形式电子报表，装订成册或刻在光盘上，妥善保管。

思考与练习

1. 什么是通信电源集中监控系统？它起什么作用？有哪些主要功能？
2. 通信电源集中监控系统对测量精度有什么要求？
3. 什么叫智能设备？什么叫非智能设备？并举例。
4. 在通信电源集中监控系统中，遥测、遥信、遥控分别是什么含义？
5. 画出通信电源集中监控系统的总体结构示意图，说出每一部分的名称和作用。
6. 通信电源集中监控系统中的A接口、B接口、C接口、D接口，分别是什么含义？
7. SU与SM的连接，常用的物理接口有哪几种？各有什么特点？
8. 在通信电源集中监控系统中，常用的数据采集方案有哪几种？画图说明。
9. 通信电源集中监控系统常用的数据传输信道有哪几种？
10. 画图说明通信电源集中监控系统的一种组网方案。

参考文献

[1] 中华人民共和国通信行业标准 YD/T 1051—2010 通信局(站)电源系统总技术要求
[2] 中华人民共和国通信行业标准 YD/T 1970.1—2009 通信局(站)电源系统维护技术要求第1部分:总则
[3] 漆逢吉,等.通信电源.北京:北京邮电大学出版社,2005.
[4] 中华人民共和国通信行业标准 YD 5098—2005 通信局(站)防雷与接地工程设计规范
[5] 曲世惠,等.电工作业.北京:气象出版社,2001.
[6] 中华人民共和国通信行业标准 YD/T 1058—2007 通信用高频开关电源系统
[7] 中华人民共和国国家标准 GB/T 4365—2003 电工术语电磁兼容
[8] 中华人民共和国国家标准 GB 9254—2008 信息技术设备的无线电骚扰限值和测量方法
[9] 中华人民共和国通信行业标准 YD/T 983—1998 通信电源设备电磁兼容性限值及测量方法
[10] 中华人民共和国国家标准 GB/T 17618—1998 信息技术设备抗扰度限值和测量方法
[11] 王家庆,等.智能型高频开关电源系统的原理使用与维护.北京:人民邮电出版社,2000.
[12] 中华人民共和国国家标准 GB 4208—2008 外壳防护等级(IP 代码)
[13] 夏国明,等.供配电技术.北京:中国电力出版社,2004.
[14] 中讯邮电咨询设计院.通信电源技术培训教材.邮电设计技术,2003(增刊).
[15] 朱雄世,等.新型电信电源系统与设备.北京:人民邮电出版社,2002.
[16] 侯振义,夏峥.通信电源站原理及设计.北京:人民邮电出版社,2002.
[17] 中华人民共和国通信行业标准 YD/T 1970.2—2010 通信局(站)电源系统维护技术要求第2部分:高低压变配电系统
[18] 中华人民共和国通信行业标准 YD/T 1429—2006 通信局(站)在用防雷系统的技术要求和检测方法
[19] 中华人民共和国通信行业标准 YD/T 5175—2009 通信局(站)防雷与接地工程验收规范
[20] 中华人民共和国通信行业标准 YD/T 2324—2011 无线基站防雷的技术要求和测试方法
[21] 中华人民共和国国家标准 GB 50065—2011 交流电气装置的接地设计规范
[22] 中华人民共和国国家标准 GB 50057—2010 建筑物防雷设计规范
[23] 中华人民共和国通信行业标准 YD/T 1235.1—2002 通信局(站)低压配电系统用电涌保护器技术要求
[24] 中华人民共和国通信行业标准 YD/T 944—2007 通信电源设备的防雷技术要求和测试方法
[25] 中华人民共和国通信行业标准 YD/T 799—2010 通信用阀控式密封铅酸蓄电池

[26] 中华人民共和国通信行业标准 YD/T 1360—2005 通信用阀控式密封胶体蓄电池
[27] 中华人民共和国通信行业标准 YD/T 5040—2005 通信电源设备安装设计规范
[28] 中华人民共和国通信行业标准 YD 5079—2005 通信电源设备安装工程验收规范
[29] 中华人民共和国通信行业标准 YD/T 1970.10—2009 通信局(站)电源系统维护技术要求第10部分:阀控式密封铅酸蓄电池
[30] 桂长清.阀控密封铅蓄电池常见故障原因和对策.通信电源技术,2006,23(4):76~79.
[31] 方佩敏.新型磷酸铁锂动力电池.今日电子网,2007-09-01.
[32] 中华人民共和国通信行业标准 YD/T 2344.1—2011 通信用磷酸铁锂电池组 第1部分:集成式电池组
[33] 漆逢吉.整流与变换(上册).北京:人民邮电出版社,1992.
[34] 漆逢吉.程控交换机电源设备.成都:四川科学技术出版社,1994.
[35] 林渭勋.现代电力电子电路.杭州:浙江大学出版社,2002.
[36] 徐德高,金刚.脉宽调制变换器型稳压电源.北京:科学出版社,1983.
[37] 黄济青.通信电源设备.北京:北京邮电大学出版社,1998.
[38] 黄济青,黄小军.通信高频开关电源.北京:机械工业出版社,2004.
[39] 张占松,蔡宣三.开关电源的原理与设计.北京:电子工业出版社,1998.
[40] 王鸿麟,景占荣,等.通信基础电源(第二版).西安:西安电子科技大学出版社,2001.
[41] 杨旭,裴云庆,王兆安.开关电源技术.北京:机械工业出版社,2004.
[42] 杨旭,赵志伟,王兆安.移相全桥型零电压软开关电路谐振过程的研究.电力电子技术,1998(3):36~39.
[43] 盛专成.一种新颖的 PS-ZVZCS PWM 全桥变换器.电力电子技术,2001(5):22~24.
[44] 中华人民共和国通信行业标准 YD/T 731—2008 通信用高频开关整流器
[45] 中华人民共和国通信行业标准 YD/T 585—2010 通信用配电设备
[46] 中华人民共和国通信行业标准 YD/T 1173—2010 通信电源用阻燃耐火软电缆
[47] 中华人民共和国通信行业标准 YD/T 1970.3—2010 通信局(站)电源系统维护技术要求第3部分:直流系统
[48] 中华人民共和国通信行业标准 YD/T 2378—2011 通信用 240V 直流供电系统
[49] 中华人民共和国国家标准 GB/T 7260.3—2003 不间断电源设备(UPS)第3部分:确定性能的方法和试验要求
[50] 张立,赵永健.现代电力电子技术.北京:科学出版社,1992.
[51] 中华人民共和国国家标准 GB/T 14715—93 信息技术设备用不间断电源通用技术条件
[52] 中华人民共和国通信行业标准 YD/T 1095—2008 通信用不间断电源——UPS
[53] 刘希禹.UPS 的性能分类与标准化 UPS 系统结构.邮电设计技术,2006(增刊):66~75.
[54] 中华人民共和国通信行业标准 YD/T 1970.4—2009 通信局(站)电源系统维护技术要求第4部分:不间断电源(UPS)系统
[55] 中华人民共和国通信行业标准 YD/T 502—2007 通信用柴油发电机组
[56] 苏石川,等.现代柴油发电机组的应用与管理.北京:化学工业出版社,2005.

[57] 中华人民共和国通信行业标准 YD/T 1970.6—2009 通信局(站)电源系统维护技术要求第6部分:发电机组系统
[58] 中华人民共和国通信行业标准 YD/T 1363.1—2005 通信局(站)电源、空调及环境集中监控管理系统第1部分:系统技术要求
[59] 中华人民共和国通信行业标准 YD/T 1363.2—2005 通信局(站)电源、空调及环境集中监控管理系统第2部分:互联协议
[60] 中华人民共和国通信行业标准 YD/T 1363.3—2005 通信局(站)电源、空调及环境集中监控管理系统第3部分:前端智能设备协议
[61] 中华人民共和国通信行业标准 YD/T 5027—2005 通信电源集中监控系统工程设计规范
[62] 中华人民共和国通信行业标准 YD/T 5058—2005 通信电源集中监控系统工程验收规范